天下文化

BELIEVE IN READING

科學文化 206A

Science Culture

費曼手札

不休止的鼓聲

Perfectly Reasonable Deviations From The Beaten Track

The Letters of Richard P. Feynman

by Richard P. Feynman

理查・費曼／著　　葉偉文／譯

作者簡介

理查・費曼（Richard P. Feynman）

1918年，費曼誕生於紐約市布魯克林區。1942年，從普林斯頓大學取得博士學位。第二次世界大戰期間，他曾在美國設於新墨西哥州的羅沙拉摩斯（Los Alamos）實驗室服務，參與研發原子彈的曼哈坦計畫（Manhattan Project），當時雖然年紀很輕，卻已經是計畫中的重要角色。隨後，他任教於康乃爾大學以及加州理工學院。1965年，由於他在量子電動力學方面的成就，與朝永振一郎（Sin-Itiro Tomonaga）、施溫格（Julian Schwinger）兩人，共同獲得該年度的諾貝爾物理獎。

費曼博士為量子電動力學理論解決了不少問題，同時首創了一個解釋液態氦超流體現象的數學理論。之後，他跟葛爾曼（Murray Gell-Mann）合作，研究弱交互作用，例如貝他衰變，做了許多奠基工作。後來數年，費曼成為發展夸克（quark）理論的關鍵人物，提出了在高能量質子對撞過程中的成子（parton）模型。

在這些重大成就之外，費曼把一些基本的新計算技術跟記法，介紹給了物理學。其中包括幾乎無所不在的「費曼圖」，因而改變了基礎物理觀念化跟計算的過程，成為可能是近代科學史上，最膾炙人口的一種表述方式。

費曼是一位非常能幹有為的教育家，在他一生所獲得、數不清的各式各樣獎賞中，他特別珍惜在1972年獲得的厄司特杏壇獎章（Oersted Medal for Teaching）。《費曼物理學講義》（*The Feynman Lectures on Physics*）一書最初發行於1963年，當時有位《科學美國人》雜誌的書評家稱該書為「……真是難啃，但是非常營養，尤其是風味絕佳，為二十五年來僅見！是教師及最優秀入門學生的指南。」為了增長一般民眾的物理知識，費曼博士寫了一本《物理之美》（*The Character of Physical Law*）以及《量子電動力學》（*Q.E.D.: The Strange Theory of Light and Matter*）。他還寫下一些專精的論著，成為後來物理學研究者與學生的標準參考資料跟教科書。

費曼是一位建設性的公眾人物。他參與「挑戰者號」太空梭失事調查工作的事蹟，幾乎家喻戶曉，尤其是他當眾證明橡皮環不耐低溫的那一幕，是一場非常優雅的即席實驗示範，而他所使用的道具不過冰水一杯！比較鮮為人知的事例，是費曼在1960年代初期，在加州課程審議委員會所做的努力，他非常不滿當時小學教科書之庸俗平凡。

僅僅重複敘說費曼一生中，於科學上與教育上的無數成就，並不足以說明他這個人的特色。正如任何讀過他最技術性著作的人都知道，他的作品裡外都散發著他鮮活跟多采多姿的個性。在物理學家正務之餘，費曼也曾把時間花在修理收音機、開保險櫃、畫畫、跳舞、表演森巴鼓、甚至試圖翻譯馬雅古文明的象形文字上。他永遠對周圍的世界感到好奇，是一位一切都要積極嘗試的模範人物。

費曼於1988年2月15日在洛杉磯與世長辭。

編者簡介

米雪・費曼（Michelle Feynman）

費曼的女兒，目前與丈夫及兩個孩子定居於加州的阿塔狄納（Altadena）。

譯者簡介

葉偉文

1950年生於台北市。國立清華大學核子工程系畢業，原子科學研究所碩士（保健物理組）。曾任台灣電力公司核能發電處放射實驗室主任、國家標準起草委員（核子工程類）及中華民國實驗室認證體系的評鑑技術委員（游離輻射領域）。現任台灣電力公司緊急計畫執行委員會執行祕書。

譯作有《愛麗絲漫遊量子奇境》、《矽晶之火》、《小氣財神的物理夢遊記》、《幹嘛學數學？》、《物理馬戲團I～III》、《數學小魔女》、《統計，改變了世界》、《數學是啥玩意？I～III》、《葛老爹的推理遊戲 1、2》、《典雅的幾何》、《太陽系的華爾滋》、《一生受用的公式》、《看漫畫，學物理》、《詭論、鋪瓷磚、波羅米歐環》、《迷宮、黃金比、索馬立方體》、《統計你贏的機率》、《蘇老師化學黑白講》、《蘇老師化學五四三》、《搞定幾何！一問數學博士就對了》、《別讓統計圖表唬弄你》、《搞笑學物理》、《費曼手札》（皆為天下文化出版）。並曾翻譯大量專業作品，散見於《台電核能月刊》。

他擁有當代最具原創力的心智。

——戴森（Freeman Dyson），理論物理學者，《宇宙波瀾》作者

他是一個最真誠的人……也是任何敢於敲出不一樣的鼓聲的人心目中，首屈一指的典範。

——施溫格（Julian Schwinger），理論物理學者，
與費曼同獲一九六五年諾貝爾物理獎

他是所有人夢想與期待的科學家，充滿魅力、凡事抱持懷疑、愛開玩笑、又聰明得讓人目眩。

——《衛報》

若說費曼的一生有如連鎖核反應，並不為過。他的才智達到臨界質量，向四面八方爆裂，並發散出光和熱。

——《時代》雜誌

對費曼來說，知識可不是說說而已，知識是用來行動、用來實踐的……他所協助創立的科學是前所未見的。

——葛雷易克（James Gleick），《混沌》作者，曾爲費曼作傳

我們見到的是一位擅長引人注目、並且十分務實的思想家……世上幾乎再也找不到像理查·費曼這樣的人。

——戴維思（Paul Davis），理論物理學者，《最後三分鐘》作者

費曼手札——不休止的鼓聲

Beaten Track

目錄

Deviations the Beaten Track

Perfectly Reasonable from

出版緣起

你們眼中的天才，是我真摯的父親
——我和理查·費曼在一起的生活

米雪·費曼

在我很小的時候，總覺得自己的老爸是個「萬事通」。《全知》（*Omni*）雜誌曾推許他，是當代「全世界最聰明的人」。我祖母很有幽默感，也經常以自己這個天才兒子為傲。聽到這番讚詞時，她誇張的張開雙手，說：「如果理查真是全世界最聰明的人，神呀！請救救我們吧！」父親聽了，哈哈大笑。

後來我年事稍長，只注意到那些我已經知道、但我老爸似乎不知道的事情。他會問我一些傻問題。在我看來，問題的答案是再明顯不過的事了。譬如說，「嗨！米雪，湯匙該擺在哪兒呀？」到了青少年的尾聲，我終於發現了眞相：我老爸不但聰明絕頂，對生命津津樂道，而且還非常喜歡教導別人。他對生命和我們的世界，有非常風趣而且很深奧的看法，同時有很大的熱誠與耐心，肯眞切聆聽。我懷抱無比的熱誠來處理這本書，因爲我想再一次親近他。能夠和老爸再度相逢是非常有意思的。我深信即使在今天，他仍然能教導我一些事理，只是猜不透會是些什麼事罷了。他這傢伙總是神祕兮兮的，讓人摸不清底細。

這裡，先客觀列出他這一生的經歷。理查・菲力普斯・費曼一九一八年生於紐約市，在皇后區的法洛克衛（Far Rockaway）長大。他大學就讀於麻省理工學院，後來得到普林斯頓大學的博士學位。一九四二年，他和高中時期青梅竹馬的戀人阿琳（Arline Greenbaum）結婚。儘管當時他的愛侶身染嚴重的結核病，他還是情深不捨。也在同一年，理查獲徵召參加研發原子彈的「曼哈坦計畫」（Manhattan Project）。他受命在羅沙拉摩斯（Los Alamos）領導一個研究小組。後來，阿琳逝於一九四五年。我爹則在戰後，擔任康乃爾大學的理論物理教授。一九五〇年，他轉到加州理工學院任教，後來就一直待在這裡。一九五〇年代早期，他曾經再婚，但這段婚姻並沒有維持多久。一九六〇年，他和我母親溫妮絲（Gweneth Howarth）結婚。一九六二年生下我哥哥卡爾（Carl），我是在一九六八年給收養的。

一九六五年，他由於獨力研究量子電動力學（quantum electrodynamics），和施溫格（Julian Schwinger, 1918-1994）與朝永振一郎（Sin-Itiro Tomonaga, 1906-1979）共同得到諾貝爾物理獎。這是他足以稱道的成就，但他一生對這項成就一直懷抱一種很複雜的矛盾心態。一九八六年他再度接受政府徵召爲國家效力。這次是參加一個特別調查委員會，負責找出太空梭「挑戰者號」失事爆炸的原因。後來他和腹部惡性腫瘤纏鬥多年，於一九八八年去世。加州理工學院爲他辦的追悼會，來了數千人。對我們這些熱愛他的人來說，這根本是意料中事。主辦單位事先也想到，參加的人數可能超出控制，因此特別把追悼會分開兩次舉行，希望不要過度擁擠，也讓懷念我爹的人有機會對他表達追思。即使經過事先審慎的規劃，兩場追悼會都是座無虛席，擠得水泄不通。

他接受過無數次的專訪，寫過許多書籍和論文，演過幾齣舞台劇和幾部紀錄片，還演過一部電影。大家懷念他的，不僅是他在科學上的成就，還有他那強烈無比的好奇心、他對各種謎題掩不住的熱愛、以及他誠摯擁抱生命的情懷。他一生特立獨行的趣事很多。在參加原子彈研發計畫時，當時很多事都給列爲最高機密，安全系統非常嚴密。我爹的冒險特性使他養成專找安全系統漏洞的嗜好，一時令安全主管相當頭疼。他有一次在偶然的機會下，爲舊金山芭蕾舞團打森巴鼓，就愛上這玩意兒。在四十多歲時還去學森巴鼓，後來打得非常好，還小有名氣呢。

由於人們對我父親的欽佩與喜愛，在我成長過程中，出現了許多非常美妙又有趣的人，讓我得到許多珍貴的友誼和一些很難得的機會。但身爲大師的後代，除了享有某些特權之外，我也身負重大的責任。哥哥和我發現，社會上有各種各樣對理查・費曼的要求或需求，是我們必須面對的。我們也竭盡所能，希望一方面能滿足大眾的需求，一方面又能以誠實的態度，保留他的傳奇故事的眞面貌，不要衍生出穿鑿附會的事來。我希望藉著這本書，能讓大家正確評斷他在工作上的態度，也能把他隱藏在耀眼成就背後的人格特質，顯露出來。

總算，天雷勾動地火

這麼多年來，關於費曼這個人，有許多逸事到處流傳。但我相信下面這段故事，講的人可能最多，但眞正知道實情的人一定非常少。就是我父母親最後結成連理的過程，其中有一大部分，還是我爹奇怪的想法與做法。我媽是英格蘭人，遇上我爸時正好住在瑞士。她有個心願，想要一面打工，一面環遊世界。不知兩人怎麼聊起這個話題，我爹就脫口而出，邀她到美國來當自己的管家。她回答說，可以考慮考慮。

兩人分手以後，我爹愈想愈覺得自己實在太魯莽了。一個四十歲的單身中年男子，怎麼會向一個二十四歲的妙齡女郎，提出這種可能會令人想入非非的提議呢？因此隔天早上，我爹又找我老媽，向她表示歉意。但出乎意料的是，這位妙齡女郎居然答應到美國來做他的眞正管家。幾個月之後，在父親的好友，也是《費曼物理學講義》（*The Feynman Lectures on Physics*）的共同作者山德士（Matt Sands）的協助保證下，母親就進來美國。山德士的保證非常重要，政府移民官員對一個單身中年男子爲何引一位妙齡女郎入境，難免疑神疑鬼的。

在她抵達美國之前，父親就寫信給她，說：「沒有你，我什麼都搞不好，這裡一切亂糟糟的，快點來吧。」等她抵達之後，首先負責煮飯和清潔之類的工作，甚至還兼司機送男主人去加州理工學院上課，而我爹總是坐在後座。兩人以禮相待，彼此並沒有什麼羅曼蒂克的情懷。兩人還分別和別人約會、交往。我爹當時一定是頭殼壞了！

但是有一天，當他帶這位小姐去考駕照的時候，忽然開竅了。忙亂之中，還走錯了路，害得她幾乎趕不上考試。她在倉促之中應試，居然還能及格。我老爹很快就發現，自己已經愛上了這位女管家，準備向她求婚。但隨後又覺得自己太衝動了，因此他給自己一段心理建設的時間，在日曆上幾個月後的某一天，做個記號，暗暗決定，「如果到那一天，我還是沒有改變心意，就正式向她求婚。」在那一天來臨的前一晚，他心情激動，簡直等不及了，也沒讓女管家休息。時鐘一敲過十二點，他就提出求婚。幾個月之後，他倆就步上紅毯。

裝瘋賣傻，堪稱一絕

在我成長的過程中，家裡的氣氛一直是非常活潑、快樂的。我們常常玩各種遊戲。我們常開車走很遠的路，來到完全陌生的地方。碰到岔路口的時候，我們常常選那條路況最糟糕或看起來最好玩的路走。星期天上午，老爹通常會先看報。他喜歡大聲讀報紙，同時還開著音樂、打鼓，或是為哥哥和我講故事，弄得吵吵鬧鬧的。有時候輪到他開車，送我們這兩個小蘿蔔頭去上學，他就假裝迷路，載我們往加州理工學院去。小孩子們會大叫：「不對！不對！不是這個方向！」他會說：「好！好！是這裡嗎？」說著，又往另一條錯的路開。「不是！不是！又錯了！」我們一面喊叫，心裡一面擔心一定會遲到。但我們總是在最後一刻，及時趕到學校。在我父親的很多技巧裡，裝傻耍寶堪稱一絕，害我總以為自己聰明得可以騙他。這件事對我童年性格的塑造，影響最大。

我只是不知道，有許多年，他都給認為是最聰明的金頭腦。事實上，他總是鼓勵別人，像平常人一樣對待他。他告訴我們的故事，總是強調自己做的蠢事情。我們晚餐時的談話，總是他今天又出了什麼糗事，例如：掉了毛衣；忘記了某一件非常重要的事；和某人交談了半天，非常投緣，但就是想不起對方的名字。他不只在家裡談這些事，就連在外面也一樣。而且他行事相當隨興，有次他參加一場學術研討會，覺得旅館招待的方式太花俏了，很不喜歡，就拿起手提箱，睡到房間外面的樹林裡去了。每次老爹講得忘形的時候，坐在餐桌另一端的母親，總是微笑出聲制止他：「噢！理查，好了吧。」他總是取笑自己，我們也跟著他一起開懷大笑。

這種自我解嘲的本領，我認為是使他成為好老師的關鍵因素。他在解釋東西的時候，身段總是放得很低。他具有天生的本事，可以把很難理解的複雜問題，分解到可以理解的程度。他會拿一顆蘋果在手裡，舉起來，說：「你瞧，假設地球就像這顆蘋果……」。藉著這類簡單的比喻和舉例說明，一個本來無從下手的難題，就變成可以處理得了的問題了。

出於這股對教育工作的熱愛，和一種善盡社會公民義務的責任感，一九六〇年代早期，他曾投身加州課程審議委員會，花了數不清的時間來審查小學的數學課本。一九七二年，還由於在物理教學上的貢獻，得到厄司特獎章（Oersted Medal）。這件事讓他開心得不得了。十年後，加州理工學院的學友會頒給他一個傑出教學獎。他的反應是，「做一件自己非常喜歡的事，還能得到大家的肯定，真令人高興。」

他對社會教育這件事滿懷信心與熱誠，但總是受挫於一些官僚主義和僵化的思想。我上高中的時候，他老是教我一些抄近路的方法來做數學家庭作業，而這些方法和老師教的做法常有出入。接著，中級代數老師總是責備我，沒有依照正確的方式去解題目。我老爹覺得這位老師有點莫名其妙，只要能得到正確的答案，用什麼方法解題有那麼重要嗎？因此，決定撥空到學校和老師談談。可惜我的代數老師並不知道我老爹是何方神聖，以為他是來找碴的白癡。兩人當然不歡而散。老師到後來，還一直認為自己碰到一個數學一竅不通的傻子。我父親起初拚命忍耐，咬緊牙關不發一語，後來實在忍不住了，大發雷霆。第二天，我就轉到別的班級去上課了。到了第二年，這種不依正統方法解題的做法，再度面臨同樣的困擾。後來變成由父親在家裡教我數學，我只去學校參加考試而已。

好為人師，善於溝通

在我整理老爹信件的時候，很多像這類事情的回憶，蜂擁而至，好像還只是不久之前發生的。我記得一九九〇年曾經看過幾封父親寫的信，其中有一封我的印象特別深刻，是寫給他以前的一位祕書的。他在信裡感嘆自己的孩子還太小，不知道要等到哪一天才有機會含飴弄孫。我稍微算了一下，他寫這封信的時候，我才讀高二呢。我當時還覺得這件事很好笑，想像自己在多年以後再看到這封信，一定覺得很有趣。

時間過得很快，一晃就是十四年了。二〇〇四年五月，加州理工學院把父親的檔案運給我，總共有十二抽屜的文件，好幾千份的內容，把它們迅速瀏覽一遍就要花上很多時間。這些東西大部分當然是科技性的，是他和同事談論物理學的發展、參加研討會之類的活動，所留下來的筆記、信件、課程內容等資料。但是檔案裡面約有三分之一，並非是科技性的，這些絕大多數是信件。不僅如此，我想起家裡的儲藏室裡還有很多有關老爹的東西，如剪報、照片、家庭生活相片，以及私人性質的信件。

由於我父親的書，不論是演講集或故事，絕大部分都取材自口語的資料，全都經過編輯的精心潤飾。而我父親又經常把「我的文法不好」掛在嘴邊。因此開始的時候，我不敢奢望在他寫的東西裡，能找出什麼寶貝來。但是整理他的信件時，看著看著，我卻著迷了。寫這些信的人展現出思路清晰、見解透澈、體貼、謙虛、有教養、風趣而又迷人的魅力來。

我對父親寫了這麼多的信深感訝異，他不但寫信給科學家，也寫給一般人。海倫．涂克（Helen Tuck）是我父親的老祕書，從一九六〇年代中進入加州理工學院後，就一直爲我父親服務，將近三十年。根據她的說法，我老爸喜歡自己回信。他的桌上永遠亂七八糟，堆滿一些拆過或沒拆過的信。而他回信與否，完全看心情，高興了就回回信，否則就放著不理會。但似乎他高興的時候不多。

後來海倫說服我父親，由她拆閱來信，再把同類的信件整理在一起，使我爸可以一次整批的回信。我爸很喜歡這個主意。海倫很快就知道，什麼樣子的來信會引起我父親的興致，很快回信。當我把父親回信給許多尋常人的事，告訴幾個我爸生前的好友時，他們都覺得有些吃驚。他幹嘛浪費這麼多時間給陌生人寫信，而不多花些時間在同事身上。我拿這個問題請教一位同在加州理工學院的父執輩。他告訴我，那是因爲我老爹是個非常親切的人。當然這是一部分原因，但我相信還有進一步的理由存在，極可能是我父親好爲人師，總想把自己知道的東西告訴別人。

在一篇他爲加州理工學院《工程與科學》期刊所寫的、有關教育的文章裡提到：「問題在於清晰的語言。要有清晰的語言，才能和別人清楚溝通某個觀念。」（見第654頁）雖然當時這段說詞是爲數學教科書所寫的，但我相信從這段話裡，我們正好能看出他是個很有效的非凡溝通者。這些信件正好證明了他卓越的溝通技巧，以及他希望別人能瞭解的願望。當然，字裡行間也透露出他對世界的熱情與好奇心。這一點，我們從一段他寫給一個年輕學子的回

信中，得到最好的詮釋：「你不可能單靠物理，就想發展出健全的人格，生命裡的其他部分也必須融進來。」（見第512頁）

由於哪些信要回、哪些信不回，都是他自己決定的，我認爲這些回信完全代表了他個人的行事風格，同時也代表他關心哪些事情，認爲哪些事須做適當的反應。有件事令我嚇一跳也深受感動，原來他還寫過一封信給我的高中代數老師，爲他帶來的困擾致歉（見第537頁）。

字裡行間，真情流露

我決定把這些信件，基本上按照時間的先後順序來排列，只有少數例外。而調整的理由不過是注意到事件的連續性，想使事情更清楚、更有趣而已。另外，我把來信和回信放在一起，做個清楚的交待。日期最早的信件出現在一九三九年，是他寫給他母親、也就是我祖母的信。而由他寫給第一任妻子阿琳的信中，我們可以隱約看到他早年參加原子彈研發計畫時過得是怎麼樣的生活，並且勾勒出他年輕時甜蜜浪漫的愛情故事。此外，由於當選美國國家科學院的院士和得到諾貝爾物理獎都是很重要的主題，我也把和這兩件事相關的信件整理在一起。書裡其他部分的書信安排，只是想讓大家充分瞭解他生活上的浮光掠影。

關於我父親的書很多，我比較喜歡的是《別鬧了，費曼先生》、《你管別人怎麼想》與賽克斯（Christopher Sykes）所寫的《天才費曼》（*No Ordinary Genius*）。不過這些書都取材於口述的資料。但現在你看到的這本書，都是他親筆寫的信，這些信自己會說話。這些信綜合起來，展現出一種前所未見的費曼的特質。在某種程度上，寫信比談話更深思熟慮，充分展現出一種自信和親切的情緒。

雖然信件的對象是個人，但我考慮到影響個人的事件，時間往往很短暫，而這些信件所包含的意義卻有深遠的歷史價值，因此我還是以一個完整的主題，把它們呈現出來。在我閱讀了好幾百封信之後，我發現到有一篇東西可以代表這些信件所要傳達的意涵，就是他在諾貝爾獎頒獎典禮上發表的感言，這或許也是他最動人的表白，符合很多人心目中對他的尊崇。在這篇感言中，他似乎暫時擺脫那些經常困擾他的表彰與誇耀，得到一種內心的寧靜，而且對於那些加諸在他身上的所有美好之物，表達出感恩的心意。這篇感言所流露出來的清澈、優雅、風趣和樂觀，或許正是這本書信集最好的緒言。

我的工作已經得到普遍的認同與應有的獎賞。我的想像力一再延伸出去，設法到達一種更高層次的理解。然後突然間，我發覺自己已單獨站在一個全新的角落，自然界的美妙模式在眼前開展，顯現出真正的宏偉莊嚴。這就是我的獎賞。

接著，我看到有些新的工具，讓人比較容易到達這種較高層次的理解階層。我也看到有人利用這些工具，竭力發揮想像力來探索更進一步的神祕。這就是對我的肯定。

接著，我得了諾貝爾獎，各種消息如雪片飛來。據說很多人拿著報紙，爸爸告訴媽媽，先生告訴太太，小孩子奔跑著去按隔壁鄰居家的門鈴，嘴裡嚷嚷「我早告訴過你」之類的話。這些人可能沒有什麼科技知識，擁有的只是愛護我和對我的信心。我接受到各種各樣人的道賀，從朋友、從親戚、從學生、從以前的老師、從我的科學家同事，甚至從陌生人。有正式的讚賞、善意的取笑、各種宴請、各樣禮物。總之，是各種各樣的訊息以多采多姿的方式呈現。

不過在所有這些訊息中，我看到兩個共同的元素。每個訊息都包含這兩項內涵。它們一個是喜悅，另一個是感動。（你們看，我以前常有的羞怯，現在都一掃而空了。）

我得到諾貝爾獎，讓這些人有個機會，把對我的感情宣洩出來，讓我也有機會知道。每一份喜悅之情雖然都相當短暫，但是有這麼多人藉著各種機會，一再於不同場合表達出來，終究匯聚成一種人類長久的喜悅與快樂。而每個人所釋放出來的，對彼此的感動，讓我深切感受到朋友和同伴的愛。我對這種感受從來沒有像今天這麼深刻過。

基於此，我要特別感謝諾貝爾先生，以及很多努力把他的願望以這種特殊方式表現出來的人。

因此，我要感謝各位，瑞典的朋友，感謝你們的桀典、感謝你們的號角、也感謝你們的君王——請原諒我的魯莽。我終於知道，這些繁文縟節也能打開人心內的窗。由聰明而平和的人民來做這些事，也可以激發出人與人之間的好感，甚至是愛，連遠在天涯的人也可以感覺到這股溫馨的情懷。我為我學到這一堂課，深深感謝你們。

父親讓我們知道怎麼觀察這個世界，也讓我知道如何開懷大笑。為了這個緣故和其他更多的事情，我深深感謝他。

序

永遠的費曼——一個活躍的科學家

費瑞斯（Timothy Ferris）
（加州大學柏克萊分校名譽教授，著有《預知宇宙紀事》）

費曼是第一流的科學家，同時也非常有名。

這兩種特質並不一定會同時出現在一個人身上。有些諾貝爾獎得主，同時也是家喻戶曉的人物，像居禮夫人（Marie Curie, 1867-1934）、愛因斯坦（Albert Einstein, 1879-1955）或海森堡（Werner Heisenberg, 1901-1976）。但也有一些諾貝爾獎得主，在專業領域之外鮮爲人知，例如：狄拉克（Paul Dirac, 1902-1984）、鮑立（Wolfgang Pauli, 1900-1958）、錢卓斯卡（Subrahmanyan Chandrasekhar, 1910-1995）等人。這兩種人到底有什麼不同？爲什麼費曼會那麼有名氣？

當然，有時候外在的環境會決定該把聚光燈打在哪個人身上。雖然海森堡的「測不準原理」對量子力學非常重要，卻不是他名滿天下的主要原因；他的學說正好和當時哲學與心理學對於理性的不確定性，激起強烈的共鳴，才是關鍵所在。居禮夫人對放射性的研究，證明女性也可以在崇高的科學聖殿和男性一較高下，取得一席之地，因此聲名大噪。而在一九一九年，英國龐大的科學探險隊到非洲去觀測日全食，果然發現星光受到太陽的重力影響而偏折，證實了愛因斯坦的廣義相對論。這讓大戰浩劫後的世人，升起理性、和平時代的想望，當然也使愛因斯坦的大名人盡皆知。

但是這些因素都不能解釋費曼成名的原因。他雖然參加過曼哈坦計畫，最後發展出原子彈；但除了這件事之外，很少上報紙的頭版。他的研究成果雖然在物理圈內的評價很高，但卻很少人能瞭解，一般民眾能夠欣賞它的，更是鳳毛麟角了。

賣力演活了他自己

費曼獨特的個性是最主要的原因。就曾經有人批評他，刻意營造出一種鮮明、強烈的個性，來凸顯自身形象。批評者說他：「拚命使自己顯得與眾不同，特別是與他的同事和朋友不同。」說他：「把自己圍繞在一圈神祕的氣氛裡，花很多時間與精力，製造個人軼事。」不過費曼的親密同事並不同意這種說法。

雖然費曼談吐直率，像個布魯克林區來的藍領階級，玩森巴鼓，喜歡在上空酒吧流連，爲吧女畫素描，表現出一副放浪不羈的樣子。但這類行爲是很常見的，每個人或多或少都會有一些。就如愛爾蘭作家王爾德（Oscar Wilde）觀察的，「生活的第一項義務，就是裝模作樣的擺出一種姿勢。至於第二項義務，到現在還沒有人發現。」

既然每個人都在盡力裝模作樣，我們不能因爲費曼的書銷得好，或者他是媒體的焦點，就責備他演得過分賣力。這是不公平的。

很多人和費曼之間有不同程度的關係。有的人只是略有所聞，有的人聽過他幾場演說，也有的人追隨他的腳步在做研究。與當中一些人訪談之後，我覺得費曼的盛名和外在的環境沒什麼關係，也不是他特別努力裝模作樣得來的。主要是來自他的核心本質——一個活躍的科學家；特別是在所有的行動上，都反映出他篤信自由、誠實和熱情的科學家精神。

科學家追求自由，這是他們選擇這個行業的先決條件，同時也是得到的報償。費曼在行動上把這部分表現得淋漓盡致。一九八六年，他參加由美國總統任命的挑戰者號太空梭事故調查委員會，調查太空梭失事的原因。在一封寫回家的信裡，他說自己「完全是自由的，可以不受任何層級的任何人影響。」（見第583頁）

後來他還在媒體面前即席表演，說明酷寒的氣候使得固體燃料增力火箭上的O型橡皮環裂碎，燃料燃燒產生的熱氣外洩，引發爆炸，是事故的主因。這和其他專家咬文嚼字的證詞完全不同。費曼已爲科學實驗的力量，創立了一個很獨特的典範，這場即席表演可以說是二十世紀的一項偉大實驗。

費曼經常鼓勵學生，自由自在的追求自己最感興趣的事情，不必過分擔心其他課業的要求、長輩的期許或就業的考量。當有個老朋友擔心，不知道該叫自己十五歲的兒子學理科或工科，寫信來求教的時候，費曼回答他：「鼓勵他去做他喜歡的事。」（見第199頁）

他也勸另一個學生，「努力找出讓自己著迷的東西，」（見第358頁）這個學生後來成爲美國航太總署的科學家。

有位小姐寫信來，說自己「研究物理但憑興趣，從未受過專業學術訓練」。費曼回信說：「必須拚命努力才行。哪個題材吸引你，你就盡可能以原創的、最不墨守成規的方式，努力鑽研。」（見第324頁）

堅定信仰科學精神

至於始終如一的誠信特質，很多著名的科學家最後都馬失前蹄，落入這個陷阱——在成爲公認的權威之後，利用這種優勢爲自己的觀點辯護。（愛因斯坦常說這個笑話：「爲了懲罰我蔑視權威，命運讓我變成另一個權威。」）

費曼卻躲過了這個命運。雖然他在幾個物理學領域裡，已經是很成功的講員和權威，但他一直保持近乎本能的叛逆性格。他同情那些在門牆之外的學子，更甚於座上的賢徒。他喜歡回答一些有深度的問題，享受解惑的樂趣，而不願意追逐那些錦上添花的虛譽。他曾勸一位十九歲的大學生，說：「別管那些權威人士說什麼，要自己想一想。」（見第460頁）

有次，某位加州理工學院的學生在一場討論會上，詢問著名的天文學家特納（Michael Turner），組成宇宙的那些暗物質的成分。學生問特納，他偏愛的粒子是什麼？費曼聽了忍不住插嘴：「你爲什麼要知道他偏愛什麼？去想想你自己偏愛什麼！」

拒絕接受簡單的答案，又不肯信賴權威，是必須付出代價的。這樣的人，要能接受自己的無知，願意忍受一些模糊。這對費曼都構不成困擾。費曼說過：「我可以活在疑惑和不確定當中。」「活在一無所知的情況，遠比知道答案、但答案可能是錯的，要有趣得多。」他曾經爲科學下定義：科學，是相信專家是無知的。

雖然費曼一再聲稱，自己對政治「無知到近乎白癡」，但其實他是當代科學家中，少數能確實掌握科學對促進民主和人權的重要性的人。〔另一個人是美國著名天文學家薩根（Carl Sagan, 1934-1996），在他晚年的時候也掌握到這個重點。〕一九六三年，費曼在西雅圖演講，主題是爲什麼科學家要能夠自由的研究這個世界？他說：「用一種懷疑和不確定的態度來處理問題是很重要的……這種態度也可以延伸到科學以外的事務。」

科學家都知道，一種成熟的「懷疑理念」是極有價值的。就因為有這種理念，科學的進展才有可能。而這種進展也是自由思想的果實……因此我覺得科學家有責任，公開宣示這種自由思想的價值，並且教導大眾，懷疑的態度沒什麼好怕的。有這種懷疑的態度，人類的潛力才可能發揮出來。如果你知道自己對某件事還不太確定，你就有機會改善目前的狀況。我要為我們的後代子孫，要求享有這種懷疑的自由。

冷戰期間，學術界有很多人受到馬克思社會主義思想所迷惑。費曼卻清晰的提出自己的看法。他認爲「社會主義」和「資本主義」的衝突，本質上就是「壓抑思想」和「自由思想」之間的矛盾。

一九六四年，他婉拒出席一項由蘇聯核能聯合研究院籌備舉辦的研討會。費曼寫信表示：「如果一個國家的政府，並不尊重科學意見的自由交換，也不承認客觀事實的價值，更

不允許科學家出國去和他國科學家作學術交流；我對於到這種國家參加研討會，心裡實在老大不爽。」（見第235頁）

鍾愛物理，熱情洋溢

除了表現出一般人對第一流科學家所期待的自由精神與眞誠之外，費曼還有一股強烈感染力的熱情。就連那些不太懂科學的學生，也感受到這股熱情的魅力。

享有盛譽的物理教科書《費曼物理學講義》，對加州理工學院的大一新鮮人來說，其實是太難了一點，課堂上很多學生，聽聽就潛逃了。但教室裡的座位卻永遠是滿滿的，因爲有很多入迷的高年級生和教員跑進來聽講，而這套書到今天依然很暢銷。部分的原因是費曼在書裡，洋溢著他對物理學的熱愛。

大多數推廣科學的人，都想把科學人性化，因此常用詩歌、藝術或哲學來粧點。但費曼卻反其道而行，他寧願把科學不加掩飾的、赤裸裸的展現出來。就像讓我們看一隻野生動物，很自然的讓牠展現出天生的習性與本能。

費曼毫不掩飾自己對「科學的優越性」的看法，認爲科學是研究大自然最好的方式。他寫道：「實驗與觀察是判斷某種想法對錯，唯一可拍板定案的方式。科學不是一種我們緊緊追隨的哲學理念，而是事實的展現……我喜歡科學，因爲當你想到某個想法時，可以設計實驗來檢驗這個想法的眞僞。大自然藉實驗結果表示出意見，你會得到一些實質的進展。其他學問並沒有相等的方法可以拿來分辨眞僞。」

英國物理學家斯諾（C. P. Snow, 1905-1980）認爲「科學」與「人文」是兩種文明，中間存在巨大的鴻溝。大師級的人物應該要建造一般人可以跨越鴻溝的橋樑。但費曼對此事不感興趣，他堅持科學本身足以發掘所有的自然之美。或許這一點有人是不贊同的。

幽默自嘲，寬厚待人

費曼的演講方式是即席的，大開大闔、氣勢逼人。費曼說過：「我不會說文謅謅的英文」，他很多內容是臨場才思考的。費曼不喜歡呈現那種事先想好、細心修飾過的東西。

我曾經聽過他一場很特別的演講，好像是有關「玻色—愛因斯坦凝聚」（Bose-Einstein condensation）的題目。我記得他在講台上走來走去，一直想在最後失敗之前突破困境。後來他自嘲說：「我每隔五年就講一次這個題目，每次都覺得，只要我再多講一次，應該就能把它解決。但這一次還是失敗了，講不下去。」

他願意這樣公開嘗試，使我想起一句丹麥物理學家波耳（Niels Bohr, 1885-1962）的名言：「永遠不要表現得比自己所思考的更清晰。」以及封維茨薩克（Carl Friedrich von Weizsacker）對波耳的評論：「這是我第一次看到一位物理學家，爲自己的思想所苦。」

費曼還有一種強烈的特質，就是有幽默感，經常開自己的玩笑，否定自己。美國著名諧星馬克士（Groucho Marx）曾經開玩笑說：「我拒絕加入那些願意讓我成爲會員的俱樂部。」曾經有個籌辦中的研討會，預備降低門檻，廣納各方英雄，也邀請費曼參加。費曼回信說：「我倒想請教，爲什麼要邀費曼那個傢伙？就我所知，他在這個領域裡並沒有做什麼研究，

也沒有比別人高明的地方。如果你能再精簡一下名單，只邀請這個領域的核心專家，我或許會考慮列席。」（見第465頁）

當費曼偶爾弄錯什麼事的時候，他會天眞的取笑自己，坦率得令人動容。「我弄錯了。你因爲相信我，也跟著受害。我們都運氣不好。」（見第440頁）

他常自承盡是做些傻事。在後面的書信當中，就出現了很多次。

有人覺得這個當代最聰明、最能幹的人，習慣於說自己很傻、懶惰和矛盾，有點矯情。但費曼也許只是想表示，自己也是凡夫俗子，並不是天縱英明。

値得一提的是，藝術或科學上的偉大成就，並不是由完人所創作出來的。那些創作者也是凡人，也和我們一樣，能力都有所局限。這一點，牛頓說得很好。他說：「我就像一個在海邊玩耍的小男孩……無意間撿拾起一顆比較光滑的小石子，或特別漂亮的貝殼。而眞理仍像眼前的大海，猶待人探索。」

深切瞭解到自己的缺點，費曼對別人的缺點表現得特別寬厚。由後面這些書信當中，我們會發現他經常爲一些學藝不精的科學家，解決疑難雜症。有時也回答一些「怪人」提出來的問題。只要提出問題的人是眞誠的，就可以感動他回信。

其中有一封非常特別的信，是一個叫韓福特（Bernard Hanft）的人寄來的。他在信裡附了一個綁著線的墊圈，告訴費曼，墊圈掛起來之後會有一種自發的轉動現象。他認爲這是一種新的力，而且大言不慚的命名爲「韓福特力」。很多科學家在接到這種信之後，大都一笑置之，或者禮貌性的回應一下就算了。但費曼不同，他如同韓福特所衷心期盼的，採取行動，親自做了一些實驗，找出原因。然後回了一封很開心的長信，說明前因後果。最後還親切的向韓福特致意，「再度謝謝你，讓我注意到這些有娛樂效果的現象。」（見第562頁）

永遠抱持懷疑的態度

這些書信當中，蘊藏著很迷人的魅力。裡面有熱愛、有心碎，不時還出現智慧的靈光。讓我們知道寫這些信件的人，畢竟是他那個時代最聰明的思想家之一。

顯然，科學所發現的浩瀚宇宙，使得聖經故事更顯得薄弱無力。費曼曾提到：「這麼浩瀚的空間，這麼多不同種類的動物、植物，這麼多不同的原子和星球的運行，所有這些都只是上帝建造的一個舞台，只是為了觀察其中一種叫做『人』的生物，在裡面與善惡掙扎纏鬥。這是大部分宗教的想法。為這麼一場戲，這個舞台未免太大了。」（見第621頁）

這種想法，在另一個例子裡充分顯現出來。一九七六年，加州理工學院有位教英國文學的女教授要成為終身職，校方行政人員多方刁難，女教授一怒之下，訴諸司法，造成喧然大波。後來這位女教授終於成為加州理工學院第一位女性終身職教授。《加州科技》雜誌報導這件事的角度有些偏頗，於是費曼寫了一封信去給編者。信中，費曼脫口而出，說了下面這段至理名言：「在物理世界裡，眞相很少是完全清楚的，更不用說在那些和人有關的事了，怎麼可能會如此清晰呢？因此，沒有任何疑點的事，不可能會是事實。」（見第454頁）

書架上可能排滿了令人肅然起敬的哲學巨著，但內容未必有費曼這句即席、原創的名言來得深刻，「沒有任何疑點的事，不可能會是事實。」這句話也可以說總結了費曼對我們世界的一些主要觀點。

在瀰漫著不確定的條件當中追求眞理，研究人員應該永遠抱持著懷疑的態度。這就是科學的精神，也是全世界對費曼喝采的主要原因。

只要科學能繼續發展茁壯，大家就永遠記得費曼。

第一部

普林斯頓（一九三九至四二年）

要結婚這個決定，是現在的決定，而不是五年前的決定。

The Letters of Richard P. Feynman

一九三九年六月，費曼從麻省理工學院畢業。他本來打算留在麻省理工繼續念博士，但是斯萊特（Slater）教授勸他說：「你應該到外面去看看其他的世界。」於是他轉到普林斯頓大學去念研究所。在這些早年的信件中，他向住在皇后區、法洛克衛的雙親，報告生活狀況。這是他初次踏入無法預期的研究生生涯和教書生涯。生活裡包括了罐頭食物、手頭拮据和作息的不規律。

在這段時期內，盤據在他心裡的，除了他獻身的物理學和早年參加的軍事研究計畫外，還有個美麗的年輕小姐，叫做阿琳。他們倆人在一九四二年六月二十九日結婚，就在他得到博士學位之後兩個星期。

這些早年的信件除了表達出一股年輕人熱愛生命的心聲之外，還出現了幾個有趣的特質或主題，似乎隱約貫穿了費曼的一生。首先，他非常注意細節，幾乎是明察秋毫。其次，他對自己所做的決定充滿信心。再來就是他對時間似乎有一種矛盾的複雜心態。雖然他很詳細的記下自己寫信或昨晚上床的時刻，卻經常表示「我忘了今天是幾號」或乾脆略而不提。

在這段期間，費曼剛開始踏上職業生涯的起點，信中充滿了年輕人的精力與熱情。他的第一篇論文也是在這個時期發表。很巧的是，這篇投給《物理評論》（*Physics Review*）的論文也是書信的格式，是他和麻省理工學院的教授瓦拉塔（Manuel S. Vallarta）共同具名的，談的是恆星對宇宙射線散射的干涉。這篇論文本身並不是什麼了不起的大作，但文章裡的思考過程卻成爲他研究工作的一種特質，也預兆了他在一九四〇年代後期的偉大論文。

費曼致母親盧西莉（Lucille），一九三九年十月十一日星期二

費曼這年二十一歲，剛到離家七十英里的新澤西去就讀普林斯頓大學。

親愛的老媽：

我很喜歡你說的「什麼時候跑來看我」這個主意。你何不在某個星期天的早晨跳上火車？我會在這裡的車站接你。不必管老爸跟不跟來，你只要注意他有沒有飯館子可以去吃飯就行了。當然，我不是不喜歡和老爸碰面，不過他還不是常常自顧自的跑去出差？你只要爲自己準備一次花小錢的出遊就可以了。哪個星期天都行，只要事先通知我，好讓我抽出空來陪你。其實，如果你擔心花錢，兒子我可以請你客。一定很好玩的。

雨衣收到了，很好看。不過我覺得做雨衣的人都很笨。下雨的時候，褲子下面全溼透了。我現在穿雨衣的時候，覺得它熱得要命。尤其當雨停了、太陽出來的時候，更是難受。

昨天晚上，惠勒（John Wheeler, 1911-，費曼的指導教授）教授忽然有事離開學校，我只好替他上今天力學的課。我昨夜花了一整晚的時間，準備今天的課程。上課過程順利，相當平靜，是一次很不錯的教學經驗。我猜以後會有很多教書的機會。

一切太平無事。前兩次划船我都沒有再掉進水裡。我想我已經抓到划船的要領，以後應該不會再落水了。這麼說是因爲我的確掉下去過。

等我回家時，再把所有的趣事詳細告訴你。

愛你，理查・費曼

費曼1939年攝於普林斯頓大學圖書館。

費曼女友阿琳，攝於1939年。

費曼致母親盧西莉，一九三九年十一月，某個星期一

親愛的老媽：

有件最好的消息要告訴你們，可惜你已經知道了。阿琳到學校來看我。天氣很糟糕，但我們度過了一段美好時光。

媽，你一定要來看看我。雖然你在信裡一再表示，很想找個機會過來。但以我對你的瞭解，或許這份瞭解很膚淺，我知道如果不一直催促你，你是一定找不出適當的機會的。我們來約個日子如何？在下封信裡，就寫個確定的日期。

我學校的事很平常，沒有什麼特別值得寫的東西。

不過雖然我上星期過得很順利，現在卻碰上一個數學上的難題。我要嘛解決它，或者躲開它，或是找個不同的辦法。但這些措施都要耗掉我很多時間。不過我忙是忙，心裡卻很快樂。這些正是我喜歡做的事情。我從來沒想過會有一個問題要花我這麼多的時間。如果一點進展也沒有，我會相當懊惱。好在我已經有一些進展，其實應該說有相當進展，至少惠勒教授覺得很滿意。不過到現在爲止，問題還沒有完全解決。我現在正開始估算，到什麼時候才能把它收拾掉，並且考慮該怎麼做。（上面提到的數學難題，好像一直隱隱約約的出現在我面前。）眞棒！

當我說「眞棒」的時候，我是認眞的。不要認爲我只是在安慰你們。

告訴老爸，我已經排出一個進度表來有效分配我的時間。而且我將盡可能的照表操課。

不過這個進度表裡有很多時段，我並沒有硬性規定自己要做什麼。我會利用這些時段，做我認爲最必要、或者最有興趣的事，不管是惠勒教授給的題目，還是閱讀氣體動力論。

當你和老爸說時，順便把這個長除法的問題告訴他。式子裡的每一點，代表某個數字（任意數字），而A則代表相同的數字（例如3）。沒有一個點所代表的數字是和A一樣的，也就是說，如果A是3，則沒有一個點會是3。看他能不能解得出來。

愛你們，理查·費曼

Kinetic Theory of Gases, etc.
& While you're talking pop, give him this problem in LONG DIVISION.
EACH OF THE DOTS REPRESENTS SOME DIGIT (ANY DIGIT). EACH OF THE A's REPRESENT THE SAME DIGIT (for example, a 3) NONE OF THE DOTS ARE THE SAME AS THE A (ie, no dot can be a 3 if A is 3).

```
              . . A .
     . A . ) . . . . A . .
             . . A A
              . . A
              . . A
               . . . .
               . A . .
                . . . .
                . . . .
                      0
```

Love.
R.P. Feynman

（© courtesy Joan Feynman）

費曼致母親盧西莉，一九四〇年十月

親愛的老媽：

我以前從來不曾這麼久沒有寫信的。我也不知道爲什麼，不過我以後不會再這樣子了。

非常感謝你們回我的電報。我會在星期二登記投票——星期三有徵兵的投票。

「貓咪」明天會來看我。（米雪注：貓咪是阿琳的暱稱。）

我最近選了一門生物系開的「生理學」課程，研究生命的過程。它是一門爲研究生開的課。但我沒有上過大學部的相關課程，只在假期看了一些生理學的書，也不知道自己到底吸收了多少。和我一起上課的其他三位同學在這方面都比我知道得多。但我可以聽得懂上課所教的東西，而且毫不費力就跟得上進度。

你回去的那天晚上，有個同學來看我，我們把你留下來的糯米布丁和大部分的葡萄都吃了。第二天早上，我把剩下的葡萄全吃光。

幾天後的一個晚上，有兩位數學家來拜訪我。我們吃了一些脆餅乾、花生醬、果凍，又喝了一些鳳梨汁。在開罐頭的時候，我費了一番手腳。因爲我缺一把很好用的開罐器。

隔天，兩位數學家就送了我一件禮物，居然就是一把很棒的開罐器。我覺得這是很實用的貼心禮物。

前天晚上有個朋友來拜訪。我們喝了些茶，又吃了一點餅乾。我現在很方便燒開水了，因爲我去買了一個鍋蓋。

有趣的事還眞不少。

好啦！我得回去工作了。

愛你們，理查·費曼

阿琳寫給費曼，一九四一年六月三日

理查甜心，我愛你。我對你的愛比我說出口的要多很多。或許我們可以規劃一個更快樂的生活計畫。除了我的快樂之外，也應該考慮到你的立場。我們對於類似棋局的生命遊戲，可以學習的地方還很多呢。而我不要你爲我犧牲任何東西。

明天，特維士醫生要來看我，和我談談。根據伍迪醫生的說法，特維士有些消息要告訴我。我懷疑他是不是想說那個腺體熱的老故事。記得你好像提過，伍迪以前本來打算對我說的。其實我已經認命，預備接受我的病情了。但南恩寫信來，說我有權利另外指定醫生來看診斷結果，而且一定要他看看切片檢查的報告。南恩也建議了一位醫生。在你這個週末回家之前，我會研究這件事。我們可以一起去看他。

我知道你正爲即將提送的論文拚命工作，同時還有很多別的瑣事也需要打理。對於你即將有什麼東西可以發表，我開心得要命。當你的努力得到應有的承認，對我是一種很特別的刺激。我希望你繼續努力，對全世界和科學界全力付出。如果我是個藝術家，我也會爲藝術竭盡所能的付出一切。可惜我現在只能畫些小品。

親親，我愛你。如果有人批評你，記得每個人都喜歡和別人有點不同。但我永遠全心全意的支持你。你的快樂對我非常重要，就像我的快樂對你也很重要一樣。我們所面對的問題，連亞里斯多德都曾感到困惑——「人類最主要的『善』是什麼？」

不論何時、何地，我永遠愛你。

你的貓咪

費曼致母親盧西莉，一九四二年三月三日

在回信的首頁上，有張小紙條，是從他母親的來信上撕下來的。上面的記載是：

你寫著，我有60元
付洗衣費　18元和2
付會費　13元和3
母親來訪　10元
結餘　19元

唉！理查，你愈來愈差勁了！我怎麼算，結餘都是14元。到底怎麼回事？誰算術不行？

親愛的老媽：

我來告訴你怎麼回事。

費曼攝於1942年。

(© Michelle Feynman and Carl Feynman)

如果你仔細看我的信，會發現我寫的意思是「我得到收入60元。花費的第1項是洗衣費18元，和第2項的會費13元，和第3項的母親來訪開銷10元。」其中的2和3只是項次的數目，並不是開銷，不必加上去。

我的二百六十五元已經入帳（我有沒有告訴過你？）我花了二十分鐘去計算，要怎麼存這筆錢，才能得到最多利息。依據計算，我最多能得到五十三分錢的利息。但是有趣的是，在最糟糕的情況下，我也有四十五分錢的利息。我認為我的時間應該不只有這個價碼，二十分鐘才多賺四分錢。（要證明我的計算能力並沒有問題，我要進一步解釋四分錢這個數值是怎麼來的。如果我沒有做任何計算就隨意存入這筆錢，結果不一定最好，但也不一定最差。隨機處理最可能得到的結果，是最高和最低的平均值，也就是五十三分錢和四十五分錢的平均值。因此，我最可能得到的利息是四十九分錢，和我花了二十分鐘計算所得的五十三分錢，相差只有四分錢。這是機遇定律的說法，八分錢變成四分錢。）

我在普林斯頓，每星期工作四十八小時，每二十分鐘大概可以賺十分錢。（好吧，說得精確些，應該是十又十二分之五分錢。若是二十分鐘只賺十分錢，那每星期得工作五十小時。）

我想，你現在可以安心的關門睡覺了。其他就沒有什麼事好說了。除了老爸的來信，你知道信上說的是什麼事，我今天會回信給他。

愛你的　理查

附筆：祝你結婚周年紀念日快樂，也預祝老妹瓊恩生日快樂。我怕到時候給忘了。

費曼致父親梅爾維爾（Melville），一九四二年六月五日

親愛的老爸：

如你所建議，我跑去請教史邁斯（Henry DeWolf Smyth, 1898-1986）教授，看看結婚對我的學術生涯會有什麼影響。他表示所能想到的，只是可能有人會因爲我結了婚而不想雇用我。因爲他們可能認爲我有了負擔，就無法全心全意投入工作。不過他也表示，這對他來說完全沒有任何影響。因爲他尊重每個人的隱私權，盡可能的公私分明，不讓個人的私生活影響到公事。他認爲我結婚與否，對其他人來說可能也不會有什麼差別。

不過我特別指出，阿琳罹患的是結核病，因此我接觸的對象，是個活躍的結核病患者，他是不是會覺得，我這種情形可能不適合教書，因爲這或許有機會影響到學生。他說，他倒是沒有想到這件事。但是他對結核病這種病所知有限，他會去問問大學的校醫，也就是約克醫師。

後來他告訴我，他去請教了約克醫師。對方告訴他，只要那個女孩子是待在療養院裡，就沒有什麼問題，我和我的學生都沒有被傳染的危險。他說約克醫師很想和我談談。因此，我今天就去見了約克醫師。

醫師告訴我，他聽說我有些困擾，因此他想告訴我幾件事情，他告訴我結核病人最重要的事，就是心情放鬆，不能太過憂慮。他說這是所謂的情緒治療。我告訴他，這個我知道，而這也是我打算結婚的原因之一。如果我娶了阿琳，和現在比起來，她的憂愁會少得多。

接著他問我，知不知道結核病的病人不能懷孕？如果她懷孕，對病情非常不利。我說我知道，這件事不會發生，不必擔心。

後來，他說還有一件很重要的事必須告訴我。不知道我是不是仔細想過了，事實上，結核病患者不一定都治得好。他要瞭解我是不是考慮過這種最壞的情況，能不能夠負起責任？

接下來，我們討論了各種情況，如何照顧阿琳，她可能有多少時間……之類的問題。我們也談到應該把她放在哪裡，而他也提醒我，不要送到私人的療養院去，因爲太貴了。他問我，雙方家長的意見如何。我告訴他，阿琳的父母倒是沒有反對。但是我爸媽很擔心我給傳染到，或者會把結核病菌帶出來，傳染給別人。爲了這個和一些其他的理由，他們不贊成我和阿琳結婚。

他說，我應該知道，結核病雖然是一種傳染病，但卻不是那種很容易蔓延開來的傳染病（我問他，這是什麼意思？他的意思大概是說，結核病菌並不會在空氣中到處瀰漫，而你也不會只因爲和病人接觸，就染上結核病……等等。我沒辦法說得很清楚，顯然是傳染的難易有程度上的不同。）他告訴我，在療養院裡拜訪阿琳，比走在大街上得結核病的機會還低。因爲在療養院裡，他們會很小心的處理病人的唾液，而病人的廢棄物都經過焚化處理。但街上很多人都漫不經心的隨地吐痰。我覺得他的說法有些誇張。不過我還是覺得你們不必替我擔心。這樁婚姻，不會讓我和我的朋友處在很大的危險當中。

愛你，理查·費曼

費曼1942年6月16日從普林斯頓大學獲得博士學位。

費曼致母親盧西莉，一九四二年六月，日期不詳

下面這封信是費曼給母親的一封回信。在給兒子的信中，盧西莉表達出對兒子的愛，但還是列出她對費曼想娶阿琳這件事，擔心的問題點。她怕阿琳的病會賠上兒子的健康與前程。她也擔心阿琳的醫療費用昂貴，非兒子所能負擔（例如氧氣、醫師、看顧等等）。盧西莉認爲費曼想結婚，根源在於想討好自己所摯愛的人（「就像你以前偶然肯吃些菠菜來討好媽咪。」）因此建議兩人何不保持在「訂婚」狀態？費曼正式寫了回信，簽名的時候不但用了正式的寫法，還在名字後面加上剛得到的博士銜，表示自己認眞的態度。

親愛的老媽：

我應該早點給你回信的。但近來幾天，我都在忙著處理幾個物理問題。現在，我剛好給卡住了，沒有辦法再進行下去，正好可以抽空回你信。

我把你寄來的信也附在裡面，這樣子，你就知道你擔心的是什麼事，而我回覆的是哪一點了。

關於來信提到的第一點和第二點，我已經依照老爸的建議，去請教了史邁斯教授，另外也見了學校的校醫約克醫師。醫師告訴我，我在療養院裡看望阿琳的時候，得到結核病的機率，比走在街上還要小。我認爲他有點言過其實了（詳細的過程我寫在那封給老爸的回信，相信你也看得到，我就不重述了）。他說結核病雖然有傳染性，但並不會輕易傳染給人。我也不太瞭解他的意思，就去請教沙羅醫師。他告訴我，在療養院裡，病人的唾液都經過審愼

的消毒處理，傳染病菌的機會反而很小。但在大街上，人們往往不經意的隨地吐痰。等痰液乾了以後，病菌就飄在空氣裡。而他提到，在療養院裡，空氣中反而沒有結核病菌。他說近二十五年來，尤其是最近十年，我們對結核病這種病症的瞭解，已經大爲提高。我一定不會危害到我的學生。史邁斯教授表示，以他個人的觀點，即使我太太生病，對我的職業生涯也應該不會有任何影響。至少他就不在乎。

第三點是醫療費用的問題。假如沒有人能付得起醫療費用，我怎麼能夠賺到足夠的錢來支付呢？以後誰還有資格生病？要多少錢才足夠？要估計這筆費用，有些地方是假設性的，我也假定我會賺到足夠支付醫療費用的錢。你認爲要多少錢才會足夠？

第四點，我再也不滿意所謂的訂婚狀態了。我要結婚，像個男子漢一樣的承擔責任。

第五點，這件事對我一點都不困難。近來我忽然發現自己中午外出吃飯的時候，或等人回特倫頓大樓的時候，都會不自覺的哼起歌來。我知道這是因爲我正在籌辦婚禮，所以心情愉快。我認爲，這是因爲我現在安排的事，會使兩人生活在一起，所以才格外開心。阿琳生病前，我們就經常談起，以後一起去按門鈴找結婚新居，共同安排婚禮的事。我當時就對這事充滿了期待。我想，現在正是這種心情。

我並不擔心阿琳的父母親。如果他們認爲我不會善待他們的女兒，讓他們現在去說吧。如果他們以後才懊惱我做的錯事，那是以後的事了，我一點也不會覺得困擾。你說我對第四點的事情沒有經驗，這點我承認。倒是沒有什麼話好說的。

第六點，這裡所提的花費數字，只是一種猜測。但我願意賭一賭。我認爲我會賺到足夠開銷的錢。如果辦不到，我也知道自己將會很慘，但我認了。

第七點，明年我在普林斯頓必定會有一份工作。如果我必須到別的地方去，我會到最需要我的地方去。

第八點，我要結婚，而且我要讓心愛的人達成心願。這樣，在爲別人達成心願的同時，我也達成我的心願。這是多麼神聖美妙的事。你怎麼能用吃菠菜來類比？另外，你也誤會我小時候吃菠菜的動機了。我只是怕你對我發飆，我可一點也不愛吃菠菜。

第九點，這一項我們已經討論過了，就是結婚會不會比訂婚更糟糕。我當然不以爲然。

第十點，我很抱歉這件事讓你感到難過。但我想你很快會釋懷的。

爲什麼我要結婚？

這件事和所謂「高貴的情操」無關。我也不覺得這件事是這個時候唯一正確、誠實和體面的事情。我也不是爲了在乎五年前的誓言，而不願意反悔。其實情況正好相反。這些想法都是很荒謬的。這五年來所發生的事情，如果不是我喜歡且甘之如飴的話，我早就逃之夭夭了，才不在乎有沒有海誓山盟呢。速度之快，恐怕會讓你扭到脖子。我不會蠢到讓一個過去的誓言綁住，把未來所有的生活都賠上去。情形正好相反。

要結婚這個決定，是現在的決定，而不是五年前的決定。

我要和阿琳結婚，因爲我愛她，也就是說，我要照顧她。事情就是這麼簡單。我愛她，我要照顧她。

我顧慮的事情是，爲了照顧自己心愛的姑娘，到底有多重的責任，有什麼不確定因素？

當然，我對這個世界還是有別的期望與目標，並不是只有阿琳一個人而已。我要貢獻全部心力，爲物理學付出。這件事在我心中的分量，甚至超過我對阿琳的愛。

很幸運的是，在我看來，這兩件事並沒有什麼衝突，我應該可以同時做得很好。和阿琳結婚對我以後的主要工作，應該沒有影響。如果有，也一定是很輕微的。很可能由於快樂的婚姻，以及在妻子持續的鼓勵與包容下，我會有更大的學術成就也說不定。不過有鑑於阿琳以前對我的物理工作並沒有什麼影響，我想將來也不會有太大的幫助就是了。

我覺得既可以繼續從事喜歡的工作，又能享受著照顧愛侶的喜悅，一定心滿意足。因此我準備近日內就結婚。

我是不是把所有事情都說清楚、講明白了？

你兒子，理查·費曼博士

附筆：有一點我應該特別提出來。我知道自己的結婚是一場冒險，有可能讓我陷入許多不同的困境裡。我和貓咪談過很多情況，覺得我們陷入重大危機的機會很小，但得到的喜悅卻大得多。當然，這只是我們討論過的那些情況。我們也曾仔細分析過每個情況的程度，只是細節太瑣碎了，我沒有告訴你們，只把評估的結論說出來，就是我們認爲碰到麻煩的機會很低。但是你們都覺得我碰上大麻煩的機會很高。因此我衷心的期盼，你們能夠把想到的陷阱條列出來告訴我，因爲有些東西掛一漏萬，我也深怕自己忽略了哪個重要因素。你已寫出一些我以前沒想到的事。不過仔細思索之後，我們還是覺得值得冒這個風險。我們母子間的差異在於，我們的背景、經驗和觀點都不一樣。你別擔心因爲清楚的表達立場，會使我們母子之間愈來愈疏遠。你不會的。我只希望自己不顧你們的反對，執意要結婚，不會傷害我們的母子之情。老實說，你和我對這件事的判斷差異很大，但我覺得你的判斷是錯的。我誠摯的相信，貓咪和我婚後會很快樂，而沒有人受到傷害。

理查．費曼

費曼致羅賓斯（Dan Robbins），一九四二年六月二十四日

羅賓斯是費曼在大學的兄弟會認識的弟兄。信裡談到的計畫，是早期製造原子彈的競賽。在此之前，費曼接到一封由芝加哥大學的研究團隊寄來的信，邀請他參加一個不能明說的研究計畫，只描述這個計畫是「一種新軍事應用的研究發展工作」。不過他們保證，這個計畫對第二次世界大戰有決定性的影響。後來費曼回憶，威爾遜（Robert Wilson, 1914-2000）教授如何跑到他在普林斯頓的辦公室來，鼓勵他參加這個計畫。不久之後他就簽名加入了。（請參閱《別鬧了，費曼先生》的〈原子彈外傳〉一章。）

親愛的丹尼：

我最近寫了一封信給兄弟會，打聽你的下落。我也打電話到你家去找你。我和伯母說了話，她告訴我，你已經在麻省理工學院，爲一項防禦性的計畫工作。

我之所以不厭其煩的一再找你，是因爲在我們普林斯頓的研究團隊裡，有一項工作對你非常適合。

但有個很令人困擾的問題是，我不能對你詳細描述這項工作的細節，也不能說明白爲什麼需要你。因此我很難解釋爲什麼它對你是個好機會。我只能含混其詞的，用一些很平常的語句。

（以上的詞句，是我從另一封原來預備寄給你的信上節錄過來的。我沒有把那封信寄出去，因爲我在信上把工作描述得太清楚了。看到信的人很可能間接猜出他們在做什麼，而且八九不離十。我不想重新寫一封信，怕自己不小心又犯了同樣的錯。）

我只能說，我現在找到一件非常令人興奮的工作，而且研究結果會有非常重大的影響。你眞的會覺得自己是站在正義的一邊，而且你希望自己的研究成果能及時派上用場。所謂的及時，就是比對方先做出成果來。

我做的，大部分是理論計算工作。在各種不同的情況下，會發生什麼事，以及這部分或那部分，要怎麼做效果最好。我不知道你比較喜歡理論工作還是實驗工作，但你一定能在這個計畫裡發揮所長。我們也會重視你所有的想法，以及所有的能力。在這裡，我們需要更多的想法。我非常希望你能來。

但是在做決定的時候，我看得出來你有許多問題要考慮，因爲你已經在爲一項防禦計畫工作。我想說的是，應該做那些自己覺得對戰爭最有影響、最重要的事。我聽你母親說，好像你對麻省理工的工作環境已經感到很厭倦。或許你會比較喜歡這裡。我很希望見到你，和你一起工作。不過我不認爲這種私人情誼應該列入考慮。重要的是你的專長應該要能發揮得淋漓盡致。我知道你一定很難決定，因爲我既不能告訴你這裡做的是啥事，你也不知道自己在什麼地方服務最能有貢獻。如果你有興趣，覺得換換環境也不錯，那我們可以稍做安排，找一個熟悉兩邊工作的人給你，讓你聽聽他的意見。

你近來的生活情況如何？

我最近幾天內，就要和青梅竹馬的阿琳結婚了。我也剛得到博士學位。另外，我得到威斯康辛大學訪問助理教授的一年聘書，並且獲准無薪借調軍方一年，參加他們的軍事研究計畫。聽起來似乎多此一舉，不過一旦軍方的工作突然中斷，我至少還有威斯康辛大學可待。

你能否儘早回信？

好兄弟　費曼

※米雪注：羅賓斯後來沒有接受這項工作邀請。他接受了美國海軍的一項任務。

費曼致母親盧西莉，一九四二年，日期不明

寄信地址是普林斯頓大學帕爾默物理實驗室（Palmer Physical Laboratory）。

親愛的老媽：

我沒有空寫很長的信。阿琳要我寫信給你和她母親，爲她這星期沒有回你們的信致歉。

她最近身體很不舒服。你能不能為我們打電話給她媽媽，致意並轉達一下？

你要我在信裡，談談自己和工作的情況。我直到目前為止，寫信的內容不就是你要的東西嗎？至少我的感覺是如此。其他的時間裡，生活都乏善可陳。

不過這個星期不太一樣。我們的計畫裡有個特別重要的問題要解決，而這些問題又非常有意思，因此我做得很賣力。我在一夜好睡之後，大約是在上午十點三十分醒來，然後去工作到深夜十二點三十分或一點，然後回到床上去睡覺。當然，中間會花兩小時左右的時間去用餐。我不吃早餐，但在上床之前會吃點宵夜。我這樣子持續幹活已經有四、五天了。通常我不會像最近這麼拚命工作，每天的工作時數都超過八小時。

每天日子的唯一不同之處是，有時候我出去吃午飯的時候，會帶些衣服去送洗。而在另一天我吃完午飯回來的時候，會把洗好的衣服帶回來。如此而已。

看到我這麼晚睡，我猜你們一定會嘀咕我。但你們別忘了法蘭西絲表姊在我們家裡，曾搞到凌晨四點才回來的事。記得以前我只要和阿琳約會，稍微晚點回家，你（或至少是老爸，我記不得你們兩個人是誰搬出一堆大道理來訓我）常說，不認為阿琳的父母會允許女兒在外面待到這麼晚。但是當表姊來紐約做客的時候，她不也是你們的責任嗎？也許我不該對你們提法蘭西絲的事，免得你們或她生氣。

老妹應該會是下一個，我猜她以後一定會常常天快亮才回家。你可不能數落她，她只是對天文學特別有興趣。白天又沒有什麼星星可以看，她只好多利用晚上來觀察星星。哪天等你也去當紅十字會的夜間護士或夜班助理時，就會知道有很多人是必須深夜工作的。

1942年6月29日，費曼博士和阿琳結婚。

（© Michelle Feynman and Carl Feynman）

到時候全家唯一早睡早起、能在白天欣賞青山綠水的，只剩老爸一個人。等他哪個週六想回家休息時，發現全家晚上都要出去忙，一定很有趣。他很可能也會跑出去，睡在海灘上呢。

我最好在此停筆，現在已經凌晨一點四十五分了。

愛你們每個人。

第二部

羅沙拉摩斯（一九四三至四五年）

我們永遠沒有足夠的時間，來好好享受我們的愛。

The Letters of Richard P. Feynman

由幾個研究單位進行了數個月初步的研究工作之後，曼哈坦計畫的主要負責人歐本海默（J. Robert Oppenheimer, 1904-1967）在一九四三年初，決定把分散在各地的研究工作整合在一起。費曼當時二十四歲，也是第一波要從普林斯頓搬到新墨西哥州羅沙拉摩斯的物理學家。他就開始做搬家的計畫。羅沙拉摩斯的設施位於一個荒蕪的台地上，還沒有全部完工。費曼很少離家遠行，因此這次的遷居，對他可說是大事一件。

由這些從羅沙拉摩斯寄出來的信件中，我們看到費曼用美妙的筆調，直接而清晰的描述了四周的景色。他幾乎每天都寫一封信給妻子阿琳，因此，這些信成了他這段時期的日記。從這些信，我們也看到他常常在辦公室耍寶（取笑自己，爲羅沙拉摩斯裡那些聰明絕頂的人示範「數字的一些有趣特性」，對警衛指出圍牆上的破洞……等等），並且讓我們感受到一個樸實的年輕人多麼辛勤的在工作。另一方面，躺在阿布奎基（Albuquerque）療養院病床上的阿琳，也是忠誠的通信者。從她書信數目的變少，我們也能體會出她病情轉劇。

費曼致加州大學柏克萊分校的史蒂文生（J. H. Stevenson），一九四三年三月六日

親愛的史蒂文生先生：

在你的第一封備忘錄裡，你要求我先別急著問有關搬家和新環境的居住情況，等接到你的第二封備忘錄再說。但是剩下的時間已經不多了，而你的第二封備忘錄又遲遲沒來。而且

我相當確定，在你的來信裡，不會提到我現在擔心的問題。因此，我很冒昧的寫出這封信。

我太太是個活躍的結核病患者，需要長期臥床療養。也因為這樣子，歐本海默教授和我討論，我是不是必須遷到羅沙拉摩斯時，我們為這件事考慮了很久。最後，他認為一定有辦法可以安頓阿琳，讓我遷往羅沙拉摩斯。

現在情況很明顯，第一個辦法是，阿琳住在營區的醫院裡，有病床可以休息，就像一般住院病人一樣。她已不需要特殊的照料，也不需要特別的儀器，我想只是偶爾需要照個X光什麼的。第二個辦法是，她住進附近的一家療養院。那麼，我就必須能夠離開營區去看她，至少每星期看一次。

當然，在知道她要住在哪裡、能不能有妥善安排之前，我不想搬家。不過另一方面，我也希望能儘量和普林斯頓的其他同事一起行動，以免造成大家的不便。

我太太和我，都非常希望她能待在營區的醫院裡（也就是第一案），如果能這樣安排，是最好的。這樣也沒有什麼特別的財務負擔。

你的誠摯朋友，費曼

費曼致史蒂文生，一九四三年三月十五日

當時，史蒂文生已經回信表示，阿琳有三個地方可住。第一，離營區三十英里的一個小醫院。第二，離營區一百英里的阿布奎基有個療養院。第三，離營區二十英里，有個觀光牧場。由於營區還在建設，史蒂文生建議阿琳住遠些，直到夏天將盡，一切稍就緒再說。他最後說，「我擔保你既可以照顧你太太，讓她舒服的過日子，又不會離營區太遠。」至於每星期去看太太一次，更是不成問題。

親愛的史蒂文生博士：

我非常感謝你三月十號的來信，談到安頓我太太的事。我們對於你建議的可能地點都非常喜歡，也非常希望能儘快過去看看。

由於我太太是開放性的病患，因此觀光牧場是不可能的（事實上，任何沒有醫生常駐的地方都不可行）。至於其他兩個可能地點，聽起來都很不錯。

下面這個做法，可能可以讓我們省點時間，也省點錢，或許還減少一些麻煩。就是我到營區來的時候，可以帶我太太一起來，讓她先停留在你建議的某個可能地點。我們可以看看那是不是一個適當的落腳處。接著我們再到另一個地點去看看。如果我們覺得那個地方好一些，我再把太太搬過去。五十英里左右的這種短程旅行，我太太還能接受。

如果你覺得這不是個好辦法，請讓我知道。我也可以如你所建議的，先一個人到營區來看看環境。

另外，你能不能爲我們安排一下抵達後的行程或交通問題？我們計畫在三月三十日星期二的中午十二點〇一分搭乘聖塔菲線的火車，由芝加哥出發。請問我們應該在哪一站下車比較好？而且在下車之後，要怎麼樣才能到醫院去（我們可以搭汽車、計程車、火車、救護車、甚至小貨車，但最好是不要搭巴士）。如果交通的安排必須先付押金、或是醫院要押金，我會寄去給你。如果沒有地方肯暫時收容病人，你可以向對方保證，我們可以先租它一段時間，譬如兩個月。

如果需要的話，我相信奧倫太太可以幫忙你。但如果你有困難，沒有辦法做任何安排，我也可以如你所建議的，先隻身前往。（米雪注：奧倫太太是保羅·奧倫的夫人。奧倫是費曼的朋友，以前也是普林斯頓大學惠勒教授的助理。）

希望不會帶給你太多的麻煩。我太太和我對你的協助都衷心感謝。

誠摯的祝福

理查·費曼

阿琳寫給費曼，一九四三年三月二十六日

三天了！

親愛的理查，如果你知道我們這趟火車之旅，帶給我多大的快樂就好了。自從我們結婚以來，這一直是我期待而且想望的事情。它對我們兩人都意義重大。親愛的，我眞的愛死你了。我願意像一般深愛丈夫的太太，爲他做一切事情。現在我逮到機會了，而我們的未來更充滿了美妙，親愛的。等我們有了自己的家和家庭，這是多麼値得期待與奮鬥的事情。

親親，我明天就能見到你了。但你知道這股情緒多麼難以壓抑，只剩一天，我既快樂又

興奮，有一種瘋狂喜悅的情緒。我吃飯、睡覺都在想你。想著我們的生命、我們的愛情和我們的婚姻。想著我們以後的美妙日子，我們每天可以如何如何，我們會想什麼、說什麼、做什麼，我要永遠貼近你，甜心，我要成爲你思想、願望和野心的一部分。你是如此接近我，而且愈來愈接近。我爲你而活，也爲我們可以一起吃甜甜圈的日子而活。所有這些我們一起計劃、可以共同分享的小事，都是我生命的泉源。像是掛壁毯，在戶外帳篷裡露營，和你的學生一起喝茶，在冬天燃著木柴的壁爐前下棋，在夏天淋浴以及星期天早上賴在床上看漫畫。親愛的，我可以無止境的沉醉下去。我們的生命裡，還有這麼多的事可以一起分享以及探索，我們時時刻刻都要在一起。有你相伴，這些事永遠是不嫌多。

親愛的，你離我這麼遠，我該如何告訴你，你對我是多麼的重要呢？如果明天能夠立刻降臨，就太好了。我要感覺你溫暖的臉龐靠近我，我要享受你溫柔的擁抱。你的接近讓我如此充實。我愛你甜心，全心全意，用我整個身體與靈魂。我要像從前一樣，始終在你身旁。現在我們的愛和我們的生活，甚至比從前更豐富。我們眞的已經彼此相屬，全世界都知道。我爲你感到驕傲。身爲你太太，我又高興又自豪。你是個完美的丈夫和情人，我擁有許多美好的記憶，但我們很快就會在一起，雖然時間短暫。

親愛的，我有個預感，我們不會這樣分開。彼此活在記憶裡，實在太久了。我眞的相信（而且會實現它），我們很快就會有自己的家。我們將可以做任何想做的事情。讓我們重新共同努力，其實只要延續目前的作爲就夠了。親愛的，我不能把你逼得太厲害。我需要你的支持和你的鼓勵。因爲你是唯一值得我全心全力付出一切的根由。我一定要活在愛裡！

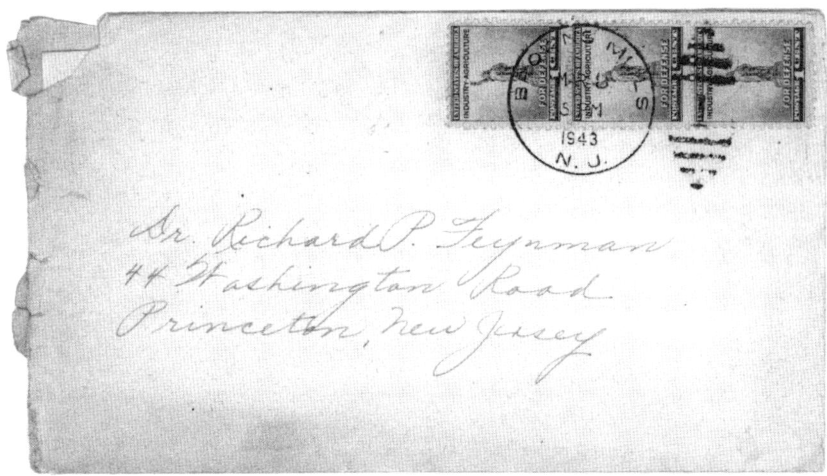
FOR DEFENSE
1943
N. J.
Dr. Richard P. Feynman
44 Washington Road
Princeton, New Jersey

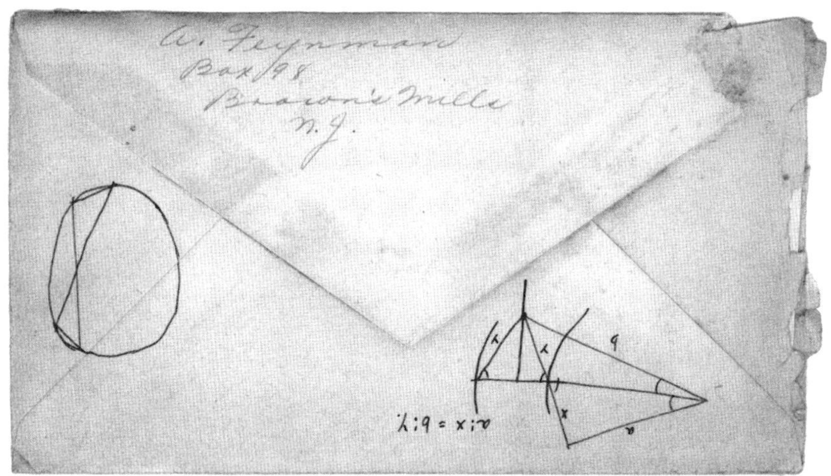
A. Feynman
Box 98
Brown's Mills
N. J.

快點來吧！我愛你，我要你。

你珍愛、心愛又可愛的太太和甜心。

貓咪，從前到以後都永遠深愛你的人。

費曼致母親盧西莉，一九四三年六月二十四日（這是第一封由羅沙拉摩斯寫給母親的信）

親愛的老媽：

前幾天我生病、躺在床上。但現在我已經好起來，又開始工作了。我感冒了，我想是因爲這裡天氣太冷，又冷了很久，使我的抵抗力降低。我一定要把身體狀況維持在超水準程度才行。因此，我就臥床靜養，直到完全好起來。很快的，我又生龍活虎了。當我擺脫掉感冒之後，我的美食家的胃口不但回復平時的水準，而且還放大了不少。直到我警覺到自己的胃腸可能受不了。爲此，我又在床上多躺了幾天，到現在還沒有完全解除胃腸的毛病。

不管如何，我已經開始工作了。現在我還覺得有點疲倦，因此每次解決掉一個方程式，我會坐下來休息一下，不像我以前，喜歡走來走去，從不休息。當我下床的時候（我在病床上躺了三天半），發現營區大概有一半人都曾經拉肚子，這很可能是飲水的問題。而我在感冒期間又猛喝水。因此，我是同時碰上兩場病，又感冒、又腹瀉。

我很早就想要生一場病了，果然如我所料，很好玩。別人替我把三餐送到床上來，還有很多人來探病。我有個收音機（那是貓咪的，我拿到辦公室來修理，正好派上用場），時間很好打發。而且我正好有時間，把一本買來的化學工程的書看一看。我從「流體輸送」看到「蒸餾」。這本書相當有趣，我現在是個夠格的化學工程師了。我有很多訪客，他們分別帶了很多東西來給我。有三個橘子、一顆蘋果、一包餅乾、一些果凍、飲水、巧克力、《讀者文摘》、書籍等等，還告訴我一些發生在實驗室裡的趣事。很有意思的事情是，所有來探病的小姐都會帶些東西，但是來探病的男生都空手而來。

這些日子我也收到你寄來的梅子乾，但是我胃腸正好不行，所以還沒有吃。等我肚子好一點，小腸的狀況也恢復到正常水準，我會吃這些梅子乾的。現在我的腸胃還在鬧罷工。

我在附近做了幾趟短程旅行，也爬了幾座小山頭，但是沒有什麼特別值得報告的。

我想到老爸，也知道他已經厭倦這樣到處跑來跑去。你說想叫他退休，並且把可能會發生的問題統統告訴我，除了你們到底存了多少養老金之外。以及如果他真的退休了，你們在經濟上會有多大的損失等等的。

我有個好主意，而且這件事對我們的國家還有點好處。我們這裡有個採購部門，還出過不少錯（有個傢伙還遭起訴）。雖然我對那個部門的工作不太熟悉，但似乎他們很想要一個像老爸這樣有很豐富貿易經驗的人。我認為，老爸一定也會喜歡這個工作的。這個工作不必或很少需要到處跑來跑去。交易都是利用電話或電報來進行的。他大部分可以避開紛紛擾擾的交易世界，主要是和學術界的人混在一起。他一定覺得很開心。另外，這職務的收入並不十分豐厚。現在到處物資缺乏，買東西並不是那麼容易。而且這裡的人對自己請購的東西又急得要命。有些東西他可能不熟悉，但這應該難不倒他。這項採購工作對我們整個計畫非常重要，嚴格來說，比我爲結束戰爭所做的工作還更要緊。他有沒有興趣？不過我對於替他爭取這個職務，也不太有把握。

理查・費曼

費曼致母親盧西莉，一九四三年十月二十七日

由於研究計畫的主持人，想要營區的眞正住址保密，不讓它曝光，因此羅沙拉摩斯發出來的信件都不能標上地點。阿琳馬上爲費曼訂製一些印上漂亮書寫體的聖塔菲郵政信箱號碼的信紙，給費曼用。

理查・費曼博士
郵政信箱一六六三號
新墨西哥州，聖塔菲

親愛的老媽：

我接到你寄來的包裹。根據你的信來看，它應該就是那些手工餅乾。我還沒有打開，就

先給你寫信。我看包裹很小，就不願意在辦公室打開。我有點小氣，捨不得請同事吃，要等到回自己的房間才打開它。真是謝謝你。但我好久沒有寫信給你了，實在不配接受這麼好的東西。

你是個營養專家，可能對下面這則故事感興趣。在《科學》期刊裡（這是美國科學促進協會發行的刊物）有篇文章說，俄國的科學家發現，松針是很好的抗壞血酸（就是能抵抗壞血病的維他命C）的來源。但是在這之後，就有一系列的文章證明，這件事並不是俄國人首先發現的。有篇文章說，在一五六三年，有些法國陸軍染患嚴重的壞血病，負責的軍官就問印地安人有沒有什麼辦法。他們告訴這位軍官去煮些松針茶。軍官也照做了，把整棵樹的松針都拿來煮茶給士兵喝，他們果然都好起來。幾年之後，另一批軍人也碰上同樣的麻煩，但是當地原先的印地安人已經遷離了，後來遷入的印地安人指不出是哪一種樹來。另外有篇文章提到一些十七世紀的人，在海上航行的時候帶著松針一起上船。另外有些故事提到更近的事（也就是十八世紀），是一些有科學根據的、用松針煮茶的故事，裡面還詳盡描述了它的滋味。總而言之，俄國人的松針茶並不算什麼新鮮事。

因此，我當然也煮了松針茶來試試看，就在星期天去看「貓咪」的時候。我們倆都不缺維他命C，只是我的好奇心已經給勾起來了。味道還可以，既不太美妙，也不太糟糕。大概和一般的茶喝起來感覺差不多，只是風味不同。先把松針弄碎，放進滾水裡，浸泡一會兒。可以熱熱的喝，也可以冰起來放點檸檬來喝。很便宜，喝起來松針的味道還滿濃的。

理查．費曼

阿琳寫給費曼，一九四三年十一月二十三日星期二晚上

親愛的老公，今天和你一起散步的感覺眞好。和你在一起，我永遠都是這種感覺。知道你想念我和「史諾哥」，我非常開心。這樣，我們在一起的時光似乎也變得更甜蜜了。（米雪注：史諾哥是個絨毛的玩具象，請看次頁的照片。）

我也想念你，因此當你出現在眼前的時候，我感覺自己好像是置身在天堂裡。我覺得自己飄在雲端，但其實只是你擁抱著我，輕聲細語的對我說話。我是如此愛你，我深信我倆的感覺是相通的，因此不必費力去描述它。當我們靠在一起休息，我的頭枕在你肩上，這股幸福的感覺最強烈，總是讓我熱淚盈眶（就像今天這樣）。這實在太美好了。你是這麼完美的丈夫，這麼有耐心，這麼體諒，又這麼愛我，眞是讓我滿懷喜悅。

我寫到這裡，不禁微笑起來，同時兩滴眼淚奪眶而出。你當然知道我是喜極而泣。我永遠無止境的迷戀著你，你的一切，對我而言都是如此的特別，如此的美好。你的腿強健有力，你又是如此的高大英挺，只要一伸手，就可以打開門上的氣窗，不必搬小凳子。而且有時候當你哄我的時候，會用哄小嬰兒般的聲音說話。這些我全都非常喜歡，強壯的你和裝傻的你。

我喜歡你想念我，也很高興我的病況沒有讓你意志消沉。親愛的，你眞是堅強，使我也跟著堅強起來。我最親愛的老公，不管從哪方面來看，你都是最棒的。親親，我喜歡你的堅強。但你偶爾依賴我，也讓我很開心（就像你要求我，提醒你去看醫生，並且照顧你）。

阿琳、絨毛玩具象史諾哥和費曼，與他們共同擁有的第一棵聖誕樹，
攝於1943年12月。

我認為這種相依相守的關係很重要的，我也很高興自己能協助你。希望你不要太過堅強或太過獨立，偶爾也想念一下我，我愛這種感覺，我更深愛你。

永遠是你的妻子，貓咪

費曼致母親盧西莉，一九四三年十二月十日

親愛的老媽：

這附近最近剛下過一場大雪。在雪裡，什麼東西看起來都變得很漂亮。四周全是白雪覆蓋的山峰。西邊八到十英里之外，是一些比較小的山嶺。東邊則在三十英里之外，有一些崇山峻嶺，例如楚切斯山脈。昨晚在夜光下，一切看起來都非常美麗。在月光下，雲很低，只掛在西邊山嶺的高度。而你看到的是，在雲上和雲下，都是山峰。所有的東西都很亮，在月光之下都很朦朧，在雲影裡若隱若現。而近處，此起彼落的閃著探照燈或一些隱約的街燈。這種景色，比聖誕卡還漂亮。你看，我的口氣像不像一個唯美主義者？

鎮議會的選舉很快就要舉行。我想我一定要努力，設法避免連任。當然擔任這項職務是個很好的經驗，但是它占去我太多的時間了，而且麻煩事還不少。我認為應該要換人做做看。

貓咪在預備聖誕卡和其他過節有關的事。她畫了一大幅卡通，上面有各種各樣有關聖誕

節的東西。她甚至裝飾聖誕樹，準備聖誕禮物等等。我不知道她是從哪裡弄來這些東西的，我並沒有給她很多錢。眞是可憐的女孩。根據計畫，至少我們會有一棵裝飾齊全的聖誕樹。我們的聖誕節會過得很開心。

我這個週末要去大肆採購一番，清單是老婆大人開出來的。

還有，請你不要把我的地址給任何人。這裡駐紮了一批陸軍部隊，他們對我們這些人在做什麼事完全不瞭解，連隊職幹部也一樣。我並不打算見任何人。司特普爾先生若能來，我會想見他，也會盡一切努力得到會客許可。我可能會成功。但是千萬別把我的住址給別人。如果有人跑來，我可能會令他們很失望的。

愛你的理查

費曼致母親盧西莉，一九四四年二月七日星期一

親愛的老媽：

我設立了一套新的工作規劃，把原來擺在星期二做的例行工作，移到星期一來做。這樣在星期一的晚餐和鎮議會議之間，我大約有一個小時的空檔（這個星期，這個時段有一半已經讓公事給占掉了），我可以利用這個空檔來寫信。

你兩次問起阿琳的事。我在上一封信沒有回答，是因爲有些事我在等著請教醫師。但是

這個星期天我又錯過了，因此我就不再等著問他了。情況大致是這樣的：

第一，她咳嗽的情況好多了，大概每天只剩三次。因此，她已經停用可待因（codeine，由嗎啡製得，可鎮咳止痛）。

第二，她體重略增，但是增加率並不太平均，大約每週一磅左右。有的時候沒有增加，有的時候增加兩磅。

第三，她的感覺一般來說很不錯，食量有增加，幾乎什麼都能消化。

第四，她的沉降率在紐澤西的時候是十八，現在是二十三。這點並不好。沉降率的高低代表傳染性的大小，數值愈高，傳染性愈大。但是到二十八左右還是正常的範圍。

第五，痰測試以前是X，現在是I，代表病菌增加了。

第六，最近沒有照X光片。

第七，這一個月來，體溫都很正常。我不知道她的脈搏是多少。

上面幾項除了第四、第五之外，其他五項都是比較好的。但第五項測試的結果並不可靠。它應該要收集一整天的痰，而不是只看一個樣本。我就是想和醫師談談，聽聽他的說法如何。阿琳也懷疑醫師不太瞭解第四項測驗的意義，沒有做得很恰當。一般來說，她的病情是有改善。我星期天的時候，會再找醫師討論。

最近我岳母來，這也可能是阿琳病情好轉的部分原因，但應該不是主要的原因。因為在她抵達之前，阿琳的病情已經開始好轉。不僅如此，上次她來的時候，阿琳的病情甚至更不好。在她走的時候，阿琳的身體可說很差很差。不過這次阿琳的體重增加，應該可以歸功給我岳母。一定是她煮了很多好吃的東西，讓阿琳胃口大開。我認為阿琳的體重應該會持續上升。

不過，結核病總是時好時壞。因此，當病情稍微好轉的時候，不必太開心；病情比較差的時候，也不必太灰心。一切要有耐心。你看，你以前常羨慕我，碰到不如意或悲傷的事情時，不會懷憂喪志。但從另一方面來說，當我碰到好事情時，也不會歡欣鼓舞的雀躍不已。不過你不要誤會，我並不是悲傷，我只是沒有欣喜若狂而已。但如果阿琳的病情非常確定是持續好轉，甚至痊癒，我當然會欣喜若狂。

另外，在我的工作場所，並不鼓勵朋友或家人來拜訪。當岳母到阿布奎基來的時候，我得到特別許可，離開營區去看她。如果你也跑來，我可能很難再出去看你，他們會認為你的拜訪對象主要是阿琳，我出不出去無關緊要。當然，你隨時可以來看阿琳，我只是怕自己出不來而已。這有些棘手，但我還是很想念你們。也許我們要等到大戰結束，一切才能恢復正常。

保重

理查．費曼

費曼致母親盧西莉，一九四四年二月二十九日

親愛的老媽：

不必因為自己打字打得不好而難過。你打得可以了，而且愈來愈好。當然，有些錯字是

可以注意的，例如 buzzard（美洲鷲），你打成 bixxard，我乍看之下，被你嚇了一跳，一時還眞認不出這是什麼字來。不過你現在打的字相當夠水準了。當然，如果你多練習一下，在打字的同時，就把打錯的字更正過來，會更完美。你只要準備一只橡皮擦就行了，可以邊打邊改。當然，這會使得打字的速度慢下來。不過若想打字打得漂亮，這種練習恐怕省不了。

上星期，我還沒有時間處理老爸來訪的相關手續，因此關於這件事，沒什麼好報告的。倒是我在上星期四，有一場小型的演講。我們這裡有個數學俱樂部，每兩個星期聚會一次。他們舉辦了一系列的演講，第二場輪到我。我講的題目是「數字的一些有趣特性」，完全是算術上的東西，沒有用上比算術更難的材料，純粹是算術。我有一些很有趣的、純粹是算術的東西，可在這些絕頂聰明的人面前賣弄。可惜，我對你提的那個有關七個橘子的答案，卻想不起是什麼問題了。只好讓老爸和妹妹去得意一番了。

結果是，聽演講的那群天才對我所談的事印象深刻，他們顯然以前也看過我提到的這些數字的特性，只是沒有好好去想它的原因。而突然間，我提出相關的解釋，所有的問題豁然開朗起來。當然，這些解釋他們一聽就懂，而且是早就知道的東西，只是沒有好好去想而已。但我講得很快，沒讓他們有多少時間去仔細思考我給他們看的東西。這使得他們對我所演講的東西更覺得奇妙。我的演說非常成功，和我第一次主講一些和代數有關的問題的時候很相像。害我一度以爲要教代數的最好方法，應該先教算術，再往上走。後來一些聽演講的人一碰到我，就告訴我說，他們聽得很開心。他們在走道上碰到我的時候，會舉出我提到的問題的證明過程給我看。

費曼全家合影於1940年代。由左到右分別是費曼、妹妹瓊恩、爸爸梅爾維爾、媽媽盧西莉。

眞抱歉拉拉雜雜的說了這麼多，但它還是和七個橘子沒什麼關係。不過，橘子兩個賣五分錢，另外一家店裡賣一個三分錢，我在兩家店裡各買了幾個橘子，總共用了十九分錢，我總共買了幾個橘子？你注意，我並沒有問你，在哪家店各買了多少個橘子。不過你可以去問老爸，再去問老妹，若買同樣數目的橘子，除了十九分錢之外，最多要花多少錢？當然你知道，並沒有半分錢這種單位。

這個問題，應該可以把全家人聚起來超過三分鐘以上。告訴大家，我愛他們。

理查・費曼

費曼寫給妻子阿琳，日期不詳

最親愛的貓咪：

這次出差的工作自然是有點忙碌，但不像以往的出差那麼忙。他們這裡的工作規劃得不太好，所以我還要多等一天，才能開始工作，之後會連續忙個一天半。因此，我為了這一天半的工作，要在這裡待上三天。

我希望我在外地的時候，你不要太愁苦。也許你的訪客會讓你稍微覺得開心些。我愛你，而且在飛機上的時候很想你。當我坐在機場，我在想我的貓咪是多麼的好。

本來我住的機場旅館答應要叫我的，但他們忘了，因此我沒有趕上飛機，使得我必須改變整個搭機的行程。我們到聖路易來轉機，還要等上一陣子，因此我進城去逛逛。我已經忘記大城市是什麼樣子了。到處都是汽車、巴士、高樓大廈，到處都是噪音，感覺不太舒服。我跑去看了一場電影。我也在一家非常時髦的餐廳吃晚餐，但食物太辣了，我無法入口，於是拿起外套，走進另一家小店吃些簡餐。但好像沒有其他人抱怨，可能他們早就知道了。我對這些「舒適與文明」很不習慣。

我前天晚上到史蒂文生家裡拜訪，和他聊得不錯。今天晚上還要去。

我今天上午等一下就有個會，因此，現在最好先準備一下待會兒要講的東西。

至於你，親愛的，我要對你說，我愛你。

我愛你，理查．費曼

阿琳寫給費曼，一九四四年八月二十二日星期二

親愛的，如果可以分身就太好了。我能理解你的處境，我也知道實際的狀況，但我還是需要你。我想我又跌入深深的低潮之中。今天早上，我接受了靜脈注射，還有一些其他的醫療措施。親愛的，我覺得很沮喪，而只有你能改變這一切。你能來嗎？如果這不干擾你的工作的話。我愛你，親愛的。

你妻子，貓咪

有個好消息可以告訴你，就算藥石罔效，你的微笑和你的手，依然能改善我的病情，而且是很有效的。親親。

費曼致古柏納（Richard Gubner）醫生的信件草稿

一九四四年八月下旬，有一種治療結核病的新藥 sulfabenamide 在進行實驗。費曼向有關當局表示了對這種新藥的高度興趣。美國公正壽險協會的一位醫生寫信給費曼，告訴他，「這項研究還是非常初步的階段，而且我們對這個藥還沒有把握，不知道它有沒有效。」接下來的信，表示他非常遺憾，雖然他明知這些藥物並沒有毒性，但他也不方便提供試驗中的藥品，給特定的對象。並且建議費曼和阿琳再多等兩個月。

你最近寫信給我們，告訴我們一些有關結核病新藥 sulfabenamide 的資料，而且說這種藥在幾個月內就可以得到。但是如果我們的病況夠緊急的話，也有可能先得到一些新藥。我們非常感謝你的好意，也得到很大的鼓勵。

由於我們不知道在什麼條件之下，才能得到新藥，我們也無從判斷自己的情況是否符合所謂的病況危急，是否足夠保證能在這時候就得到這種藥品。在和醫師稍微討論之後，我們認爲你應該是最有資格做此判斷的人。如果我們把病況的詳細資料寄給你，對你的判斷應該大有幫助。因此，我們的醫師西爾利已經把最近的檢驗報告摘要寄去給你，另外還說明了我太太的情況。你能不能告訴我們要怎麼做才好？如果你需要進一步的資料，也請通知我們。

我們知道，我們在要求你做一些本來應該是我們自己該做的事情。我們能不能假設是在請求你的指導，這樣子，有沒有遵從你的指導去做，就是我們自己的責任了。這樣子，或許你會覺得心裡比較輕鬆自在些。例如說，你建議我們多等幾個月。到了那個時候，藥也寄來給我們了；但會不會已經太晚而沒有什麼用處了？

我們並不想影響你藥物實驗的進行，也不想介入新藥的供應。當然，實驗本身比任何一位病患的個別需求都重要得多。因此，不論你什麼時候能給我們新藥，我們都非常感激。

誠摯的祝福

理查．費曼

※米雪注：一九四四年十二月，新藥 sulfabenamide 已寄給阿琳的主治醫師。

阿琳寫給費曼，一九四五年一月三十一日

至愛的甜心，我愛你。最近這些天以來，你成爲我生命中如此重要的部分，沒有了你，我悵然若失。但是我現在很快樂，一面想你，同時知道你很快就會過來。我們很快又能親密的在一起，談天、閱讀，分享結婚之後經歷的一些趣事和它帶來的磨難。史諾哥留在城裡，這給了我一些額外的時間。

親愛的，我們生活在一起有這麼多的樂趣，成爲互許承諾的愛侶，使日常的生活變得非常奇妙，我的意思是期待會有什麼妙事發生。這是一種喜悅、深刻而持久的情緒。我深愛著這個名叫理查的男人，我的丈夫，我親密的愛人，將來的好父親，偉大的科學家以及我的小心肝（就是你常裝的那個樣子）。我愛你，理查，你進入我的心靈，充滿了我身體和思想的每個角落。我不是盲目的迷戀你，我只是癡癡的、快樂的愛你（我實在找不到一些合適的字眼）。我愛你的眞誠，愛你敏銳的思緒，愛你的直截了當，也愛你的堅強。你相信我們的未來，和我們之間不變的愛。

我們永遠沒有足夠的時間來好好享受我們的愛。

你的太太和女朋友，貓咪

附筆：希望你星期一回營區的時候一切順利。晚上很冷，你的長褲夠不夠暖？

費曼寫給阿琳，日期不詳，某個星期四的早晨

親愛的貓咪：

來信收到了，我週末會去看你。

昨夜我工作到凌晨三點四十五分。不知道什麼原因，又睡不著，我乾脆起來洗襪子。我

有一大堆襪子要洗，花了將近兩小時。接著我淋浴一下，再回去躺在床上（六點鐘），醒來的時候已經早晨八點了。

其他的衣物我會哪天抽空洗一洗。這裡有自助式的洗衣機，一小時才二十五分錢。我會用洗衣機的。至於燙襯衫，可能需要一些學習，我在猜怎麼弄。

你那邊情況如何？

我愛你，親愛的。

理查·費曼

費曼寫給妻子阿琳，一九四五年二月，某個星期二晚上

哈囉，甜心：

我愛你，寫信給你的感覺真好。我有個沒辦法處理的問題，因此想和你商量一下，也許你曉得該怎麼辦。

我太太和我覺得，把她從阿布奎基的療養院搬到營區來，或許會是個好主意。當然，她在阿布奎基也不錯，但如果搬到營區，我們就可以天天見面，而不是每星期才能見面一次，而她也能看看那些和我一起工作的人，等等。而且這樣一來，我們更能夠在一起生活，情況應該會更好。

但是事情進行得並不順利。她搬進營區才兩天半，就整天以淚洗面。她覺得什麼事都不

對勁，非常不快樂。舉例來說，當她咳嗽得很厲害，需要注射藥物的時候，雖然她按下了叫人的蜂鳴器，但護士總是過一會兒才出現。即使護士來了，也會和她爭論，比方說，離上次的藥物注射還不到四個小時啦，或是她其實只是心裡依賴藥物，並不是眞的有需要等等。她很著急、擔心，但我認爲事情並不太嚴重。有時候，她咳嗽得太頻繁了，呼叫護士的時間太密了。因此，有時護士會遲到個十來分鐘之類的。其實，有時護士手邊正忙著別的事，沒辦法立刻分身過來。另外，她希望伙食能很有變化，雖然這件事她還沒有找營養師談。在第一天，她就對所謂「探病時間」的規定非常感冒。因爲依照上面的規定，我似乎在星期天也不能整天陪她。當然，這件事很快就解決了。另外一件困擾她的，是附近傳來的小孩子的笑聲。事實上，她的房間門窗總是關著的。還有，氧氣瓶消耗得太快了……等等。

她主要的抱怨是，這裡的護士不知道怎麼照顧結核病的病人。而我的感覺是，我儘管忙得汗流浹背，但軍醫院裡的護士總是比民間療養院的護士嚴肅。她們總是一板一眼的，一切按照規定來。不像民間療養院的護理人員，通常年齡比較大，態度也比較親切。比方說，在療養院裡，護士也會和她爭執，例如說她是否眞的需要皮下注射，但是態度更和善，出發點也是爲她好，希望她不要那麼依賴藥物。她對這種說詞自然不會有太激烈的反應。

由於這些瑣瑣碎碎的事情，弄得她心情很差，很不開心。她要求立刻回阿布奎基的療養院去。她還提出各種加速進行的想法。但她沒有辦法立刻回去，我猜想是那兒暫時還沒有房間。她甚至建議要一間設備比較差的病房也沒關係，或者請她母親專程從紐約來照顧她。她非常不舒服，相當堅持立刻走人，而且要馬上行動。

但是在我看來，絕大部分的問題都是可以克服的。就如同前面提到的探病時間那個例子。而有的問題更是芝麻蒜皮的小事，只要習慣就好了。我之所以沒有儘快搬回阿布奎基，是因爲我覺得她住在營區，和我共同生活，對我們兩人都意義重大，而且我們彼此一定都會有很大的收穫，只要她肯稍微調整一下態度，適應生活方式的改變。而且她應該學習一種比較輕鬆自在的生活態度，不要事事講求完美，吹毛求疵。對那些想照顧她、但笨手笨腳的人採取合作的態度，更有耐心、更寬容。

對於最後這一點，她和我的看法完全不同。她完全不認同我的意見。她認爲這裡的一切措施，都受到嚴重的扭曲、變形，完全是無可救藥的。以她的看法，是愈早離開愈好，受的苦會少些。

在我看起來，對這件事最好的因應辦法，是很耐心的放鬆心情，等待一段時間，看看情況是否逐漸改善，或者是愈來愈糟糕。看看她是不是愈來愈習慣新的環境和新的生活方式，而逐漸快樂起來。或者眞的如她所說的，已經扭曲變形得無可救藥了。

她認爲這個想法無法接受，她在這裡永遠不會快樂，她也不預備嘗試或忍耐。她對這裡已經完全放棄了。她的不適應已經接近歇斯底里，因此，任何和她以前生活上的不同，都變成無法忍受的折磨。我認爲她已經是一種非理性的吹毛求疵了。她對這裡的批評和她想做的事，都相當的不理性。譬如說，要回家去給母親照顧……等等。我希望她永遠不會幹出這些傻事。

我是不是該放棄自認爲合理的做法——也就是以平常心來等待事情的發展？畢竟我們在

這裡才待了兩天半，時間並不算長，要論定好不好還嫌太早。可是她卻主張，要立刻不顧一切的設法把她搬回阿布奎基的療養院。

這件事還有更深一層的說法。她說她太衰弱了，所以無法適應改變。她太衰弱了，舉例來說，沒有精力向營養師說明或解釋她想要什麼。和別人徹底溝通太耗精力。總之，她太累了，身心俱疲，因此沒有希望能解決這些問題。她只想儘快回到阿布奎基的療養院。

但她以前也曾這麼衰弱過。不過，後來透過我們之間的對談與溝通之後，就逐漸堅強起來。但是她表示，這次她實在筋疲力竭，已經沒有辦法理性思考問題了。

其實我在等待的，是她的堅強。我希望，她夠堅強到能和照顧她的醫護人員一再解釋自己的需要，對他們有足夠的耐心和等待，並且堅強到能理性面對問題，和我充分討論。這樣我們就知道搬回阿布奎基是否是個理智的行動了。

另一方面，如果我失敗，她在這裡一直很不快樂，其實應該說相當痛苦才對。那我們為什麼要增加她的苦難？只因為我高估了她的潛力和適應力，反而使問題更複雜化？

在這個家庭裡，我是不是該扮演一個堅強的角色，幫助她向上提升，然後做一些對我們兩個都好的決定，使我們以後更堅強、更親密（當然這個決定也可能是搬回阿布奎基）？或者我不要這麼堅強，也陪她一起掉淚，和她一樣軟弱的，做出歇斯底里式的立即反應？我現在要的，並不是「要不要搬回阿布奎基」這個問題的答案，而是我們應該以怎樣的心態，來討論該不該搬回阿布奎基這件事。其實我在意的並不是事件本身的處理方式，而是面對事件的態度。

我眞的不知道該怎麼辦。我希望你能給我一些建議。你是從問題的另一面來看這個事件的。眞正的困難是迫切性有多高。因爲如果我猶豫不決，她只好繼續待在這裡，或許只是延長受苦受難的時間而絲毫沒有意義，這當然非我的本意。我爭取的，只是一些適應的時間而已。如果確實完全無法適應，當然是要儘早離開才對。

你覺得如何？我愛你，永遠尊重你的意見。我愛你。

理查・費曼

費曼寫給妻子阿琳，一九四五年二月二十八日

費曼一度把太太阿琳安置在羅沙拉摩斯的營區醫院。這個嘗試失敗之後，阿琳又轉回阿布奎基的療養院去。

哈囉，貓咪：

你介意我用我太太的信紙嗎？這批信紙今天剛送到。我想你會說我應該把它們用掉。

今天我沒有收到任何郵件，所以我除了對你的愛之外，沒有什麼別的東西可以寄給你。

我今天去看了牙醫，順便洗牙，所以現在牙齦有些疼痛。牙醫還替我把幾個蛀孔補了起來，下次約診的日期是五月二十六日。他們顯然非常忙碌，一約就是三個月後。我是不是應該在阿布奎基找個牙醫師看看。不過你現在還不必替我約診，稍微過一陣子再看看。

你那兒的情況如何？我很想知道你是不是已經從搬遷的激動狀態恢復過來了。畢竟你待在阿布奎基也有一小段時間。我希望你覺得好一些。當然，一定是安全些。

今天晚上，我已經出席過一個會議。但我現在要回到床上躺一躺，早點睡覺。這是根據我們兩人的約定。現在才十點鐘，我可以睡足九個半小時。

我有幾本書，一些你的相片和你的東西，我應該已經都整理好了，但我並不太確定。今年我一共整理了六個條板箱和十個紙箱子。我想到當你收到這些箱子的時候，必須把它們搬過床鋪，擺到陽台上去；一想到這個模樣我就很開心。你一定會很狼狽的。我想或許應該先把床移開，騰出一條路來，然後把箱子搬到定位，再把床移回原來的位置，比較容易些。可憐的貓咪。

我愛你，甜心，就算有六個條板箱和十個紙箱，也不夠裝的。

我愛你

理查．費曼

費曼寫給妻子阿琳，一九四五年三月二日

最親愛的貓咪：

我昨天接到你寄的兩封很棒的信。其中一封是一首詩，相當優美。如果你覺得不舒服，千萬不要勉強自己寫信。我星期六會去看你。在你需要的時候，總是能得到母親的照顧，實

在太好了。這樣就算其他的安排都失敗，也不致於走投無路。現在，你又日夜都有人可以照顧了，眞好。

不管你近來擔心什麼事，就是不必擔心錢的問題。你眞的沒有花太多錢。而且我們頗有積蓄，足以應付不時之需。

我昨夜一直工作到凌晨五點（應該說是今晨才正確），要找出一個能簡化工作的運算方式，使機器的運轉快一些。我想，已經得到一些實質的進展，同時，這些工作也非常有趣。本來我今天想多睡一會兒，補償一下昨夜透支的體力，但我還是九點三十分就醒了，沒有辦法再入睡。現在是十點鐘（同時我愛你）。

我想你可能太累了，沒有辦法寫信給馬斯特桑夫人。因此，我昨天晚上打電話給她，表示你一切都已安置妥當，並且謝謝她。

我今天早上又想到一些主意，值得去試試看。我想，我等一下就要去工作了。

再見，甜心，一切都會沒事的。我愛你，明天會去看你。我愛你。

你老公

費曼寫給妻子阿琳，一九四五年三月五日星期一，下午三點三十分

最親愛的貓咪：

你不會喜歡我說的這件事的。我整個晚上的工作都非常順利，所以就非常興奮的熬了一

整夜，直到早上八點鐘才上床，然後一直睡到現在。

我想現在應該可以輕鬆一些，直到吃晚飯之前都不必做什麼事，可以到營區附近的山上去散步個兩、三小時，一定很好玩。我很久沒有在白天跑到山上去散步了。地上有點積雪，因此還有些寒意。我昨夜睡的時候，還覺得腳底冰冰的。但我還是覺得可以出去走走。我會多穿一雙毛襪，再套上毛線衣，應該就夠暖和了。這主意不錯吧？

我從阿布奎基回營區的時候，在公共汽車上碰到湯瑪先生。兩年前，我太太還沒有搬來之前，他常常和我們幾個人一起散步，當然裡面也有女同事。

他太太在聖誕節假期的時候，帶著孩子一起回娘家度假。在他太太離開之後，湯瑪接到法院的通知，說他太太提出訴訟，要和他離婚。他完全給搞糊塗了，根本不知道出了什麼問題，到現在還是丈二金剛摸不著頭腦。他雖然和太太懇談過，但至今仍然不明白太太爲什麼要棄他而去。他知道，他們之間絕對沒有第三者介入。主要的問題可能是他工作太忙了，太努力了，使得他太太認爲，他不是個稱職的好父親。這是他的想法。

我覺得一個女人如果要拋棄先生，至少應該親自告訴對方。不要讓先生接到法院的通知時，還大惑不解，尤其是當先生照顧太太和家庭多年之後。這種方式太粗魯了。至少應該讓對方知道問題是出在哪裡，否則接到法院的通知單時，彷彿是晴天霹靂。而且讓先生清楚知道自己爲什麼要下堂求去，應該是女人的責任。男生很多是大笨牛兼呆頭鵝的。

不要懷疑我的愛。我也相信你永遠愛我。我當然是永遠愛你的。

理查．費曼

費曼寫給妻子阿琳，一九四五年三月七日

親愛的貓咪：

昨天我到山上去散步，走得非常愉快。山區裡可以去的地方還真不少，我想我以後會時常到山裡去走走。

因為昨天起得這麼遲，所以我昨晚不想太早上床。我大約工作到半夜三點左右才上床，早上起床的時候已經是十一點了，東摸摸西摸摸就到了十二點吃午飯的時間。吃過午餐後，我現在正在給你寫信。

我昨天走到一座小山峰底下，然後對自己說，就爬這座山峰吧。等到走近了，才發現自己和想攀登的山峰之間，有一道相當深的峽谷。於是先找路下到峽谷，再往上爬到峽谷的對岸。現在，我置身在想要登頂的山峰腳下，已經沒有東西阻路了，除了我隨身攜帶的鬧鈴手錶。我在出來的時候，先設定了一小時又十五分鐘。我還沒有開始爬山呢，設定的時間已經用盡了，鬧鈴響起。如果我想趕得及吃晚飯，就必須打道回府，因此我就回頭了。

我隨身帶著一根大約是五英尺長的鐵管子當手杖，因此，我的手快要凍僵了，握鉛筆都有點困難。山區裡到處都是積雪，我用手杖東戳西刺的，怕自己掉入積雪覆蓋之下的山溝裡。還好並沒有很深的山溝。

晚餐之後，我就開始工作。

你的情況如何？親愛的。

我愛你，理查．費曼

費曼寫給妻子阿琳，一九四五年三月八日

哈囉，親愛的：

我很高興你覺得好些了。昨天我收到你兩封信。如果你想搬進一個大一點的房間，就去換吧。這樣對你或許好一些。不過依我對你的瞭解，最好新房間要有個陽台。

早上我沖了一個澡（我昨夜十一點三十分上床，早上九點或十點才起床，接著又東摸摸西弄弄的）。淋浴室的隔間是錫做的，我弄得到處都聽得見聲響，開心得很。

現在快要十二點了，我很快就要去吃午餐。我會放鬆自己的，整個上午都沒有做什麼。

昨晚我又出去散步，戲弄了一下守大門口的夜班警衛。我指出距大門不到五十英尺遠的地方，圍牆上有個大缺口。他跑過去檢查，果然如我說的，這個缺口很大，還有小路相通，想開著汽車由此進出營區都不成問題。他們立刻把這個缺口封掉。接著我走得更遠，發現：（一）還有一個有小路通過的很大缺口，也是可以容許車輛進出的。（二）籬笆上被人割開一個洞，人可以由這個破洞進出營區。我從這個破洞走出去（同時碰巧有別人從這個破洞走進來），然後在警衛面前，大搖大擺的走進來。他覺得很奇怪，怎麼沒看到我走出去，卻老

是看到我走進來。我對他和當值的軍官解釋，但我相信他們不會採取任何行動。

總之，這件事很奇怪。他們只在晚上派警衛防守大門，因此，只有晚上間諜才進不了大門。如果陸軍人手不足，應該把這種笨警衛調去補充。

再見，甜心，我們很快就能碰面了。

我愛你，理查．費曼

費曼寫給妻子阿琳，一九四五年三月十日

哈囉，貓咪：

我忽然發現，下個星期就要申報所得稅了。我最好趕快開始。我想最好在星期六就把所有相關的單據都整理一下，然後塡寫每個月的開銷表格，那麼我帶回辦公室之後，可以在星期一晚上做這件事。每個人都說申報所得稅是個大工程，但我相信應該沒那麼困難才對。而且應該很好玩。因爲你可以想出各種節稅的辦法和理由，而每個正確的做法都可以爲自己省些錢。

有個名叫珍的女孩子，從營區的醫院打電話給我，問起你的情況。她表示預備在週末到阿布奎基去看你，時間可能在星期六晚上或者星期天的白天。

昨晚我又熬夜了，到兩點才上床睡覺。但是我一直睡到上午十點三十分才起床，所以我想我的睡眠應該是足夠的。或者這樣子不太好？

今天是星期五，所以我明天會去看你。

我今天晚上要到老闆（漢斯）的家裡去照顧他們的小孩亨利。交換條件是我可以隨時去翻閱他家的《大英百科全書》。但沒料到今晚他們還邀請我到家裡去吃晚飯，看起來這次照顧小孩得到雙份的報酬。

就這些事了，親親。我要停筆說再見了。我愛你。

理查．費曼

※米雪注：信中括弧裡的漢斯，是指漢斯．貝特（Hans Bethe, 1906-2005，一九六七年諾貝爾物理獎得主），他是德國的物理學家，長期在康乃爾大學執教。在一九三〇年代，他發表了三篇討論原子核物理的著名回顧性論文，而成爲這個領域的頂尖人物。開始的時候，他是在麻省理工學院輻射實驗室（Radiation Laboratory）進行和軍事計畫有關的研究。歐本海默延攬到他羅沙拉摩斯來，擔任理論部門的負責人。

費曼寫給妻子阿琳，一九四五年三月十三日星期二深夜

費曼談到裝著單據的紙盒時，不是說「我」還沒把它給寄走，而是戲稱「這裡的人」。

最親愛的貓咪：

今天發生了許多事。首先，我找到那個裝著很多單據的紙盒了。這裡的人還沒有把它給寄走。總而言之，雖然沒有這些單據，我也能以粗估的方式來報所得稅，也不會差太多。但找到總是很好。（一）它不是在木板條的箱子裡。（二）它就在我找的第二個紙箱子裡，實在很幸運。（三）並不是所有和財務有關的單據，都在這個紅白條紋相間的盒子裡。我現在才知道，裏頭只有下半年的財務單據。

但是我今晚就利用這些單據和估算，把所有報稅的資料都完成了。和我預估的數字相去不遠。你要像去年一樣，簽一份和退稅有關的文件。我會把相關的文件都弄好，寄給你。你只要在該簽名的地方簽個字，然後郵寄給稅務機關就行了。由於我們報稅的時間很晚，你寄出的報稅資料很可能超過期限，因此我們可能會受罰。這是理論上的說法。但我估計，我們最多只會遲個一、兩天，應該在容許的郵件處理範圍內，不會差多少，也可能實際上沒什麼關係。我明天會把所有的東西都寄給你。

我現在正在工作。第一台機器已完成它該做的部分，我們正在交給另一台機器來把工作完成，因此暫時有一段空檔。我正好藉這個機會寫信給你，也趁這個機會對你說聲我愛你。

明天開始，財務單據要放在另一個新盒子裡了。

我下個星期不會回家。我今天和老闆談話，他告訴我紐約有些事情要處理，我是很適合派出去做公差的人。也就是說，我可以一石兩鳥，去紐約出差，同時回家一趟，交通費和日用開銷還有人出。因此，我可以等一等，到紐約出差的時候才回家去。

聽說你媽生病，我覺得很驚訝。她應該儘快回家。告訴她去坐火車，如果她願意，我可以出車票錢。生病的人搭乘長途汽車實在太辛苦了。我想當她回到海拔比較低的地方之後，一定會覺得舒服些。

再見啦，甜心。現在已經是星期三清晨四點了。

我愛你。

我昨天很忙，不曾寫信。

我愛你。

理查・費曼

費曼寫給妻子阿琳，一九四五年三月十四日星期三晚上

最親愛的貓咪：

在這封信裡你會看到一個信封。把它抽出來，裡面裝的就是你報稅的文件。抽出這些文件，在第一頁上，你會看到兩條虛線，我在每條虛線的前面，都用鉛筆畫了一個叉（就在第一頁的下面，這就是退稅申請單）。其中一條虛線下，寫著納稅義務人，那就是你啦，小姑娘，在線上方簽個名。第二條虛線下標著日期，記下你簽名當天的日期吧。不要想在日期上動手腳，反正退稅單總會因爲某種原因而延誤交寄。簽下名字，塡下簽名時的日期，這就是你全部的工作了。再把退稅申請單放進信封，寄出去。這樣子，在明年的某一天，你會接到

一張退稅的支票，應該是二〇三・〇六美元。到時候再把支票交給我。

如果你想把整份資料都看一遍再簽字，這當然是值得誇獎的好習慣。只是不要忘了把那疊標示著「扣繳憑單」的東西也放進信封裡。

你要知道我們繳稅的情形嗎？我要補繳三〇・〇八元的稅款，而你可以獲得二〇三・〇六元的退稅。因此，我們總共可以獲得約一七三元的退稅。去年，我們一共繳了三一四元的稅，但得到二六三元的退稅。不過它遲了十個月才寄給我們，因此也支付利息給我們，我們總共得到的退稅金額是二八二元。今年我們兩人共繳了四八九・四三元，但政府已經從我的薪水裡，按月扣了六六二・四〇元，因此要退一七三元給我們。

現在盒子已經空了。我在盒子上做好標籤，並且打包好，請聖塔菲貨運公司送到聖塔菲去給你，讓你開始蒐集必要的單據。

你請好護士了沒？

你媽媽的情況如何？

我需不需要在星期六之前，抽空到阿布奎基一趟？

我愛你，小寶貝。我愛你。

理查・費曼

附筆：

別為報稅誤期而擔心。它不可能罰超過六元（這是遲了三十天的罰金），而我非常懷疑，遲個一、兩天會有什麼罰金。至少對我是絕對沒有罰金的。我是說眞的。你的申報比較慢，我的卻是及時寄出！哈、哈、哈！

費曼寫給妻子阿琳，一九四五年三月十八日

最親愛的貓咪：

我想這個星期我又有些工作過度了。通常我每天大約凌晨三點上床，然後睡到上午十一點，睡眠應該是夠的。問題是，它打亂了我的正常作息時間，而且我覺得太累了，就把給你寫信這件事往後延，先睡再說。起床之後又有別的事耽擱，一天就過去了。你就沒有信可以看了。

昨晚，我到一對你不認識的同事家裡去。那位先生曾是康乃爾大學的講師，他太太則曾經在動物園或什麼類似的地方工作過。總之，她非常喜歡動物。他們養了兩條狗，其中有一條母狗已經懷孕，快要生小狗了。她帶著這隻懷孕犬去給獸醫看。獸醫詳細檢查之後，讚了一句，「奶子的發育很好啊！」我想應該是在說狗。但這位同事的太太低頭看了自己的胸部一眼，然後板著臉說：「哦！謝謝你。」弄得獸醫窘得很。

那天還有別的同事一起去那對夫妻家裡，有個人就彈起夏威夷的四弦琴來。那位先生則吹奏豎笛來合音。我敲著桌子爲他們打拍子，然後東敲西打的玩了很多東西。之後，我們看

了紐約州綺色佳（Ithaca）的照片以及墨西哥州的照片。他太太在照片裡搔首弄姿，擺了很多姿勢。

今天我起得早些，本來是準備參加一個會議的，但鬧鐘出了點差錯，提早把我弄醒，所以我多了半小時的空檔。

另外，我今天會去看你。我深深愛你，再見，甜心。

理查・費曼

費曼寫給妻子阿琳，一九四五年三月二十二日星期四早晨

最親愛的貓咪：

我昨天接到你一封很棒的信。我很高興自己可以讓你振作起來，很輕易就使你非常開心。只希望你的開心與振作能夠再持久些。並不是我不想和你說話，你知道我永遠樂意的。只是如果你的快樂可以持久的話，那麼相對的，不快樂的時間就會縮短了。那在我看你、陪你之前，你也有機會快樂的過日子。

信裡還夾著一張便條紙，寫著「要記得的事情」。其中有一項特別用綠色墨水寫的，強調它的重要性，就是「休息與放鬆」。雖然在接到信的時候，才下午三點鐘（星期三），但我決定立刻遵命，上床睡覺。結果一直睡到星期四上午八點才起床，足足睡了十七個小時，連

日的疲勞一掃而空。只除了中間有一小時的干擾。那個混蛋朱利阿斯（Julius Ashkin）在練習直笛，一種很令人討厭的木管子，可以依照紙上標示的黑點，對應的發出噪音——一種很詭異的、貓叫的音效來。

我的行徑聽起來有點反常，所以我要說明一下。（一）我是工作小組的組長，有照顧組員的義務。有個組員滑雪摔斷了腿，因此受我的照顧。（二）我們正準備開始一項新的工作計畫，但還處於籌備階段。（三）我們現在開始輪三班，每班八小時，日夜不停的趕工。（四）除了我和斷腿仁兄之外，沒有人曉得事情是怎麼回事、該怎麼做，連我自己也不是很清楚。因此，我從星期二的上午八點一直忙到星期三的下午三點，整整三十一個小時。那時候，新工作的進行已經相當順利了，所以我才在下午三點跑去睡。

我醒來的時候，事情進展如何？就和我去睡的時候一模一樣。因為我離開以後的十五分鐘，有人做錯了一件事，一切努力全部白費功夫。我們又要回到原點，改正錯誤，再重新來過。這也是我為什麼要這麼辛勤工作的原因。我一定要另外想個有效的管理方式，讓我不在的時候，事情也能夠順利進行下去。

當然我愛你，管他事情怎樣了。

理查·費曼

最親愛的貓咪：

今天我的上眼瞼腫了起來，不知道怎麼回事，害我連眼睛都不能完全張開。我十點鐘要去看醫生。如果你覺得這封信的字跡歪歪斜斜的，那是因爲我瞇著一隻眼睛寫字。我想是比較嚴重的瞼腺炎（麥粒腫），眞的有點嚴重，害我非去看醫生不可。

星期天晚上，我從十一點三十分睡到第二天七點三十分，昨夜是十二點睡到今晨八點，因此我總算回復正常的作息了。我每天工作八小時，正常吃三餐，希望能一直這樣維持下去。昨夜吃過晚餐後，我和克勞斯（米雪注：克勞斯可能是 Klaus Fuchs，後來證實是個俄國間諜）開著他的新車去兜風，這是他剛買的。我們開到一些印地安人留下來的洞穴去，還爬進去看了一下。後來天色暗了下來，我們就回去工作。

這裡的事情慢慢平順起來。當然，偶爾會有一些小波動。我小組的工作成員似乎逐漸能獨當一面的挑起大樑來，不管我在不在，幾乎都能把問題解決掉。

現在是星期二上午，我正在給你寫信。我在這個星期二上午很愛你。但我的身體似乎有嚴重的失調。我永遠愛你，你是個好太太，我很喜歡去看你，但願現在就是星期六。反正也快到了。

你這星期情況如何？

我愛你，小貓咪。

保重

理查·費曼

費曼寫給妻子阿琳，一九四五年四月三日星期二，上午十點

最親愛的貓咪：

有兩件事你聽了可能會很開心。第一，昨天，我把一切事都收拾停當。因此，從現在開始，我將不必再熬夜工作了（昨夜，我工作到十二點）。第二，我淋了浴。今晨我故意睡得很晚，純粹是好玩而已。我現在開始用一種比較輕鬆的態度來過日子（甚至在就寢之前，還花了半個小時閱讀一本書）。我覺得最辛苦的時段已經過去了，我現在可以放鬆些。

還有第三件事你一定會開心的，就是我愛你。你是個又堅強、又美麗的女人。雖然你不是永遠都這麼堅強，但它像山勢一樣有起有落。我想，我像是一座調節力量的水庫。如果沒有你，我只是一片空乏和衰弱，就像認識你之前的情況。你偶然具有的力量，使我也跟著強壯起來，然後我可以把儲藏起來的、來自於你的力量，在你需要的時候回饋給你。多美妙！

我發現這幾天寫這些東西給你，居然有些困難。我通常習慣在信裡，表達出一種很親密的私密情感，但上面那些東西我說得不太順暢。我星期天會來，再親口告訴你。我會在星期天愛你。

這裡沒有什麼新消息。哦，對了，是有一件事。我們這裡有個正式的反情報單位，他們正式審訊我們一位同事。就像電影裡的情節一樣，一間黑暗的房間，煙霧繚繞，四周坐滿了看不清面孔的人。他們連珠砲似的問了他好幾個鐘頭，想證明他是一個共產黨。但是這些人沒有成功，因為他真的不是共產黨。第二天，這個可憐的傢伙還心神不寧，無法好好工作。

因爲他們在前一天晚上，半夜把他從床上叫起來。他們說想肅清我們這裡所有的間諜。其實他們的方法很笨拙，例如營區的大門常常在半夜無緣無故的洞開。不過你別驚慌，他們還沒有找我麻煩。他們不知道我是個相對論者。

我愛你，甜心

理查．費曼

費曼寫給妻子阿琳，一九四五年四月四日星期三上午

哈囉，貓咪：

我昨天晚上工作得有些晚（凌晨一點），但是我今天上午十點才起來，應該是睡夠了。

昨天這裡冷得像寒冰地獄，又下雪、又刮風的，很不好受。

昨天中午，午餐過後不久，一位住在富勒旅舍的、我不太認識的人，跑來請我幫忙，去打開儲藏室的鎖。看起來，富勒旅舍管鑰匙的人把鑰匙弄錯了，把房間門的鑰匙當成儲藏室的鑰匙，而他把東西放在儲藏室裡，門卻鎖上了。因此，我蒐集了兩個紙夾子、一把螺絲起子、一枝小釘子和一些雜物，到他的房間裡，花了兩分鐘，就用紙夾子和螺絲起子把鎖打開了。那個人驚訝得不得了。不過他非常高興，我也是。因爲我對開鎖這件事不太在行，常常會失敗。我以前很會開鎖的，但近來這種手感有些喪失了，我想。

有一天晚上，我帶著一個耶魯牌的鎖睡在操作間。雖然我有鑰匙，但我和人打賭要不憑

鑰匙弄開它。我居然搞了一個晚上。我有沒有告訴過你，曾經去打開一個檔案櫃，把裡面有關拖雷雪車的合約文件取走。當他們有個大型的會議，需要這份文件的時候，卻遍尋不著。我當時坐在朱利阿斯的房間，兩個傢伙上氣不接下氣的跑上樓來，一看到我就歡呼：「他在這裡，感謝老天爺！」從此之後，各色各樣的傢伙一打不開什麼東西，就來找我。我不得不協助他們弄開抽屜或門鎖。不過我到現在還打不開我自己的保險箱，當然這是指不知道它密碼的情況。如果我能打得開這類型的保險箱，應該算是空前的勝利。

我之所以這麼喜歡開鎖，可能主要是因為我喜歡解各種各樣的謎題。每個鎖就好像一道謎題。如果你可以不用蠻力打開它，心裡會有很大的成就感。但密碼鎖倒是難倒我了。

貓咪，她有時也像謎一樣，但我最後還是會解開你的。我也愛你。

理查．費曼

費曼寫給妻子阿琳，一九四五年四月十二日星期四早晨

哈囉，貓咪：

我應該更勤快寫信給你的，星期天碰面的時候，記得你狠狠罵我一頓。前幾天我和平常一樣，非常忙碌。還好我的睡眠是足夠的。星期二晚上最慘，我忙到兩點三十分才上床。不過我一直睡到十二點才起床。昨天我在合理的時間上床（十一點三十分），還是靠著強大的

意志力才辦到的。昨天，我發現了一項自己做的失誤，它讓我們一再重複去做同一個問題，把我們的工作進度推回到上星期六左右。但在所有的人齊心合力工作了三個小時之後，我們把問題解決了，並且重新啓動了機器。總而言之，我們大概只損失了一天的時間。

除了這件事之外，其他的事都如我所預料的，進行得相當順利。現在這一星期已經過了一半，我相信剩下來的日子也應該一樣順利。如果事情眞的很順利，我最想做的是，找一、兩小時的空檔出去散散步。我還沒有撥出一小時的空檔出來過，除了那次和克勞斯開著他的新車去兜風。這種忙碌的生活已經持續三個星期了。我只有利用週末的空檔去看你，其他時間全忙得不可開交。能去看你眞好，讓我下星期又能全心投入工作。

我愛你，小貓咪。眞抱歉我工作得如此賣力，害我沒有時間想到我們，也沒有時間像往常那樣時常寫信給你。

我愛你，親親。你覺得好一點了嗎？

理查・費曼

費曼寫給妻子阿琳，一九四五年四月十九日星期四晚上

最親愛的貓咪：

朱利阿斯借走了我的時鐘，所以我不知道現在時間到底是幾點。不過我認爲應該還不到

半夜十二點。

我其實大約在十一點三十分以前就到家了。但是我正要開門的時候，卻聽到火警的警報器響起。因此，我立刻跑去幫忙救火。但是當我跑到起火地點的時候，大概只有兩、三分鐘的功夫，火已經熄滅了。原來只是某種化學物品起火燃燒，但情勢很快就給控制住了。有人穿著睡衣，開車趕過來，順便讓我搭便車（所以才會那麼快）。我到達火場的時候，看見我的值班同仁也跑過來了，在附近繞圈子，希望能幫得上忙。因此，我和他們會合在一起，但還是插不上手。

我沒有聽到關於你的消息，但如果你不想動筆也沒關係。我會如平常一樣，星期六上午八點三十分左右就出現。除非我又趕不上那班公車。如果我找得到便車可搭，甚至可能到得更早些。但願如此。

我有兩個值同一時段的組員，居然同時生病。真該死！我明天就要展開新的工作了。而那位摔斷腿的同事也還沒有回來上班。

很快整個小組就只剩下我一個人能正常工作了。

繼續努力，親愛的，報酬是非常豐富的。我星期六會去看你，情況如何？別忘了喝杯牛奶。

理查・費曼

我愛你，甜心

費曼寫給妻子阿琳，一九四五年四月二十一日星期六早晨

最親愛的貓咪：

我接到了你的明信片。我很快就會去看你，讓你整個下午精力充沛。

昨夜我十二點上床，但沒有寫信給你，因爲我太累了。我也沒有刮鬍子，一直拖到今天早上才刮了鬍子。上次我的鬍子還是在阿布奎基時刮的，星期天晚上刮的，已有五天了。我本來還不想刮鬍子的，而且過了這麼久之後，刮起來不太舒服。但是鏡子裡的傢伙（就是我啦！）看起來一副蠢樣子，所以我還是動手刮了鬍子。不過不論我有沒有刮鬍子，你看起來都是傻得可愛，我愛你。

我每天都忙著工作，所以這裡沒有什麼新消息。我現在上床睡覺的時間還可以，通常我從早上八點三十分忙到晚上十一點三十分，中間扣掉兩小時的午餐和晚餐時間，每天足足上工十三個小時。我記得以前在阿諾德旅館打工，兩天一輪，前一天工作十一個小時，第二天就工作十三個小時，每週（或每月？）只賺二十美元。我覺得那件工作比我現在的工作還要辛苦，因爲那些工作沒有現在的工作有趣，而且工作時數又不是自願的。

在這三天裡，我就做了將近四十小時的工作，已經是一星期的工作量了。到了第四天，甚至已經超過四十八小時。如果我星期六和星期一都放假（星期天當然是放假的），我還是做了足夠的事，可以問心無愧的領我的薪水。（寫到這裡，我忽然想到，在我們兩人之間，到底誰在付出，我不知道。）

或許我今天有機會可以發現，怎麼才能爲你找到一個更敏銳的醫師來看你。

我愛你，小乖乖。

喝杯牛奶好嗎？

理查・費曼

費曼寫給妻子阿琳，一九四五年四月二十四日星期二早晨

最親愛的貓咪：

我愛你。

我回營區的路上，沒有什麼新鮮的事。

或許你會從稅捐單位得到一份退稅通知。不必理它，一切都沒事的。它只是告訴你，有關你的稅籍紀錄，已經從紐澤西州的坎頓，轉到新墨西哥州的阿布奎基而已。

關於我們每個月的開銷，大約是下列的數字：

西爾利醫師	一〇元
護士	三〇〇元
房間與氧氣	二〇〇元
我的零花	五〇元
我的房租	四〇元

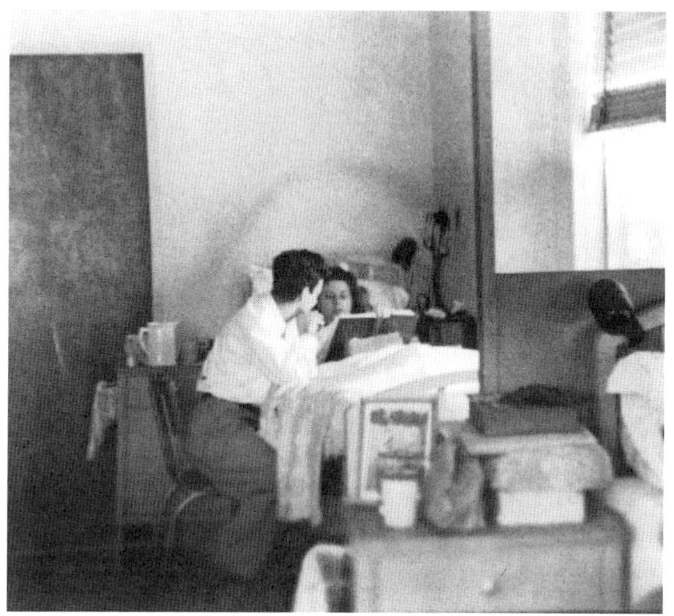

費曼與阿琳1945年攝於阿布奎基的療養院。

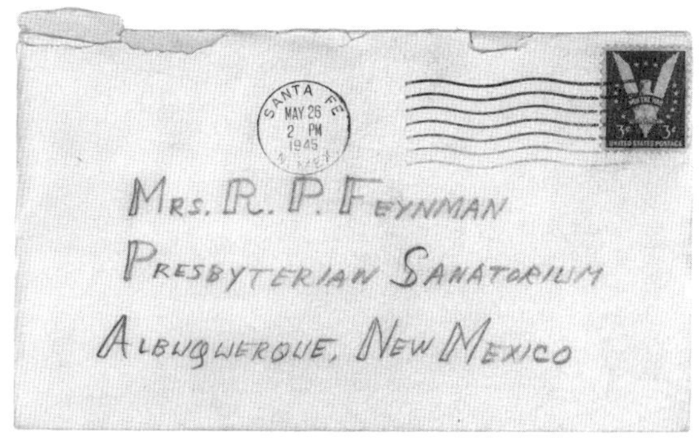

費曼寫給妻子阿琳，一九四五年四月二十五日星期三早晨

總數　　六〇〇元
收入　　三〇〇元
差額　　三〇〇元

我們每個月要透支三〇〇元。但我們有超過三三〇〇元的存款，因此至少可以撐十個月以上（這是假設沒有手術之類的額外開銷）。你還認爲現在有必要賣首飾或鋼琴嗎？隨你愛怎樣就怎樣吧。我是不是該回餐廳去吃大鍋飯，這樣每個月可以省十五元。十個月大概差一五〇元。

不過看看這張開銷表，我發現裡面有些項目似乎不太平衡。醫師的花費只有十塊錢，但是護士和房間加起來的花費卻有五百元。我覺得，我們花在療養院的錢可能太多，而花在給醫生看的錢似乎不太夠。但我不知道有什麼辦法能扭轉這種失衡，你呢？你覺得如何？

昨夜我睡得不錯。我在正常的時間就上床就寢，睡眠很充分。近來事情平靜了很多。

我很快就能再見到你。

喝杯牛奶。你的溫度是不是還很高？好吧，記得等一下爲我喝杯牛奶。

我愛你。

理查．費曼

哈囉，貓咪：

我昨晚上床的時間比平常晚了一些，下午兩點，睡到十點。我以後不會再這樣了。我愛你。而且我也知道，如果我自己都病倒了，將是極爲嚴重的事情。我將努力正常工作，使自己沒有生病的機會。

我收到一封你的明信片，知道了你會繼續努力的好消息。繼續加油！來，現在就喝瓶牛奶如何？明信片上還說，你寄了一隻手錶給我修，但我還沒收到。爲什麼你不把手錶留在身邊，等我星期六去的時候再修理？我在這裡並沒有多少時間，而且也缺乏工具。

我正在閱讀一本書《時間與計時器》裡修理手錶的那一章。當手錶構造愈來愈複雜，價格愈來愈昂貴的時候，清洗和修理的方法也愈來愈困難。我很快就只能處理便宜的手錶了。不過我想，或許有一天也會戴隻昂貴的好手錶吧。或許我應該把自己的好手錶拆開來練習一下，反正它戴在手上，也沒有多大的用處。

我把它拿出來看了一下，因爲它運作正常，只是沒有分針。雖然掉了分針，運轉得還不錯。另外，我還發現有個玩具手錶，只是髮絲彈簧需要修理。我是不是乾脆把它修好，寄給你用。你要這個玩具手錶嗎？

在以前，手錶非常不準確，製作也很困難，因此往往只有一根針在錶面上，就是時針。因爲分針就算存在，所指的時間也太不正確，沒有多大的用處。雖然我手錶上的分針早就脫落了，但是我單憑時針的位置，就知道大概的時間，誤差不會超過五分鐘。我想我會把它帶著，看能不能修好。

我愛你，小寶貝。

我愛你。

理查．費曼

費曼寫給妻子阿琳，一九四五年五月二日

最親愛的貓咪：

今天，我在普林斯頓的老師約翰教授（注：惠勒教授）要來，老闆派我到火車站去接他。眞棒，這樣我就會得到以前那些學校同事的消息了。我連他們的名字都不太想得起來了，好像一個是珍娜特，一個叫提塔，另一個是吉米什麼的。

我好久沒見到他了，這次能再見到他眞好。因爲我曾經是他的學生，而且一些他想知道的事，我知道細節，所以實驗室派我出去接他。這就是我必須離開營區的原因，暫時也離你遠一些。

喝些牛奶！

你是個好女孩。我每次一想到你，心裡就暖洋洋的。這就是愛，這有點像愛情的定義。這是愛，我愛你。

我兩天之後會去看你。

理查．費曼

費曼寫給妻子阿琳，一九四五年五月三日

有一小段時間，費曼和阿琳懷疑是不是阿琳懷孕了。當時測試婦女是否懷孕，用的是一種「富萊德曼測試法」（Friedman test），把婦女的一些尿液，注射到未交配的兔子身上，再檢驗雌兔的卵巢，以此判斷受測女子是否有身孕，還相當不準。

最親愛的貓咪：

我接到你有關測試報告是陰性的信件。我問了這裡的醫師，他說，他們可以在阿布奎基的范阿塔（Van Atta）實驗室做同樣的試驗。因爲（他認爲）那裡養了很多兔子。他表示，他對富萊德曼測試的結論沒有什麼信心（他是我們這裡的婦產科醫師），可能兩頭都會弄錯。他覺得觸摸子宮的生長，才是最好的方法。因此，我們或許下個月再請婦產科醫師來看看。

我會拿你的X光檢查的底片給你。我星期六會早早過來。如果一切順利的話，應該十二點三十分左右會到。

醫師特別跑來告訴我一個消息，就是現在有一種新的黴素，叫鏈黴素（streptomycin），在動物實驗上相當成功，確實治好了天竺鼠的結核病。現在正在進行人體實驗。它對結核病雖然有很好的療效，但卻很危險，會阻塞腎臟什麼的，有人幾乎被這種新藥殺死。不過他認爲研究人員應該很快就能克服這些困難。如果一切順利的話，應該很快就會上市的。我不知道西爾利醫師有沒有注意到這個實驗的消息。如果他能替我們注意的話，那麼新藥一公開上市，就能儘早知道。

繼續努力，親愛的。我總是認爲有機會變好的，沒有什麼一定不行的。而且我們正過著令人陶醉的生活。

我愛你，甜心

理查·費曼

費曼寫給妻子阿琳，一九四五年五月三日

朱利阿斯·亞斯金　　新墨西哥州聖塔菲郵政信箱一六六三號

阿琳：

下面是理查給你的消息。

朱利阿斯·亞斯金　敬啓

你好，貓咪：

我現在人在辦公室，手邊卻沒有任何信紙可用。因此，我向亞斯金借了一些信紙來用。幸好這些信紙也是你寄給他的。他特別在信紙的前端，先寫了幾個字，免得你想入非非，以爲他在暗戀你，偷偷寫情書給你。尤其當我寫著「我愛你」時，更容易產生誤會。因爲我確

實愛你，而我的名字又不叫做朱利阿斯什麼的。（這提醒了我，最好小孩子生下來的時候，可別一出娘胎就蓄著小鬍子，否則我就知道該去找誰決鬥了。）我叫理查，你的丈夫。

我昨夜只工作到十一點，因此有機會早早就上床睡覺。

弗萊德的太太快要生產了。她現在已經在醫院裡，弗萊德也去陪太太了。我希望他能夠放心的說，「希望一切都順利。」他已經預備了很多雪茄和糖果。按照我們辦公室的習慣。生孩子的人要請同事抽雪茄；碰到不抽菸的同事，就請吃糖。我是拿雪茄的。在這裡，我幾乎每個星期就得到一根免費的雪茄。

他們不知道為什麼，把辦公室外面那個池塘的水放光了。又利用推土機和挖土機，把池底的黏土層都挖開。眞不曉得他們在幹什麼，但我和一個同事打了賭，這個池塘以後不會再放水進來了。

這就是所有的消息了，甜心。

我愛你。

理查・費曼

費曼寫給妻子阿琳，一九四五年五月九日

我想我以後不會再喝醉了。並不是我在酒後做了什麼見不得人的事，只是我覺得醉醺醺並沒有清醒好玩。昨天晚上，我工作到九點三十分左右，有一對同在辦公室工作的夫妻（他

太太講話非常大聲），先生出面邀請我一起到他家慶祝歐洲戰爭的勝利。因此我應邀前往，喝了比以前多的酒。當然，我也比以前醉茫茫得多，我甚至不想假裝自己是清醒的。我發出很多噪音，因爲有人把我的鼓也帶來了。我不太喜歡後來的情況，我知道自己鼓打得並不好，也不太會講笑話。另外，我對別人所講的笑話，也不太會欣賞。在社交場合，我常會給歸類爲「獨行俠」那一夥的，不容易引起別人的注意。我們在街上到處閒逛，唱歌、打鼓、敲鍋、擊盆的。聽起來好像很好玩似的，但是我知道，如果自己更清醒的話，應該更能開心的享受。

在深夜，我就找了個地方躺平了。後來別人把我叫醒，我和克勞斯一起回宿舍。今晨醒來，沒什麼不舒服的，沒有所謂宿醉或頭疼的問題。我沖了澡，便又是一尾活龍了。我認爲每個人一生中，總有一次會喝得爛醉如泥。這讓他有機會知道自己並不愛喝酒，尤其不喜歡喝醉。

抽菸也一樣，試過了香菸、菸斗和雪茄之後，我決定把它們全放棄掉。當我年事漸長，竟變得愈來愈道學了，眞是糟糕。

我經常想到你，連喝醉的時候都不例外。我深深愛著你，我愛你。我很快會去看你，我的親親。

理查・費曼

1944年，羅沙拉摩斯時期的費曼（坐在森巴鼓上）。

費曼寫給妻子阿琳，一九四五年五月十日
費曼的生日是五月十一日。阿琳印了一些假報紙，頭版頭條是「全國熱烈慶祝費曼博士誕辰」，羅沙拉摩斯很多人都收到這份報紙。

最親愛的貓咪：

我愛你。

昨夜我在TA家吃飯，有很多義大利麵和肉丸子。每人三大顆肉丸，吃得我撐死了。我看大家都一樣，後來的草莓奶油鬆餅，每個人都吃不下。

辦公室今天到處都是報紙，我想是《先鋒報》吧，頭版頭條是「全國熱烈慶祝費曼博士誕辰」。天呀！眞聰明。大家一開始都以爲眞的是報紙上的新聞。他們就把這份報紙，貼在我辦公室的牆上，很多同事還把別人的報紙借回家給自己太太看。眞是大新聞，我可能還會因爲這個新聞，得到一些生日禮物呢，或許會收到二十七雙襪子也說不定。

總之，我幾乎忘了自己的生日快到了。如果沒有你用這麼絕妙的法子來提醒我，我一定會忘了。

我愛你，不管發生什麼事都一樣，你是個好太太。

理查·費曼

費曼寫給妻子阿琳，一九四五年五月十一日星期五

最親愛的貓咪：

很多人都跑來要那份報紙的複本，想拿給別人看一看。這件事傳得很廣，我簡直成了新聞人物了。我想今天就是我生日，對吧！

在我生日這天，你覺得好點嗎？

我的老闆貝特教授也收到一份報紙。他評論說，你眞是個很棒的太太。雖然他說這句話時，態度是認眞的，但我還是覺得他是在開我的玩笑。（我私下當然也覺得你是很棒的太太。但這樣公開宣揚我的生日，讓我覺得很窘，我不知道應不應該誇你。）

我想我應該也撥出幾個小時來，想個什麼辦法來回敬你，讓你也稍微享受一下被捉弄的滋味。

妹妹寫了一封信來給我，但我還沒回信。她不知道我老媽知不知道你可能懷孕的事。她在想，不曉得應不應該寫封信給老媽，告訴她這件事。

保羅說，他在紐約的時候，曾詢問一位醫師關於這件事。醫師認爲，在這種情況下，墮胎應該沒有任何困難。如果西爾利醫師擔心的是麻醉問題，因爲你需要氧氣，倒是可以利用脊椎麻醉的辦法。這種麻醉法對呼吸沒有任何影響。

我還沒有聽到任何進一步的消息。懷孕的檢驗結果是有還是沒有？如果是有，而醫師又表示他有辦法可以處理，那麼下次他來的時候，你認爲我們該怎麼做？

別擔心，親愛的。
我愛你，親愛的。

理查·費曼

※米雪注：在這裡忽然談到墮胎，一定是阿琳接到戴博拉療養院的醫生給她的兩封信。這是她和費曼結婚之後所住的第一家療養院。醫生強烈建議她，立刻中止任何懷孕的過程，「一天都不要等。」最後的情況是，阿琳並未懷孕。

費曼寫給妻子阿琳，一九四五年五月十五日星期二早晨

哈囉，甜心：

昨夜我很忙碌，所以沒有寫信給你，但我今天早上正寫信給你。如果營區收信的時間是中午，它會在同一班郵遞中寄送出去，因此，你今天下午就會收到信。這是我的想法，我會知道是不是這樣。

昨夜我工作到十二點三十分，因爲在十一點交班的時候，只有一個人進來。另外一個人的識別證昨天到期，因此門口的警衛不讓他進來。後來，我到處打電話找人。最後等我到大門警衛室去帶他進來的時候，已經過了一個小時了。通常我們一班有三個人，但第三個人生

病了，不能來。

我昨天晚上，像平常一樣的想起你。你近來一直瘦下去，出現所有營養不良的徵候。雖然我知道你吃得不多，但應該也不至於少到會飢餓或營養不良的地步才對。爲什麼食物在你身體裡不能好好的消化？是不是你的消化系統有問題？還是其他的原因？例如缺乏空氣？雖然我看不出來缺乏空氣和營養的吸收之間，有什麼關聯。

如果是前面那個原因，那麼把食物的養分直接輸送到血液裡，會不會是個好主意？例如利用靜脈注射或吊點滴，把葡萄糖和必要的營養素送進身體裡。或許這個辦法值得試試看。問問西爾利醫師，看他怎麼說。問他爲什麼在正常的飲食情況下，你體重減輕得這麼厲害。如果他認爲你吃得不夠多，那麼吊點滴應該很有幫助。如果你已經儘量在吃了，也吊了點滴，那我們就盡了全力，能做的都做了。

你有沒有做血液檢查？血液裡所含的營養成分夠不夠？是不是血液裡雖然營養足夠，但是細胞卻沒辦法吸收？如果是這種情形，那麼吊點滴或靜脈注射可能也沒有什麼用。你現在是在哪一種情況？靜脈注射會有效嗎？問題出在哪裡？是「消化系統到血液」這一段呢？還是「血液到細胞」這一段？問問西爾利。

我愛你，親親。

理查．費曼

費曼寫給妻子阿琳，一九四五年五月十七日星期四早晨

最親愛的貓咪：

我昨天沒有給你寫信。

我接到家裡寄來的包裹，就像我告訴過你的一樣。裡面有六件高級襯衫，是大百貨公司買的好料子，很不錯。

我還不知道該怎麼補襪子。有位需要住院一段時間的女生偶然聽到這件事，就對我說，如果我需要縫扣子或補襪子之類的事，她願意幫忙。但是我看她情緒不是十分穩定，所以不敢去麻煩她。怎麼樣，你吃醋了吧！別擔心，她是一個好朋友的太太，因為複雜的懷孕症候群而住院，我怎麼敢去麻煩她。你呀，永遠不必擔心我會和別的女人有什麼瓜葛，所有狀況都在掌握之中。我只愛你。

昨夜我翻閱了一下《大英百科全書》，看了一下這幾個字，很有意思：tuberculosis（結核病）、tuff（凝灰岩）、tularemia（兔熱病）、tumor（腫瘤）、tunicata（被囊動物）、Turkey（土耳其）和其他一些夾在中間的字，不過我已經記不得了。我以前也查過「結核病」這一條，不過裡面沒有多少資料。凝灰岩是火山噴出來的火山灰，我們附近到處都是。兔熱病是一種野兔和野鼠的傳染病，第一次傳染給人是在一九一三年，發生在猶他州，以後就逐漸流行。被囊動物是一種很奇怪的微小生物，含有纖維素，和植物一樣，而它的血液裡含有一種稀有金屬，叫做釩。（我們的血液裡含有鐵，昆蟲的血液裡含有銅，而植物的葉綠素則含有鎂。）腫

瘤，你已經知道了，土耳其是個國家，你應該也知道。最後這一項的內容太多了，我沒有看完。

我正在照顧亨利，他是貝特教授的小孩。他已經長高了一些，也剛會走路。他很乖，不會整天哭。不過他在四處走動的時候，有好幾次跌坐下來。

這就是所有的消息了。

我愛你。

理查．費曼

費曼寫給妻子阿琳，一九四五年五月二十二日

最親愛的貓咪：

我還沒有告訴你，星期天晚上從阿布奎基回營區途中發生的趣事。一切都很正常，直到公車抵達伊斯潘諾拉（Espanola），我看到那兒五光十色，還有個摩天輪，原來是有一座流動遊樂場。因此，我沒有考慮接下來該怎麼回營區的問題，就下了車直奔遊樂場而去。

我坐了一趟摩天輪，接著又坐了一趟旋轉飛椅，就是用兩條鍊子把椅子吊住，然後旋轉起來的那種遊戲。他們還有很多玩意，譬如投圈圈或擲棒球等等，可以贏取獎品，像基督雕像或大布偶之類的東西。我沒有玩，因爲我看那些獎品都不怎麼樣，沒什麼吸引力。

我看到三個小孩很想坐小飛機，一直在旁邊流連，就付錢請客，讓他們坐上去開開心。

這只是一個很小型的遊樂場，但很好玩。

後來我就搭便車回營。我在路旁站不到一分鐘，第一輛路過的車子就停了下來，讓我搭便車。其實是我開車，因爲車上的司機已經太累了。車上還有三個女孩，不過長得實在相當安全，我就一直保持正人君子的風度，一點也不用天人交戰。

我愛你，小寶貝。在遊樂場裡，我想的都是你。我們以前在遊樂場玩得多開心。快快好起來，我們可以再去玩。

我愛你。

理查・費曼

費曼寫給妻子阿琳，一九四五年五月二十三日

最親愛的貓咪：

我昨天晚上參加了鎮議會，有一大堆、一大堆的人，過程非常吵雜、喧鬧。

你知道發生了什麼事嗎？原來上面頒布了管理男生宿舍和女生宿舍的新規定：不准男生在夜間於女生宿舍逗留，男性訪客只能待在會客室。而所謂的會客室，不僅人來人往，還徹夜燈火通明，連半點氣氛都沒有。而且他們這些規定還不是說說而已，眞的拿雞毛當令箭硬幹起來，派出一堆憲兵守在女生宿舍門口。憲兵哪！眞是笨。其實每個宿舍本來就派了舍監做全天候的管理（二十四小時，包含我住的宿舍也在內），我雖然不知道他們管理什麼東

西，但想必是不准過度喧鬧、擾人安寧之類的事。

由於這些規定深深影響住宿舍的人，而他們既沒有事先得到告知，也從不曾參與相關的討論，憲兵忽然就出現了。大家對這種黑箱作業的決策過程非常惱火。他們一致表示，自己可以管理這類芝麻小事，不必驚動憲兵大人。而且有些宿舍本來就組織了管理委員會，也有自治公約。這些有委員會的宿舍，原本已經存在相當暢通的申訴管道。

我也和別人一樣惱火。最後建議，由於鎮議會也是管理宿舍內居民行為的單位，我們不能同意這種新的管理規定，要求當局立刻改正……等等。

因此，大家要求當局依照我們的決議來執行，而警衛只能在白天打掃的時間出現。我們要看看接下來會怎樣。

他們（當局）也規定，一般人在上班時間如果要外出，必須得到領班以上人員的許可條（我想是要檢查是不是有人溜班）。這限縮了一些自由度。

有人很憤慨的站起來發言，說：我們又不是犯人，這裡也不是監獄。如果按照那些新規定，我們倒是想知道，是陸軍的哪個單位，要依什麼罪名把我們逮捕。

大家都非常激動。

我愛你，親親。而且，我不記得這些年來，曾經到過女生宿舍去。

理查・費曼

愛你！

費曼寫給妻子阿琳，一九四五年五月二十四日星期四晚上

最親愛的貓咪：

我想念你的信。或許你偶爾可以要你爸爸或護士，為你寫張明信片給我，告訴我你的情況究竟如何，或者你愛我之類的。

我們的鎮議會又開了一次會，這次是每個宿舍派出一位代表與會。我正好也由我住的宿舍選為代表（他們昨晚開會選代表，我有事不能參加會議，就當選了）。大家交頭接耳，小心翼翼的囁嚅了一會兒，最後還是我想出一個主意來。我提議大家簽署一份文件，表示我們可以自主管理自己的生活方式。最後我們就按照這個提議進行，在一份擬好的書面聲明上，大概有二十幾個宿舍代表簽名。聲明表示，我們可以負責管理自己的宿舍，如果有任何困難的話，鎮議會也可以處理云云。我們認為軍方大可不必多此一舉，派人來介入我們的宿舍管理。當然，書面聲明的語氣很客氣，還談到效率什麼的。這篇聲明稿寫得很不錯，或許我們能夠成功的得到管理主導權。

昨夜，我到一位你並不太熟的朋友家裡吃晚飯，座上正好有一位我非常佩服的義大利冶金學家。我覺得他非常聰明，飯後我們還閒聊了一會兒。晚餐的菜很棒，氣氛也非常好。我像平常一樣，沒有打領帶、也沒有穿大衣。只有我一個人這樣。不過，以後我到任何人家裡去作客，都不能太正式了，否則碰到多心的人，一定會覺得我對朋友有差別待遇。

我愛你，小寶貝，你怎麼了？我很快就能再看到你，再兩天就是星期六了。

我愛你。

理查．費曼

費曼寫給妻子阿琳，一九四五年五月三十一日星期三上午

最親愛的貓咪：

離我們這裡大約十英里的北方，發生了一場森林大火，已經燒了兩天了。我從窗戶看出去，就看到一股濃煙。晚上還看得見火光呢。

昨天他們徵求志願的救火員，我也和大家一起上山救火。不幸的是，救火人員的組織不是非常有效，我可以說是白費了一天的時間和力氣。我們（一百七十人）開了一條兩英里長的防火巷，但只有一英尺半的寬度。我們還必須穿過樹叢或倒下來的樹木這類東西，還真是費力呢。可惜的是，他們並沒有留下巡視人員來巡視火場，只是當火往上燒的時候，告訴我們這些開闢防火巷的人趕快下山。在下山途中，我就發現有四個地點又開始悶燒了，而且都在防火巷的另一端。如果有人巡視，就可以把悶燒的火源及時撲滅。

現在，他們又要徵求志願救火員了。不過這次我不參加了。我昨天已經白費了一整天的功夫，今天我可有得忙了。我們昨天是下午三點出去，到凌晨三點才回來的。

好消息，我加薪了，幅度還相當可觀。我以前的薪水是三八〇元，扣掉所得稅和一些雜七雜八的費用，大概實拿三〇〇元。現在，我的薪水調到四五〇元，但我不知道扣東扣西之

後，會剩多少錢。但一定會增加就是了，我一算出來就立刻告訴你。看起來，我的工作成績還不錯。現在他們既然給我調薪，應該也會調整我的工作。

你常說，生命充滿了奇蹟。當我們的花費增加時，我們的收入也跟著增加。

我愛你，小甜心。

理查・費曼

費曼寫給妻子阿琳，一九四五年六月六日星期三夜間

我的愛妻：

我總是那麼遲鈍，總是不能很快進入情況而使你苦惱。現在我總算知道了。我會盡力使你快樂的。

我終於明白，你的病情多麼沉重。我已經知道，不該要求你做這做那的了，也不該要求你麻煩別人再爲我做些什麼。現在不是對你提出任何要求的時候，而是應該順應你的需求，讓你舒服一些，好過一點。而不是照我那些自以爲能讓你舒服一些的蠢辦法。現在是以任何你希望的方式，來愛你的時候。不管是要求我不要來看你，或要我握住你的手，或任何事，我都依你。

這一關會度過的，你會再好起來。你或許不相信，但是我相信。所以我現在先乖乖聽你的，以後再要利息。現在，我是你的親密愛人，在你最困難的時候，願意爲你付出一切。我

是你先生，需要幫忙就打電話來，或是叫我過去，都隨你的意。我什麼都知道了，我要讓你安適。

我這個星期會去看你。但是如果你覺得累，不想被打擾也沒關係，只要和護士說一聲就行了。我會瞭解的，親親。我會的，我什麼都知道，我知道你病得很重，沒有力氣說明什麼。我不需要任何說明和言辭，我愛你，深深愛你。我會以瞭解的心爲你做一切事，不問任何問題。

我後悔自己沒有盡責做個好支柱，在你需要的時候，常常不在身邊。現在，我會是你可以信賴的男人。對我要有信心，相信我。你現在病勢這麼重，我不會再令你不開心了。儘量差遣我吧，我可是你先生呢。

我深愛著一位偉大又有耐心的女人。而我的反應這麼遲鈍，請原諒我。我是你丈夫。我愛你。

※米雪注：阿琳於費曼寫此信十天後（一九四五年六月十六日）去世。

費曼致母親盧西莉，一九四五年八月九日

世界第一顆原子彈，已於七月十六日，在新墨西哥州的沙漠試爆成功。八月六日，原子彈落在廣島；八月九日，又一顆落在長崎。

親愛的老媽：

現在我是在辛辛那提等飛機回去。你看我多笨，居然會沒記性到連自己妹妹放暑假都忘了，還問她學校的情況如何。我發完電報給瓊恩之後半小時，才想起她放暑假這檔子事。

現在，報紙上有很多關於原子彈的消息了，所以我可以告訴你們一些我知道的事情。還記不記得我星期六晚上，搭飛機離開你們？大約是星期天中午就回到阿布奎基。有輛軍車在機場等我，立刻載我回基地，大約下午三點鐘抵達。我就直奔老闆家裡，他太太爲我們趕製了一些三明治，讓我們帶在路上充飢。我們全部依計畫搭巴士在下午五點離開，要趕到阿布奎基南方約一百英里的地方去。因爲我們要親眼看看自己所做的原子彈試爆。如果天候允許的話，原子彈預計在星期一凌晨四點引爆。

大概有三輛巴士乘滿了許多焦急的科學家，一路上飛速前進。途中還發生了一些有趣的事。首先，是這些科學家都站在路旁，然後其中一個人跑進樹叢裡耽擱片刻（不是我），後來一個跟一個，很多人跑去給樹澆水。第二是當我們到達阿布奎基這個新墨西哥州的第一大城時，全城都淪陷了。所有雜貨店、咖啡店等等地方的洗手間，都讓同一夥人給占領了。這也可以看出阿布奎基有多大了，它還眞小！

終於我們到達目的地，那是沙漠邊緣的一個高崖上，可以俯瞰整個沙漠。而試爆點就在沙漠的中心，離我們觀看的位置大概有二十英里遠。原子彈是安裝在一座一百英尺高的鐵塔上，但在這麼遠的地方，不可能看見鐵塔。不過我們知道朝哪個方向看，因爲不時有探照燈掃射，並照向天上的雲。當天的天氣很差。

上面發給每人一塊黑玻璃，就是電焊工面罩上的那一種。我透過這塊玻璃看手電筒的光線，卻什麼也看不見。接著每個人都找塊地方坐下來，胡亂吃些東西塡肚子，等待凌晨四點鐘來臨。好在有老闆娘準備的三明治，裡面有烤雞。我們還帶了一些檸檬飲料和巧克力。

我們有兩台無線電機，一台是雙向的，可以聽也可以講，用來和地面的管制站聯絡。另一台只能聽不能講，信號由空中的一架飛機發射出來。這架飛機飛過爆炸地點的上空，拍攝照片，投下度量儀器，而且從空中觀測原子彈爆炸是什麼情形。我試了一下無線電機，要接收飛機發出的訊號，卻發現我這一台不能用。

事前已經有人把飛機的通訊頻率告訴我。我調到那個頻率，沒有聲音。接著我調整天線的位置，把每個開關和旋鈕都轉來轉去，但還是靜悄悄的。同時間，我們聽說由於天氣的關係，試爆會延後。我能接收到的最接近的頻率，只有舊金山某個短波無線電台播出的音樂。而這正好讓我可以嘗試把每個旋鈕都轉到正確位置（這台無線電機有十個旋鈕，但是沒有人知道，哪個旋鈕是要幹什麼的。有了舊金山短波電台的音樂，我東試西試，終於找出每個旋鈕的用途）。最後，我把所有的旋鈕都轉到最正確的位置。

這時，我忽然想到，爲什麼大家並不擔心另外那一台無線電機有沒有問題呢？原來是負責那台無線電機的人一直忙著回答別人的問題，根本沒有做測試。我拿起那台可以和地面管制站通話的無線電機，想問他們知不知道飛機發射出來的電波頻率是多少，但是對方也忙著呢。後來，當我走回來的時候，發現同僚裡面有個無線電專家，正站在大夥兒前面手舞足蹈，因爲無線電機裡已經發出清晰的聲音來，一切都沒有問題了。「好極了，我們看見你們的探照燈光了，完畢。」我覺得自己眞是笨手笨腳的。我想，這個電機小伙子眞是對無線電機有一套。我問他是怎麼弄的。他說他什麼事都沒幹，只是走過來，聲音就傳出來了。原來飛機剛剛才發出訊號來。在此之前，他們都保持著無線電機通訊的靜默狀態，所以我什麼也聽不見。

聽了幾分鐘之後（大約是五點鐘左右），我聽到無線電機傳來新的指令，「試爆將於五點三十分進行，現在是試爆前三十分鐘，倒數計時開始。」每個人都調好自己的手錶，開始圍到無線電機旁邊來。「倒數十分鐘」，接著是「倒數三分鐘」。人們開始在山崖上散開，希望不要擋住彼此的視線。而且每個人都拿出黑色玻璃，有的人甚至拿出防曬油來塗抹。我想，這眞是一群瘋狂的樂觀派。

我正好參加了原子彈威力的部分計算，我知道爲了這次的試爆，要花多大的心力。如果眞的能成功爆炸，我可要第一手的目擊經驗。因此，我不要用黑玻璃來遮住眼睛，我要直接看到它爆炸。不過我還是躲在武器搬運車的擋風玻璃後面，這樣可以過濾紫外線；如果有很多紫外線的話，我的眼睛比較不會受傷。而且武器搬運車上還有一台無線電接收器。

這時候，我聽到右邊有人輕聲說：「應該只剩下十五秒了。」我躲在擋風玻璃後面，凝視著目標方向的漆黑夜空。會爆炸嗎？所有的推理與計算都正確無誤嗎？

我被一道耀眼的銀白色閃光，弄得暫時失去了視覺。我必須看出去。然而不論看向什麼地方，眼前總是出現一個巨大的紫色光球，就算我閉上眼睛，這個紫色光球還是歷歷在目。我的科學頭腦不斷提醒自己，「這是目睹強光所產生的殘影，並不是你看到的爆炸閃光。」

因此，我再回過頭去看爆炸的方向。天空被一種明亮的黃色光照亮，而地面則呈白色。黃色光愈來愈暗，慢慢轉爲橙色。在爆炸點上方的天空裡，我看到白色的雲，這是緊跟在震波之後的空氣急速膨脹所產生的。因爲膨脹使空氣變冷，空氣裡的水汽於是凝結下來，很像噴射機的尾跡。這是我們預期的事。

橙色愈來愈深了，但是爆炸點仍然是明亮的。一團明亮的橘紅色火球，很像個實體的球。接著火球開始上升，有一股煙跟在後面。從下面往上看，很像是一根大香菇的柄。橘紅色火球繼續往上升，最後變淡而開始閃爍。一團直徑三英里的黑煙和火焰出現，火球非常猛烈的燃燒，就像火勢洶湧的油田大火，一下子是一團黑煙，一下子又變成一團大火。不久，橘色光芒消失掉，只剩下翻騰的黑煙。但這一切都給局限在一層美妙的紫色光暈裡。我本來又以爲它只是另一種殘影，但我閉上眼睛就看不見這層紫色光暈，一睜開眼睛就又看見它。別人也說看見了同樣的東西。可能是爆炸的高熱，使空氣游離所產生的一種現象。逐漸的，這些現象都消失了。現在，大的黑色煙球不再上升，留下長長的一股煙柱在它的正下方。

接著，突然出現一聲巨大的雷鳴聲響。我左邊的人驚呼：「這是什麼？」他是個作戰部門派來的代表。我大聲回答：「這就是原子彈的爆炸聲。」他一時忘了，聲音的傳播速度比光慢很多，而我們在剛才之前，一直看的是默片。它的聲音比畫面晚到了一分四十秒。

我知道這次試爆成功了。連在二十英里之外觀看，也非常壯觀。我現在還記得巨大的爆炸聲在山谷裡陣陣迴響。

我們興奮得跳上跳下，歡呼不已。大家一直互相拍背或握手，一面互相恭喜，一面暗自估算這次爆炸到底釋放出多少能量。成效實在太好了，遠超出任何人敢估算的數值。除了引爆地點之外，一切都非常完美。而下一個引爆地點應該會在日本，不再是新墨西哥州了。

最後我們又坐進汽車，開回營區去。途中，我們問一位司機，對這次爆炸感覺如何？他的回答是：「這個嘛，我不知道。我以前從來沒有機會看這種事情，無從比較。」

後來的照片和觀測報告指出，在爆炸中心一英里直徑範圍內，地面上覆蓋了一層綠色，好像玻璃的釉料。那是地面上的沙子受高溫熔融而成的。沙子是棕色的，釉料卻是綠色的。從空中觀察，景色很奇妙——在棕色的沙漠當中，有一塊綠色的玻璃似的表面，中心還有個彈坑。

等我們回基地之後，把自己看到的情況告訴很多人，是件很有趣的事情。和我一起工作的人都集合在大廳聽我講，聽得目瞪口呆。他們對自己參與的工作也深感自豪。也許我們能使戰爭早日結束。這種希望應該不算過分。我們接下來又繼續工作。

有些探險隊受命在阿布奎基附近的山裡觀測試爆過程。在看到天空的火球時，曾經非常擔心自己的安危，害怕我們計算錯誤，使爆炸的威力把他們給煮熟了。爆炸的過程，三個州都看見了，四面八方橫跨了兩百英里。害得阿拉摩戈多（Alamogordo）空軍基地的司令不得不對外宣稱，他們的彈藥庫發生了意外爆炸。

保重。

理查・費曼

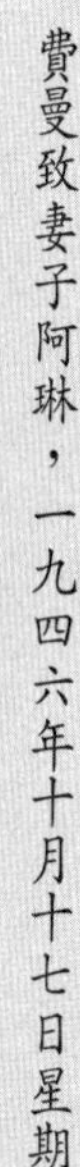

費曼致妻子阿琳，一九四六年十月十七日星期四

這封信非常破舊，比別的信都陳舊得多。看來好像費曼時常捧讀。

親愛的阿琳：

我深深愛你，甜心。

我知道你是多麼喜歡我這樣子對你說。但我不只是因爲你喜歡，才這樣寫的。我寫這些話是有感而發的。當我寫這些話給你的時候，有一股暖洋洋的感覺充滿我內心。

自從我上次給你寫信，竟然過了這麼久了，幾乎快兩年了。但我知道你會原諒我的。你非常瞭解，知道我是個頑固的現實主義者。我認爲寫這樣子的信沒什麼意義，所以遲遲沒有動筆。

但是我現在終於明白了，我的愛妻。我只是拖延一件該做的事，而這件事以前常做，是一件非常自然的事。我要告訴你，我愛你，我好想愛你，我永遠深深愛你。

我發現自己很難解釋，在你去世了之後，我爲什麼還這麼愛你。我仍想照顧你，讓你安適。而且我也希望你愛我，照顧我。我很想和你一起討論問題，一起策劃某些美好的事情。我從來沒想到我們還可以一起做這些事，直到現在，我才想通了。我們可以做什麼呢？我們可以一起學做衣服，一起學中文，一起裝設電影放映機。我沒有辦法獨力做這些事的。我如果沒有你，會非常孤獨的。你活在我心中，是個「完美的女人」，我們的一切瘋狂冒險，你都是帶頭出主意的人。

費曼與阿琳過世前的最後一張合照，攝於1945年。

（© Michelle Feynman and Carl Feynman）

當你生病的時候，非常擔心，認爲自己不能給我一些你認爲我需要的東西。你其實不必擔這個心。我當時就告訴過你，我沒有什麼實質上的需求。因爲我如此愛你，愛你的一切表現與作爲，愛你全部。現在，這種感覺更清晰也更眞實。現在你不能再給我任何實質的東西了，可是我還是這麼愛你。你讓我無法自拔，不能再去愛任何別人了。可是我甘之如飴。你雖然死了，卻比任何活著的人更美好。

我知道你會笑我這麼傻，會希望我不要這樣孤孤單單的，會要我去追求幸福快樂。我敢打賭，你會驚訝我到現在連一個女朋友也沒有（除了你之外，甜心），都已經一年多了呢。但是，親愛的，這你可無能爲力，我也沒辦法。我不知道爲什麼，因爲我確實碰到過好幾個好女孩，其中也有非常好的，我也不是想這樣一個人過活。但是見了兩、三次面之後，我就覺得索然無味而心灰意冷。你還和我在一起，活在我心中。

我摯愛的伴侶，我眞的深深愛你。

我愛我太太。但我太太已經羽化升天了。

理查

附筆：

請原諒我沒有寄出這封信。我不知道你的新地址啊。

第三部

從東岸到西岸（一九四六至五九年）

這是你的生活、你的選擇、你的單純、你的平靜。

戰後，費曼決定不去大戰期間爲他保留職位的威斯康辛大學，而決定到康乃爾大學去。他父親在一九四六年十月去世，只比阿琳晚一年多去世。在費曼的生命裡，這是一段黯淡的歲月。我們從這段時期所寫的許多信中，那種無精打采的筆調，也可以感覺出他的低潮。他後來描述自己在這段時期的心情（摘自賽克斯所寫的《*No Ordinary Genius*》）：

戰後，我對奇妙的大自然有一股非常強烈的反應。這可能是來自原子彈本身，也可能來自其他的心理原因……我認為國際關係和人民的行為將會有很大的改變，不會再像以前那樣子故步自封了。我這種想法出現得非常早，比任何最樂觀的人所想的都更早。國際關係就像其他事務一樣，我確信將在短期之內發生變化……在大家還沒有警覺之前，蘇聯已經迅速做出原子彈了。其實我心底早就確知，他們也能做出來。因為，一個傻瓜能做得出來的東西，另一個傻瓜也能做得出來。

但是在專業上，費曼還是向著自己的方向邁進。一九四七年，他參加了雪特島（Shelter Island）的一場國際研討會，在二十四位與會者當中，不乏國際知名的大師，譬如：泰勒、貝特、派斯、拉比、馮諾伊曼、惠勒、施溫格、鮑林、藍姆和歐本海默等人★，確立了費曼在自己這一行的專業領導地位。費曼後來得諾貝爾獎的量子電動力學研究成果，也可以回溯到這段時期。

一九五〇年，他接受了加州理工學院的職位，並且利用他的第一個休假年，到巴西的里約熱內盧去講學。後來這幾年的書信內容，大多是繞著他的學術生涯在打轉，例如：要求別人仔細閱讀他的學術論文，看看有沒有錯誤；不願再受邀回羅沙拉摩斯工作而致歉……。他的努力與成就得到相當的肯定，在一九五四年得到「愛因斯坦獎」。後來葛爾曼★到加州理工學院來，兩人很快就互相激盪，產生了許多豐碩的成果。兩人之間的合作和競爭的故事，現在已成爲一則傳奇。

★中文版注：

泰勒（Edward Teller, 1908-2003），美國氫彈之父，是較少反思核彈後遺症的著名科學家。

貝特（Hans Albrecht Bethe, 1906-2005），核反應理論專家，一九六七年諾貝爾物理獎得主，戰後爲和平主義者。

派斯（Abraham Pais, 1918-2000），著名的理論物理學家，愛因斯坦的同僚，曾爲愛因斯坦作傳。

拉比（Isidor Isaac Rabi, 1898-1988），原籍奧地利的美國物理學家，一九四四年諾貝爾物理獎得主。

馮諾伊曼（John von Neumann, 1903-1957），原籍匈牙利的美國大數學家，計算機理論發明人。

惠勒（John Archibald Wheeler, 1911-），費曼的老師，「黑洞」一詞發明人，量子重力的主要創始人之一。

施溫格（Julian Schwinger, 1918-1994），美國物理學家，與費曼、朝永振一郎同爲一九六五年諾貝爾物理獎得主。

鮑林（Linus Carl Pauling, 1901-1994），美國物理化學家，一九五四年諾貝爾化學獎及六二年和平獎雙料得主。

藍姆（Willis Lamb, 1913-），哥倫比亞大學教授，一九五五年諾貝爾物理獎得主。

歐本海默（J. Robert Oppenheimer, 1904-1967），「原子彈之父」，曾任普林斯頓高等研究院院長。

葛爾曼（Murray Gell-Mann, 1929-），一九六四年提出夸克的概念及命名。一九六九年諾貝爾物理獎得主。

一九五八年，我母親溫妮絲在我父親的力邀之下，到了美國。遺憾的是，他們之間的通信極少保留下來。但是從同一年五月二十九日他寫給溫妮絲的信裡，可以看出我母親是個敢冒險的女人——敢在只見過幾次面，還不熟悉的情況下，答應做他的女管家，從歐洲渡過大西洋，千里迢迢跑到美國來。

費曼致康乃爾大學物理系吉布士（R. C. Gibbs）教授，一九四五年十月二十四日

親愛的吉布士教授：

當我在幾個星期之前，聽說貝特先生幾乎已經決定不來康乃爾，要到哥倫比亞大學去的時候，心裡非常著急。我也盡力挽留他，希望他能維持原意到康乃爾來。你知道，我在一年前之所以選擇來康乃爾，是因爲本校在核物理的研究上，有一個非常有活力的研究團隊。這樣子，我可以保持在這個領域的前進隊伍裡，隨時提出一些和實驗有關連的理論性問題與想法。貝特先生將是這個實驗團隊的靈魂人物，其他的成員還包括巴克、羅西、派瑞特、葛里森，當然我們也想到麥克丹尼爾和貝克。但是，如果貝特沒有來康乃爾，巴克和葛里森也不會來（羅西已經決定不來了），這樣一來，以我們這樣的陣容，怎麼能吸收其他的年輕科學家來康乃爾？

我決定十一月還是先依照原訂的計畫到康乃爾來。因爲現在日期已經非常接近了，而且

我事先答應你來，你也把我計算在內了。但如果眞是上面說的情況，我也不會待太長的。

我知道這裡有很多年輕人是康乃爾需要的，我也和他們談了一下目前的情況。當提起貝特、巴克和葛里森都不來康乃爾時，我很難說動他們前來。另一方面，如果上面那些人都能來，同時我們又能描述我們打算進行的計畫，他們都非常有興趣。不幸的是，他們都有其他機會，而且對方又催促得很緊，因此，這些人對於康乃爾的混沌未明，失去了等候的耐心。由於這種情況，我們已經損失掉一位非常優秀的電子人才了。

因此在我看來，只有兩種可能的情況。一是貝特（當然連帶也包括巴克、葛里森和其他年輕人）到康乃爾來，使康乃爾的物理系變成全國最好的系所之一。另一是康乃爾的物理系處在很不利的窘境，無法吸引一些從軍事研究中釋放出來的優秀年輕物理學家。

我願意全力促成第一種情況的實現。我的意思是說，在你退休之後，貝特先生可以安排成爲物理系的系主任。從系務的管理與發展來看，我認爲這將是一樁美事。

貝特先生在這裡，已經是理論部門的負責人了。他以非常傑出的能力來管理這個部門，也得到非常耀眼的成就。每個人都感覺能自由自在的按照自己希望的方式來工作，而所有的工作都協調一致而得到完美的成果。而且你應該能瞭解，整個計畫的決策，有賴於理論計算與推導的結論。因此具有這種能力的人，無疑是相當優秀的行政管理人才。

另一方面，如果他必須花太多時間和精力，來處理和研究無關的事情，其實也是物理界的一種損失。因此，我認爲最好的安排是另外設一位副主任，專門負責處理行政業務，讓貝特先生儘量專注於研究工作。

我希望你能找出某種類似的安排，讓各方人馬都能滿意。當然這件事愈快愈好，這是最爲重要的。我希望自己能到一個有活力的物理系，成爲一名活躍的成員。

誠摯的祝福

理查．費曼

費曼致加州大學柏克萊分校物理系歐本海默教授，一九四六年十一月五日

親愛的歐本海默：

我想去加州大學訪問，但是看起來似乎沒什麼希望。

康乃爾有一大群研究生，人數從來沒有這麼多過。我們竭盡所能的安排他們。因爲我也必須分擔指導研究生的工作，因此系上非常勉強的同意我在下個學期離開。

另外還有一個私人因素。我父親剛去世不久，我母親住在紐約。我不願意離她太遠，至少暫時如此。

你知道，我是非常期待去柏克萊拜訪你們的。我非常遺憾讓你們失望，我自己也悵然若失。我也很想有機會和一些老朋友碰碰面。但事情就是這樣，或許時機還沒到吧。

誠摯的祝福

理查．費曼

費曼於海灘上沈思，攝於1946年。

費曼致黎克特邁耶（R. D. Richtmeyer），一九四七年四月十五日
費曼稍早接到一封來自羅沙拉摩斯的邀請函，問他是否有可能在暑假期間，到羅沙拉摩斯擔任兩個半月的顧問工作，以及是否有意願出席一場籌劃中的核物理研討會。之後，費曼寫了這封回信。

親愛的黎克特邁耶先生：

我暑假的計畫還沒有確定。現在只想到處閒逛，打發時間。至於會不會跑到新墨西哥州去，還不一定。

但是我不認爲自己在最近的將來，有機會到羅沙拉摩斯做事。因此我應該儘快通知你，不必麻煩做類似的安排或考量。我也不急著簽這份空白合約，除非出現了非常明確的理由。

誠摯的祝福

理查·費曼

費曼致勞倫斯（Ernest Orlando Lawrence, 1901-1958）教授，一九四七年七月十五日
勞倫斯是加州大學柏克萊分校物理學家，一九三九年諾貝爾物理獎得主。

親愛的勞倫斯教授：

我剛剛寫了一封信給伯奇教授，告訴他，我明年不能到加州大學來。

這其實是非常難做的決定，似乎一切條件都非常優厚，除了天候不同之外。但另外的一項事實是我在康乃爾已經一切就緒了。當然，這兩項原因都不是考慮的重點，因此，我要下定決定就變得很困難。不過當我聽說維斯可夫將不會去柏克萊時，我就決定明年還是留在康乃爾。

我眞不知道應該怎麼感謝你。我在加州大學的訪問眞是一段美好的時光。可能這就是你們的待客之道，也是每個在加州的人所過的日子。但對我而言卻是特別美妙。請代我向沙比斯和麥克米連致上最深的謝意。也謝謝你太太和小孩，讓我在加州時覺得好像回到家那麼溫馨。我們有一天一定會再相聚，這是毫無疑問的事。

誠摯的祝福

理查．費曼

※中文版注：維斯可夫（Victor F. Weisskopf, 1908-2002）是原籍奧地利的美國物理學家，麻省理工學院的講座榮譽教授，曾在歐洲粒子物理研究中心的關鍵發展時期擔任主任。

新墨西哥州的威廉生（Jack Williamson）致費曼，一九四九年三月二十五日

親愛的費曼教授：

我對原子核的結合力，有一種看法，想請教你。它們可能不是一種眞正的力，而是一種

大自然的時空特性所造成的結果。

如果時空結構會影響包含在它裡面的物質，它難道不會是由非常小的單位所構成的嗎？就像反映出量子特性的那些基本粒子。而這種時空的基本單元或小包（packet），會不會像靜電一樣，帶有斥力，小包和小包之間互相排斥，外面的力場無法作用到小包之內？

很可能原子的原子核，也是由這種小包，與包含在小包裡的粒子所構成的？

接下來，要把小包湊在一起，構成原子核，需要能量。依它所包含的粒子，與數目的不同，需要不同的能量。然後，我們把核物理所得到的有關原子核的質量和能量，用一條曲線表示出來，再依某種機制去計算，如小包摩擦係數之類的模型。

一個氦原子的原子核，是最簡單的例子。只需要有一個這種時空小包就夠了。因此，氦原子核的形成，是四個氫原子核結合在一起所構成的。原先的四個時空小包現在變成一個，多餘的三個時空小包就釋放掉了（一個時空小包，包含四個粒子，和包含一個粒子的能量差別，可以不計）。這種原子核的穩定性是沒有問題的。接下來，對原子核裡把每個部分束縛在一起所需的實際結合能，就可以加以計算。但是要注意下面兩個條件：第一，時空小包之間的斥力，不能作用於單元之內的粒子。第二，原子核如果沒有得到足夠的能量，使它裡面的粒子形成新的時空小包結構，它就不會分離。

另一方面，那些重元素，像鐳或鈾，它們原子核的不穩定是因爲時空小包裡包含了太多的粒子，過度擁擠，使得擴張的能量增加。因此，可以形成另外的時空小包，裡面包含著 α 粒子或核分裂後的碎片。

如果這種想法可行的話，當然應該把現在已經知道的其他粒子也擺進來，譬如電子或介子（meson）。一個電子可能包含在空的或幾乎空的時空小包裡。這也說明了爲什麼它的質量和能量都那麼少。它可能就是時空小包的量子。但是，我不知道對介子有沒有什麼簡單的答案。這種極微觀尺度的時空小包，要怎麼結合起來成爲巨觀宇宙的時空，這極微觀與巨觀之間的數學關係，在我看來，就是現在橫跨在相對論與量子力學之間的鴻溝。

但我本身並不是數學家，也就是說，我無法把這個想法發展成一個完整的體系，也無法評估這個想法的價值。我甚至不太瞭解科學文獻是否記載過這種想法。我覺得時空小包好像有點道理，可以避開原子核裡各種不同的作用力，在邏輯思考上有它的好處。

如果你對我的想法，有任何的批評指教，我都萬分感謝。附上貼好郵票的回郵信封，但願你肯抽空回信。

誠摯的祝福

威廉生

費曼回信給威廉生，一九四九年五月三十日

親愛的威廉生先生：

我對你所提的有關核粒子如何結合的想法，非常感興趣。可惜你的敘述還不夠明確，因此我沒有辦法瞭解你的想法。我的意思是說，我不懂怎麼解釋時空小包的數學關係等等。

費曼於康乃爾大學的課堂上，攝於1948年。
（© *Fortune* Magazine）

正如你知道的，物理學上的理論要能用來預測一些我們本來不知道的事情，否則這個理論就沒有什麼用處。我不認為你的想法已經發展到可以預測任何東西的程度。

你舉了一個例子，說明像鐳或鈾這類重元素的原子核，之所以不穩定是因為「時空小包裡包含了太多的粒子，過度擁擠」。問題是，當我們碰到像鐳或鈾這類重元素的原子核時，你是否本來就預期它會過度擁擠？又為什麼銅元素或鐵元素的原子核不會過度擁擠？這個問題需要量化，以界定哪些元素的原子核夠大夠重，以致於不穩定。

我希望我提出來的看法，不會令你太過灰心或很受傷。我還是希望你能把自己的想法，盡可能說得更清楚、更精確。

誠摯的祝福

理查．費曼

費曼致賓州大學物理系威頓（T. A. Wetton）教授，一九四九年十一月十六日

親愛的威頓：

我現在一點都不想出席學術研討會做報告。我現在正設法整理我研究的東西，很想有點自己的時間，只希望能待在一個地方好好的工作。另外，我也很希望能在什麼時候，和你見個面。因此，我不知道自己該說什麼。這樣好不好，你可以在下學期的某個時候，再舊事重提，問我看看？我可能身體不舒服或做累了，想出去透透氣。

隨信附上我論文的加印本。從你的來信，我覺得你沒有認眞看過我的論文，否則我相信你會覺得它其實很簡單。尤其如果你相信我的證明是正確的，不去重新證明的話，那就更輕鬆了。你是知道我的工作方式的，因此這份研究充其量只能算是很好的猜想而已。後來我所有的數學證明，凸顯出我對問題還沒有徹底瞭解，但我認爲其中的物理觀念是相當簡單的。你可以從提到正子（positron）的那部分開始。祝你順利。

誠摯的祝福

理查・費曼

費曼致紐約州羅徹斯特大學的亞斯金（Julius Ashkin）教授，一九五〇年六月五日

親愛的朱利阿斯：

我把下一篇論文的手稿寄給你。希望你有時間替我看看，而且最好能像上兩篇論文那樣，把發現到的錯誤都挑出來。我和打字員手邊只剩下兩份手稿，因此它算是很珍貴的東西。但如果你沒有時間仔細研究，還是可以留下來當做獎品，以感謝你上次爲我論文費的心。

另一方面，如果你實在找不出時間來看，又覺得留下來也沒啥用處，就請你把它寄還給我。因爲貝特教授想要一份複本，當做他這學期教材中的一部分，我現在只能把打字員留下來的手稿寄給他。

費曼攝於1950年。在費曼的生命裡，這是一段黯淡的歲月。

（© Michelle Feynman and Carl Feynman）

你對這篇論文的任何意見，我都非常感謝。我會從加州把下一篇論文的複本再寄給你。

整理書桌的時候，我發現一張字條，要我把到羅徹斯特參加研討會的單據寄去。因爲發現的時間太晚了，我不好意思把單據寄給研討會的主辦單位。所以我把單據寄給你，看看有沒有機會再申請這二十二元美金。如果因爲時間太晚，手續非常麻煩，就不必管這筆錢了。我在加州理工學院的收入還可以。非常感謝了。

誠摯的祝福

理查·費曼

費曼致澳大利亞大學的奧利芬特（M. L. Oliphant）教授，一九五〇年十二月十二日

親愛的奧利芬特教授：

感謝你和遜特頓（Ernest Titterton）的來信，告訴我這個去澳洲的好機會。我仔細考慮了一下，還是要辜負你們的好意了。

我對於到世界上的其他地方去做研究，非常有興趣。希望你們的研究計畫非常成功。至於我個人，我明年是想到巴西去待上一整年，看看類似國家的科學發展到什麼程度。現在，西方世界研究機構和科技大學的密度，顯然是高得可怕了。

誠摯的祝福

理查·費曼

費曼致麻省理工學院原子核科學與工程實驗室的撒迦利亞（Jerrold R. Zacharias）主任，一九五一年一月十八日

親愛的撒迦利亞：

我寫這封信給你，回覆你的提議，並且替你省下打長途電話給我的錢。你說我的心智精靈古怪的，應該去和你們一起搞特務工作。

我已經決定不做這碼事情。原因是，我不覺得自己在這方面有什麼特別過人之處。我的專長和訓練都是物理學，我認爲自己做個物理學家會比較稱職（只是還不知道該往什麼方向去）。關於你提出的那些問題，我覺得應該有很多和我一樣聰明的人可以處理。他們現在還隱身於茫茫人海的某處而不自知。或許是個銷售經理，甚至可能是個罪犯。

不過我還是感謝你想到我，給我一個這樣的機會。老實說，如果我看到自己的能耐可以直接發揮在物理學上，我對這種職務會更感興趣。

或許，物理學也有本身的價值和發展的權利；即便國家仍處於非常時刻，外頭的戰事還沒有完全結束。

誠摯的祝福

理查・費曼

惠勒致費曼，一九五一年三月二十九日

親愛的狄克（Dick，費曼友人對他的暱稱）：

我知道你準備明年到巴西去待上一年。我希望到那個時候，國際情勢的演變不會迫使你不得不改變計畫。我個人估計在九月的時候有可能爆發戰爭，相信你自己也有一個估計數。希望你能先想一想，如果情況眞的變得很緊急，應該要怎麼辦。你有沒有可能接受在普林斯頓的一項全職工作？是有關核融合的研究計畫，時間至少能維持到一九五二年九月。

羅沙拉摩斯方面已要求普林斯頓全力投入這項計畫。我會在五月回到學校去全力推動整個工作。史匹澤、蘇瓦茲齊德、福特、陶爾都已開始部分或全面的投入，其他人也會挪出一部分時間來參與這項計畫。史匹澤、漢米爾頓和我還負責招募人手。學校已空出一大棟的建築物供我們的計畫使用。羅沙拉摩斯正在準備草約。馮諾伊曼、戈德司坦、黎克特邁耶也和這個計畫有很密切的合作關係。這計畫還會用到普林斯頓的MANIC（譯注：是世界第一部大型電腦）。

在普林斯頓發展的計畫，絕對不只是羅沙拉摩斯的下游工作而已。我們實際上是站在指導地位協助羅沙拉摩斯。我不能在這封信裡詳細介紹工作細節，也不能細談我們在這幾個月裡，以腦力激盪的方式想出來的一些新點子。它們和原先克利斯帝（Robert Christy，曾參與曼哈坦原子彈計畫的物理學家）所提的計畫有很大的差異。我們認爲現在所進行的這項計畫，對國家的安全非常重要，應該儘早完成，愈快愈好。如果你不以爲然，泰勒和我都願意與你見一

面，好好談一談。

基於下列原因，我認爲你應該認眞考慮我們希望你前來協助的請求。

（一）雖然核分裂與核融合的研究，已經沒有什麼學術價値了。但是不可否認的，原子彈已經變成我們國防上的主要武力。在第二次世界大戰的巔峰期間，我們每天約能生產相當於四千噸傳統炸藥的原子武器。以最粗略的方式計算，每天大約可以生產出五分之一顆原子彈。也就是大約要七百天，才能做出一四〇顆舊式的原子彈。報紙上也出現很多對於核武器數量的猜測。最近如果問他們，關於核武器的報導，有沒有請教過核物理學家的意見時，他們會說：「核物理是很有趣的東西，但有關戰爭的事情，應該不是核物理學家關心的。我們最好把物理的這部分忘掉，應該請教海軍司令或陸軍將領，如何在戰術或戰略上，發揮核武器的最大效果。」等等之類的話。但是其實在發揮最大效果這個方向上，還有很多著力的空間。有人經過許多研究和努力，結果可以提高兩倍的威力。但是如果換一種方式，威力很容易就能提高個五倍到二十倍，我們爲什麼要讓最優秀的核物理學家置身事外，到處遊蕩，只忙著在兩倍的成效上打轉？以國家利益的面向來看，你把聰明才智用在這件事情上，比用在別處更有意義。於公於私，都是最佳選擇。

（二）普林斯頓的工作，很像開發腦力的工廠。我們負責基本的設計，羅沙拉摩斯也做一部分設計工作，不過他們所負責的主要還是實務性的工作，要把實際的東西給做出來。對我來說，能做基本設計和理論評估的人才，根本少得可憐，這才是我最擔心的事。你在這方面可說不做第二人想。

費曼打鼓，攝於1950年代。

二次大戰後的費曼，特立獨行的風格，在物理學家圈子裡愈見突出。

（三）我們都集中在普林斯頓，可說是精英薈萃，群賢聚義，一定能做出一番驚天動地的事業來。

（四）我準備全力投入這項計畫，我希望你也能同樣的全心投入。眼看國際局勢愈來愈緊張，眞是令人憂心忡忡。但是如果你覺得局勢並沒有緊張到這個地步，我們的計畫裡面也有很高的比率屬於純學術研究，你可以把大部分的時間與精力放在那一部分，不是正好可以兼顧兩邊嗎？

我寫這封信的重點是：

（一）如果你現在能來，不管是到羅沙拉摩斯還是普林斯頓，對我們的計畫都有巨大的幫助。

（二）如果你覺得危機並非迫在眉睫，但是仍然覺得它是存在的，因此你願意很愼重的考慮加入核融合的研究行業，這對我們大家都是很大的鼓舞。

（三）如果你對第（二）項重點的意見是肯定的，能不能在下面的空白表格裡，注明最快可以在什麼時候，加入我們的計畫？

（四）你願不願意打對方付費的電話到羅沙拉摩斯來給我？分機是二一二七七六。或寫信給我，讓我知道你的意向。

祝一切順利

約翰·惠勒

費曼致惠勒，一九五一年四月五日，收信地址是新墨西哥州聖塔菲郵政信箱一六六三號

親愛的約翰：

如你所知，我準備在明年的休假年出國到巴西去。我現在發現好像很可能去不成，心裡很懊惱。但除非此事已經確定，否則我還是不想承諾明年的其他工作。

祝你一切順利

理查．費曼

費曼致母親盧西莉，一九五四年八月三十日

親愛的老媽：

聽你的朋友說：「你一無所有，只在旅館裡有個小房間，沒有家人和朋友陪伴，生活單調無聊。你做的事既沒有什麼變化，也沒有什麼未來，每天只是一些例行公事。你不能爲自己建立什麼。除了和大家推推擠擠之外，沒有方便的交通工具。也沒有豐盛的食物，沒有豪華的旅行，既沒有名聲也沒有財富。孩子們也不常給你寫信。你一無所有。」

雖然你的朋友這麼說，可是他們全錯了。財富不能使人快樂，游泳池和大別墅也不行。沒有一件工作本身是偉大的或有價值的，名譽也一樣。到外國去玩樂，更是毫無意義。主要是你的心態——只有當你用心在你去的地方，那地方才有意義；用心在你的工作，你對工作

才有感覺；用心在你的屋子，就會覺得「室雅何需大」了。如果你的心態是正確的，那麼就會處處如意，事事歡喜了。你的心思可以一下子飛到撒馬爾干，一下子又回到哈德遜河。但內心的寧靜卻很不容易達到。這和物質條件沒什麼關係。在大房子裡和在斗室中，情形是同樣的。在任何工作上，都可以存著一種感恩的心態。你的那些富朋友，才眞的一無所有。如果他們不能保持一種謙卑的態度，財富並不是牢靠的，很容易會失去。

我們的國家是個物慾橫流的世界，一般人很容易在當中滅頂。因此，你要爲自己找個停靠的小港灣。你現在離完美的喜悅還有一段距離，但是如果願意努力，你是做得到的。就像你的化妝術一樣，做起來並不難。這是一項偉大的成就，你也會因此成爲偉大的女人。

爲什麼我要寫這封信？因爲你說這些事說了很多次。每次我總是含糊其詞的點點頭，表示瞭解。但是你一說再說，彷彿我聽不懂似的。由於瞭解你的人這麼少，每個朋友都問你，每個親戚都質疑你，你怎麼能住這麼小的房子？你怎麼能在那麼差勁的店工作？和那些那麼可怕的女售貨員一起上班？你知道爲什麼，但他們永遠不會知道。他們也不能心甘情願的過任何不一樣的生活。因爲他們不像你，缺乏一種堅強的內在和偉大的情操。這種偉大的情操是來自對物質慾望本質的徹底瞭解。人想要的很多，但需要的很少。它是一種內心的平靜，已超越了貧窮，超越了物質的享受。

我可以把所有的財富都給你。你隨時可以要一萬美金之內的東西。我說過很多次了。但是你連十塊錢的小東西都不肯花我的錢，不要我買給你，我該怎麼辦？我以後不會再去煩你了，我以後不會再去問你需要什麼東西。但是請你記得，你想要的任何東西，只要做得到，

費曼與母親盧西莉，攝於1950年代。

（© Michelle Feynman and Carl Feynman）

我都會買給你，不管是我現在的能力或未來的能力所能及。你不會沒有安全感的。雖然你並不想要什麼東西，連最小的東西都不讓我費心。一個不滿足的人是永遠不夠富有的，慾海難塡。但一個人若沒有什麼物慾，反而會覺得很滿足。不必擔心你會需要朋友的幫忙，沒有人強迫你過什麼樣的生活。你的兒子足可以供養你。

這是你的生活、你的選擇、你的單純、你的平靜和你的甘心情願，不需要旁人來說三道四的。

而我可以提供所擁有的一切給你。就算我是個自私的小氣鬼，也敢這麼做。因爲我知道，你根本什麼都不要。

每次我問你到底需要什麼，答案總是千篇一律的，要我常寫信。聽起來，我眞是個不孝子，連這麼簡單的事都做不到。但是我知道你的能耐，你是個這麼自信的人，在目前根本什麼都不需要。雖然我心裡明白，就算沒有我的信，你也一樣活得歡喜自在，而且習以爲常。我並不是想測試你的能耐，或增加你的生活負擔。一個母親對兒子的要求這麼少，當兒子的還有什麼話說？

我該做的事已經很清楚了，就剩下立刻行動了。我從今以後應該以這件事爲戒，開始常寫信給你。我希望能從你對生活的態度上得到啓發，更常爲你的生活添加一點樂趣。我不再問你要不要什麼了。你若需要什麼，儘管隨時開口。我希望以後更能常寫信給你，滿足一個母親對兒子的渴望。我愛你。

你兒子

※米雪注：由於不願意長期和兒子各分東西，不易聯絡，在一九五九年，盧西莉終於決定離開紐約，搬到加州帕沙迪納，好離兒子近一些。

費曼致美國國務院，一九五五年一月十四日

敬啓者：

昨天我接到蘇聯大使扎洛賓（Zaroubin）的信，邀請我到莫斯科去參加一場科學研討會。我在信裡附上邀請函的複本。

這件事讓我很訝異，一時不知道該怎麼辦才好。雖然他們在邀請函裡強調，這是一場純科學的討論會。但是以我國和蘇聯目前的緊張關係來看，邀請我這件事顯然不會那麼單純，一定有些非科學的考量在內。我相信國務院對這件事一定很感興趣，也一定會有反應。如果你們可以給我一些因應的意見，我將非常感激。在這件事上，我願意配合你們的想法，充分合作。

蘇聯開始邀請國外的科學家參加研討會，是不是代表他們的鐵幕政策開始有點變化？我們能不能希望這是和這個國家回復正常科學關係的第一步？我們可不可以利用這個機會，去瞭解到底蘇聯的科學家都在想些什麼？去看看蘇聯科學界的運作是否健康？我有沒有被他們扣留而回不來的危險？

在第二次世界大戰期間，我曾參加原子彈的研發計畫，只不過以後就沒有再接觸過這方面的事務。我是個量子電動力學和基本粒子理論的專家。這些科學領域目前還沒有什麼明顯的軍事用途。因此，如果他們研討會的邀請對象是全球性的，那麼邀請我也是很自然的事。另外有個可能性是，我曾寫過一封信給蘇聯科學家藍道（Lev Davidovich Landau, 1908-1968，一九六二年諾貝爾物理獎得主），討論他寄給我的幾篇論文。我把這些東西的複本也附在信裡。這封信對方並沒有回。你們知不知道還有哪些科學家受到邀請的？

如果你們覺得該怎麼做對國家最有利，我都願意配合。就算對我個人有些危險，我也在所不惜。

誠摯的祝福

理查．費曼

費曼致美國原子能委員會，一九五五年一月十四日

敬啓者：

昨天我接到蘇聯大使給我的邀請函，請我到莫斯科去出席一項國際科學研討會。隨信附上邀請函的複本。我不知道應該怎麼辦，已經寫信給國務院，徵求他們的意見。

我認爲你們對這件事也許會有興趣。因爲我在二次大戰期間，曾參加羅沙拉摩斯的原子彈研發計畫。因此，我可能會回不來，另外，也必須考慮到社會大眾對此事的看法。如果你

們對這件事有什麼建議，我將非常感激。

誠摯的祝福

理查．費曼

電報：費曼致國務院，一九五五年二月十七日

關於蘇聯國家科學院邀請我赴莫斯科參加科學研討會一事，請參考我一月十四日的信。扎洛賓今天表示，蘇聯國家科學院願意負擔我的來回機票和旅費。我應該儘快回覆，以便有時間做各種安排。能不能請你們告訴我，對這件事的看法。

費曼

費曼致國務院科學顧問助理魯道夫（Walter Rudolph），一九五五年二月二十四日

親愛的先生：

一個月以前，我寫了一封信到國務院（但沒有直接寫到你的辦公室來），告訴他們，我收到一封邀請我到莫斯科出席「量子電動力學與基本粒子」研討會的邀請函。這項研討會是由蘇聯國家科學院召開的，邀請函則由蘇聯大使館轉交給我。我對於能夠去蘇聯很感興趣，

這種科學的交流和研討會也值得鼓勵。另一方面，由於我國和蘇聯的關係很敏感，或許有很好的理由認爲我不該出席。我就是詢問國務院對此事的看法，但是沒有接到任何回音。上星期，我甚至發出一封電報，依然如石沉大海。

由於這些信並沒有指明特定的收信人，在處理上勢必受到耽擱，甚至根本就迷了路，不知道跑到哪裡去。因此，這裡的高柏弗里博士就建議我直接寫信給你，他認爲這樣應該會比較好。

我剩下的時間不多了，因爲會議召開的日期是三月三十一日，而在此之前，我必須在三月一日以前交出論文摘要，並且開始準備論文。我還要辦理護照、簽證之類的事情，也需要安排機票和交通。由於沒有接到你們的任何意見，而我又必須做出某些決定，我已經初步決定接受邀請。如果你們有任何反對的意見，希望能立刻通知我。

我現在的護照不能到蘇聯去。國家科學院的阿特伍德先生已把我的護照拿到國務院去，辦理出國相關事宜。我希望這件事不會拖太久。

我很誠懇的再強調一次，我非常樂意和國務院配合。拒絕出席會議對我而言是輕而易舉的，完全不成問題。我沒有被剝奪權利的感覺。我們和蘇聯的關係這麼敏感，我相信你們遠比我個人，更能做出正確的判斷。

另一方面，如果沒有反對意見，我倒是很想去參加研討會。你能不能給我一個回音？就算暫時還沒有決定該怎麼處理，也不要緊。至少我可以知道，這封信和其他信有人收到了。

誠摯的祝福

理查・費曼

費曼於加州理工學院任教，攝於1955年。

（© courtesy California Institute of Technology）

費曼致美國國家科學院阿特伍德（Wallace Atwood）先生，一九五五年二月二十四日

親愛的阿特伍德先生：

非常感謝你關心我赴莫斯科出席國際研討會的事情。尤其你特別從華盛頓打電話給我，討論這件事，更是令我感動。不過，我還沒有收到國務院的任何消息。

你說願意注意一下我護照的問題，讓我十分感激。本來我是希望透過其他的正式管道，不去麻煩你。但是當我打電話到洛杉磯的護照承辦單位，詢問去蘇聯的細節時，他們都笑了起來，表示我不可能獲得前往莫斯科的許可。當我表示相當堅持時，他們就要我直接寫信給國務院。由這種情形看來，如果我透過正式管道申請，一定是走不通的。因此還是只能勞駕你。

我希望你不介意，幫我個忙。我把護照也隨信寄上，你能不能把它交給國務院，希望他們能允許我到莫斯科去開會。我今天也會直接寫封信給國務院的人，告訴他們這件事。由於他們一直沒有回我前幾封信，我認爲他們應該會發出同意的證明，允許我到莫斯科出席會議。你可以把我的護照帶過去給他們。我也會寫封信給蘇聯大使，告訴他我很想接受邀請，只是我去蘇聯的護照還沒有辦下來。

如果護照的問題解決了，你能不能把我的護照送去蘇聯大使館，辦好去蘇聯的簽證之後再寄回來給我？

請你幫這些忙，我覺得很魯莽，尤其我們根本還不認識，也沒見過面，更是不好意思。

我非常感激你和你的協助。

誠摯的祝福

理查·費曼

費曼致蘇聯國家科學院院長內斯米耶羅夫（A. N. Nesmeyarrov）先生，一九五五年二月二十五日（二月十六日，蘇聯國家科學院發了一封信給費曼，告訴他參加研討會的旅費和食宿費，都由該院支付。）

親愛的內斯米耶羅夫先生：

我很感謝國家科學院的邀請，要我去莫斯科參加從三月三十一日到四月六日的「量子電動力學與基本粒子」研討會。你們更慷慨爲我支付來回旅費和食宿費，讓我在沒有任何財務負擔的情況下，輕鬆與會。

我準備接受你們的邀請，出席研討會。只是這件事還有一項不確定的因素，就是我的護照不能到蘇聯去。我必須得到國務院的批准，才可以得到有效的出國證件。這件事我已經正式提出申請了。如果他們同意，我一定會出席。眞不好意思，到了這個時候還沒有辦法給你一個確定的答覆。感謝你在這件事上的耐心。

邀請函裡也希望我在這個時候提出我想發表的論文。我想這應該是一份論文摘要，不是完整的論文。可惜的是，我在這領域正好沒有還沒發表過的原創性成果。我附上一些和這個領域有相當密切關係的問題摘要。或許你會覺得這些問題偏離了研討會的主題，不適合在會中發表。如果是這樣，請別遲疑，立刻通知我。我另外也準備了兩篇論文，或許你們對其中的某一篇會有興趣。第一篇談的，是目前量子電動力學理論與實驗結果之間的精確度比較，並且對一些尚未解決的理論問題做了一番探討，讓前面的比較，意義上更加完整。另一篇談的是，最近在紐約的羅徹斯特有一場高能物理的研討會。我可以寫一篇有關這場研討會的摘要性文章，尤其是強調近來關於介子的實驗成果，這些都是還沒有在國際性的科學期刊公開發表的東西。當然，這些東西都不是原創性的工作，而且或許已經有別人準備發表類似的題目了。如果你們對其他東西也有興趣，我也可以爲基本粒子的理論物理現況，做個詳盡的概述。或者我需要講些更專門的東西，例如一些還沒有完成的原創性工作。對於介子，我有個很雛形的理論，是和閉合圈圖的效應有關的東西。

如果你能告訴我，這些題目當中有哪個最適合在研討會上發表，我將感激不盡。這樣，我就可以集中全力，好好準備一篇可以發表的論文了。

我對液態氦的理論也做了一些研究工作，可能藍道教授對這部分會有興趣。我知道他在這方面下了很多功夫，或許我有機會和他非正式的談談這部分的進展。如果在研討會之外的場合，他希望我就這個題目給一場正式的演講，我也非常樂意。

我再次對你的盛情與慷慨表達謝意。我希望自己最後能赴會。不管怎麼樣，我相信這一定是一次非常成功的研討會。

誠摯的祝福

理查．費曼

原子能委員會尼古拉斯（K. D. Nichols）致費曼，一九五五年二月二十八日

親愛的費曼教授：

這是回覆你一九五五年一月十四日的信。在那封信裡，你說接到蘇聯大使的邀請，請你到莫斯科去參加蘇聯國家科學院舉辦的研討會，會期是三月三十一日至四月六日。

我們審視了參加過美國原子能發展計畫的現任或離職員工的出國旅行申請，我們的政策是儘量不干預他們的出訪行動。除非這行動有可能危害到國家安全，或是對出訪者本人有安全顧慮。

由於你在參加美國原子武器發展計畫的過程中，曾經接觸大量機密等級非常高的資料。我們認為你這次到蘇聯出席研討會，會有一些不可預料的風險。因此，我們強烈的建議你，婉拒這項邀請。

我們很感謝你把這件事告訴原子能委員會。

誠摯的祝福

尼古拉斯 主任

費曼致內斯米耶羅夫院長，一九五五年三月十四日

親愛的內斯米耶羅夫先生：

在上一封信裡，我表示自己很想來參加量子電動力學研討會。但是護照的問題還沒有完全確定，我已經向國務院提出申請。現在，雖然國務院還沒有正式答覆我，但情況已經發生變化。我已經確定無法出席研討會了。希望我的擺盪，不至於對你們造成太大的不便。

我還是對蘇聯國家科學院的邀請，表達誠摯的謝意。我相信那將是一場非常成功的研討會，並祝你們一切順利。

誠摯的祝福

理查・費曼

費曼致國務院科學顧問助理魯道夫，一九五五年三月十四日

親愛的魯道夫先生：

謝謝你三月三日寄給我的，關於我二月二十四日致函的回信。

在我寫信給你之後，原子能委員會的尼古拉斯先生寫了一封信給我。他認爲由於我在戰爭期間曾經接觸很多相當機密的資料，使得我這趟蘇聯之行充滿了不能預料的風險。因此建議我不要去。

我已經決定接受他的意見。因此，我撤回前往蘇聯旅行的護照申請。阿特伍德先生會替我去把護照拿回來。

你知道的，除了護照的問題還未解決之外，其實我已經接受了邀請。我剛寫了一封信給

蘇聯大使，表示我的護照問題雖然沒有遭到否決，但現在由於客觀情勢的改變，我已經不可能去莫斯科出席研討會了。這封信和其他的相關信件，都一起附上。

我不知道，如果國務院對民眾尋求協助的要求，能更迅速的回應，使民眾避免這種尷尬情況，是不是會更好？

誠摯的祝福

理查．費曼

國務院蘇聯事務辦公室司徒塞爾（Walter J. Stoessel）致費曼，一九五五年三月十五日

親愛的費曼博士：

我收到你在一九五五年一月十四日給國務院的信，以及後來你和科學顧問辦公室與國家科學院之間的通信。談到你接到一份到莫斯科參加「量子電動力學和基本粒子」研討會的邀請函。研討會的主辦單位是蘇聯的國家科學院，日期從三月三十一日到四月六日。主辦單位還提供你旅費和食宿費。我們對於你是否出席這項研討會之所以遲遲無法做出決定，是因這件事牽涉到的部門很多。尤其你在第二次世界大戰期間，曾高度參與我國的原子武器研發計畫。現在，基於這一方面的顧慮，我們認為你不應該到蘇聯去，最好婉拒該項邀請。

不管蘇聯是不是開始大量邀請西方科學家到他們國家訪問，或送出科學家到海外來，如果因此認定，蘇聯對國際間科學資訊的交流，基本態度已有所改變；這種斷言未免下得太早

了。有強烈的跡象顯示，蘇聯政府這次的行動有高度的宣傳目的，企圖讓大家誤認為蘇聯在國際事務上已經變得比較開明、務實。

事實上，蘇聯對於建立更正常的科學關係，進行互利的科學技術交流管道，反而不太在意。在這種情況下，西方科學家出現在蘇聯境內舉行的研討會，就很有宣傳價值。比西方科學家和蘇聯科學家一起出現在某個國際組織或團體所舉辦的研討會，更有宣傳效果。

誠懇的祝福您

司徒塞爾

費曼致科學節目審議委員會的波恩（Ralph Bown），一九五八年三月七日

華納兄弟公司爲貝爾集團拍攝了一系列的電視節目，請費曼當科學顧問。費曼也答應了。當時科學節目審議委員會的一位成員寫信給費曼，談到節目審查的一些規定。除了一些法規上的要求之外，信裡還提到「每個科學性的節目，都要有一個『指定負責人』，代表華納公司回答科學審議委員會正式提出的批評、建議和改善要求。」

親愛的波恩先生：

感謝你那封令人望而生畏的來信，談到科學節目的審查規定之類的事情。但是我不知道誰是那個所謂的「指定負責人」？你是說我嗎？或者我只是節目的科學顧問？這到底是怎麼回事？請你用簡單的字，直截了當的說清楚，不要拐彎抹角的。

不管怎麼樣，華納公司的這個節目是有個編劇，叫做馬可斯。他到我辦公室來過兩次，每次大約花半天的時間（因此，你們欠我一天的工資）。他的目的，是請我對我所寫的東西，例如相對論裡的同時性，如何度量短時間……等等的事，做更詳細、更完整的解釋。他是個非常聰明的人。而且我也相當成功的把很多東西，清楚解釋給他聽了。

雖然在我們的討論過程裡，並沒有詳談拍攝的手法與技巧，但是他也對我大略的提了一下，並且留下相關的說明文件給我看。但我對這些表現手法沒什麼意見，告訴他這不是我的專長，也不是我的事。

老實說，當我仔細閱讀他所寫的東西，看到他想的表現手法時，頭髮都豎立起來。但是我找了一頂帽子來戴上，免得人家注意到我的異狀。如果我可以向誰傾吐一下，透透氣，會覺得好一些。因此，別把下面這段話當做正式的意見，這只是我個人非正式的看法，但是我不吐不快。因此我特別用括弧把它括起來，以免別人發生誤會。

（有人認爲電影專業人員才知道怎樣把一個東西，好好的呈現在電影上。因爲他們搞的是娛樂事業，知道如何吸引民眾的注意。科學家就差多了。其實這個想法是錯誤的。看看所有的電影，就知道他們根本不曉得怎麼去解釋一個想法，他們完全沒有這方面的經驗。但是我曉得。我是個很成功的演講者，常對一般民眾講解物理。眞正能得到娛樂效果的祕訣是，刺激性、戲劇性和主題的神祕性。民眾很喜歡學習新東西，如果能讓他們瞭解一些以前從來不瞭解的東西，那才眞是有「娛樂」的效果。這是寓教於樂的高級境界。講的人對自己所講的東西要有信心，而且這個主題也要能引起大家的興趣，否則就像西部牛仔在賣電話！要眞心誠意的認爲自己介紹的東西是有價値的，而且清楚的說分明。表現手法反而是次要的，這些手法只是用來協助解釋或描述主題，而不是以娛樂爲目的。娛樂只是一項自動產生的副產品。）

不要擔心，我會一直戴著帽子，而且會把自己的角色界定在科學顧問上，謹守分際。

誠摯的祝福

理查．費曼

費曼致咪咪．菲利普斯（Mimi Phillips），一九五八年六月

費曼從一九五三年開始研究液態氦的特性，而且耗費了他和合作者柯漢（Mike Cohen）整整五年的功夫。這封寫給他表侄女的信，是他前往荷蘭的萊登出席國際低溫物理學研討會的途中寫的，後來刊登在菲利普斯家發行的當地新聞報紙上。

親愛的咪咪：

我眞是不應該，居然沒有回你的兩封信和卡片。你的信寫得很好，而且說得很對。我是應該要常常寫信給母親的。等我寫完這封信，就會寫封信給我媽。

我現在正在前往歐洲的途中，飛機剛剛飛越英格蘭。我要到荷蘭的阿姆斯特丹去參加一項國際研討會，並發表一場演說，談的是液態氦的特性。

液態氦是一種非常奇怪的液體，可以不需要任何壓力，就輕易流過非常小的隙縫。你只

要看看水是多麼不容易滲過布料或沙塵，就明白我說的話了。你看，液態氦就能輕輕鬆鬆的流穿過去。

除了這些之外，液態氦還有許多古怪的性質。物理學家已經花了好長一段時間和力氣，想瞭解它的全部性質，因此做了許多的實驗和思考。其中在理論上最大的突破，是一位名叫藍道的蘇聯人在一九四一年提出來的。（第二個理論上的重大進展則是我提的。現在我們對液態氦可以說已經相當瞭解了。）因此，藍道得到一份最大的榮耀，就是受邀在這場研討會做開場演說。這個研討會是要討論在很低很低的溫度之下，發生的一些稀奇古怪的現象。

但是藍道先生不能來參加研討會。（我們都懷疑是蘇聯政府不信任他，不敢讓他離開蘇聯，因為他可能會投奔自由，不再回去。）因此，大會改請我去做這件事。那是後天的事，但我到現在還沒有整理好要講的東西。他們只是告訴我，要我去演講。

在這之後，我會到瑞士的日內瓦去參加另一場研討會。這個會議要討論的東西是，當我們很用力的把兩個原子互相撞擊時，會跑出一些很奇怪的新粒子出來，我們就是討論這些新粒子（這個研討會叫做高能物理研討會）。

原子是很複雜的東西，可能就像手錶一樣，但是它們實在太小了。因此，我們只好用力讓兩個原子相撞，再看看飛出來的那些有趣的東西，就類似手錶的齒輪、彈簧等。然後我們必須猜測，手錶是怎麼利用這些東西來組成的。在過去這幾年，我們幾乎沒有辦法分辨某個齒輪和另一個零件是不是一樣，也很難去計算它們。但現在我們似乎已經知道所有的零件了，只是還沒有人知道它們是如何拼湊起來的。

我們要花多少時間，才能拼湊出完整的圖像呢？五年或十年？我對這件事有沒有貢獻呢？我會盡力的，我會很認眞的思考，想像出所有的可能性。你覺得我們爲什麼要費這麼多力氣，去瞭解原子是怎麼組成的，或是由哪些東西組成的呢？

當我從歐洲回美國的時候，我不會立刻飛回西部的加州去。我會留在紐約州綺色佳的康乃爾大學，直到聖誕節。或許我會去看你們。謝謝你的信。爲什麼我沒有很快回信？因爲我是個壞叔叔，眞壞。你知道，大部分的人都不是十全十美的，都會有某個地方不那麼好。但他們並不是永遠不好，而且他們總有一些補償性的優點。所以，如果你因爲我沒回信而覺得我很壞，你看，我不是永遠壞的。今天，我就是好叔叔。而且我也有一些補償性的優點，因爲我記得我們在康乃狄克州時，有過一段非常美妙的時光。

祝你一切順利，並替我問候你爸媽。

狄克．費曼

附筆：你的鋼琴課上得怎麼樣啦？

費曼致好萊塢KNXT公共事務部惠特利（Bill Whitley）先生，一九五九年五月十四日

親愛的惠特利先生：

五月一日，你錄了一捲史道特先生訪問我的帶子，說是要用在五月十日你的「觀點」節

目中。結果那捲帶子沒有在節目中出現。後來，你要求我重錄一次訪問。對於這項要求的原因，你並沒有說得很清楚。你一會兒表示，我的看法可能會激怒民眾，一會兒又說是史道特先生的不是，說他提出來的問題，暗示性太強了，不夠客觀。而他是暗示出支持我的看法。

昨天，我特別拿出訪問的錄音帶來聽。我發現在訪問過程中，我有充分的機會表達自己的觀點。而這些觀點的表達方式既眞實又誠懇，在邏輯上很正確而且不武斷。從我的表達方式和語氣來看，我完全不覺得有激怒民眾的顧慮。唯一會稍微起反感的，可能是我介紹自己的方式（怎麼那麼臭屁）。但這清楚說明了，這些觀點只是我個人的意見，並不是所有的科學家都持相同的看法。這些觀點，或其他很接近的看法，是這個國家許多非常聰明的人都同意的，雖然這群人在數目上可能是少數。他們的意見沒有什麼理由不能出現在公共的溝通管道上，如電視。

史道特先生以非常專業的手法，製作這段訪問節目。他提的問題很清楚、很明確，一點都不含糊。而且問題的設計，讓我能充分完整的表達出我的想法。他的陳述只有問題本身，並沒有任何同意或反對我的觀點的暗示性語句。

電視頻道是我們國家言論自由的傳統裡，很值得驕傲的一環。而你這個擁有同樣值得驕傲的名字——「觀點」的節目，在討論當代重大議題上，一向卓有貢獻。然而，我認爲你拒絕播出我的訪談影帶，卻是戕害我的表達權利的一種審查。

我看不出有任何重新錄製訪談的理由。我並不會改變我的觀點，也不會改變表達這些觀點的方式和態度。

如果你還是覺得史道特先生在節目中的立場有問題，請不要客氣，在播出的時候可以聲明：這並不代表他或貴台的立場與看法，你們其實不同意我的看法。這我不會有意見的。看了這些陳述之後，我能不能請你重新考量一下你的決定？我期待你的儘早答覆。

誠摯的祝福

理查・費曼

※米雪注：費曼未再接受訪問，電視台也播出了原來錄製的訪問節目，訪談內容請參閱〈附錄一〉。但電視台在宣告的時段之前，提早播出這段訪問。

費曼致溫妮絲，一九五九年五月二十九日

親愛的溫妮絲：

終於一切搞定了！

聽說你終於能來，我欣喜萬分。我們已經等這一天等好久了。你對大使館的人說了什麼，終於使他們清醒過來？我對自己煮的食物已經厭煩死了，因此比以前更需要你。我只會煮牛排、羊肉絲和豬肉絲，而且只會配豌豆、青豆和玉米。老實說，這些東西其實沒有什麼變化。我在期待快樂的日子到來，再過三星期，我就要在機場迎接你！

但是請你把飛機航班的資料寫信告訴我，而且要儘量寫清楚。比方說，TWA的哪個班次，班次是幾號，到達洛杉磯的準確時間是什麼時候，或何時離開紐約的？（你之前說，在早上十一點抵達洛杉磯。但TWA說，他們沒有這個時候到達的班機，只有班次五號的飛機早上九點三十分離開紐約，大約十一點三十分才會抵達洛杉磯。你指的就是這班飛機嗎？）一切事情似乎都混在一起了。你給的資料愈詳細，我就愈能弄清楚到底是怎麼回事。

另外，也把你抵達紐約的時間告訴我，以及你在紐約什麼地方過夜，或者打算怎麼辦。你知道，你既然答應來美國，我就有照顧你的責任。一旦你抵達美國，讓你開心不受驚嚇，就是我的事了。因此，我想知道你打算住在哪裡，我可以打電話過去，看看是否一切妥當或順利。不管在什麼地方，假若你有任何麻煩，就打電話給我。先投十分錢，然後告訴接線生，你要打一通對方付費的電話到洛杉磯的夕卡摩，號碼是七—XXXX。如果我不在家，就撥到我教書的學校去。這次告訴接線生，對方是理查．費曼，號碼是夕卡摩五—XXXX。如果你還是找不到我，而情況相當棘手，就打電話給山德士先生，一樣是對方付費，號碼是夕卡摩五—YYYY。我會告訴山德士，你可能打電話給他。你可以把困難告訴他，他會解決的。此外，他也很高興你終於能來。因爲我答應他們夫婦，如果你眞的來了，他們會是我們第一對的晚宴賓客。他說他想吃野雞大餐。你看我們該用什麼招待他？

不論如何，不必太害怕，美國是個很好的地方，而且是使用英語的國家，只是習慣和用法稍微不同而已。不論你想知道什麼，只要開口問人就行了。

費曼與溫妮絲，合影於1959年。

（© Michelle Feynman and Carl Feynman）

（© Michelle Feynman and Carl Feynman）

如果你早兩個星期來，我就會有很多事給你做了。我馬上要上電視了，在六月七日，是個新聞評論節目，我有一段專訪。之後可能會有很多信件需要處理。

把你的滑雪裝備留在瑞士，不用帶來，因爲可以省一點行李重量。離我們這裡六十分鐘車程的山區是可以滑雪的地方，只是我從來沒有滑過雪。如果你願意教我滑雪，我們也可以偶爾去滑滑雪。如果我們眞的有機會去玩，可以向朋友借裝備，或去租。犯不著爲了少數玩幾次而購置裝備，這些東西攜帶起來太重了。

這裡夏天很熱，冬天溫暖，我沒有碰過下雪。氣溫通常是華氏六十度到六十五度左右。日夜溫差很大，晚上很冷。但是不需要厚大衣，薄夾克倒是非常好用，除非刮風下雨的寒冷天氣，這時候我往往穿雨衣。

我想替你的車子換輪胎，但是輪胎很貴，而且廠牌很多，必須一家一家的去比價。所以我決定等你來了之後，請你自己去換。你可以貨比三家，以合理的價位買到適用的輪胎。沒有必要爲一輛舊車換上很昂貴的新輪胎。你不必擔心駕駛執照的問題，我們可以在這兒考駕照。不管怎樣，你必須先上一段課，習慣靠右駕駛，而且要熟悉我們這裡的街道情況。

現在正是去海邊玩水的季節，但是我還沒有去過。上個星期，我和幾個朋友到樹林裡露營，待了兩夜，滿好玩的。

好了！沒有你，我一切都亂糟糟的。趕快來吧！

祝福你

理查

第四部

美國國家科學院（一九六〇至七〇年）

只是這樣一來，院裡就有了一隻怪異、憂傷、彆扭的孤鳥。

一九五九年十一月，費曼接到一封信，裡面有張小紙條：「根據行政室的紀錄，上兩個會計年度你都沒有繳會費。」之後，就引起一連串榮譽何價的討論。在費曼的一生中，得到許多這種至高無上的榮譽。雖然在幾年前，國家科學院曾爲了費曼想去蘇聯出席研討會的事出過力，但國家科學院的院士榮銜對費曼似乎沒什麼吸引力。

十餘年下來，和國家科學院某些相關人士的來往信件，提供了令人發噱的證明，透露出費曼對於以「排除異己」爲存在價值的團體，有一種根深柢固的厭惡，也顯露出他極其固執的一面。

國家科學院克魯帕（B. L. Kropp）致費曼，一九五九年十一月

親愛的費曼博士：

隨函附上您的「國家科學院院士」會費繳款通知，自一九五九年七月一日開始。

根據行政室的紀錄，您已有兩個會計年度沒繳交會費了。或許是我們的資料有誤，如果您已經繳費了，請通知我們更正，我們將非常感謝。如果我們的紀錄正確無誤，煩請寄上三十美金的支票。這樣，您的會費就等於繳到一九六〇年六月三十日止。

敬祝　時祺

克魯帕，行政副主任

費曼致國家科學院行政副主任克魯帕，一九六〇年十一月九日

親愛的克魯帕先生：

隨信附上四十元的支票，繳交我參加國家科學院的會費。

我發現自己對國家科學院所舉辦的各項活動，沒有什麼興趣。請允許我放棄院士身分，離開這個組織。

誠摯的祝福

理查．費曼

費曼致國家科學院，一九六一年二月二十日

敬啓者：

我想放棄國家科學院院士的身分。

我沒有時間，也沒有興趣參加貴院的活動。

誠摯的祝福

理查．費曼

國家科學院院長布朗克（Detlev W. Bronk, 1897-1975）致費曼，一九六一年六月十五日

親愛的費曼教授：

國家科學院的祕書告訴我，你想辭去院士的事。我希望能有機會和你見個面，談一談。你是我非常尊敬且欽佩的人，希望你能重新考慮一下這項決定。

我特別爲行政室寫信給你，催討會費這件事感到抱歉。我對這個舉動也深深不以爲然，這對院士實在相當不敬。記得幾年前的某次會議上，我也曾建議廢除會費。當時有一些不同的意見。有人的看法和我一樣，也有人覺得應該增加會費，但是絕大部分的人都主張維持現狀。我不知道爲什麼要收會費，也不知道這個金額是怎麼決定的。其實，和每年超過一千五百萬元的預算相比，會費收入只有幾千塊錢，根本是微不足道的。我並不贊成向院士收費，院士都是這麼傑出的科學家，在很多方面都已經對科學界做了這麼大的貢獻；尤其在很多行政議題上，他們並沒有機會直接表達意見。我知道這絕不是你退出的本意。但我還是要對你收到一封這樣的信而致歉。

由於你的院士身分對我們有更重要的意義，我希望你同意繼續留在國家科學院裡。大家選你當院士，是代表大家對你的成就表達的敬意。你成爲科學院院士，也爲科學院增光，更讓我們促進科學發展的工作有成效。我知道很多院士對科學院的活動，有時候會覺得沒什麼興趣。但是我希望科學院的活動範圍會逐漸擴充，慢慢的，某些活動也能吸引你們，使你們瞭解這個組織的重要。

致上我個人對你的敬意。

誠摯的祝福

布朗克　院長

費曼致布朗克院長，一九六一年八月十日

親愛的布朗克博士：

很抱歉我想退出科學院這種小事會打擾到你。你要照應國家科學院這一大家子，應付不少傢伙不時拋出來的古怪念頭，一定相當困擾吧。

我在繳費單據上，隨隨便便附上一張想要退出科學院的便條，實在很不禮貌。其實我應該寫一封正式的辭職信才對。正如你所想的，我的退出和會費這件事並沒有什麼關係。

我決定辭去院士，完全是個人因素，絕對不是任何形式的抗議，或者是針對科學院或它所辦活動的某種批評。也許我就是喜歡與眾不同的行徑。我這個怪異舉動的主要原因是，我發現自己在心理上，非常排斥為別人「打分數」。因此，我很不願意參加那些以遴選院士為目的的活動。

這個團體的最重要工作是決定誰有資格獲選為成員，這件事令我很不安。每次想到要挑選出「誰有資格成為科學院院士」，就讓我覺得有一種自吹自擂的感覺。我們怎麼能大聲的說，只有最好的人才可以加入我們？那麼在我們內心深處，豈不是自認為我們也是最好、最

棒的人？當然，我知道自己確實很不賴，但這是一種私密的感覺，我無法在大庭廣眾下這麼大剌剌的表示。尤其是要我決定，誰才夠格加入我們這個菁英俱樂部，成爲院士時，我更是精神緊張。

或許我沒有辦法說得很清楚。但我應該已經充分表達出，參加這個自我標榜的團體，讓我很不開心。因此，除了我在第一年獲選爲院士之外，過去我從來沒有推薦哪個人，說他可以加入國家科學院。而且我一直想找個機會，辭去院士這個頭銜，但是找不到適當的機會，直到我寄出會費才提出來。

所以，這件事應該沒有什麼嚴重性，也不會引起很尷尬的情況。如果你能安安靜靜的處理掉，不大肆張揚，也不必到院士會議上討論或宣布，我將非常感激。希望你能接受我的退出，把我的名字悄悄從院士名冊上刪除。

這事對我而言，並不是什麼重大的原則問題。這一點也請你瞭解。因此，如果我的退出會對你造成重大的困擾，那麼請你不要客氣，就把我的要求擱在一旁好了。只是這樣一來，在國家科學院裡，就有了一隻怪異、憂傷、彆扭的孤鳥。

不過，我想要趁這次寫信給你的機會，談一件我個人的私事。你一定不知道，二十多年前我當學生的時候，你就是我非常崇敬的人。當時我是普林斯頓大學的研究生，有些念生物的朋友建議我應該去聽哈維（E. Newton Harvey）上的細胞生理學。除非我親自去聽，才知道有多棒。在課堂上，主要方式是大家去讀原始的論文，然後在教室報告讀書心得。當時，指定我看的是阿德里安（Edgar D. Adrian, 1889-1977）與布朗克關於神經衝動的論文。那是多麼重大的基礎發現，能讀到原創的論文眞是我美好的經驗！（我還鬧了一個笑話，在普林斯頓流傳至今。有一天，有個研究生到生物系的圖書館，要求館員爲他找一幅「貓體構造圖」。館員大吃一驚，大聲問：「你要的是動物分類圖吧！」不過後來還是讓我給找到了，裡面畫了各種的屈肌和伸肌，讓我能瞭解你的論文。）不久之後，哈維帶我們去旁聽一場研討會，我居然親眼見到偉大的布朗克本人。

由於我很清楚你的研究工作和貢獻，見到你令我非常興奮。在物理學界，我們教學的方式並不是這樣。我們很少有機會，直接碰觸到偉大科學家的原始論文。很多年以後，我才拜讀過我這個領域的偉大科學家的原始論文，完全明白他們何以偉大，因此再有機會與這些大師見面時，心中也才眞正感動。

因此，我個人對你深致敬意。

誠摯的祝福

理查．費曼

布朗克院長致費曼，一九六一年十月二十六日

親愛的費曼博士：

每當我接到一封讀起來很愉快的信，總是把它放在一旁，一再的展讀。由於我非常珍視它，因此再三告訴自己，這封信一定要好好的回，絕不能匆匆忙忙處理。一定要有空，有精

神，可以非常慎重的處理一件自己覺得有意義的事情時，才是回答這麼一封信的正確時機。結果是，我最重視的信件，往往耽擱最久，最晚回信。你夏末給我的信，就是這一類。

昨晚，我和柏霖、哈特蘭聊到很晚。不知怎麼，話鋒就轉到一位狄克·費曼身上。他在廣義相對論、量子電動力學以及無質量粒子的研究，無論是哪個主題，成果總是那麼美妙，那麼令人感興趣，眞是一位罕有的天才。但是我想到還沒回你一封信，不禁有點汗顏。不過我還是感謝你的信。

我也要感謝你還願意勉強留在科學院，沒有堅持退出。我像你一樣，覺得挑選院士這件事有些傷感情。因此，近年來我已盡力把挑選院士這件事，儘量與促進科學發展畫上等號，而淡化它的尊貴與榮耀。我要向你表達我的敬意和謝忱，很高興你在我當院長的最後這一年還是國家科學院的院士。

如果你有機會回到美東的老家附近走走，若能抽空到洛克菲勒研究院（中文版注：這是洛克斐勒大學的前身，布朗克曾任該院的校長）來看看我們，將是再好不過的事。有很多老朋友期待與你碰面，給你溫暖的招待。

再次致上我個人對你的謝意和敬意。

誠摯的好友，布朗克

敬啓者：

請接受我辭去國家科學院的院士。我的退出純粹是個人因素，完全和我對國家科學院的見解無關。

誠摯的祝福

理查．費曼

費曼致國家科學院院長賽馳（Frederick Seitz, 1911-），一九六九年六月十二日

親愛的賽馳院長：

當你的信和電報寄來的時候，我正好外出，所以沒有回覆你。後來布羅姆利打電話來給我，我回答不行，因爲這不是我喜歡做的事情。

你說的是一件完全不相干的事。這和我提出的辭去國家科學院院士的要求，完全無關。我想離開國家科學院這個團體，完全是私人原因，與國家科學院或政府的作爲無關，也不是你個人行政風格的問題。多年以來，我就一直很想安安靜靜的、不驚動任何人，而退出這個團體，也不要引發任何的政治聯想。這純粹是我個人的因素，有點孩子氣，就是喜歡什麼、不喜歡什麼而已。請接受我的辭職。

誠摯的祝福

理查．費曼

費曼致杜克大學醫學院生物化學系韓德勒教授，一九六九年七月十五日

親愛的韓德勒教授：

我要求辭去國家科學院的院士之銜，完全是個人的心理因素。不代表或視為任何對國家科學院的不滿或批評。也不影響「大多數院士視國家科學院的榮銜為至高無上的榮耀」此一事實。

誠摯的祝福

理查．費曼

※中文版注：韓德勒（Philip Handle, 1932-1982）教授繼賽馳博士之後，即將出任美國國家科學院院長（任期從一九六九年至一九八一年）。

國家科學院院長韓德勒致費曼，一九六九年七月三十一日

親愛的費曼博士：

我接到你七月十五日所寫的語焉不詳的信。老實說，我怎麼想都想不出做這種決定的原因。尤其是我和委員會正努力改造國家科學院，至少希望它成為一個有活動力的團體，能符合我們的院士所享有的榮耀與權責。我們想重塑機制，讓院士積極參與、貢獻所長，使科學

院扮演更有意義的角色。你何不和我們一起努力，讓這個組織能夠改頭換面？

誠摯的祝福

韓德勒　院長

費曼致韓德勒院長，一九六九年八月十四日

親愛的韓德勒博士：

謝謝你七月三十一日的來信。

我七月十五日的短信仍然有效。請接受我辭去國家科學院的院士。

誠摯的祝福

理查・費曼

費曼致穆納漢（Francis D. Murnaghan, 1893-1976），一九七〇年一月二十二日

一九六九年十二月二十一日，德高望重的數學家穆納漢博士寫了一封信給費曼，問他爲什麼退出國家科學院。他寫著：「幾天前，我從國家科學院聽說你要辭去院士，從那時起我就很擔心。」他接著表示，費曼的辭去，將是國家科學院的損失，而且一定會造成某種程度的傷害。他想知道，有什麼辦法是他或任何人能做的，可改善國家科學院的作爲。

親愛的穆納漢博士：

我辭去國家科學院院士，完全是個人因素。絕不是對國家科學院有任何不滿或批評。我也不想傷害國家科學院。只是我人格上的某種特質，讓我對世俗所謂的榮耀不願意沾染。對這樣一件小事，害你擔心，實在很抱歉。

誠摯的祝福

理查．費曼

費曼致尼曼（Jerzy Neyman, 1894-1981），一九七〇年四月二十八日

一九七〇年四月二十一日，加州大學柏克萊分校的著名統計學家尼曼，寫了一封信來，問他坊間盛傳費曼辭去國家科學院院士，是不是眞的？有何理由？

親愛的尼曼博士：

我眞的辭去國家科學院的院士。理由是純個人因素，和科學院本身沒有任何瓜葛。

誠摯的祝福

理查．費曼

第五部

費曼物理講座（一九六〇至六五年）

要判斷某個想法是否正確，唯一的原則是實驗或觀察。

The Letters of Richard P. Feynman

費曼涉入分子生物學的想法醞釀了很久，他終於花了一整個夏天和一個休假年，在加州理工學院做相關的實驗。當時他是和生物實驗室主管艾德加（Robert Edgar）等人合作，研究病毒攻擊細菌的機制。他發現到一些所謂「反突變」（back mutation）的例子，它們都發生在很靠近的地方，可能是某種DNA序列的線索。艾德加一直催促費曼發表自己的發現。在華森（James Watson, 1928-，一九五三年DNA雙螺旋結構的發現者之一）的邀請下，費曼還到哈佛大學生物系去演講。接著，他就放棄生物學的玩票性研究，又回到他的最愛——物理學上。

溫妮絲在一九六〇年九月二十四日和費曼結婚。不久之後，費曼就自豪於自己多麼顧家、戀家。費曼在外頭的名聲逐漸響亮，家庭或許成爲他樹大漸漸招風的一個避風港。

這時候，他把自己的部分注意力轉到通俗物理上。一九六一年，他擔任影片「關於時間」（*About Time*）的科學顧問，後來在NBC的黃金時段播出。另外他也參與貝爾集團的科學電視影集製作，每集約一小時。這些工作讓他的名聲和人格特質，穿透出大學同事和科學家，接觸到一般觀眾。不久之後，他就收到很多陌生人的來信，其中有學生、科學門外漢，偶爾也有仰慕者。

一九六二年，費曼得到勞倫斯獎（E. O. Lawrence Award）。我哥哥卡爾（Carl）正好在頒獎典禮的前一天出生。這個獎是能源部頒給對原子能有傑出貢獻的人。地方版的報紙登了一張費曼和溫妮絲在醫院的照片——費曼拿著獎杯，而溫妮絲抱著剛出生的嬰兒。

這時期更重要的是，費曼的最佳物理教師聲譽，不脛而走。著名的《費曼物理學講義》（*Feynman Lectures on Physics*）就是在這個時期誕生的。那是他爲加州理工學院大學部一、二年級的學生上普通物理的內容，由雷頓（Robert B. Leighton）和山德士（Matthew Sands）編輯成三巨冊出版，成爲物理教科書的里程碑。很多人都認爲這是一件藝術作品。

在一九六二、六三這個學年度裡，費曼也給了另一系列很有名的「萬有引力講座」。之後，費曼爲很多高級課程開的講座，講義也陸續出版。一九六三年，一位康乃爾大學的同事寫信來，討論另外一樁事業，就是發行費曼的教學錄音帶。

費曼致電光系統公司麥克萊倫（William H. McLellan）先生，一九六〇年十一月十五日

一九五九年，費曼察覺到，將來資料貯存所需要的實際空間，一定非常小，就連機械設備也一樣，可能會小到幾十個或數百個原子的尺度。他預先想到一個全新的科學領域，也就是今日的奈米科技（nanotechnology）。

在一場以「這下面空間還大得很呢！」爲標題的演講中，費曼陳述了自己的看法，並且對科學家和工程師提出挑戰：如果能夠完成以下兩件工作之一，他個人願意各提供一千美元的獎金。（一）把一頁書上的資料，縮小到長寬各只有該書頁二萬五千分之一的面積上，仍然可以用電子顯微鏡來讀取。（二）做出一部可以控制的電動馬達，不算外接電線，邊長只有六十四分之一英寸。這二項挑戰幾乎立刻就給克服了，但用的並不是費曼想的新技術，而是靠精巧的手藝。有點不符他原先的期望。

（注：那場演講是在一九五九年十二月二十九日，費曼於加州理工學院對美國物理學會發表的著名演講。演

講紀錄後來刊登在加州理工學院發行的《工程與科學》期刊一九六〇年二月號。全文可參閱《費曼的主張》一書的第五章。）

親愛的麥克萊倫先生：

你上星期六給我看的馬達，令我印象深刻，你怎麼能把它做得這麼小？

在你給我看馬達之前，我曾告訴你，雖然我在《工程與科學》的文章上提過這件事，但我還沒有很正式的設立這個獎金。原因是我想讓這個獎賞的條件更加周延，避免以後有法律上的爭議，譬如說，我需要把微型馬達定義清楚，免得有人利用磁場把汞驅向某個方向，也聲稱這是馬達，等等。我本來想找個團體來爲我評斷，另外解決相關的稅務問題。但是我一直忙著其他的事，並沒有眞的好好做這件事。

但是你給我看的東西，確實是我腦子裡想到的東西，尤其在我寫演講稿的時候。而且，你也是第一個把這種東西拿給我看的人。因此，我很高興的把獎金隨信附寄給你。你實在當之無愧。我只是有點失望，做出這麼小的馬達居然不需要全新的突破性技術。我本來覺得自己給的尺寸這麼小，用傳統的方法應該是無法成功的。但你居然能辦到，眞是可賀可喜！

繼續朝更微型化邁進吧！

自從上次演講之後，我結了婚，又買了房子。我就不再爲更微型化的機械提供獎賞了。

誠摯的祝福你

理查・費曼

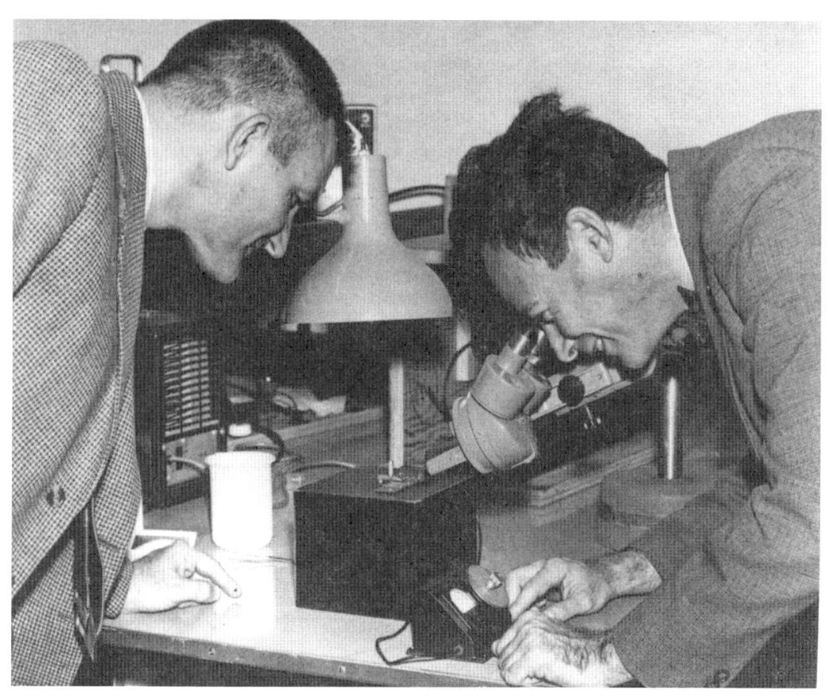

費曼用顯微鏡觀看麥克萊倫先生的微型馬達，攝於1960年。

（© courtesy California Institute of Technology）

費曼致加州的克納根（Ronnie Kernaghan）同學，一九六一年二月二十日
一位初二的學生在做「就業調查」的功課，寫信問費曼：要修什麼課程才能成爲理論物體學家？有什麼工作機會？工作環境如何，以及薪水多高等等。

親愛的克納根先生：

很抱歉，對於你來信所問的問題，我沒有什麼資料可以奉告。

如果你問的是，設法找出大自然的工作奧祕，是不是一種有挑戰性又刺激的生涯規劃，我就可以回答了。不錯，是這樣的，而且還很好玩。只不過你要有相當的才華。

誠摯的祝福

理查·費曼

費曼致《紐約前鋒論壇報》的烏貝爾（Earl Ubell），一九六一年二月二十一日

親愛的烏貝爾先生：

有位崔波小姐好心的印了一篇你的文章〈失禮的重力〉（請參閱〈附錄二〉）給我。我讀了之後，覺得眞是好極了。一般的科學報導很少寫得這麼好的，尤其是最後一行。我是懂科學的人，你甚至寫得比我還好，我甘拜下風。

我依稀記得我們曾經短暫碰過面，或許我還表現出一副很不耐煩之類的態度。通常，這

是我應付媒體記者的方式。若如此，我對你道歉。不過我只是對你道歉，而不是對其他媒體記者。

誠摯的祝福

理查．費曼

費曼致戈德（Floyd O. Gold），一九六一年四月五日

一九六一年三月二十五日，費曼接到一封來自故鄉的老友戈德的信，詢問兒子未來教育的問題，「他十五歲，自己做了一架數位計算機去參加西屋公司的科學才能競賽。」戈德接著表示，兒子這方面的知識都是自學而成的，只上過七週電腦邏輯的課程。法洛克衛高中（費曼的母校）的副校長建議他寫信請教費曼，詢問相關的課程和大學裡的情況，以免埋沒兒子的天才。戈德也不知道該讓兒子走工程或純科學的路。

親愛的戈德：

聽到某個我記得名字的昔日老友的消息，讓我非常興奮。我和阿琳結了婚，她在一九四五年過世。現在是我第三度的婚姻剛開始，太太來自英格蘭。我目前還沒有小孩，希望很快會有。

我給你兒子的建議如下。幸好他喜歡某件事，而且在做某些事的時候非常開心。你應該儘量鼓勵他去做他喜歡的事。我不是指將來，而是指現在、每一天。不要預設什麼遠大的計

畫。在他現在這個階段，工程與科學的教育內容是大同小異的，而且有好幾年都是這種情況。大學裡多的是畢業之後才改念其他科系的人，這沒有太困難。但是不要等到研究所畢業之後，那就嫌太晚了。

因此，讓他很認真的去玩他的電腦和想法。當他需要瞭解電腦的電路時，他的數學能力也會慢慢發展起來。現在，他應該可以自由自在去追求自己喜歡的事。當他成爲某件事情的專家時，他會發現瞭解相關的主題很簡單。

另外，和你信裡所描述的情形相反，如果他什麼功課都是中上，並沒有特別喜歡什麼事，或者什麼事都喜歡，經常這事做做、那事搞搞的，那我反而不知道該怎麼建議了。

誠摯的祝福

理查．費曼

費曼致康乃狄克州的奚帕（Frederich Hipp），一九六一年四月五日

奚帕是個高中生，非常喜歡物理（尤其是原子理論和量子力學），自己還做了一個雲霧室，當成科學作業。但是他很擔心自己對數學沒什麼興趣。他問費曼，一個數學能力平常的人，能不能掌握高深物理，成爲這一行的專家？

親愛的奚帕先生：

在物理學上想要做些什麼重要的工作，都要有非常好的數學能力與興趣。有些應用上的

工作對數學可能沒有這麼高的要求，不過那些工作並不是非常吸引人。

如果你想滿足「個人對大自然奧妙無止境的好奇心」，而這些奧妙必須以數學形式的定律表現出來，那你該怎麼辦呢？如果不用數學來運算和推理，你就無法深入瞭解物理世界，也不能滿足自己的需求。

你怎麼知道自己對數學沒興趣？或許你只是不喜歡教數學的老師？或許他的數學方法有問題，不符合你心智的推理型式。

我有什麼建議呢？暫時把對數學沒興趣這事擱在一旁，不要理它，也不必害怕。先做那些你最喜歡的事。你不是做了一個雲霧室嗎？再做一些類似的事情。順應你的才能去發展，不管它們會朝哪個走向走。不必管路上的水雷，全速前進。

那麼，對數學該怎麼辦？（一）或許當你以後在設計某種裝置而需要用到數學時，才發現它很有趣。（二）你沒有繼續發展現在的興趣，設法瞭解所有的事情，卻發現自己有其他才幹，可以嶄露頭角，例如設計先進太空船的控制系統等等。或者（三）生物學上的問題最後吸引了你的注意和才能，而你決定往實驗生物學發展，利用它來瞭解大自然等等。

如果你有任何才幹，或任何工作吸引你，就全力去做吧。把整個人投進去，像一把刀直刺入到刀柄。不要問爲什麼，也不要管可能碰到什麼困難。

如果你什麼功課都中上，也沒有什麼特別的事令你感興趣，那我反而不知道該給你什麼建議。那你應該去找別的人討論。這個問題我還沒有很認眞想過。

誠摯的祝福

理查・費曼

費曼充滿魅力的物理學講堂，總能吸引許多學生。攝於1962年。

（© courtesy California Institute of Technology）

費曼致喬特（Helen Choat）小姐，一九六一年七月二十六日
到這個時候，「關於時間」的影片已製作了兩年多。華納兄弟公司發行了影片。而紐約的艾爾（N.W. Ayer）父子公司想出版相關的補充資料和工作記事簿，喬特小姐是連絡人。

親愛的喬特小姐：

你要求我改寫自己的簡歷。第一段的第二句是錯的，應該像這個樣子才對：「一九四一年，他在普林斯頓參加了和原子彈有關的工作，後來一直繼續下去，直到一九四五年在羅沙拉摩斯成功做出原子彈爲止。」我並沒有和愛因斯坦一起工作過，愛因斯坦也和原子彈的發展計畫無關。愛因斯坦並不是原子彈之父。

最後，請刪除有關國家科學院的部分。另外，我也不確定自己是不是美國科學促進會的成員。我記不得了。

你還要我敘述一下，自己是怎麼讓科學給吸引的。「我父親是個生意人，卻對科學非常有興趣。他常告訴我一些很美妙的事，例如星星、數字、電流等等。不管我們到哪裡去，總會聽到一些新鮮有趣的事，好比山脈、森林、海洋。在我學會說話之前，他已經用方塊設計出很多吸引我的數學遊戲了。因此，我自始至終就是個科學家，我永遠熱愛科學。感謝父親給了我一份這麼珍貴的禮物。」

誠摯的祝福

理查．費曼

費曼寫給溫妮絲，一九六一年十月十一日，寄自比利時布魯塞爾的阿米哥（Amigo）旅館
這封信曾選入《你管別人怎麼想》一書，是費曼赴布魯塞爾參加索爾威會議（Solvay Conference）研討會途中，寫給太太溫妮絲的。當時溫妮絲懷著我哥哥卡爾，不便一起去。

哈囉，甜心：

葛爾曼和我竟夜爭辯，直到兩人都支持不住，醒來時正好在格陵蘭的上空。這次感覺比上次飛越時還棒，因為這次我們直接穿過去。在倫敦，我們和幾位物理學家會合，一起過來。他們之中有個人很憂心，因為他的旅遊書裡，找不到阿米哥旅館的介紹。但另外一個人的新版旅遊書裡，卻說它是個五星級的旅館，據說還是歐洲最好的旅館呢！旅館真的很棒。家具非常精美，都是深色的紅木製品；浴室好大。你這次不能和我一起來，真是可惜。

會議在第二天開始，進行得很緩慢。我的報告排在下午，我也如期上台發表，只可惜時間不夠。由於晚上有一場盛大的接待晚宴，會議要求提前在四點結束。我講得還可以啦，反正沒有講到的東西，在書面資料裡都有。

傍晚，我們進皇宮去晉見國王與王后。計程車在旅館門口排成長龍接我們，是那種長型的黑色禮車。我們在下午五點抵達。車子開進皇宮大門時，兩旁都是衛兵。接著我們穿過一道拱門，到了皇宮門口。穿著紅外套、白長襪的衛兵替我們開門。他們的白長襪在膝蓋下方，還用黑帶子綁著金色的穗子呢。

Oct 11, 1961 ①

Hôtel Amigo

Hello, my sweetheart;

Murray & I kept eachother awake arguing until we could stand it no longer. We woke up over Greenland which was even better than last time because we went right over part of it. In London we met other physicists and came to Brussels together. One was worried - in his guide the hotel Amigo was not even mentioned. another had a newer guide - five stars! and rumored to be the best hotel in Europe!

It is very nice indeed. All the furniture is dark red polished wood in perfect condition the bathroom is grand, etc. It is really too bad you didn't come to this conference instead of the other one.

At the meeting next day things started slowly. I was to talk in the afternoon. That is what I did but I didn't really have enough time for we had to stop at 4 PM because of a reception scheduled for that night. I think

後來經過入口、門廊、樓梯到大廳，一路上都是這種裝扮的衛士，站得直挺挺的。他們戴一種暗灰色的俄式帽子，上面有金色的繫帶。室內衛士穿著深色外套、白色長褲，每人還持一把向上豎起的劍。

我們在大廳等了大約二十分鐘。地板是精美的拼木花紋，每個方塊裡都有個L字——應該是皇族的姓，李奧波德（Leopold）什麼的。牆上漆得金碧輝煌，聽說是十八世紀完工的。天花板上畫了很多駕著馬、拉戰車的裸女之類的作品。房裡有很多鏡子，和很多擺著鮮紅色坐墊的金色椅子，就像我們以前參觀過的皇宮一樣。但這次是真的，活生生的，不是在博物館。每件東西都光鮮亮麗，保養得非常好。有幾位宮廷官員陪伴我們，其中一位手裡拿著一張單子，告訴我們要站在哪裡。但我老是站錯地方。

大廳一端的門打開了，衛士簇擁著國王和王后站在裡面。我們慢慢走進去，一個一個的介紹給國王和王后。國王的臉很年輕，表情似乎有點僵硬，不過握手卻很有力。王后很漂亮。（她的名字好像叫法布里歐拉，以前是個西班牙女伯爵。）接著我們進入左邊的另一個房間，裡面像戲院一樣，擺著很多椅子。最前面的兩張是國王和王后的座位，也向著同一個方向。在我們前面有張桌子，桌子的另一邊有六張椅子向著我們，是給大師坐的，像波耳（Niels Bohr, 1885-1962，一九二二年諾貝爾物理獎得主）、皮蘭（Jean B. Perrin，1870-1942，一九二六年諾貝爾物理獎得主）、歐本海默……等人。

原本是國王想知道我們在幹什麼，於是六位老前輩就分別發表了一段很沉悶的演講。正經八百的，連個笑話也沒有。我很不舒服的坐在椅子上，因為搭了一夜的飛機，背脊酸痛。

講完之後，國王和王后穿過原先接見我們的房間，到右邊的房間去。這些房間都是維多利亞式的，金碧耀眼，寬敞華麗。房間裡有穿著各種不同制服的人，有穿紅外套的禁衛、穿白外套的內侍、卡其色配勳章的軍人和黑外套的宮廷官員。這時，內侍端上飲料和開胃菜。

我從左邊房間穿到右邊房間時，因為背痛走得慢，落在最後面，不知不覺和一位宮廷官員攀談起來。他是王后的祕書，偶爾還在魯汶大學兼課，教數學，是個很棒的人。國王年輕的時候，他還曾當過國王的家庭教師，已經在皇宮裡服務了二十三年。終於我也有個聊天的對象了。別人則是與國王和王后聊天，所有的人都站著。過了一會兒，這次研討會的主席布拉格（W. Lawrence Bragg, 1890-1971，一九一五年諾貝爾物理獎得主）跑過來，說國王想見我。當他對國王說：「陛下，這是費曼」時，我犯了一個大錯，我以為國王會和我握手，立刻伸出手來。一陣尷尬之後，國王還是伸出手來，解了我的困窘。國王很禮貌的誇我們這批人，一定是聰明絕頂，想這些東西一定非常辛苦。我以玩笑的態度回答，顯然又犯了第二個錯。（布拉格教授已經告訴我該怎麼應對，但我懷疑他知道什麼？）幸好這時候布拉格又帶了另外一位教授來介紹，我想是海森堡（Werner Heisenberg, 1901-1976，一九三二年諾貝爾物理獎得主），總算解了我的圍。國王忙著和新朋友說話，忘了費某人。費某人也溜去和王后的祕書閒扯。

又過了好一陣子，我喝了好幾杯柳橙汁，吃了很多非常精緻可口的小菜後，一位穿軍服配勳章的傢伙跑來對我說：「去和王后說話。」我再樂意不過了（她可是位大美人呢。不過你別擔心，她已經結婚了）。我到達的時候，發現王后坐在一張桌子邊，旁邊還有三張椅子，可是都有人坐，並沒有費某人的位子。有一陣輕聲的交談和咳嗽之類的，等等。

費曼與溫妮絲婚後一年的合影，攝於1961年。

不久就有人很不情願的讓出一個位子來。另兩把椅子坐著一位女士和一位神父（穿著全套的宗教禮服，也是物理學家），名叫勒梅特（Georges LeMaître, 1894-1966）。

我們聊了大概有十五分鐘（我很仔細聽，並沒有人輕聲咳嗽，暗示我起身讓位），談的都是一些有的沒有的。例如：

后：「思索這些困難的問題，一定很辛苦吧？」

費：「還好啦！我們大都是為了興趣才去做的。」

后：「要改變原先的想法，應該很不容易吧？」（這是她從那位老前輩得來的印象。）

費：「也不會。剛才演講的那些人，都是老一輩的物理學家，他們才有重新適應的問題。物理學的大變動發生在一九二六年，那時候我才八歲。因此，我學的物理都是新觀念。現在最大的問題是，會不會再來一次大變動？那就沒有人知道了。」

后：「你一定很高興為促進和平而努力。」

費：「不盡然，我從來沒有想到和平的問題。老實說，科學是不是真能促進和平，誰也沒把握。」

后：「事情變化得可真快，這一百年來，很多事都變了。」

費：「這座皇宮可一點兒都沒變。」（這句話是我想的，但沒有說出口。）「是啊！」接著我大談在一八六一年代世人的種種知識，以及隨後發現的種種事務。最後，我笑著說：「你看，我們這種教書匠，一有機會就忍不住長篇大論起來，哈哈！」

王后看我太不上道，懶得再理我，就轉身去和另一邊那位女士閒扯。話題還是一些沒營養的五四三。

又過了一會兒，國王走了過來。王后也站了起來，國王在她耳邊說了幾句悄悄話，他們就一起走了出去。費某人又去找王后的祕書聊天，最後還是他親自送費某人通過警衛，走出皇宮的。

你錯過這場盛會，眞是太可惜了。我不知道什麼時候還有機會，找個國王和王后給你見見呢。

今天早上，當我和幾位教授正要離開旅館的時候，忽然播音器傳出來說櫃台有我的電話。我去接聽了之後，回來向同伴們宣布：「是王后的祕書打來的。現在我得先告退，不陪你們了。」他們都吃了一驚。原來早就有人注意到，費某人在皇宮裡，和王后談得太久、太熱烈了。但我沒有告訴大家，這其實只是我和祕書的約會。他邀我去他家坐，和他太太及兩個女兒見見面（他共有四個女兒）。我也邀請他，如果有機會來美國的話，到帕沙迪納家裡來作客。

他太太和女兒都非常和善，房子也很漂亮。參觀他家可比參觀皇宮要愉快多了。房子是一種比利時式老農莊的式樣，是他自己設計監造的，蓋得非常好。房子裡有很多老式的櫥櫃和桌子，和很多現代化的設備擺在一起，非常的調和。在比利時，他們要找一些古董家具，可比我們在洛杉磯容易多了，反正到處都是老式的農舍。他有個很大的庭院，還有個菜園，還有一隻據說是來自華盛頓的狗。有人送給國王，國王又轉送給他。這隻狗的個性很好，很像我們家裡的奇威，我想這是因爲它們都深受主人的寵愛。

費曼與奇威，攝於1961年。

在庭院的樹下，他還擺了一條自己親手做的長凳，可以坐在凳上欣賞四周的田野風光。屋子比我們家略大，庭院則大得多，但是還沒有好好的規劃。

我告訴他，自己在帕沙迪納也有個小小的城堡，裡面也住著一位王后。如果他有機會，也希望他來看看。他說，如果有機會，也很願意來拜訪。如果下次王后再到美國訪問，他一定會跟來。

我隨信附上他家的照片和他的名片。這樣我就不會到處亂塞，把它們給弄丟了。

我知道這次沒帶你，把你丟在家裡，你一定很難過。但我以後一定會想個什麼方法來補償你的。別忘了，我深深愛你，也以我們的家和我的家人爲榮。祕書和他太太都祝福你，也祝福我們全家人。

我最希望的是你在這裡陪我，其次就是我在家裡陪你。替我親親奇威，並把我的歷險記轉告媽。我會提早趕回來。

你的丈夫深愛著你。

你丈夫

※米雪注：奇威是我父母親的寵物狗。這麼多年來，我父親非常喜歡狗，經常躺在地板上和狗玩耍，教牠們一些平常的把戲，如拜拜（作揖）、搖尾巴、拿報紙等。他曾經教會一條狗聽口令伸出舌頭。我們從來不知道這個把戲有什麼用。這些年來，我母親溫妮絲也計劃過幾次探險。例如到墨西哥，塔拉乎馬拉（Tarahumara）印地安人偏遠的部落去遊訪。而全家到不知名的地方去露營，更是家常便飯。

費曼致托雷（Volta Torrey）編輯，一九六一年十一月十五日

一九六一年四月，在麻省理工學院建校百年的紀念會上，費曼以〈物理學的未來〉為題，發表專題演講。本來校慶的籌備會是準備把當天的演講內容全部蒐集起來，編印成冊的，但後來這個計畫胎死腹中。麻省理工《科技評論》（*Technology Review*）雜誌對這篇演講很有興趣，想把它登出來。托雷先生寫信給費曼，徵求他的同意，並送手稿請他過目。

親愛的編輯，托雷先生：

關於我在麻省理工百年校慶紀念會上的演講稿，有一些混淆。首先，我做了一場演講，還當場錄音，留下了錄音帶（且稱它為A版）。接著有人負責編百年校慶的紀念特刊，寄給我一份重新編排、整理過的講稿（稱為B版）。這很像你知道的故事，也是他們寄給你，而你現在寄來給我過目的東西。但是我不喜歡這個B版，因此，已請他們把原始的錄音帶寄給我，我親自整理、修正過之後，就寄還給他們了（稱為C版）。

請你去找那些籌印百年校慶專刊的學生要C版（請參閱〈附錄三〉）。我最喜歡那個版本，它比你想刊登的這個B版好多了。你想登的，應該是C版吧？我手邊正好沒有這個版本，否則就不會讓你跑來跑去的。

謝謝你的耐心。

誠摯的祝福

理查．費曼

費曼致印度馬德拉斯省，數學科學研究所所長拉馬克里希南（Alladi Ramakrishnan），一九六二年一月三十日

拉馬克里希南所長寫信要求費曼同意，讓他把費曼所做的強交互作用模型發表出來。那是費曼尚未公開發表的東西。在此之前，拉馬克里希南已得到費曼同意，讓他在某本書裡引用一些費曼的量子電動力學筆記。他希望能同時把這些未發表的東西也弄進去。他在信中說：「如果你不介意，我就把它們寄給出版社。否則我必須刪除部分文稿，而這在我目前的作業階段，會引起相當大的不便。」（有點像是先斬後奏，對不對？）現在他也提議，若費曼有任何意見，他也可以加在附注裡。下面就是費曼的回信。

親愛的拉馬克里希南先生：

很遺憾，聽說你想要發表我以前所寫的強交互作用模型。我記得在這份東西的封面上，已經特別注明「這份東西目前尚無發表的計畫」。我之所以沒有發表，是有理由的。我不能確定它是否正確——我的意思是，不能確定自己是否把大自然的特性，眞確的描述下來。到現在，我更沒有把握了，幾乎要確定它是錯的了。

我個人有一項原則，就是儘量保持自己發表的東西在一定的水準之上——至少每篇論文都與大自然或她的運作法則有某種關聯。只推測她是怎麼回事，對我來說是不夠的。除非我相當有把握這項推測八九不離十，是極可能正確的。否則，我也不用忙著寫一篇針對目前一些推測的評論性文章了。

因此，你很愼重的去處理一些我認爲是錯的東西，讓我覺得很尷尬。我很希望你把這些東西抽掉。

但是考慮到這樣做，可能對出版社造成相當的困擾。第二個辦法是如你所建議的，把我下面這段陳述放進裡面，當成附注：

「費曼教授認爲，物理學家的責任不只是把大自然運作的模型推測出來，還應該進一步去查明是不是眞的這樣。因此，他認爲這個模型只是一種猜測，幾乎已確定並不能描述觀測到的實際狀況。他不認爲這種東西有正式出版的價值。」

如果你願意，也可以補充自己的意見，譬如：「然而，筆者覺得讀者可能對這個模型有興趣。這是科學家嘗試理解大自然的一個案例，所以仍把它放在這裡。」諸如此類的，都可以。但是不管怎樣，只要你想把那個模型弄進你的書裡，請務必加注我前面所寫的那段話。

誠摯的祝福

理查·費曼

費曼致Y先生，一九六二年二月八日

一九六二年二月五日，NBC電視網正式播出「關於時間」影片。一位我稱他爲Y先生的觀眾先寫信給洛杉磯KRCA電台，抱怨他們的節目是正統派科學的傳聲筒，只看得見正統科學家對相對論的觀點。他後來把信件複製了好幾份，分別寄費曼和其他四位科學家，還寄給三個相關組織。在信裡，Y先生攻擊了影片中的「攣生子弔詭」（twin paradox）是錯誤的，影片舉這個雙胞胎太空旅行故事的例子，是爲了替不正確的正統科學觀點作「宣傳」。他表示，自己受到打壓的觀點才是正確的。（我不能叫這個陌生人爲X先生。因爲很多朋友都知道，費曼有個雅號，就是X先生。）

親愛的Y先生：

你寄了一份給KRCA電視台信件的複本給我，抱怨電視節目「關於時間」裡的情節。我是該節目的科學顧問，在節目裡放進雙胞胎太空旅行的故事是我的責任。我之所以用它，是因爲我相信它是正確的。請你相信我對「宣傳」或說服大眾這些事，並沒有什麼興趣。我們都同意，應該只對科學的正確部分有興趣。

但就算我們只對正確的事有興趣，難道我們不能說，「孿生子弔詭」所描述的現象是正確的嗎？我衷心的這麼認爲。而且我相信科學家對運動中的緲子（mu-meson）壽命的觀察，已經證實這個論點。你似乎對此不以爲然。我倒想聽聽你的看法。如果我不對，又錯在哪裡？多年以來，我都是利用同樣的觀念在研究物理工作，好像沒有碰到什麼現象是違反這些觀念的。事實上，在預測新現象上，這些觀念似乎也用得很成功。如果有不同的觀點，也能成功的達成下面兩件事，將會令我吃驚，同時令我高興：

（一）成功的預測出所有現在的實驗已經觀測到的物理現象。

（二）預測出不同的雙胞胎太空旅行的結果。

誠摯的祝福

費曼

※中文版注：「孿生子弔詭」又稱爲「孿生詭論」，故事是這樣的：彼得與保羅是雙胞胎兄弟，有一天保羅駕太空船以接近光速的速率飛奔到太空中。待在地面上的彼得會看到保羅的時鐘明顯慢了下來，他的心跳、他的思想和他周遭的一切，全都慢了下來。但是保羅自己可不覺得，太空船裡的一切，跟他以前在地面上的感覺完全沒有兩樣。可是當保羅在外太空待了一段時日回來後，會發現他比留在地面上的彼得年輕些！（讀者可參閱《費曼的六堂Easy相對論》第四堂課。）

費曼致Y先生，一九六二年三月十四日

Y先生連續寫了幾封情緒性的信件，攻擊費曼所參加的一些科學團體都打壓他的見解。但是Y先生從來沒有清楚解釋自己的見解是什麼。

親愛的Y先生：

我接到你幾封信，但是我看不懂你信裡的意思。誠如你所說，這不是觀念上的問題，而是發生的現象到底是什麼。因此，爲了釐清我們是不是眞的在「時間弔詭」的現象上存有歧見，我想請教你，依你的科學觀點，下面這個實驗的結果是什麼：

有一弱束的緲子，由射源以速度v射過來，會經過一個很薄的計數器B。所以每個緲子進來，我們都知道。緲子有一半會撞擊到A物質，而這個東西厚到可以把緲子全部擋住。在這種情況下，緲子後續發生的衰變是可以偵測的。緲子從B跑到發生衰變的地方A的平均時間（從B到A之間有非常短的時間差）是可以度量的，我們且稱它為τ_0。（你知道的，它正好是2.2×10^{-6}秒）。而在A，一個緲子在時間t發生衰變的機率是：

$$e^{-t/t_0}$$

此外，那些沒有撞到A的一半緲子，沿著一個磁場前進，大約轉了三六〇度，撞上另一個計數器C。（由於C不可能放在正好三六〇度的地方，我們在得到的數據裡，可以做個小小的修正，把緲子真的到達三六〇度位置的時間算出來。）你認為會有多少個緲子能到達C？假設軌道的半徑是R，因此，緲子走一圈所需要的時間是T = 2πR / v。

我認為你的答案，應該是下列兩者之一。

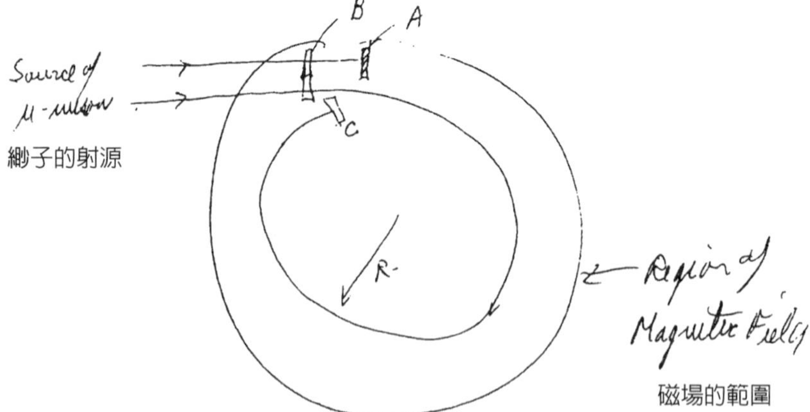

緲子的射源

磁場的範圍

（一）緲子衰變的壽命和它的速度無關，因此C的數目和A的數目是一樣的。在一些時間延遲之後，還是：

$$e^{-T/\tau_0}$$

或者（二）運動中的緲子，壽命看起來比較長，因此，抵達計數器C的緲子數目是：

$$e^{-T/\tau}$$

而τ並不等於靜止時的τ_0：

$$\tau = \tau_0 / \sqrt{1 - v^2/c^2}$$

v是緲子環繞磁場的速度，c是光速。或者，你得到的答案兩個都不是。

我從你的信裡，看不出在這種情況下，你的答案是什麼。你能不能直截了當的把答案告訴我？這樣我們才能夠進一步討論下去。

請原諒我沒有立刻回信。我手頭有些事正在忙，總是沒辦法立刻回信。

誠摯的祝福

費曼

費曼致Y先生，一九六二年四月三日

Y先生對於費曼這麼仔細的回他第二封信，顯然非常開心，因此寫了一封很禮貌的回信。但還是沒回答費曼提出的問題，於是費曼又回了一封信給他。

親愛的Y先生：

我三月十四日的信，只是想知道我們兩人對於一個特定的實驗情況，是不是有相同的預期結果。當然，緲子的速度v一定小於光速，甚至不必非常接近光速，只要有光速的八〇%左右就行了。

如果我不知道你對這件事的意見如何，那我們這樣子信件往來也沒什麼意思。因爲我不知道自己的觀點究竟是不是和你一樣。你談到我們之間「觀點對立」，以及「我的論點」，但我就是不明白在這個實驗的結果上，我們的觀點是否眞的對立，或是有歧見。簡單的說，我根本就搞不清你的觀點何在。因此，我希望在你下一封來信中，能簡單而清楚的陳述你的意見。如果你對實驗條件有任何疑問，我很願意更進一步詳細解釋。

誠摯的祝福

費曼

費曼致Y先生，一九六二年四月十日

Y先生回信質疑費曼那個想像實驗的前提，就是緲子的速度要非常接近光速。他提出一些和相對論有關的定性問題。於是費曼再給對方一次機會。

親愛的Y先生：

謝謝你四月七日的來信。但是看完信之後，我還是不知道對於我所問的問題，你的答案究竟是什麼。科學思想的目的，就是預測在某種實驗情況下，會得到什麼答案。所有哲學上的探討，都只是藉口而已。緲子運動的速度當然不會是光速。爲了讓問題更清楚，我們可以假設磁場的強度是一萬高斯，軌道半徑是44公分。（根據計算的需要，我們可以假設緲子的速度等於光速的〇．八）。假設計數器C是放在三六〇度的位置之前10公分的地方，那麼在計數器A和計數器C之間計測到的數目，有什麼關係？

這不是爲了讓你掉入圈套而設計的問題。它的設計目的，是要看看我們對於大自然的預測，是否一樣。我們對事情的分析和思考模式，顯然是不一樣的。但最重要的問題是，我們對於某個特定情況下的預測，結果是不是一樣。如果一樣，這中間就沒有什麼科學問題牽涉其中了，只有哲理上的爭執而已，我就不必去煩惱誰是誰非了。如果我們雙方的預測結果不同，那也很容易決定誰是正確的。我們就做實驗，讓答案自然揭曉。

請回答我提的問題。不要再用很多名詞來閃避，說什麼我忽略了相對論的「我的命題」或談到「我的哲學」，或者說我「忽略了緲子是個粒子的事實」等等。這些可能是事實，也可能不是事實，但是無關緊要。你別告訴我說，我沒有辦法設置這樣的實驗裝置，或者不可能做出一萬高斯的磁場，或者根本就沒有緲子。如果你同意我能設置這樣的實驗裝置，請告訴我，你覺得兩個計數器得到的計數比率應該是多少？

誠摯的祝福

費曼

※米雪注：根據費曼留下來的檔案，以後Y先生沒有再來信過。

費曼致符爾（Douglas M. Fowle）先生，一九六二年九月四日

威斯康辛州的符爾先生見到一篇雜誌文章，報導到加州理工學院和費曼。符爾看到學生的淘汰率高達三成五，覺得非常吃驚，立刻寫了一封信給費曼。符爾指出，加州理工學院在一五〇〇名成績優異的申請入學者當中，只收了大約一八〇名最頂尖者。就學後，居然還有這麼高的淘汰率，實在太不可思議了。他認爲「強制刷掉三分之一的學生，不但是教育資源的浪費，也會扭曲教育的方向。另外，對年輕人也過分殘忍。」

親愛的先生：

我也不認爲加州理工學院甄選學生的方法很好。只是我以前「忙」於其他事，從來沒有花太多精神在那上面。這當然是有點不負責任。我並不想爲自己找藉口。謝謝你的來信，我以後會注意這個問題。

但我認爲，在今天，還沒有一種科學方法能夠好好的來挑選人或判斷人。因此我懷疑，有什麼更好的辦法可以做好這件事。

其實我不太確定，不過我覺得，入學考試和高淘汰率很可能沒什麼因果關係。倒是能進來這裡念書的可憐學生，他們會遭遇到什麼處境，才是關鍵。舉例來說，假設有個學生，高中以前的成績都是名列前茅，進了加州理工學院之後，發現自己居然在班上吊車尾，難免無法適應。事實上，不管當初是怎麼考的，進來這裡，總會有一半的學生落在後段。那麼從心理層面來看，或許會有三分之一的學生經不起這種挫折、終至退學。

這種和人有關的問題是很難處理的，我也不太懂。但是我相信，沒有人眞的能弄清楚。

謝謝你的來信。以後如果有機會參與討論這件事，我會多留意的。

誠摯的祝福

費曼

費曼寫給溫妮絲，一九六二年，於華沙大飯店

最親愛的溫妮絲：

首先，我愛你。

其次，我想念你和娃娃，還有奇威。眞希望我是在家裡。

我現在坐在大飯店的餐廳裡。早就有朋友警告我，飯店的服務慢得出奇。因此我特別回房去拿紙筆。本來打算準備明天要發表的論文，但是後來想想，何不趁這個機會給我的親親寫封信？

波蘭像什麼樣子？我最強烈的感受是，它幾乎完全是我想像的樣子，這點也令我非常驚訝。我指的不僅是城市的外貌，還有它的人民，人民的想法，以及它們如何看待自己的政府等等，都非常符合。只有一個小地方不一樣，這點我等會兒再說。顯然我們在美國，消息還滿靈通的，《時代》或一些旅遊雜誌辦得還不錯。

不同之處是，我忘了在第二次世界大戰期間，華沙除了極少數的建築物（牆上都是彈痕累累，很容易辨認）之外，幾乎已經全毀。因此全城的建築物幾乎都是戰後才重建的。因爲華沙很大，全市的建築很多，其中約有八分之七是重建的新建築。單憑這一點，就已經相當了不起了。當然，你知道這裡的建築工人是很天才的，居然能蓋出一些老房子。事實上也是如此。很多房子牆面剝落，用水泥像補丁一樣的東抹一塊、西塗一塊的，有的還露出裡面的磚來。窗架上鏽跡斑斑，雨水還把鐵鏽流下來，在牆上浸出一條一條的痕跡。不僅如此，建

築師也是老派的，房子的裝飾都是一九三〇或二〇年代的式樣，只是厚重得多。沒有什麼有趣的建築（只有一棟建築例外）。

旅館的房間很小，擺放一些便宜的家具，褪色的棉床單鋪在凹凸不平的床上。不過天花板很高（約有十五英尺）。牆壁也很老舊，上面還有些老的水漬，讓我回想起紐約那家古老的「大飯店」。但是浴室的設備（如水龍頭等）卻很新，還閃閃發光。這令我感到困惑。在這麼一家老旅館裡，它們看起來太新了。我後來才發現，這家旅館其實才蓋了三年。我忘了他們蓋老房子的本領了。（到現在還沒有一個服務生理我。我實在受不了了，就起身拉住一個從旁邊走過的服務生。他滿臉困惑，叫了另一位服務生過來。結論是：我坐在沒有人服務的區域，必須換個位子才行。我大聲抗議。結果呢？抗議無效，還是給安置在另一張桌子。他們給了我一份菜單，要我在十五秒鐘之內點好菜。我點了一客酥炸小牛排。）

至於房間裡面有沒有竊聽器的問題。我在房間裡到處找那種老式插座的蓋子（就像我們的浴室天花板附近的那個東西），一共找到了五個，但是都非常靠近天花板。也就是說，沒有梯子根本就構不到，所以我放棄了。但是另外有一個鐵盒子似的東西在電話附近的牆上。它有個螺絲掉了，所以我把蓋子稍微拉開，看了一下裡面的情況。裡面有很多電線，就像收音機的背面。誰曉得它是什麼玩意兒，但是我並沒有看到任何麥克風。電線的末端都纏著絕緣膠帶，或許麥克風是藏在膠帶裡。但是我沒有螺絲起子，所以沒有把蓋子拆下來檢查。簡單的說，如果裡面沒有竊聽器的話，那他們可浪費了很多電線。

波蘭人善良、貧窮。服飾至少有中等的水準（湯來了），有不錯的樂隊和跳舞的場所，不像傳說中的莫斯科那麼沉悶無聊。但另一方面，公家機構愚蠢落伍的特性卻到處可見。就像你在城裡的美國移民局更換綠卡時，不可以拿二十元要他們找錢一樣。舉個例子來說，我的鉛筆掉了，要在飯店的小店裡買一枝鉛筆。「鋼筆一枝美金一．一〇元。」「不，我不要鋼筆，我只要鉛筆。就是木製的，裡面有石墨筆心的那種筆。」「我們不賣鉛筆，只賣每枝一．一〇美元的鋼筆。」「好，那是多少波蘭幣？」「你不能用波蘭幣買鋼筆，只能用美金一．一〇元」「爲什麼？」「規定的。」所以我只好再上樓，到房間拿美金。我給了他美金一．二五元。但是店員不能找我美金，我只能到飯店的出納櫃台去換錢。出納一共給了我四張單據，店員拿一張，出納拿一張，另外兩張給我保存。我要這兩張單子幹什麼？回答是，我回美國的時候，給海關看單子，這枝鋼筆就不必課稅。因爲它是美國製的。（這時候，我的湯碗才收走。）

公營企業與私有企業孰優孰劣的爭論，見仁見智，大多太抽象又太理想化。理論上來說，計畫經濟也有它的優點，但如果沒有人能改善政府機構的顢頇無能，再好的計畫也會陷入流沙，動彈不得。

關於開會的地點，我完全猜錯了。本來我想像的，是以前的皇宮禁城，有很大的房間，可能是十六世紀遺留下來的。我又忘了波蘭幾乎全毀了，這座皇宮也是新蓋的。我們在一間圓形的大房間裡，白牆上有金色的飾物，上方有包廂，天花板上畫著藍天白雲。（主菜上來了。我開始吃，味道很好。我點了甜點，是一種鳳梨派，重一二五公克。這裡的菜單很精確，還標出重量呢！就像「鮮魚排，一四四公克」等等。我沒看到有人眞的拿秤來稱稱看，斤兩夠不夠。我的酥炸牛小排是一〇〇公克，我也沒有稱它。）

這次會議，我一點收穫都沒有，什麼也沒有學到，只是白忙一場。這個領域沒有什麼活力（因爲他們沒有做什麼實驗），也沒有什麼高明的人在裡面。結果是，會議聚集了一群笨蛋（共有一二六人），對我的血壓不利。會議上報告的和討論的，淨是一些廢話。我只能在會場外和人爭論，譬如說在午餐的時候。每當有人問我問題，或開始說他在做什麼研究時，就弄得我一肚子火。他們談話的內容，總是不出下面幾類：（一）完全不知所云；（二）含糊而不確定；（三）一些明顯正確或不證自明的東西，卻給當成重大的發現，大費周章的分析、討論與發表；（四）對一些多年來已經檢驗過、大家都普遍接受的正確事項，卻以很權威的愚蠢態度，聲稱它是錯的（更糟糕的是，這些白癡相當固執，即使和他們爭辯，也沒辦法說服他們）；（五）試圖做一些根本不可能或者沒有用的事，到了最後才發現它們根本是錯的（甜點來了，我正在吃）；或（六）很明顯是錯的事。近年來，這個研究領域「非常活躍」，但這些很「活躍」的人只是在指出以前那些「活躍」的人是錯的、沒有用處等等。就像瓶子裡的一群軟蟲，每一隻都想踩在別人的頭上爬出去。並不是他們做的事有多難或多辛苦，只是沒有高手。大高手都跑到別處去了。

記得提醒我，不要再參加什麼重力會議之類的了。

有一晚，我到一位年輕的波蘭教授家作客（他的太太也很年輕）。一般波蘭人的公寓，每人平均只有七平方碼的居住面積。他卻很幸運，夫婦兩人擁有二十一平方碼（有臥室、廚房和浴室）。他對於接待我們這些客人（我、惠勒教授夫婦和另外一位教授），顯得有些緊張，一直爲房間狹小而抱歉。（我向服務生要帳單好結帳。這會兒，他同時有兩三桌客人要招呼，有點手忙腳亂。）但是他太太卻好整以暇的，不時還親吻他們養的暹羅貓「波波」，就像你對奇威一樣。她很善於招呼客人。我們吃飯的餐桌要從廚房拿出來，而且要先把浴室的門拆下來，才擺得下桌子。我看她料理這些事，輕輕鬆鬆的。（現在，整個餐廳只剩下四桌客人，卻有四位服務生。）食物很棒，我們都吃得很開心。

哦！對了，我提過華沙只有一棟有趣的建築，値得一看，它是全波蘭最大的建築物「文化與科學宮」，是蘇聯送給波蘭的禮物，由蘇聯的建築師設計的。親親，它怪異得難以置信，我簡直不知道該怎麼形容才好。它可說是世上最瘋狂的怪胎建築物了！（帳單來了，是不同的服務生送來的。我現在等他找錢。）

現在應該要結束了，希望找錢不會等太久。我怕等太久了，所以沒點咖啡。即使如此，看看星期天在華沙大飯店吃一頓晚餐，居然可以寫這麼長的一封信，你就知道他們的服務多麼有效率了。

我再重複一次，我愛你。希望你是在這裡，當然如果我能跟你在一起就更好了。家裡眞好。（我的零錢來了，但有些錯，大約差了〇・五五元波蘭幣，算了。）

現在，再見了。

理査

費曼致銀伯德特公司太平洋區經理莫蘭（Thomas K. Moylan）先生，一九六三年三月二十五日。（一九六三年三月十四日，費曼受聘擔任加州課程審議委員會的委員，開始長期評估加州公立學校的課本。）

親愛的莫蘭先生：

謝謝你的賀函。函裡，你附了一些你們書裡的作品，並且提議我們碰個面。我還沒有空仔細看你給我的資料。另外，我覺得若只和一、兩家出版社的人談論教科書的事，而沒有和所有的出版社接頭，並不太妥當。但我又沒有那麼多的時間，可以和所有出版社都碰頭。因此，會面的事，就免了吧。

我希望把自己所有的時間，都用在教科書的評估上。希望你不會覺得我厚此薄彼，對你不公平。我相信你們的課本會爲自己說話的。

誠摯的祝福

理查·費曼

※米雪注：對其他的出版社，如史考特公司、弗司曼公司、萊勞兄弟公司等，費曼都這樣回覆。

阿拉巴馬州特洛伊州立學院的雷革斯比（Ernest D. Riggsby）副教授致費曼，一九六三年四月十七日

親愛的費曼博士：

我的博士生正在進行主題爲「科學方法的本質」的論文研究，蒐集有名的研究型科學家和哲學家所作的詮釋。由於找不到更關鍵的參考文獻，我們只好直接向一些科學家求助。如果你能幫我一些忙，我們會感激不盡。

如果你願意，請簡要告訴我們，你認爲什麼是科學方法？該如何描述這些科學方法？

我們已經從參考文獻蒐集到一些像你這樣的卓越科學家，在這個主題上的相關敘述。但我們相信，如果能直接從科學家本人得到最新的相關敘述，對我們的研究將更有幫助。

這項請求，不一定要耗費許多大科學家的寶貴時間。如果你覺得這個要求，對你來說實在有所不便，我們也能體會的。

我們也注意到，在各級科學教科書裡，都提到科學方法。而它們的敘述和許多實驗科學家所想的，並不太一樣。後者所描述的，顯然更有彈性得多。我們因此認爲，透過這封信，將會得到一些對這項主題更實際、更有意義的陳述。

如果你實在沒空，或不想正式表達書面意見；或許你以前已經在什麼地方，就所謂的科學方法表示過意見，那麼請告訴我們可以到什麼地方尋找這些資料。通常這些資料都藏在其他領域的文獻裡，無法利用「科學方法」這種關鍵字來檢索或搜尋出來。

請求你允許我們引述你的資料。

誠摯的祝福

雷革斯比 副教授

費曼和一歲的兒子卡爾，一起玩鼓。攝於1963年。

（© Michelle Feynman and Carl Feynman）

費曼致雷革斯比副教授，一九六三年四月三十日

親愛的雷革斯比教授：

很抱歉，我並沒有發表過關於「科學方法」的敘述。最近我在華盛頓大學有一系列的演講（叫「丹茲講座」），其中的第一講和第二講裡，有部分談到這個主題。但是演講內容什麼時候才會印出來，我也沒把握。

但是簡要的說，要判斷某個想法是否正確，唯一的原則是實驗或觀察。這是僅有的，也是最絕對的依據。其他的所謂「科學方法」的原則，都只是這項基本原則的副產品而已。這些推導出來的原則，和研究素材的本質及發現的方式有關。另外，有一些再往後推演出來的把戲（例如由分析而推論，或選擇「明顯最簡潔的解釋」），只是我們在建構新想法時，簡化情況的方法。有了新的想法之後，就可以再進行測試和實驗，得到新的經驗。

誠摯的祝福

費曼

※中文版注：華盛頓大學的這一系列三場丹茲講座（John Danz Lecture）的內容，請參閱《這個不科學的年代：費曼談科學精神的價值》一書。第一講在一九六三年四月二十三日晚上八點登場，講題是「科學的不確定性」。第二講在四月二十五日，談「價值的不確定性」。第三講在二十七日，題目是「不確定的年代」。

康乃爾大學物理系主任帕瑞特（Lyman G. Parratt）致費曼，一九六三年八月三十日

親愛的狄克：

你有沒有寫信給我，讓我把信轉給梅森哲講座（Messenger Lecture）委員會，好讓他們要求校長（我是指康乃爾大學），寄出正式的邀請函？

另外，最近學院物理委員會寫了一封信來，問說能不能把你在梅森哲講座的錄影帶公開發行。我不知道梅森哲講座委員會對這件事的看法如何。但，首先，你的看法如何？

誠摯的祝福

里曼·帕瑞特

費曼致帕瑞特博士，一九六三年九月六日

梅森哲講座從一九二四年起，每年舉行。是康乃爾大學的校友、梅森哲（Hiram J. Messenger）教授成立的基金所辦的。講座的目是「提供一系列的演講課程，探討文明的演化，特別希望能提升我們在政治、商業和社會生活的道德標準。」

親愛的里曼：

我不知道你在八月三十日的信裡，究竟要什麼。如果是邀請我主講「梅森哲講座」，我倍感榮幸，將欣然接受。我想講的題目，很像是「物理定律的特徵」這類的。至於每場演講

的子題（一共多少場？是不是六場？），目前還很難決定，要到最後一刻才能決定（除非主辦人很堅持，非要我事先提出不可）。

至於錄影帶要如何處理，我倒是沒有什麼特別的意見。我關心的是，只要在錄製的過程中，不要對我的演講有太多干擾就行了。不要有很強的聚焦燈光，不要在最前面擺著貼身的攝影機，不要有一大堆電纜線橫七豎八的拉過地板，等等。在某個打光位置，用一架簡單的攝影機就行了。儘量不動聲色的完成錄製工作。不要一些技術人員跑來跑去的，影響聽眾和我的興致。我沒有什麼反對意見；除非委員會不同意。

希望我信裡回答的，正好是你要的東西。

誠摯的祝福

費曼

※中文版注：一九六四年十一月，費曼受邀主講梅森哲講座，總共發表了七場演講。演講紀錄整理後，於一九六五年出版。中文版的書名是《物理之美：費曼與你談物理》。

費曼致蘇聯核能聯合研究院籌備委員會主席布羅金特西夫（D. Blokintsev），

一九六四年六月二十五日

親愛的先生：

謝謝你邀請我參加杜布納（Dubna）研討會。我仔細考慮了這件事，決定前往。但是老實說，如果一個國家的政府，並不尊重科學意見的自由交換，也不承認客觀事實的價值，更不允許科學家出國去和他國科學家作學術交流；我對於到這種國家參加研討會，心裡實在老大不爽。

誠摯的祝福

理查・費曼

加州大學洛杉磯分校物理系主任薩克森（David S. Saxon）致費曼，一九六四年十月十五日

親愛的費曼教授：

目前我們系正在考慮把切斯特（Marvin Chester）博士升爲副教授。我們想請你寫封信來，評估一下他的研究貢獻，以及他身爲物理學家的水準如何。非常感謝你幫這個忙。

我要先謝謝你爲這件事費心。

誠摯的祝福

大衛・薩克森

狄克：眞抱歉打擾你。但實在需要你幫忙。

大衛

費曼致薩克森，一九六四年十月二十日

親愛的大衛：

你要求我寫封信，評估切斯特的研究貢獻及做爲物理學家的水準。以下是我的回答。兄弟，這是怎麼回事？他這些年來不是一直都在你們那兒嗎？最能評估他的，應該是你才對吧！

記得你在幾年前，也曾問過我類似的問題。當時他是在我們這兒工作，但是我並沒有深入參與他的研究計畫。那時，我對他的原創能力印象深刻，他可以把理論上的爭論化爲實際的實驗，看看結果如何，也能設計並執行關鍵實驗。我在學生的身上，很少看到這些能力能如此均衡的搭配在一起。我看錯了嗎？他在你們那裡的表現如何？我現在的評估不可能比上次更準了。

誠摯的祝福

費曼

※米雪注：這封信是放在檔案裡的「推薦」類。從此以後，費曼拒絕再爲任何機構或單位，基於升遷之需，對個人的能力和表現做評估。

費曼在加州理工學院的咖啡時間，與人討論物理的神采。攝於1964年。

（© courtesy California Institute of Technology）

加州聖拉菲爾的福克斯（R. C. Fox）致費曼，一九六四年十月二十六日

親愛的費曼教授：

當我讀了你寫的《費曼物理學講義》第一冊，實在喜不自勝。不知道該怎麼告訴你，我有多麼高興。關於這本書，我想說的話有那麼多，但實在沒那麼多時間都寫下來。我曾經使盡九牛二虎之力，研讀了很多書。但總是在到達目標之前就迷失途中，在一些例題中打轉得筋疲力盡。當然，很多人都說要辛勤用功，才會有收穫。但也不必把求學之路弄得如此艱難險阻吧。經常一大堆「顯然」的步驟在裡面（老天爺，對我而言是顯而不然），弄得整本書硬邦邦、乾巴巴的，一點趣味也沒有。

爲什麼坊間那麼多爛書（至少對我而言，是爛書）？像你這麼好的書，爲何如此稀有？

當然，書裡的談話式語態，也增加了它的可讀性。它讓我想起伽利略的《對話錄》，也是用談話的語氣來貫穿全書。我知道很多人寫書喜歡走精簡風格。對有些人，可能這種風格很合適，但對我就未必合適。

另外，你補充的一些有趣的小問題，也讓人激賞。這些小問題通常是我和同學想問、又不敢開口的問題。怕被別人嘲笑嘛，但其實是必要的。謝謝你給了我們解答。

老實說，看你的書好像品嘗美酒，讓人陶醉。我迫不及待的想看這本書的第二冊。其實我很貪心，希望它能第三冊、第四冊、第五冊的一直出下去。如果你需要讀者的鼓勵與迴響，我是義不容辭的，而且相當樂意。另外，我還想點菜呢，列出一些我很想看的主題：像

張量、群論、量子力學……等等，就像第一冊那種寫法就行了。當然，我是太貪心了些。但人總是不能輕易放棄希望，對不對？

再次謝謝你寫出這麼棒的書來。我覺得會引發一場大學一年級物理教學的革命。一定會的！這本書比西爾斯的教科書好太多了。我希望以後不再碰到那種寫得亂糟糟的書。

如果我說的眞心話傷到了誰，那我眞的很抱歉，但我說的是實話。別讓那些正經八百的批評嚇倒，你做了一件美妙的事。如果可能的話，請繼續做下去。

敬愛你的福克斯

費曼致福克斯，一九六五年一月四日

親愛的福克斯先生：

謝謝你這封「忠實讀者」的來信。這本書的編輯是雷頓教授，他做得很好。那些精巧的欄目和補充說明，都是他的主意。剛開始的時候，還費了我一番手腳呢。現在，書的第二冊已經出版了，是由另一家很有創意的公司編印的。他們做得太棒了，害我有點不好意思。因爲大半時候，我都只能舒舒服服的靠坐在椅子上，享受現成的果實。是誰想到這麼恰當的字句？是我嗎？

另外值得一提的是，第二冊的原始演講，應該和第一冊的演講有同樣的水準。要有耐心，第三冊再過幾個月就能和大家見面。至少我希望如此。（張量在第二冊裡，量子力學在第三冊。對不起，我沒有談到群論，也不會有第四冊、第五冊等等。我已經寫完了。至少暫時告一段落。）

再次謝謝你的鼓勵。

誠摯的祝福

費曼

紐約的葛門（Betsy H. Gehman）女士致費曼，一九六四年十二月一日

親愛的狄克：

很多年以前，你那時候還在布魯克哈芬，而我在附近東漢普敦的德魯戲院裡演鬧劇。如果這種說法沒能喚起你的記憶，我們再試試這個：我是你表妹佩姬·菲力普的朋友。

當然，你會記得我的。

好，說了一些該有的客套話，讓我言歸正傳。

你的名字近來經常出現在各處，還附著許多訊息，好像你做的研究工作很有趣，也很重要（通常都是這麼說的，眞是天曉得）。不知道有沒有人在全國性的雜誌上介紹過你，或爲你寫專文？如果還沒有，我很想做這件事。我們不必把你做過的事，巨細靡遺都列進來，因爲有些事可能涉及到一些機密問題。不過我的確想到一些簡單、明瞭又易懂的方式來介紹你

和你的工作，保證是你們這些神祕兮兮的科學家會很喜歡的。這樣，就不必讓大名鼎鼎的斯諾（C. P. Snow, 1905-1980，英國物理學家，著有《兩種文化與科學革命》）專美於前了。如果我沒有記錯的話，你的話和你的人都滿風趣的。而且你還頗有說服力，講話滿有內容的。容我冒昧說一句，你這個人還滿怪異的。

近來我專事寫作，也編雜誌。最近我還寫過一本談論雙胞胎的書（我自己也生了一對雙胞胎），是由李賓科特出版社印行的，即將發行。我的家族和你的一位同行，叫提勒，有些親戚關係。

如果你同意的話，我可以把介紹你的專題，投給《週末夜郵報》或《財星雜誌》。如果你不反對，請回封信給我。

我聽佩姬說，你的婚姻生活愉快，而且喜獲麟兒。我為你這兩件好事高興。

如果你方便，請儘快給我回個信。

祝你一切順利

葛門

費曼致葛門女士，一九六四年一月四日

親愛的葛門女士：

我當然記得你，記得很清楚。

你想為我在全國性的報紙或雜誌上，做專題性的報導，眞使我受寵若驚，實在太抬舉我了。我雖然有點心動，但仔細想想，還是留在我的象牙塔裡比較穩當。就讓斯諾他們繼續在外頭引領風騷好了。科學家或許像女人一樣，保持一點神祕，才有魅力。對不起，恕我放肆了。女人當然有她天生的魅力，但科學家就很難說了。

不管怎樣，謝謝你這樣恭維我。

誠摯的祝福

費曼

維吉尼亞大學物理系教授克蘭伯格（Lawrence Cranberg）致費曼，一九六五年一月六日

親愛的費曼教授：

我剛剛看完一篇你的文章，題目是〈科學與宗教的關係〉。這篇文章的某些觀點，是我們很想傳達給大學理工科學生的。我們近來正重新整理大學部的科學課程。關於你寫的東西我有些不同的觀點，很想和你交換一下意見。你在文章裡提到，「道德問題並不是科學的研究範疇。」我們就這一點談起如何？

達爾文曾經指出（在《人類系譜》第四章），倫理規範並不是智人所獨有的。它其實代表一種有益於生存的社會適應。倫理道德難道不適合當做科學研究的主題而加以改良嗎？「將會」和「應該」之間的差別，只在於：一個僅陳述事實，另一個則帶有強烈的主觀

意識。我認為道德教條只是一種「有條件的預測」的濃縮形式；而通常我們把「有條件」給省略了，因為它根本就是社會的必要基本條件，也就是「生存」。試看下面這兩個陳述：「一個粒子在最短時間之內由A點走到B點，所經的路徑『將會』是一條拋物線。」與「如果X要活得歡喜自在，他『應該』學習和鄰居好好相處。」它們的邏輯有什麼不同？我們若假定第一個陳述在理想狀況下成立，而且考慮了測不準原理，那麼「將會」一詞也等於是對物理系統的過度陳述。因此，這兩個陳述在邏輯上可說是相等的。黃金比例難道不能算做是費馬定理在社會上的一種應用嗎？

堅持倫理和科學是涇渭分明的兩件事，不但會造成彼此的混淆，還使雙方的力量都削弱了。如果達爾文的說法是對的，為了適應生存的需要，倫理規範也需要持續的改變。說起科學，主要是尋找理由的活動過程，如果倫理把科學性排除，那它在適應的過程當中，就喪失掉最重要的本質了。

至於科學，若想要發揮最大的功能，當然要看它與公平、正義的關聯性多寡而定。而這些公平、正義的原則，顯然就是道德倫理。在今天，我們很痛心的看到，社會的倫理道德正逐漸受到腐蝕，科學的領導地位也逐漸式微。

誠摯的祝福

克蘭伯格

克蘭伯格致費曼，一九六五年一月六日

親愛的費曼教授：

重讀了一下我今天早上匆匆忙忙寄出去的信，我希望自己能把第三段中間所提的「在最短時間之內」這句話刪掉。另外在這一段結尾的舉例質問，也一併刪掉。

我原先信裡寫的黃金比例，其實是達爾文書上同一章最後一頁的說法。

至於最後一段提到的「科學的領導地位」，我指的是幾個重要的科學家組織。

誠摯的祝福

克蘭伯格

費曼致克蘭伯格教授，一九六五年三月三日

親愛的克蘭伯格教授：

謝謝你來信討論〈科學與宗教的關係〉。我並不堅持，科學和倫理是分開的。我只是認爲，倫理的基礎必須以某些「非科學」的方式選擇出來。一旦這些基礎選定之後，科學當然有助於決定我們該做些什麼事，不該做什麼事。科學可以幫助我們看出，如果做了什麼事，可能會發生什麼後果。但是對於「我們是否想要某些事發生」這個問題，則和我們選擇的所謂「至善」有關。誠如你提到的，這項選擇並不會說，它和科學是分開的兩回事。而且我們

對所選擇的「至善」，也沒有置喙的餘地。譬如你已經選了「生存」爲終極價值，那麼其他的非科學性的倫理道德，就不會是終極價值，也不能和這個終極價值牴觸。

但假設我們有兩種不同的生存方式：其中一種生存無虞，但是肉體受折磨；另一種生存方式也有同等的生存保障，但是精神上並不快樂。我們該怎麼從自己的角度出發，選擇自己認爲正確的路？爲了德國納粹政權的生存，就能合理化暴君和殉道者的行爲嗎？只因爲他們以國族利益爲己任，置個人生死於度外？

因此我想做的事是，指出在選擇倫理原則的時候，仍然可以置疑。譬如，生存至上的原則是毫無疑問的嗎？所有的人都同意這項原則嗎？如果有人已經看出這裡面的疑問與困惑，那誰能爲科學解答這些疑問與困惑？

你信裡的兩種陳述，「一個粒子在最短時間之內由A點走到B點，所經的路徑將會是一條拋物線。」與「如果X要活得歡喜自在，他應該學習和鄰居好好相處。」在邏輯上並沒有什麼差異。

誠摯的祝福

費曼

費曼致英國廣播公司的史力思（Alan Sleath）先生，一九六五年四月七日來信談到的是費曼在「梅森哲講座」的文字紀錄。後來出成書，名爲《*The Character of Physical Law*》（物理定律的特徵，中文版書名《物理之美：費曼與你談物理》）。

費曼致羅徹斯特大學天文物理系馬歇克（R. E. Marshak）先生，一九六五年五月十八日

親愛的史力思先生：

我把第四講到第七講的講稿還給你們。我認爲這些東西呈現的方式很差，英文很糟糕，句子的結構也相當零亂（還好這些東西都是我自己做的，不能怪別人）。我沒有空把這些講稿整理成可以流暢閱讀的好文章。我做了一些小修正，使講稿裡的物理概念更清晰。但沒有時間再更徹底的修改。

我知道你們打算出版這些講稿，讓大家有東西在手邊可以參考。我對自己發表的東西當然負責到底。就算你們以現在的形式印出來，我也認帳。但是爲了維護我的名譽，能不能在什麼地方加上一段陳述或說明。可能你們可以在前言裡表示，這個講座並沒有事先預備好的講稿，書裡的文章是直接由演講會上逐字記錄下來的，是純口語的講話，因爲現場的聽眾可以經由我的肢體語言，得到我想傳達的訊息，等等。

仔細讀了這些打好字的演講紀錄之後，你們可能會決定不出版了。對我而言，這也是可以接受的。

致上我的歉意與謝意。

誠摯的祝福

費曼

親愛的馬歇克：

很抱歉，但我實在沒有時間為你寫歌頌貝特教授的文章。你弄得我很不舒服。我太敬愛貝特教授了，因此覺得「應該」做你想要我做的事。但，是誰出了這個餿主意？在一個人六十歲的時候，要為他出一份祝壽文集？難道沒有別的方式可以表達友誼和敬意嗎？我覺得自己有點像在過「母親節」的味道。

誠摯的祝福

理查・費曼

英格蘭的姬爾（Barbara Kyle）小姐致費曼，一九六五年八月十三日

這是第一次聽說有梅森哲講座的外行人（已經預購新書、還沒讀過），給費曼寫的信

我瞭解到什麼？我知道當你想去計數有多少個粒子經過哪一個洞，以便測定它們的路徑時，你會發出一道光來照射這些粒子，好讓你看得見它們。但是這道光也同時改變了粒子的狀態，使它們消失掉。如果不照射它，本來不會發生這件事的。

我也瞭解，當你想知道它們跑多快，或實實在在長什麼樣子的時候，你也同時改變了它們的速率和特性。

因此，我們在全新的碳鋼燈下，臉色發青、轉身走開。不僅離開那些醜陋的燈光，也不必理會你那過度好奇的檢驗。而我們想逃避的測定，卻又重複出現。

在深層的情感裡，我能體會你的感覺。你必須檢驗自己的假設，或數據，不管你怎麼稱呼它們。

如果你已經發現，它們的行爲模式符合你公式的預測，或許它們比你所想像的更爲多彩多姿。到時候，這些干涉狹縫之類的實驗，就沒有人會再注意，也不再有人關心到底什麼東西穿過小洞了。

我瞭解，你想把那些「還沒有證實是錯誤」的假設，統合在一起，使它們看起來不會矛盾。但是一直到現在爲止，你都還沒有成功。

你說，數學的計算結果，在你期望是零的地方，得到的卻是無限大（這是什麼意思？這一點我還沒有搞懂）。或者是另外一個預想的數目，而不是零。如果這個預想的數目是零，它和無限大眞的有很大的差別嗎？它們不都是圓嗎？

我知道，我知道，問這個問題，或者問一些我喜歡胡思亂想的問題，好像給你一把六角形的鑰匙，卻要你去開一個鎖孔是五角形的鎖。我爲這件徒勞無功的請求道歉。

像我這麼一個外行人，能從你的演講裡學到什麼東西？梅森哲講座能讓我這種全然無知的人得到什麼啓發？我只知道演講者有一張非常眞誠的臉。

我只知道，他所講的那些東西是有意義的。有些東西我雖然不瞭解，也能感覺出它們的意義，而且還是滿好的感覺。我知道，當預期「卡嗒」聲在正確的地方響起來時，是一種多麼美妙的感覺，就像高飛的鴻雁已在雪泥地上留下它的爪印。

但接下來，你就會專心去找那隻鴻雁，不再管它的爪印了。希望我能看見你找到心中的鴻雁。

芭芭拉．姬爾

費曼致姬爾小姐，一九六五年十月二十日

親愛的姬爾小姐，感謝你的來信。

從你列出的「我瞭解到什麼」的描述裡，我很高興的發現，你還眞的瞭解不少東西呢。你從教授這裡得到相當高的分數，也許可以打九〇分。不是一〇〇分，因爲你不知道爲什麼得到無限大的計算結果有多令人討厭。

假設我會一點幾何，手邊有個邊長爲五英尺的正方形。我想找根木頭，正好可以當這個正方形的對角線。我想先計算出這根木頭應該多長。就算不是這方面的專家也會知道，如果你得到的值是無限大，那眞是一點用也沒有，即使本來以爲會是零也沒有用。並不因爲它們都是圓，就能解決問題。因此在絕望之下，我直接去度量它，不再計算。你看，這條對角線的長度約是七英尺，既不是零，也不是無限大。因此，當理論計算給我們一些很荒謬的答案時，我們必須去度量這些東西。我們會繼續去尋找比較好的理論和瞭解，給我們一些比較接近度量值的答案。在正方形對角線的例子裡，我們得到的公式是「50的平方根」。

如果我很誠懇的告訴你，在所謂「外行人」的信裡，我很少碰到像你這樣眞正瞭解我在說什麼的情形。你會不會覺得我只是很禮貌的在恭維你？

誠摯的祝福

理查·費曼

第六部

諾貝爾獎（一九六五年）

為諾貝爾獎歡呼，他們終於知道你在森巴鼓技藝的成就了。

The Letters of
Richard P. Feynman

一九六五年十月二十一日，有一封電報寄達：

皇家科學院今天決定，由閣下和朝永振一郎、施溫格三人共同獲得一九六五年的諾貝爾物理獎。你們在量子電動力學的基礎研究以及對基本粒子物理的成果有目共睹。獎金將由你們三位平分。獻上誠摯的祝賀。正式的獲獎通知將隨後寄上。

不久之後，恭賀的信件與電報如雪片般蜂擁而至。下面這些信件是其中的精華。這些信來自費曼的同事、其他有名的科學家，長久未曾聯絡的朋友與熟人、以及從前的老師和朋友等等。以前一位法洛克衛高中的老朋友寫道：「我只記得你是個精瘦、聰明、喜愛音樂的小男孩，當然也相當風趣。眼睛裡閃射出一絲慧黠的光芒。從你在報紙上的照片看起來，幾乎是沒有什麼變。」另外一封道賀的信，提起費曼上幾何課的情形，老師「自己則坐在教室後排的椅子上，翹起二郎腿，看你爲他上課。很奇怪，高中時期的很多事情，我都想不起來了，只有這一幕，在我腦海裡一直栩栩如生。」

費曼致瑞典皇家科學院倫伯格（Erik Rundberg）教授，一九六五年十一月四日

親愛的倫伯格教授：

謝謝你的來信，證實那封我得到諾貝爾獎的電報。當然得讓你知道，這樣一封電報，帶給我全家、我的朋友和熟人多麼大的興奮和喜悅。得到這個獎，我覺得非常榮耀，也非常開心。

我太太和我正熱切籌劃到斯德哥爾摩的旅程。我們會在十二月七日稍晚到達，而且很高興受邀參加十二月八日在你家舉行的晚宴。非常感謝你的邀請。

我很願意在十二月十一日的下午發表一場演說，就如你所建議的時間吧。我一旦確定了演說的題目，會立刻通知你。

我們期待與你見面。

誠摯的祝福

理查·費曼

葛林鮑姆（Greenbaum）夫婦致費曼，一九六五年十月二十二日

恭喜你的成就舉世聞名。獻上最衷心的祝福。

朱利斯·葛林鮑姆和羅莎莉·葛林鮑姆

※米雪注：朱利斯是費曼亡妻阿琳的兄弟。

費曼致葛林鮑姆夫婦，一九六五年十月二十三日

親愛的羅莎莉和朱利斯：

得到這個獎令我又驚又喜。但更難得的是接到你們的消息，激起我很久以前的記憶。你們應該也記得某個人，她現在一定會很高興的。

永遠的

理查・費曼

電報：美國總統詹森（Lyndon B. Johnson）致費曼，一九六五年十月二十二日

好消息永遠有如良藥。很高興知道你贏得諾貝爾物理獎。全國都以你爲榜樣。我個人更是以激動的心情，分享你的快樂。幹得好。

詹森

※米雪注：當時詹森總統剛剛成功的接受了一項膽囊手術。發這封賀電的前兩天，他還在電視上露出那十二英寸長的刀疤給全國觀眾看。

費曼致詹森總統，一九六五年十月二十七日

親愛的詹森總統：

得到諾貝爾物理獎，最大的喜悅之一，是接到你的電報。我感到驚訝、榮幸與高興。希望一直能有好消息，使你的身體早日恢復健康。

誠摯的祝福

費曼

康乃爾大學威爾森博士致費曼，一九六五年十月二十二日

親愛的狄克：

聽到你得了諾貝爾物理獎，我們全實驗室的人都覺得喜悅與滿足。你得這個獎，可以說是實至名歸，當之無愧。但我們都瞻望未來，相信你未來的工作，一定比已經做的更棒。因此，保持忙碌，繼續加油。

溫暖的祝福

威爾森

※中文版注：威爾森（Robert R. Wilson, 1914-2000），曾參與曼哈坦原子彈研發計畫，並在康乃爾大學紐曼實驗室（Newman Laboratory）從事核物理研究。威爾森負責設計、建造了費米國

家加速器實驗室，並擔任實驗室第一任主持人（1967-1978）。

費曼致威爾森博士，一九六五年十一月二十三日

親愛的鮑伯：

你看你，還以爲仍是我的老闆，要我保持忙碌、繼續加油！難道不能如我渴望的，休幾天假嗎？我現在都已經得諾貝爾獎了，你還要我怎樣呢？

非常感謝你的來信。

誠摯的祝福

理查．費曼

康乃爾大學貝特教授（見第90頁）致費曼，一九六五年十月二十一日

親愛的狄克：

我剛剛聽到這個好消息。你的獲獎可說是預料中事。我想這件事已超過十年了。我很高興諾貝爾獎的委員會顯示出這麼好的品味。

最衷心的祝福

漢斯．貝特

費曼致貝特教授，一九六五年十一月三十日

親愛的漢斯：

你知道我從你那兒受益有多少，因此我也得同樣恭喜你。謝謝你的來信。

由衷的祝福你

理查・費曼

泰勒博士（美國氫彈之父）致費曼，一九六五年十月二十七日

親愛的狄克：

恭喜你！你和朱利安（施溫格）能夠同時獲得諾貝爾獎，眞是太好了。雖然你們兩人沒有什麼相似之處，但是同獲這個獎可以說都是實至名歸。我想你到瑞典去領獎的時候，正好可以讓瑞典人看看，並不是所有的美國人都像好萊塢電影裡的那個樣子的。

你和瑞典國王在頒獎典禮上互動時，一定非常精彩。我希望自己有機會能親眼目睹這一幕。

由衷的祝福

愛德華・泰勒

費曼致泰勒博士，一九六五年十一月三十日

親愛的愛德華：

謝謝你寫來的道賀信。你說很想看看我在頒獎典禮上和瑞典國王的互動，場面一定很精彩。這件事讓我覺得有點不安。任何事都可能發生，但我想應該不會眞的發生什麼事才對。希望我能活過這一關。眞高興接到你的信。

誠摯的祝福

理查・費曼

電報：西北大學物理系布朗（Laurie Brown）博士致費曼，一九六五年十月二十一日

親愛的狄克：

恭賀你得到這個遲來的榮耀。長久以來，我都以能夠認識你為榮，感謝你給我的一切。並且感謝你為我們這一行添加了許多刺激、樂趣和嚴謹。

布朗

費曼致布朗博士，一九六五年十一月二日

親愛的布朗博士：

我對所有的賀電都非常開心。但是你的最特別，對我有不同的意義。我覺得自己好像又得到另一個附加獎。非常感謝你。

誠摯的祝福

理查・費曼

費曼致喬治華盛頓大學物理系約里（Herbert Jehle）博士，一九六五年十一月二十九日

親愛的約里博士：

感謝你寄來的賀卡。

我之所以能獲獎，都是因爲當年在普林斯頓大學圖書館，你叫我看狄拉克（Paul Dirac, 1902-1984，創立相對論性量子力學，一九三三年諾貝爾物理獎得主）的論文。非常感謝你。

誠摯的祝福

理查・費曼

拉比（I. I. Rabi, 1898-1988，一九四四年諾貝爾物理獎得主）致費曼，一九六五年十月二十七日

親愛的狄克：

聽到這個好消息，我有說不出來的高興。一方面是爲你高興，另一方面也爲朱利安（施溫格）高興。他是我帶出來的、貨眞價實得到諾貝爾獎的研究生。朝永振一郎也是個很棒的傢伙。希望你們三個人在斯德哥爾摩，有非常愉快的時光。

我希望你去瑞典或回程的途中，有機會在紐約稍停一停，讓我可以當面表達祝賀之意。二十一年前有過同樣風光的人，要給你一個良心的建議：不要讓這個獎害到。你現在變成很多人的目標了，而他們存心浪費你的寶貴時間。告訴他們滾遠一點。

爲你喝采，獻上衷心的祝福

裝腔作勢的　拉比

費曼致哥倫比亞大學物理系的拉比博士，一九六五年十一月二十二日

親愛的拉比：

非常感謝你的祝賀和你的忠言。我非常需要別人的忠告。得知自己獲獎的消息之後，腦子裡一直盤旋著這句話：「這不是錢的問題，這是做事的原則。」另外想到的，就是你在二

十一年前得獎時，玩弄紙張與梳子的模樣。很抱歉不管是去程或回程，我都無法在紐約停留。有位好心的教授剛寫信來，勸我要善用時間，我可不想讓他失望。

最眞誠由衷的祝福你

理查・費曼

匹茲堡卡內基技術學院亞斯金教授（見第148頁）致費曼，一九六五年十月二十九日

親愛的狄克：

我只是想告訴你，聽到你獲得諾貝爾獎的時候，這裡每個人自然流露出來的那種喜悅。他們有的和你在羅沙拉摩斯共事過，有些人你從來沒見過面，尤其是那些認眞啃讀你的物理學講義的學生。大自然之美是物理學本身的獎賞，但世俗還是免不了要有形式上的榮耀。

我們都衷心祝福你和溫妮絲，還有卡爾。

老亞

費曼致亞斯金教授，一九六五年十一月二十三日

親愛的老亞：

謝謝你來信道賀。聽到你的消息令我很開心。我深信自己發表出來的那些論文，如果不

是在發表前，都經過你詳細的閱讀、訂正，諾貝爾獎委員會也不會認爲那是有價值的東西。因此，你看我不但深深欠你一份相知相惜的知遇之情，現在能獲得諾貝爾獎，你也是功不可沒的。

祝福你全家人。希望我們很快能有機會碰面。

理查．費曼

費曼致墨西哥國家核能委員會瓦拉塔（見第32頁），一九六五年十一月二十二日

親愛的瓦拉塔：

謝謝你的賀電。我應該要特別謝謝你對我獲獎的貢獻。我感謝你的教導和你的鼓勵。還包括和我聯名，一起發表我的第一篇論文。

我個人對你獻上最高的敬意。

誠摯的祝福

理查．費曼

布洛赫教授致費曼，一九六五年十月二十四日

親愛的狄克：

我向你和你太太，致上最誠摯的賀意。恭喜你得到諾貝爾獎。我希望能親自到斯德哥爾摩觀禮，聽聽你說些什麼。

希望你們有一趟最愉快的旅程，誠摯的祝福你們。

好友　菲力克斯

※中文版注：布洛赫（Felix Bloch, 1905-1983），原籍瑞士的美國固態物理學家，史丹福大學教授，發展出核磁精密測量的新方法（核磁共振法），一九五二年諾貝爾物理獎得主。

費曼致布洛赫教授，一九六五年十一月二十二日

親愛的菲力克斯：

謝謝你的祝賀。我也很想知道自己在斯德哥爾摩的頒獎典禮上，究竟會說些什麼。如果你對這件事有任何好建議，或者告訴我見了國王之後，如何倒退著走路而不會絆倒，我都竭誠歡迎。

致上個人最深的敬意

理查・費曼

電報：瓊斯（Donald Jones）致費曼，一九六五年十月二十一日

恭喜得到諾貝爾獎。很高興看到一位優秀的教科書作者，得到這種肯定。

瓊斯，艾迪生—衛斯理出版公司，麻州

費曼致瓊斯與全體職員，一九六五年十月二十三日

親愛的瓊斯先生與全體同事：

謝謝你們的賀電。我震驚於你們對諾貝爾獎委員會的巨大影響力，看來永遠不能低估出版公司的能力。

謝謝你們。不知道是哪個天才，想到並執行這麼傑出的宣傳策略。

誠摯的祝福

理查・費曼

戴理（Thomas M. Dailey）致費曼，一九六五年十月二十一日

（這賀詞寫在一張加州理工學院的辦公室便條紙上，附在左圖的照片後面。）

戴理給費曼的「賀卡」：蘇洛普堂（Throop Hall）的屋頂，掛著一幅布條，上面寫著「Win Big, RF」，狂賀理查・費曼中了諾貝爾物理獎這個大獎。

（© courtesy California Institute of Technology）

收件人：理查・費曼
留言人：湯姆・戴理
日　期：十月二十一日
主　旨：我找不到適當的卡片可以寄給你，恭喜了。

費曼致戴理，一九六五年十月二十三日

親愛的湯姆：

你眞的找到一張「非常應景」的賀卡。高掛在蘇洛普堂上的布條，對我來說是最興奮、最有意義的祝賀標誌了，是我收到的賀卡當中最別緻的。請接受我的謝意。並且感謝那些冒著生命危險，把布條高高掛在房子上頭的大小朋友們。我非常感激，也非常歡喜。

誠摯的祝福

理查・費曼

電報：闕斯特（Sandra Chester）致費曼，一九六五年十月二十二日

爲諾貝爾獎委員會歡呼，他們終於知道你在森巴鼓技藝上的非凡成就了。

費曼致珊卓拉·闕斯特，日期不詳

親愛的珊卓拉：

當我聽說自己得到諾貝爾獎時，也非常開心。和你一樣，先想到自己打森巴鼓的技藝終於得到肯定。但後來發現原來不是這回事，我還有點懊惱呢。他們提起我十五年前在某篇論文裡談到的東西，爲了那件事給我獎，而不是因爲我森巴鼓打得好。

我知道你一定和我一樣，覺得有點懊惱。

謝謝你

理查·費曼

珊卓拉·闕斯特

費曼致法洛克衛高中科學老師克藍斯（David Krans），一九六五年十月二十三日

親愛的克藍斯及全體科學老師：

謝謝你們的賀電。

沒有人能夠只靠自己，獨力完成什麼豐功偉業的。所有來自父母、老師和朋友的幫助與

影響加在一起，才會成功。就我而言，我非常清楚自己今日的成就，高中那段學習過程居功厥偉。希望你對別的學生，也和對我一樣，有相當的教導與啓發。

誠摯的祝福

理查·費曼

威斯康辛大學物理系巴歇爾（Heinz H. Barschall）致費曼，一九六五年十月二十一日

親愛的狄克：

我還是研究生的時候，有些同學對一個剛進來的新生議論紛紛。這個小子自稱什麼事都知道，根本不必選什麼課。後來，我碰到一個棘手的問題，和幾個教授都談不出什麼要領，實在沒辦法再繼續計算下去。我決定就找這個臭屁的新生試試看。讓我印象非常深刻的是，很快就得到完整的解答，令我相當開心。

但是不久之後，同學們都有些心情沮喪，產生嚴重的所謂瑜亮情結，懷疑自己是不是選錯行了。顯然在我們中間，躲了一位未來的諾貝爾獎得主。我只是奇怪，爲什麼斯德哥爾摩委員會的人，要花這麼久的時間，才達成一致的決議。我們可是老早就心裡有數了。

我很高興聽到這個好消息，並且恭喜你。你可說實至名歸。

誠摯的祝福

海恩茲·巴歇爾

費曼致巴歇爾教授，一九六五年十一月三十日

親愛的海恩茲：

謝謝你特別寫信來道賀。

你可眞是守口如瓶，保密到家了。我從來不知道你們在背後偷偷議論我。現在我想生氣恐怕也太晚了。而且你又在信裡，說了我那麼多好話。

我當然很慶幸在求學時代能夠遇見你們，後來還在羅沙拉摩斯共事。我眞是非常感謝你的來信。

理查．費曼

費曼致麻省理工學院 πλφ 兄弟會，一九六五年十一月二日

兄弟們：

謝謝你們的賀電。兄弟會讓我從一個科學小男孩變身爲一個均衡成熟的男人，不但有智慧，還能跳舞（雖然並不是一樣好）。

我也記得在我離開的時候，兄弟我還有七〇塊美金放在兄弟會沒花掉。我現在就把前帳一筆勾銷。誰叫我這些天來是如此的開心。

誠摯的祝福

理查．費曼

電報：普林斯頓大學布里克尼（Walter Bleakney）致費曼，一九六五年十月二十二日

普林斯頓大學物理系全體師生恭賀你得到諾貝爾獎。

布里克尼

費曼致布里克尼博士，一九六五年十月二十九日

親愛的布里克尼博士：

謝謝你代表普林斯頓物理系給我的賀電。

其實，你似乎應該要恭賀自己。是你們造就了眼前的這一切。

誠摯的祝福

理查．費曼

斯德哥爾摩大學索德斯崇（Lars Söderström）致費曼，一九六五年十月二十七日

親愛的先生：

斯德哥爾摩大學科學學生聯合會，誠摯的恭喜你得到諾貝爾獎。

在每年的十二月十三日，我們有個特別的露西亞慶典。這是瑞典傳統的民俗節慶，祈求漫長的冬夜趕快過去，光明重回人間。而在這個神聖的節日裡，我們慣例邀請諾貝爾科學獎項的得主參加。

我們非常誠摯的邀請你出席這項慶典。在慶典中，我們會授以「永遠微笑與跳躍的青蛙勳章」，這是騎士受勳儀式，就像以前絕大部分的諾貝爾物理獎與化學獎得主做過的那樣。

在你抵達瑞典之後，我們會很隆重的把正式邀請函送上。希望你保留這個晚上的空檔給我們，不要安排別的節目。

誠摯的祝福

索德斯崇 主席

費曼致索德斯崇，一九六五年十一月十九日

親愛的索德斯崇主席：

謝謝你的祝賀信。我非常期待成爲「永遠微笑與跳躍的青蛙勳章」的受勳騎士。從我得到諾貝爾物理獎之後，就知道這件事，而且心裡早有準備。

誠摯的祝福

理查・費曼

瑞典皇家理工學院學生聯合會主席朗丁（Sonny Lundin）致費曼，一九六五年十一月十三日

親愛的先生：

我們對於你在物理科學上傑出的貢獻與成就，表達由衷的賀意。

我們獲知你很可能親自到斯德哥爾摩來，由我們最高統治代表，瑞典國王手中，領取諾貝爾獎。因此，我們祈求，也推測你肯依照慣例，爲我們科學院發表一場演講。

我們也非常高興的，邀請你和你隨行的家人，參加十二月十三日的露西亞節。這個節日是瑞典獨有的習俗，在外國人眼裡，可能有些奇怪。節慶是非正式的，從早上七點三十分開始，和物理系的教授與學生在學生聯合會的場所，喝咖啡和一種爲這個節慶特別調製的飲料glögg，並且享受一場平和安祥的露西亞遊行。

我們知道很多學術成就非凡的人，像你這樣，常常是夜貓子，喜歡睡到自然醒。因此，我們的邀請顯得很突兀而且很打擾。但我們還是非常希望當天早上能看到你。

希望你在我們國家，會覺得非常愉快。

誠摯的祝福

朗丁 主席

費曼致朗丁教授，一九六五年十一月二十二日

親愛的朗丁教授：

首先，非常感謝你的道賀信。我也謝謝你好心邀請我參加十二月十三日的露西亞節。我很想肯定的答覆你，但是我對幾個露西亞節慶的邀請，有點搞糊塗了。我好像得在同一天的某個時候變成青蛙，跳過來跳過去。如果時間不衝突，我很樂意起個大早。謝謝你。

誠摯的祝福

理查．費曼

費曼致加州休斯研究實驗室李察森（John M. Richardson），一九六五年十一月一日

親愛的李察森博士：

天啊！上個星期我到休斯公司去，受到的盛大歡迎眞是出乎我意料之外。沒想到有那種眾人熱烈鼓掌迎接的場面。請替我向大家表達謝意。我當時表現出一副毫不客氣、欣然接受的樣子，現在想來還有點不好意思。我想，到了斯德哥爾摩以後，不管再碰到什麼大場面，都嚇不到我了。還有什麼會比在你們那兒切蛋糕的場景，更令我興奮的呢？而且我不認爲瑞典的蛋糕師傅，能做得出你們蛋糕上的那種糖衣。你們贈給我的賀卡眞是漂亮，每個到我辦公室來的人都讚美有加。

我已經狠狠讀了描寫諾貝爾獎的書，知道在斯德哥爾摩該做些什麼了。請替我謝謝每個人，你們讓我好開心。我答應這個星期三回來工作，並對超導性發表一篇演講。

費曼受邀訪問休斯飛機公司，受到一路鋪紅地毯的高規格接待。

（© Hughes Aircraft Company）

再次感謝大家。

理查．費曼

電報：加州哈維克飛機公司的哈維克（Hardwick）夫婦致費曼，一九六五年十月二十二日

狄克：

聽到你得諾貝爾獎，我們又激動又高興。對一個鄉下孩子來說，表現眞是不錯。到了斯德哥爾摩，可別去天體營和裸體女郎鬼混。

傑克．哈維克與克莉絲

費曼致哈維克，一九六五年十一月三十日

親愛的傑克與克莉絲：

非常感謝你們的賀電。但你們爲啥要限制我在瑞典的探險呢？我在這裡請求你們允許，可以不理會你們在電報裡的告誡。

誠摯的祝福

理查．費曼

普林斯頓大學帕爾默物理實驗室艾因宏（Martin B. Einhorn）致費曼，
一九六五年十月二十三日

親愛的費曼先生：

記得三年前我參加了剛開始實驗的「費曼物理講座」，可說是你的第一批白老鼠。我發覺自己背負著一些奇妙的責任。現在物理系的學生幾乎人手一套《費曼物理學講義》。好像只要唸過這套書，就一定能瞭解它的內容似的。好了！玩笑就開到這裡爲止。我其實非常喜歡這套書，現在我也是理論物理學的研究生了。我非常感謝能進入加州理工學院，讓我有個好的開始，因爲加州理工的物理課程經過了你的大幅翻修。

恭喜你得到諾貝爾獎。在這個以發表論文爲教授首要任務的時代，能碰到一位物理大師兼教學良師，實在是我的幸運。

誠摯的祝福

馬丁．艾因宏

費曼致艾因宏，一九六五年十一月二十二日

親愛的馬丁：

恭喜你從三年前的實驗活了下來。

費曼離開休斯飛機公司時的搞怪模樣。

（© Hughes Aircraft Company）

知道當年的某些學生現在還活得好好的，很令人開心。謝謝你來信祝賀。

誠摯的祝福

理查・費曼

費曼致《加州科技》（*California Tech*）雜誌，一九六五年十一月二日

親愛的先生：

在你們爲了我得諾貝爾獎所推出的「號外」裡，我發現了許多有待商榷的地方。我寧願相信你們的一番好意，並不是要故意讓我難堪，只是工作人員可能是生手，缺乏處理新聞的經驗。

首先，你們全部採用文字的報導，連一張擺個樣子的照片都沒有。在這種新聞事件的處理上，這是很不可思議的事。如果諾貝爾獎委員會看到這份報導，不知道會怎麼想？他們非常慎重的經過好幾個月，再三斟酌所挑選出來的人，在自己學校的媒體居然只得到這種草率的對待？而且，連 says（說）這個字都會拼錯，弄成 sez。不但表示寫報導的人漫不經心，連校稿的人也不負責任。難道這是你們一貫的作風嗎？

另外有兩個非常明顯的缺失，表示你們派來採訪的人不夠專業。最好笑的漏子是當他們碰到我，要求進行採訪的時候，居然先致歉、說了些廢話：「我知道你一定還有許多更重要的事要忙！」其次，整篇報導讓人覺得它雖然清楚、正確、可懂而流暢，卻完全不理會新聞

報導的專業要求。舉個例子，報導中那些我說的話，完全看不見一個引號，好像我從頭到尾沒說半個字似的。

雖然有這些瑕疵，我還是要謝謝你們的努力與辛苦。

不知道你們能不能把這份報導抽印個幾十份給我？這樣當校外的新聞媒體來訪問我，問我為什麼得諾貝爾獎時，我可以把抽印本直接給他們，不必再寫一次。

誠摯的祝福

理查．費曼

※米雪注：此份號外的內容，請參閱〈附錄四〉。

美國副總統韓福瑞（Hubert H. Humphrey）致費曼，一九六五年十一月十二日

親愛的費曼博士：

容我在你巨大的榮耀上，加一點衷心的祝賀。諾貝爾獎正好配得上你在物理學的傑出成就。在人類追求知識的無止境的道路上，希望你能繼續努力，有更多的傲人成就。

你為我們國家增光，也為科學界增光。我們以你為榮。

獻上最深的祝福

韓福瑞

費曼致副總統韓福瑞，一九六五年十一月二十二日

副總統先生：

謝謝你很親切的祝賀我得到諾貝爾獎。你應該也可以想像得到，接到你的信，我們全家人倍感榮幸，也非常興奮。至於我，得到長久以來自己一直很尊敬的人的來信，當然有一種特別的欣喜。

誠摯的祝福

理查．費曼

紐約布魯克林區東區高中老師莊士頓（J. E. Johnston）致費曼，一九六五年十月二十二日

親愛的理查：

恭喜！恭喜！眞可惜他們花了這麼久的時間才找上你。近十年來，我就一直在想，你什麼時候才會得到諾貝爾獎。雖然在這之前好幾年，你已經得到愛因斯坦獎。但我總是覺得意猶未盡。不過從今天早上的報紙，可以稍微看出爲什麼事情會拖這麼久。曾經有一段時間，我以爲打森巴鼓和玩摺紙，已經使你偏離了主流的科學研究工作。但我們都知道這件事終究會成就的，果然也如大家所願。

時光眞是飛快。從你騎著腳踏車來到新的高中，要求我做某些實驗算起，已經是整整三

十六個年頭了。當時學校剛成立，很多實驗設備都是新的。我常常必須小跑步，跑到磁場旁或滿水的罐子旁邊，或者你在把玩的某些設備邊上。因爲下午三點之後，你總是在實驗室流連忘返。我只要准你進實驗室，就有得忙的。

一兩年之後，你正式成爲我們學校的學生，又可以正大光明的進入同樣的實驗室了，但這次玩的是化學課。你習慣一直央求我，直到我同意你進行某項實驗爲止。但這些實驗對一個高中生來說，通常是太難了些。例如說，測量出亞佛加厥數。當我們組裝好相當簡陋的儀器，我就讓你自己去進行。一兩天之後，你帶著 5.6×10^{23} 這個答案來給我。我覺得這件事實在很了不起，於是和你一起動手，把實驗做得更精細些。幾年之後，我在另一所高中擔任自然科教師的召集人，又重做了那項實驗，並且正式發表。我把文章的複本隨信附寄給你。

有幾次開會時，我們本來有機會碰面的，但都失之交臂。一次是在紐約開的物理教師會議，另一次是我在匹茲堡的美隆學院演講。他們問我有沒有教出哪位非常傑出的學生？我提起你的名字，他們告訴我，你不久之前才在他們那兒演講。

每當我和貝德老師在自然科教師召集人的會議上碰面時，我們總是很習慣交換一些和你有關的消息。當然，昨天晚上我們一起到鎮上去慶祝了一下。韋爾達博士和巴納斯先生已經退休了，巴納斯先生已有八十五歲高齡，現在住在隔壁州。我很少碰到他，但每次見面他總是不忘問起你，我知道他很希望有你的消息。他住在紐約州滄門斯堡國會街十八號。

順便提一下，如果你有機會到美東來，我們都想當面向你道賀。你的成就讓我們覺得很欣慰。教書畢竟還是一件有意義、有價值的工作。當然我們也知道，你的成就主要是靠自己的努力與天分，誰當你的老師都只是沾光而已。

再次衷心的祝福你

莊士頓

費曼致莊士頓老師，一九六五年十一月二十四日

親愛的莊士頓先生：

謝謝你的祝賀。非常興奮能得到你的消息。我當然記得以前騎著腳踏車到高中實驗室和你做實驗的事，我從你那兒學到很多東西，對我有很大的啟發。我也很高興聽到韋爾達博士和巴納斯先生的消息，還有你談到的，以前我所做的那個電解實驗。我整件事都記得很清楚，甚至包括我們想到：當電流通過水的時候，應該接一個電子鐘在同一個開關上，看看經過多少時間。我一直覺得我們並沒有量到亞佛加厥數，只量到法拉第。我們必須用到電子的電荷數，也就是密立根值，而這個實驗正是要處理很小的物理量，這也是實驗的困難所在。但我覺得，對一個高中生來說，這已經很不容易了。

得到諾貝爾獎之後，我接到很多法洛克衛高中的老師與同學的來信。我已經決定明年初找一天回母校去拜訪。校長已經正式邀請我了，只是確定的日期還沒有敲妥。

你顯然忘了，我們曾在哥倫比亞大學附近的街上碰過一次面。我們到旁邊的小雜貨店裡買了一杯飲料，好好的聊了一陣子。

再次謝謝你的來信，同時感謝你對我的教導。在我進法洛克衛高中之前與之後，都受惠良多。

誠摯的祝福

理查．費曼

紐約布魯克林區傑伊高中老師貝德（Abram Bader）致費曼，一九六五年十月三十日

親愛的理查：

我故意晚一點寫信向你道賀。我想這樣比較有機會讓你看到，否則擠在一堆蜂擁而至的信件裡，一不小心就給漏掉了。不管怎樣，在十月的最後一星期收到這樣一封道賀信，應該不算遲來。

你終於得到諾貝爾獎，雖然這個獎來得晚了些，我還是非常高興。我現在可以沾你一些光。教評會的委員知道你曾是我的學生，總是對我稍微禮遇些。我們曾是師生的這個事實，他們可是一點辦法也沒有。

你教科書的第二冊終於到了我的手上。你在書裡提起我們以往的一段討論，我看了心裡暖洋洋的。我永遠記得另外一件事，就是你向米勒老師和我徵求意見，說你想修教育課程，以後好去當個高中老師。我當然相信你會是一個很棒的老師，但你的天分就完全糟蹋了。所以，我們只是對你的想法笑一笑，不置可否。

紐約長島的日報登了一張相片，是你抱著一個英俊的小男生。我兒子今年五歲，已立志長大要得諾貝爾獎。他已經利用自己的組合玩具，做了一架時光旅行機。當這架機器沒能把他送回第二次世界大戰，好讓他和我一起加入皇家空軍時（我當時在雷達部門工作），他還有些失望呢。

我再次向你祝賀。同時我告訴你，並沒有任何限制說一個人不能再度得諾貝爾獎。另外，有消息說你打電話給賽登先生，到底是怎麼回事？我有點疑惑。

衷心祝福你和你的家人

貝德

費曼致貝德老師，一九六五年十一月二十九日

親愛的貝德先生：

謝謝你祝賀的信。很高興你看到我的第二冊教科書。其實我記得的，還不只有我們關於作用的討論。我非常感謝你在物理學上對我的教導，以及指示我該努力的方向。我不記得詢問你修讀教育課程的事，但是我非常感謝你不但在課業上指導我，也給了我很多好的建議。

另外我還記得一件事，那對我後來非常重要。有一天下了課，你把我叫到辦公室，說：「你在教室太吵了。」接下來，你說你知道原因，因為課程實在太簡單、太無聊了。然後你從背後的書架抽出一本書給我，說：「以後上課，你就坐在教室後面看這本書。等到你把書

費曼抱著兒子卡爾，攝於1965年。

（© Michelle Feynman and Carl Feynman）

裡面的東西全部弄懂之後，才可以再講話。」後來的物理課上，我不必再理會班上同學上了什麼東西，只專心看伍茲寫的《高等微積分》。我就在這時候學會了伽瑪函數、橢圓函數和積分符號下的微分方式。後來我就十分精通這方面的技巧。

很多年之後，當我在康乃爾大學教研究生物理的數學方法時，有個學生想反對我用這麼高深的數學處理方式，質問我到什麼時候才學會這些數學技巧？在他想，一定是念博士或得博士學位之後的事。我一時沒有意會到他的想法，也不知道我的答案會引起他多大的心理障礙，就脫口回答：「在高中的時候。」

我非常高興在高中的時候能碰到你這樣的老師。你確實知道如何引導一個孩子的心智發展，使他達到最大的成就。我致上深深的謝意。

很高興聽到你兒子的事。我的兒子才三歲半，不像你兒子，還不會自己玩組合玩具呢。因此，不管有沒有效，他還不會組合自己的時光旅行機。

也許你現在已經知道，我和賽登先生說你什麼事了。那和諾貝爾獎並沒有什麼關係，得獎名單出爐前就已經開始進行了。事情是這樣的：美國物理教師學會的代表，康登（Edward U. Condon, 1902-1974）先生告訴我，他們每年都推選一位優秀的物理教師來表揚。而莫里遜（Philip Morrison, 1915-）教授看了我的教科書，認爲可以推薦你角逐優秀物理教師。因爲你知道怎麼處理（請恕我放肆）那些異於平常的學生。

因此，明年一月在紐約的大會上，他們會正式提名你。我希望他們最好直接和你接觸。這是我找賽登先生的原因，我要打聽你正確的地址。

能再度和你接觸，並且發現你過得很好、很快樂，當然是一件令人非常開心的事。

衷心祝福你和你的家人。

理查．費曼

費曼致法洛克衛高中《校園談天》編輯連伯格（H. Lemberg），一九六五年十二月六日

親愛的先生：

謝謝你祝賀我得到諾貝爾獎。

當我看到信封上的署名時，忽然想起一個很久以前經常在報紙上看到的名字，只是我幾乎快要忘了。以前你曾經寫給我一封信，邀請我投稿。我非常高興，把那封信帶在身邊，天天希望自己能寫好文章寄給你。但我總是比自己想的更忙碌些，一直抽不出時間來回應你的邀請。但現在，有個機會來了。我已經決定明年一月的某一天，回學校拜訪。那時候，我希望能有機會直接和學生座談。如果你願意，我可以在那個時候接受你派的人來訪問，或者其他的安排。

我知道對報章雜誌來說，消息的及時性與題目的選定非常關鍵。因此，請原諒我沒有及時回應你的邀請。我一月回到母校時，希望能做個補償。也希望有機會和你見個面。

誠摯的祝福

理查．費曼

※米雪注：在一九六六年一月十日的訪談中，費曼告訴《校園談天》的記者，當他在法洛克衛高中讀書的時候，「英文不好，外語科目很差，幾乎不會畫圖，是個假道學的乖乖牌學生，也不會玩。現在完全不一樣了。」

路易士安納州杜蘭大學（Tulane University）精神病學教授李夫（Harold I. Lief）致費曼，一九六五年十一月十日

親愛的狄克：

恭喜你得到諾貝爾獎。這幾個星期以來，我一直在猶豫，要不要錦上添花寫這封信。你都已經得到全世界推崇的最高榮耀了，再增加一點又何妨？

如果我們高中的立體幾何老師奧古斯伯里先生還在世的話，一定感到非常自豪。我還記得每次上他的課時，這位老先生總是請你上台替他上課，他自己則坐在教室後排的椅子上，翹起二郎腿，看你為他上課。很奇怪，高中時期的很多事情，我都想不起來了，只有這一幕，在我腦海裡一直栩栩如生。

你在物理界混得這麼好，居然弄到一個諾貝爾獎，我實在為你高興。你當之無愧。

由衷的祝福你

哈洛德・李夫

費曼致李夫博士，一九六五年十一月三十日

親愛的哈洛德：

謝謝你的祝賀。得諾貝爾獎有個最棒的附加價值，就是收到很多老朋友的消息。這些老朋友平常都無影無蹤，好像從人間蒸發了似的。我記得以前上德文課的時候，有時看著德文課本卻卡在那裡，唸不下去。這時候你就在旁邊咬我耳朵，讓我能順利過關。眞是多謝了。

誠摯的祝福

理查·費曼

費曼致紐約長島的莫里·賈可布斯（Morrie Jacobs），一九六五年十一月二十四日

親愛的莫里：

我接到你的祝賀信，覺得有些失望。在信裡，你沒有談到自己的近況，以及做得怎樣之類的事。老朋友應該彼此知道對方究竟過得如何。我有個三歲半的小男孩，和一個甜美的英國太太（猜猜看，哪個先冒出來？）。我記得你的，我們當年是非常要好的朋友。我們經常在你父親雜貨店的後院，我一邊看你畫招牌，一邊聊些很嚴肅的課題。

寫個信來把近況告訴我吧。

誠摯的祝福

理查·費曼

費曼小時候的相片，上排攝於1928年，下排攝於1920年。

（© Michelle Feynman and Carl Feynman）

費曼致柯漢夫人（Bertha Cohen），一九六五年十一月十五日

親愛的柯漢夫人：

謝謝你祝賀我得諾貝爾獎的來信。能收到老家友人的消息，是令人非常開心的事。

我想，在我還是抱在懷裡的小嬰孩時，你抱著我一定教了我什麼，讓我現在能得到諾貝爾獎。

衷心祝福你和喬安娜。

理查．費曼

費曼致戴維森夫人（Jesse M. Davidson），一九六五年十二月六日

親愛的畢阿姨：

謝謝你的賀信。接到一位看著我長大的長輩的消息，讓我非常開心。你一直是家母的至交，在每個階段都陪著她——從我做實驗把桌布燒掉開始，到後來我媽一直擔心我有天會把屋子給炸掉。

你看，那些實驗的最後結果非常美妙吧！

敬愛你

費曼

費曼致邁阿密海灘區的咪咪・菲利普斯（見第173頁），一九六五年十一月十五日

最親愛的咪咪：

非常感謝你寄來的祝賀信。知道你現在是個護士而且樂在其中，我非常高興。同時也謝謝你把當地報紙有關這件事的報導寄來給我。在此之前，我從來沒有看過這份報紙的報導。謝謝你想得這麼周到。

你說溫妮絲的廚藝把我養胖了，這倒是有點誤會。上次見面時我很瘦，是因為當時手邊有很多事令我煩心。現在這些事全都解決了，我心一寬，體就胖了。不過，或許食物也有些功勞吧。

愛你的

理查・費曼

費曼致菲利普斯新聞公司的阿諾德・菲利普斯（Arnold H. Phillips），一九六五年十一月十八日

親愛的阿諾德：

謝謝你來信祝賀。我們一定要做些有新聞價值的事，好讓你們有東西可以刊登。因此，我很高興自己對你的事業也稍有助益。我也接到咪咪的來信了，我想你一定猜得到，她也非

常興奮。我心裡一直還把她當成小女孩，哪知好久沒見，她早就是亭亭玉立的大姑娘了。

可能你已經知道，我妹妹瓊恩近日生了一個女兒。當我媽去她家住的時候，正好發布諾貝爾獎的得獎消息，於是我媽就迫不及待的趕回來了。她最近剛搬進一間新公寓，似乎對新環境還相當滿意的樣子。

邁可的物理成績不理想，你不必過分在意。我的英文成績也很爛。如果當年英文成績好一點，可能我今天就不會得到諾貝爾獎了。

不管怎樣，總是要謝謝你的來信。希望我們很快能再見面。溫妮絲和我一起祝福你和你們全家人。

誠摯的祝福

理查．費曼

英格蘭約克夏郡牧師約翰．霍華德（John Howard）與夫人瑪約麗（Marjorie）致費曼，一九六五年十一月十六日（霍華德牧師曾爲費曼的外甥施洗）

親愛的費曼博士和夫人：

這稱呼非常正式，但是我又不想用太隨便的稱呼，讓人覺得很不莊重。事實上，在我們這裡，只把兩位看做一般的理查和溫妮絲。希望你們不要認爲我們很魯莽，因爲我們覺得你們就像艾利克、賈姬和米妮阿姨一樣，好像都是一家人。

瑪約麗和我想說的是：聽說你得到諾貝爾獎時，我們的激動與狂喜，簡直非筆墨所能形容。這眞是太美妙了，而且是最高的榮耀。這裡的每一個人都爲你們高興，而且分享你們擁有的快樂與喜悅。事實上，我是從收音機聽到這個消息的，但我就是不敢相信，一再的提醒自己：「不！這是不可能的，但名字還眞像。」不過這也不能完全怪我，因爲收音機裡的消息根本就把你的名字拼錯了，唸成「樊曼」。但是米妮阿姨說，就是你沒錯。你的名字在美語裡的發音，就是那個調調。

得諾貝爾獎在你的生命裡是一件美妙的大事，我們都衷心祝福你，也希望你們在瑞典的時候，有一段美妙的時光。我不知道你們過境的時候，大家有沒有機會見見面？我想你這次大概不會專程到英國來吧？

我們在《無線電時代》雜誌上，看到你的書的廣告。希望它對外行人來說不至於太難，因爲我準備在聖誕節的假期裡買一本來看看。這些工作眞的都非常、非常的重要。那些已經發生或即將發生的事情，將會使世界爲之震動。我相信到了一九八〇年，我們的生活將會大爲改觀。我懷疑屆時，我們可能已經利用海水淡化的方式從海洋取水，也在需要樹木的地方完全綠化，或許還能在沙漠裡種植農作物。那我們憑著現有的知識與技術，能適應那時候的生活嗎？現在聽說已經有一種石化產品，可以灑在沙漠上，允許水分進入土壤，卻不會讓太陽把水分從土壤裡蒸發出來。

但是在處理這些科技或乾旱問題時，我們還是得面對人，因此也必須處理人際之間的問題，像是膚色歧視、民族主義、共產主義。這些問題當中最難解決的，還是它們的本質，也就是物質崇拜和自私自利。但是我深信，我們經得起挑戰，一個嶄新的世界即將誕生。問題是，我們的意願何在。因為一般人的目標和動機都是相當微小的，經常只在自己和家人的身上打轉。但我相信你們美國人比我們更有世界觀，眼光與志向都更遠大。而且事實上，美國人也表現出更慷慨、寬厚的胸襟。

當然，我瞭解有些人對美國人的看法，和我相去甚遠。其實別人對我們英國人的看法，何嘗不也是如此？事實上，有上百萬的美國人在為全世界服務。而且我覺得，越戰是一場值得打到底的戰爭。我支持美國的做法，儘管在整個過程中有些錯誤或失誤，但基本上，這還是一場以基督的信仰，對抗階級仇恨思想的戰爭。我們的任務，包括你的和我的，就是要讓這種自由、平等、博愛的生活實現。

我知道不管你在哪裡，你的自然、關懷和單純，都會給很多人帶來希望與信心。因此，非常感謝你的努力。獻上我們的愛和祝福，願上帝保佑你。

誠摯的祝福

約翰與瑪約麗

費曼致約克夏郡雷邦登（Ripponden）鎮的牧師霍華德夫婦，一九六五年十二月六日

親愛的瑪約麗和約翰：

我希望你們還是把我們當成平常的溫妮絲和理查看待，這樣不拘小節比較自在。

接到你們這封寫得這麼好的賀信，讓我非常開心。雷邦登鎮的人對我實在太好了，讓我覺得自己根本就是你們之中的一份子。而我妻子也來自雷邦登鎮，我不折不扣是個雷邦登女婿。因此，來自雷邦登鎮的隻字片言、一舉一動，都令我欣喜不已。雖然我們只有數面之緣，但你是我在雷邦登鎮的友人之一。

你說眞正的美國人具有慷慨、寬厚的心胸，這正足以顯示你自己具有一顆慷慨、寬容的心。你當然知道，在一個崇尙自由思想的大國家裡，就像英國，人民的思想是非常複雜的，可說是百花齊放，因而偉大和渺小並列，慷慨與自私共呈。每個人都可以有不同的想法，而且就算是同一個人，想法也是經常在改變的。

看別人寬宏大量，首先自己要有同樣程度的寬宏心胸，才不會看到別人小氣吝嗇的一面。同樣的，如果自己心胸狹小，就只會看到別人的小家子氣，而看不到另一面了。

很遺憾我去斯德哥爾摩的途中，沒辦法去英國繞一下，但我一定會找時間，很快再回雷邦登去的。至少要讓你們看看我兒子卡爾長什麼樣。因此，我們還有別的機會可以聊聊。

誠摯的祝福

理查．費曼

葛門女士（見第240頁）致費曼，一九六五年十月二十七日

親愛的狄克：

你的神祕魅力（這是直接引述自你寫的信），似乎又再次把你推出象牙塔之外。

我知道你很討厭「人盡皆知」這種盛名之累，因而我對你現在的處境甚為同情。看起來，那些挑選諾貝爾獎得主的人士，似乎不太在意科學家的隱私權，不知道有人是不願意過度曝光的。

這是你為思想所付出的代價，尤其像你這種有大異於常人的思想。儘管有很多相反的事證，但是我手裡握有證據，證明你的想法其實和「搞笑諾貝爾獎」(Ig Nobel prize）得主相去不遠。

證據是今年一月四日你寫給我的信，年份卻標著一九六四年（見第241頁）……讓我整個一月份都彷彿年輕了一歲。我花了好久的時間，才承認自己又老了一歲。

恭喜你。現在，再想辦法躲回象牙塔去吧。

好友　貝特西．葛門

費曼致葛門女士，一九六五年十一月二十三日

親愛的貝特西：

非常感謝你來信道賀。讓人推出象牙塔是很不舒服的事情。外面的光線太刺眼，令我很不自在。而且最糟糕的事，還是我必須穿著燕尾服，在一大堆電視攝影機前面，由瑞典國王

手中接受這個獎。如果他們能夠不聲不響的，悄悄把這個獎送給我，不是很好嗎？這麼大張旗鼓的頒獎，實在要不得。

謝謝你的來信，很高興有你的消息。

好友 費曼

佩堤特（Richard D. Pettit）致費曼，一九六五年十月二十五日
（佩堤特博士是替費曼的兒子卡爾接生的婦產科醫師）

親愛的朋友：

聽說費曼博士得到諾貝爾物理獎，恭喜你。這是很了不起的成就，我爲你感到高興。

另外我要特別稱讚你，面對媒體時表現出的謙遜態度。我覺得這才是得到這個獎應有的科學態度，因此愈覺得你的可貴。

深深的祝福

佩堤特

費曼致佩堤特醫師，一九六五年十一月十五日

親愛的佩提特醫師：

謝謝你來信道賀，我覺得非常榮幸。

我很驚訝你在信裡，評論我面對媒體的態度，卻反而沒有提到我兒子，說他長相可愛、腦筋聰明之類的。卡爾是你接生的，你是否太過謙虛了？

誠摯的祝福

理查·費曼

李伯曼（Jack Liberman）致費曼，一九六五年十月三十一日

親愛的狄克：

希望經過了這麼多年之後，我還可以這樣稱呼你。

首先，恭喜你得到今年度的諾貝爾物理獎。我在此表達衷心的祝賀。

在進一步談下去之前，首先容許我做個自我介紹。當你在麻省理工念四年級的時候，我剛好是大一新生，是$\phi\beta\delta$兄弟會的成員。我懷疑你是不是記得我。當時，你已經非常出眾了，不管走到哪裡都會給人認出來。而我一直記得幾個場景：有個週末，兄弟會辦了一場舞會什麼的，我有個舞伴，是紐約來的女朋友，你卻沒有。後來休息的時候，我們溜上二樓的會議室，想找個安靜的地方坐一坐，卻發現你在裡面。你和我們談了一會兒，就要我們別管你，就當你不在場，隨意自在。你說你只是想看一些有趣的東西。我們也就不管你，自己小聲談我們的事了。

我還記得你有個週末，跑去和聾啞人士打交道，要學習他們怎麼使用手語。我也記得有一次用餐的時候，我們討論到青蛙腿或蝦子的味道，說它們和雞肉的味道非常接近。

我知道自己對你有一種英雄式的崇拜。從那時起，我就開始追隨你的腳步和經歷，帶著喜悅與興趣。

現在我住在麻州夏隆地區，在夏隆高中教物理與化學。我們的課是依照愛克西特學院的學程所規劃的兩年課程。我在高等物理課裡使用你寫的《費曼物理學講義》第一冊當教科書，這對於學生很有挑戰性。

我在一九四三年結婚，大兒子已經二十歲了，還有一對十六歲的雙胞胎女兒。我們住過波士頓、新罕布夏、佛羅里達。

我寫這封信，只是想表達賀意，希望你繼續成功。讓我們這些多年前認識你的人，也沾光、分享你的喜悅。

傑克·李伯曼

費曼致李伯曼，一九六五年十一月三十日

親愛的傑克：

謝謝你寫來的道賀信。但是有一點你搞錯了。老弟，我腦筋好得很，我記得你。很高興

你把近況告訴我。老天，你居然抖出我這件超級電燈泡的糗事來。什麼英雄崇拜？你大概是怕被高年級學長修理吧。在那種情況下，任何正常人都會覺得三個人太過擁擠，一定請我趁早滾出去的。請接受我這遲來的鄭重道歉。我當時大概是神經短路了，很近似社交白癡。

你在信裡提到，青蛙腿吃起來的味道很像雞肉，這檔子事的確像是我的風格，因爲我從來沒吃過青蛙腿，很可能會這樣亂蓋。我似乎常常這樣子，盡是蓋些自己不知道的事。當時我不管知不知道，對什麼事都很有意見。

我結婚了，現在只有一個三歲半的兒子。如果你有機會路過我這附近，請通知我一下，我們可以碰碰面，聊聊往事。

誠摯的祝福

理查·費曼

費曼致戴維斯（Herman F. Davis）博士夫婦，一九六五年十一月二十九日

親愛的戴維斯博士與夫人：

謝謝你們的賀電。從一個你可以隔街呼喊的鄰居那裡，得到一封電報，是很有趣的事。本來我可以大聲喊回去的。但我如法炮製，坐下來寫封回信給你們，相信你們一定不會介意的。「謝——謝——啦！」聽到了嗎？

誠摯的祝福

理查·費曼

喬治亞州摩豪斯學院（Morehouse College）數學系主任法利（Alan Farley）致費曼，
一九六五年十月二十九日
（信中提到的「物理X講座」是費曼在加州理工學院開的，沒有學分、非正式的講座。任何一位學生，不論是不是加州理工學院的，都可以參加，詢問任何物理問題。但是其他教職員則不可以參加。費曼喜歡任何物理問題，不管是不是自己的專長。）

親愛的費曼教授：

我確定你一定不記得我，我是你「物理X講座」的原始學員。那是從某頓晚餐後，在布雷克院（Blacker House）開始舉行的物理討論會。我可以代表當年參加講座的學員，還有加州理工學院所有曾經進來旁聽的學生，恭喜你得到諾貝爾獎。我們覺得它來得稍遲了些。多年以來，我們就一直期待這一天的到來。

在此深深祝福你

法利

費曼致法利博士，一九六五年十一月二十九日

親愛的法利博士：

謝謝你的道賀信。看起來我那個物理X講座辦得不大成功，要不然你怎麼會停在數學系

主任的位置上。不管怎樣，我們總得試試看才會知道。

誠摯的祝福

理查・費曼

衛斯理（Edwin J. Wesely）致費曼，一九六五年十月二十二日

親愛的狄克：

我的家人和我，隨同數以百萬計的人，為你得到諾貝爾獎而歡呼。我自己並沒有立場來判斷這件事有多了不起，但從你們物理界同行喧鬧的程度，可以看出它好像不同凡響。而由你的徒弟們口中，大家似乎都覺得它有些遲到呢。

聽說當年你在特魯萊德院（Telluride House），把檔案櫃當做森巴鼓來敲時，曾經誇下豪語，要拿諾貝爾獎金來開發一種改良式的檔案櫃森巴鼓。這是眞的嗎？

另外，你還記不記得，有次我們兩人共同約了一對巴西的雙胞胎姊妹出來玩？我不確定是不是向你報告過，我和其中一位結了婚，現在有兩個女兒，一個十歲，一個八歲。

再次對你的偉大成就，表達賀意。

在此深深獻上我的敬佩與祝福。

老友　愛迪・衛斯理

紐約市溫氏聯合法律事務所

費曼致衛斯理，一九六五年十一月三十日

親愛的愛迪：

得到這個獎的最大樂趣之一是，一些銷聲匿跡多年的老朋友紛紛出現了。接到你的消息我非常開心，而且隱隱約約記得你和巴西雙胞胎姊妹之一結婚了。另一位也嫁人了嗎？噢！該死，我幾乎忘了自己是個有家室的男人了，還有個三歲半的兒子呢。

我今天之所以得獎，完全歸功於我在特魯萊德院裡所做的研究。因此，我格外懷念那段日子。

非常感謝你的來信。

誠摯的祝福

理查．費曼

俄亥俄州奧伯林學院（Oberlin College）物理系主任安德生（David L. Anderson）致費曼，一九六五年十一月八日

親愛的費曼教授：

今年九月初，我把你的名字提送給奧伯林委員會，看看有沒有機會請你來演講。

由於審查作業緩慢，據我瞭解，校長卡耳最近才準備寫信邀請你。但是由於最近發生的

好事，你可能需要請一位祕書，替你婉拒各方演講的邀約。不過我還是必須把校長的意思轉達給你，希望你在未來某個星期四，來爲我們物理系講一場。這年頭，口齒清晰的物理學家不太容易找得到。

你或許還記得，我在羅沙拉摩斯時，和你一起住過T一〇一宿舍。我們也曾在納瓦荷的印地安保留區，旅遊過一星期。當然，或許你記不得了。

總之，我爲你那個應得的獎而祝賀。我現在才寫信道賀，大概是賀客榜上的第一萬三千七百九十五名了吧？

深深祝福你

安德生

費曼致安德生教授，一九六五年十一月二十二日

親愛的安德生博士：

很抱歉，給你猜對了。由於最近發生的事情，害我忙得一塌糊塗，實在無法接受你們的邀請，到奧伯林去演講。拜託你把這個消息，婉轉告訴你們校長。

我當然記得你，還記得滿清楚的。也記得我們一起到納瓦荷印地安保留區旅行的事。我還留著當時拍的照片，時常拿出來翻一翻呢。這個夏天，我帶著太太和孩子，到遺跡谷一帶的鄉間去玩。那裡有相當的改變了，我想你也可以猜得到這種結果。但是納瓦荷本身的情況

似乎還保存得不錯。當然，住在那裡的印地安人已經有汽車，家裡也有冰箱了。他們的小孩也和城市的孩子一樣，玩各種金屬製的玩具。馬也少多了。

非常感謝你的來信。很高興能聽到你的消息。

誠摯的祝福

理查．費曼

費曼致貝克曼（Arnold O. Beckman），一九六五年十二月六日

貝克曼是加州理工學院信託基金管理委員會的主席。委員會決議提供一筆獎金給費曼，做為眞正的祝賀與獎勵，「獎勵他持續在理論物理最尖端領域內的努力，多年以來，一直是最有生產力的老師之一。」

親愛的貝克曼先生：

請轉達我對基金管理委員會的謝忱。他們決議對我獎勵，實在太抬舉我了，讓我受寵若驚。你們實在高估我對加州理工學院的貢獻了。但我以後會全力以赴，儘量不讓各位失望。

誠摯的祝福

理查．費曼

費曼致魯道克（Albert Ruddock），一九六五年十一月二十三日

電視上看到費曼之後，魯道克寫信來，說：「我太太和我認爲，如果哪一天你對科學工作感到厭倦了，可以轉到演藝圈發展。」

親愛的魯道克先生：

謝謝你親切的道賀信。很高興知道我原來還有一些演藝方面的才幹。如果哪天我被加州理工學院炒魷魚了，一定會去電視界謀職。

我很抱歉沒回你的上一封信。我預設好的、可自動回答各方賀函的機器，並沒有太大的彈性。一旦有超出設定範圍的賀函，電腦就無法回答了。在這個電腦時代，我們都深受類似的情況所苦。

誠摯的祝福

理查・費曼

拉法提（Max Rafferty）致費曼，一九六五年十一月二十二日

親愛的費曼博士：

加州教育委員會一九六五年十一月十二日在洛杉磯開會，做成下列決議：

「自一九六三年三月十四日起，加州教育委員會便委請加州理工學院費曼教授，擔任課程審議委員會的委員。費曼教授擔任審議委員期間，花費一年以上的心力，主導決定出中小

學數學課的教材。

「費曼教授榮獲諾貝爾物理獎。因此，委員會一致決議，祝賀費曼教授的偉大成就，並感謝他對加州的無私貢獻。他爲加州未來的主人翁，義務奉獻了許多寶貴的時間。而他本可利用這些時間，發揮更偉大的創造力的。現在，他的這些努力，使得未來的公民有更合適的教材可以學習，將來，受嘉惠的加州子弟或許因而能有更大的突破。」

誠懇的祝福

拉法提

費曼致拉法提，一九六五年十一月二十九日

親愛的拉法提博士：

對於教育委員會的決議，我非常感激。請將我的謝意轉達給所有的委員。

有件事一直讓我覺得很不舒服的是，每當有科學教科書正在進行評選的時候，我總覺得自己必須斷絕和所有委員和教科書商的連繫。另外我覺得有些諷刺的是，我自己只爲加州的小朋友服務了一年，就讓各位這樣大張旗鼓的表揚。而那些爲我們的兒童服務了很多年的老師，卻反而默默無聞。這實在令我汗顏。

很可惜我不能親自向每個委員一一表達我的謝意。期盼短時間內，我能有機會列席委員會，與你們每一位認識並致意。

這份決議文讓我既驚訝又開心，而且覺得很光榮。再次謝謝各位。

誠摯的祝福

理查．費曼

費曼致印度的彭特（Madan Mohan Pant）先生，一九六五年十一月二十四日

彭特先生最近讀到費曼寫的《費曼物理學講義》第三冊，來信表示，他非常欣賞費曼直截了當的說明方式。他開始自認爲是費曼的「函授」學生。他告訴費曼，當他聽說費曼摘取了諾貝爾的桂冠時，高興得手舞足蹈。他也擔心費曼在第三冊書裡結語的第一行，費曼説自己不想再繼續教基本物理了。他想知道費曼現在在幹嘛。

親愛的「函授學生」：

非常感謝你寫來的親切的道賀信。知道自己做的某件事，連遠在半個地球之外的印度，都有學生受到鼓舞，實在非常開心。

感謝你關心我的工作。其實我目前的工作狀況並不理想。我現在腦筋不太靈光，不像以前很輕鬆的就能想出一些好點子。因此，問題可能必須留給像你這樣的年輕人去解決了。至於我目前的研究，是想瞭解那些強交互作用的粒子，像是質子、中子和介子。我認爲我們現在已經有足夠的實驗數據了，聰明人應該能夠猜出那些和它們有關的定律了。

我再度謝謝你，寫了那麼一封親切的信來恭維我。我擅自決定寄一份簡短的履歷給你，

另外還有一張我親筆簽名的照片。祝你在人生和學習的過程中，都非常順利、成功。

誠摯的祝福

理查．費曼

費曼致比利時布魯塞爾皇室書記官佩霖克（P. Paelinck）教授，一九六五年十一月二十四日

親愛的佩霖克教授：

謝謝你好意寫信來道賀。還記得我參加索耳威會議，和你談得非常愉快。尤其那天受邀到府上參觀，並且和你家人見面，是我最快樂的一天。

或許經過這麼久的時間，可以告訴你一件滿有趣的事，而不會令你覺得很窘。上次當我回到美國之後，和太太談起你和你家人，以及受到你們熱烈的招待。我們就決定寄贈一些書給你和孩子們。因此，我們特別去買了一堆書，大部分是給小孩看的，一些貓貓狗狗和其他孩子氣的東西，把它們寄去給你——皇后的祕書。不久之後，我們接到一封皇后的謝函，說感謝我們寄給她的書。我在猜，她一定認為我是個精神有問題的書呆子科學家，怎麼會寄些貓貓狗狗的童書給她？但我找不到什麼方式去告訴她，其實是有人弄錯了。只好啞巴吃黃蓮，就當做什麼事都沒發生。

眞希望哪天有機會能再和你們見面。

誠摯的祝福

理查．費曼

強生（Jon A. Johnson）致費曼，一九六五年十月二十一日

親愛的費曼教授：

雖然我去年的物理課被你當掉了，但我還是很喜歡你，因此特別用你的姓名爲我的貓咪命名。現在，我的貓咪具有兩個名人的榮寵：牠既是「游理」的兒子，自己則是「費曼」，小名「理查」。

謝謝你讓我的暹羅貓增光不少。

恭喜你！

強生

※中文版注：游理（Harold Clayton Urey, 1893-1981）是美國化學家，發現重氫同位素，一九三四年諾貝爾化學獎得主。

費曼致強生，一九六五年十二月十四日

親愛的強生先生：

非常謝謝你來信道賀。

諾貝爾獎經常會讓人有盛名之累。我自己也有一隻貓咪是用了我的名字。謝謝你這種別

出心裁而且很微妙的恭維方式。

誠摯的祝福

理查·費曼

史培利（Roger W. Sperry, 1913-1994）致費曼，一九六五年十一月下旬
史培利教授是費曼在加州理工學院的同事，由於揭開了人類兩個大腦半球的祕密，一九八一年得到諾貝爾生理醫學獎。

嗨，狄克：

我不想跟大家一窩蜂的湊熱鬧。等到盈門的賀客稍稍變得稀落些，才對你表達我們心中的欣喜與祝賀。

特別要提的是，你既然已經得到物理界的最高榮耀，我們不免期盼，你或許會有意願轉到生物心理學來發展？！

祝福你

羅傑·史培利

費曼致史培利教授，一九六五年十一月三十日

親愛的羅傑：

我終於等到你的賀信，才有機會回嘴。放聰明些，我怎麼會跑去搞什麼生物心理學。我既然已經得了諾貝爾獎，當然就該放輕鬆些，好好享受生活，不要再陷入科學的迷魂陣去。現在，我會有時間關心所有自然科學與人文學科的行政管理事務，還有大一新生該怎麼約會才好。

好友　費曼

威廉斯（Bob Williams）致費曼，一九六五年十月二十一日

親愛的狄克：

今天的新聞頗令人欣慰，懂得鑑賞費曼的人頻頻露臉了，還眞是不虞匱乏。（如果我沒弄錯的話，這些鑑賞家正是由費某人自己領銜露臉的。）我總是覺得，我握有一些可靠的內幕資料，可以證明這傢伙其實一直走在最正確的軌道上，只是大家摸不透而已。很高興看到現實世界總算跟上他、逮住他了。

恭喜了，我倒是很想看看再過二十年，會有什麼好戲。

好友　鮑伯．威廉斯

1965年12月10日，費曼從瑞典國王古斯塔夫六世手中，領取諾貝爾獎。

（© courtesy California Institute of Technology）

費曼致威廉斯，一九六五年十一月二十九日

親愛的鮑伯；

得到你的消息和祝賀，眞好。你猜得沒錯，帶頭大哥便是費某人。很高興，我可以常常把後頭的名單拿出來瞧瞧。我可不是孤零零的，獨自一人在那兒。這兒一切順利，希望你們那邊也一樣。再次感謝你的來信。

誠摯的祝福

理查．費曼

費曼致眞野光一（Koichi Mano），一九六六年二月三日

眞野是費曼從前的學生，也曾經是朝永振一郎的學生。他寫信來道賀。費曼回了信，問他近況如何。他回信說：「正在研究同調理論應用於電磁波傳播過擾動的大氣……是一個很卑微、末節的題目。」

親愛的光一：

我非常高興知道你的消息。也知道你在一家研究實驗室裡有個適當的職位。

不過你信中的語句看起來很哀傷，這令我有點憂心。好像你的老師給了你一個沒什麼意思的想法，不太值得花很大的力氣去研究。其實一個問題有沒有價值，並不在於問題本身的大小，而是看你是不是能眞正解決它，或有助於解決它。這樣，你的辛苦就有眞正的貢獻，不是白費的。

在科學界，只要是出現在我們面前而還沒有解決的問題，我們卻有辦法向答案推進一點，這就是偉大的問題。我倒是想建議你，先找一些更簡單的，或者如你說的，更卑微的問題，讓你可以輕易解決掉。不管問題多麼平凡都沒關係，你會嘗到成功的喜悅。而且要經常協助同事，就算回答那些能力不如你的人所提的問題，都是值得做的，都會累積自己的成就感。不要因爲「什麼問題沒意思、什麼問題才有價值」這種錯誤想法，而一直悶悶不樂，剝奪了自己對成功的喜悅。

我們相遇的時候，正是我生涯上的巓峰期。因此在你眼中，我對問題的解決能力，簡直像神一樣，好像什麼都難不倒。但是我當時還帶另外一位博士生希布斯（Albert R. Hibbs），他的博士論文只是研究風如何把海水吹出浪花。我接受他是因爲他帶著自己想解決的問題，跑來找我指導。我對你犯了一個錯誤，就是我指定了一個題目給你，而不是你自己找的題目。這讓你誤解了題目的意義，認爲有些問題是有趣的、令人欣喜的、或重要而値得的——也就是，你認爲有些問題値得你花功夫去解決，有些則不然。

眞抱歉，請原諒我的疏忽。希望這封信能稍微有點補救效果。

我自己研究過無數的問題，有很多都是你說的那種卑微的、末節的問題。但是我覺得很開心，而且做得很賣力。因爲我有的時候會得到部分成果。我舉一堆例子：

在諾貝爾獎晚宴上，費曼與溫妮絲隨音樂起舞。

（© courtesy California Institute of Technology）

我研究過高度拋光表面的摩擦係數，想知道摩擦力是怎麼運作的（結果失敗了）；也研究過晶體的彈性與原子之間的作用力有怎樣的關係；怎麼把金屬電鍍到塑膠物體上（如門把）；中子如何擴散出鈾原子；電磁波如何從玻璃的薄鍍膜反射；爆炸的時候，震波是怎麼形成的。我也設計過中子計數器；計算輕原子核的能階；探討為何某些元素會捕獲L層的電子，卻不會捕捉K層電子。我還研究了如何把紙摺成某幾種童玩的廣義理論；紊流理論（我在這上面花了好幾年功夫，可惜沒有結果）；當然還有量子理論的那些「比較偉大的」問題。

你說自己是個無足輕重的小人物。但我要說，你對你太太和孩子而言，可不是小人物。如果你的同事帶著問題來，得到滿意的答案回去，那你也不是小人物。你對我當然也不是小人物。不要妄自菲薄，認為自己是個無名氏，這樣就太令人傷感了。知道自己在這個世上的定位，努力扮演好自己的角色。不要用自己年輕時的幼稚想法來論斷自己，也不要用別人的眼光和想法來評論自己。

祝你好運而愉快。

誠摯的祝福

理查・費曼

第七部

科學教育（一九六六至六九年）

保持一個獨立自主的人格，並且站在學生這一邊。

雖然得諾貝爾獎使得費曼名滿天下，但由下面這些信件看來，這種光采的背後其實滿布陷阱。世界各地，從瑞士到澳洲，印度到匈牙利，都有人寫信來問東問西，要這要那的。他開始必須拒絕很多對他的時間或專業的請求。

但其中有個值得一提的例外，就是他持續爲加州的課程審議委員會奉獻心力。其實他在一九六四年就已經正式辭去這項職務了。一九六六年四月，他還寫了一封很長的備忘錄給一位課程委員會的委員，懷特豪斯（Whitehouse）女士，談到幾家出版公司所編寫的自然科學教科書。這些都是小學課本。在他的評語裡最常出現的主題，也是他一生中經常強調的：

很多人都覺得，科學只是熟練的套一堆公式，以得到標準答案。老師問：「什麼使它運動？」很多小朋友立刻舉手，搶著要回答。他們已經學過了，會說：「能量使它運動」、「重力使它落下」或「摩擦力使鞋底磨損」。但這些回答都只是文字和名詞而已，並沒有真正說明什麼。它就像下面這個說法一樣，「因為神的旨意」，而沒有再進一步解釋。

由這封備忘錄，和他選擇要回覆的那些信看起來，在這段期間，他最關心的事是物理和科學的教育問題。有一次他在信裡，談到和我哥哥卡爾，一起跟著某一本審查中的物理課本做實驗的情形。我讀到這一段，覺得非常窩心。當時我哥哥才三歲半。這是他們兩人後來有非常緊密的關係，以及智力分享的開端。

一九六七年，費曼得到第一項榮譽學位的提議，是芝加哥大學要頒授的。但他婉拒了。

後來其他榮譽學位的提議，他也都沒有接受。

一九六八年，父親領養了我。

印度拉加斯坦大學物理系辛格（Virendra K. Singh）致費曼，一九六五年十月十七日

親愛的費曼先生：

很久以前，我就開始研讀你寫的書，現在已經看完了。我衷心的祝賀你的偉大成就，這本書實在寫得太好了，可說是物理教科書的里程碑。我實在找不出適當的語詞來形容它。用最簡單的方式把最難的理論說清楚，是一件很艱鉅的任務，並不是每個人都辦得到的。我已經向物理系主任推薦這些書，建議每個學生都應該熟讀。就像熟讀我們印度的聖書《羅摩衍那》（*Ramayana*）一樣。

你的書深深感動了我，請讓我知道你學術方面的成就。事實上，我認為你是我理想的「精神導師」，因此請你寄一張簽了名的放大照片給我。我要把它掛在系上。

希望你能回信。請務必把相片寄來。

謝謝你

辛格

費曼致辛格，一九六五年十一月二十三日

親愛的辛格博士：

謝謝你的好意和諂媚。附上一張簽了名的相片給你。

誠摯的祝福

理查・費曼

辛格致費曼，一九六六年二月七日

我尊敬的費曼博士：

你誤解了我對你深深的敬意和內心的信任，讓我心痛。你或許是不經意的誤用「諂媚」這個字眼。可能是我的錯，因爲在上一封信裡，我並沒有表明自己也曾是個學物理的學生。我之所以沒有明說，是害怕你可能不會寄相片給我。請留意！對一個實至名歸的人誠心誠意獻上讚美，雖然是出自陌生人口中，也絕對不是什麼「諂媚」的。每個人表達事情或感受的技巧容或有異，我的心意卻是既單純又直接的。

我知道，一個人不該心存非分之想，寫那樣一封信給著名的教授。也不能怪你有那種想法與反應。

請相信，我把你寄來的相片，掛在辦公室的牆上。

謝謝你

辛格

附筆：你可以不必回信。像你這麼忙的人，我不應該占你太多時間的。

費曼致辛格，一九六六年二月十四日

親愛的辛格博士：

我非常抱歉，由於自己用詞遣字的疏忽而傷害到你的感情。我隨便慣了，絕對沒有任何暗指你的來信沒有誠意的意思。我寫「諂媚」確實是不恰當。這個字的確有負面的含意，但我眞的沒那個意思。

如果你很瞭解我，會知道我是個粗線條的人。對於所有恭維和讚美的話，全依字面上的意思照單全收，完全不會去注意別人是否誠心誠意或別有居心。

你把我的書比喻成《羅摩衍那》，我心裡眞的非常開心，可以說喜不自勝。

我希望自己在這封信裡，沒有再犯和上一封信的同樣錯誤。希望你不會因爲和我通信，而有不愉快或不舒服的感覺。

誠摯的祝福

理查．費曼

費曼致薩芭朵絲（J. M. Szabados），一九六五年十一月三十日

親愛的薩芭朵絲小姐：

謝謝你寫信來稱讚我的演說。我很高興你喜歡我的演講，更感謝你肯花時間，特別寫信來告訴我。你說，你研究物理但憑興趣，從未受過專業學術訓練。在我看起來，你還是有一些成功的機會，但必須拚命努力才行。哪個題材吸引你，你就盡可能以原創的、最不墨守成規的方式，努力鑽研。

祝你幸運、成功。

誠摯的祝福

理查．費曼

費曼致科羅拉多大學天文物理實驗室康登（E. U. Condon）博士，一九六五年十二月六日

親愛的康登：

我很難下筆寫表揚貝德（見第283頁）的東西，因為我自己牽涉在其中，寫起來好像在自我表揚一樣。我盡了力，只能寫出下列這些敘述：

「貝德先生以指導特殊學生的卓越技巧而受到提名。通常，老師碰上特別傑出的學生，總是放手讓他們自由發展。但是當貝德發現費曼（就是今年諾貝爾物理獎的共同得主之一）

在他班上時，他給這個孩子更大的挑戰、好的建議以及物理方面迷人的新資訊。他准許這個學生不必聽課，還從自己的書架上找了一本高等微積分給他，鼓勵他利用上物理課的時間仔細研讀。他對這個學生解釋物理定律裡的最小作用量原理（principle of least action），以後成為費曼所有研究工作的中心思想。最後，這個學生由於敬愛且欽佩這位好老師，決定成為一個教師和科學家；貝德也提供了良好而適當的建議。」

結尾的地方，是很微妙的幽默。他花了很大的功夫，才說服我當個科學家，不要去做教書匠。你或許願意把這段陳述改寫得更完整而清楚些。而且既然是要表揚優良教師，當然不能鼓勵學生不要當老師，因此可以把幽默的結尾去掉。我相信你的判斷。請照你的意思更動文字和敘述。

誠摯的祝福

理查・費曼

羅傑斯（Raymond R. Rogers）致費曼，一九六五年十二月十七日

親愛的先生：

我今天晚上看電視，發現你在電視上和KNXT電視台的時事評論人高談闊論，非常驚訝於你對某些事物的極端無知，以及你對於所學與成就的沾沾自喜。你在談話裡還用到「你們這些傢伙」這種字眼，令我很不舒服。

你對都市煙霧問題的意見，正好顯示出你完全是外行。你說還有很多問題比空氣裡的煙霧更重要。一個文明眼看就要慢慢死於自己所排放出來的空飄汙染物了，還有什麼更重要的問題？如果汽車製造商和石油公司肯忍受部分財務的損失，問題早就解決掉了。

我只有高中學歷。當時我很想進蘇洛普學院，也就是加州理工學院的前身，去就讀。但是我的智力測驗分數太低，所以進不去。我後來跟隨一位機工當學徒，從每小時一毛錢工資開始幹起。我一生的志向就是要當個最好的機械師，也如願以償。

當我從技術實驗室（也就是現在的TRW集團）屆齡退休，我已經在沒有高學歷的背景下，達到人生的巔峰。你們這些加州理工學院畢業的聰明毛頭小子，竟跑來告訴我事情該怎麼做，而且就好像小孩子之間在絆嘴似的，我覺得幼稚得很。

記得在OGO（orbiting geophysical observatory，軌道地球物理觀察站）的人造衛星計畫裡，我告訴他們，某一部分的設計很爛，我可以設計出眞正可用的東西。他們開始的時候，都對我的說法嗤之以鼻（心想，一個沒讀過大學的老粗，也敢說這種大話）。兩年後，當OGO衛星在軌道上成功運行的時候，那部分就是我設計的。

你們對原子能的討論，不像是一群有知識的人。你們的說法冗長費解，對我一點吸引力也沒有。有時候，我覺得受教育反而是一種妨礙，愈學愈退步。

你是怎麼弄到諾貝爾獎的？

羅傑斯

眞誠的問候

費曼致羅傑斯，一九六六年一月二十日

親愛的羅傑斯先生：

謝謝你來信談到KNXT的訪談。你說得很對，我對煙霧和許多事情，都所知有限。連使用很優雅的英語，對我都相當困難。

我之所以得諾貝爾獎，是由於我在物理上的研究成果，設法發現大自然的定律。我很有把握的只是物理，只是這些自然律。我受邀接受電視台新聞節目的訪談，但是在現場，他們卻提出各種各樣我不瞭解的東西來問我。我無論如何總是要回答一些，我已經盡了全力了。當然，你顯然是不很滿意的。

不過我們是在同一條船上，因爲你是很高明的機械師，而我是很棒的科學家。但是我們對所謂煙霧的問題，顯然都不是眞正瞭解。就像我對它的評論不能令你滿意一樣，在你的來信中，你對它的評論也不能令我滿意。

假設換成你，得到一個偉大機械師的獎項，然後上電視接受一堆人的訪問。他們完全不管你的機械背景，也不問你機械問題，卻反而追問一些五四三，如煙霧之類的問題，你將如何應付？他們既不管你喜歡什麼，也不管你一生奉獻了什麼，甚至不管你爲什麼獲獎，卻反而問一些毫不相干的問題，其實是滿傷人的。

因此，我在接受訪問的過程當中，其實是很不快樂的，尤其是要回答一些我根本不太知道的問題，因此也顧不得什麼禮貌了，請你略微體諒些。

但在此順便提一下，我一直希望自己在機械工廠裡，能表現得稍微好一些。我做的東西結合得很差，軸承也老是搖搖晃晃的。要有好的機械師才能做出一些好的裝置，可以做一些精密準確的度量。而物理學家在探索自然律時，非常需要這種精準的度量。因此，我們物理學家非常依賴你們這種人，常需要你們的密切配合。有些物理學家，本身也是技藝精湛的機械師，例如羅蘭德（Henry A. Rowland, 1848-1901），是第一個做出精密的劃線機而製作出繞射光柵的人。

至於使用「你們這些傢伙」這一類的字眼，很抱歉讓你覺得不舒服。但是我從來不相信口才便給、會說很多美麗詞藻的人，就特別聰明或善良。我認爲語言只是表達意思的工具，只要能清楚表達出自己的意思就行了。不過我得承認，「你們這些傢伙」聽起來不太禮貌，不是那麼好。

誠摯的祝福

理查・費曼

費曼致義大利比薩高等師範學院的兩位教授——伯納迪尼（Gilberto Bernardini）與雷迪卡提（Luigi Radicati），一九六六年二月九日

親愛的同仁：

謝謝你們的邀請。我很喜歡比薩和托斯卡尼這兩個地方，當然也很喜歡和你們在一起共

事。我最大的困難是，我也很愛這裡。

我有個溫馨的房子和溫暖的家，我並不想把這一切暫時搬到義大利去。我是個愛家、戀家的男人，不能長時間離開家鄉出外去。

不過我還是再度感謝你們。或許有一天，我有機會到義大利待上一段時間。但待一年實在是太長了些。

誠摯的祝福

理查．費曼

《物理教師》雜誌編輯布契塔（J. W. Buchta）致費曼，一九六六年二月十八日

親愛的費曼教授：

《物理教師》（*The Physics Teacher*）上有這樣一個附注的題目，就是草坪上有個灑水器，噴水的時候是順時鐘旋轉的；若把它放在水裡，而水由噴嘴流進，那麼它也會順時鐘旋轉。怎麼會呢？這個問題有個標題，叫「費曼問題」，我想，這問題可能是你首先提出來的。你願不願意為《物理教師》寫篇評論，說明一下這個問題？

這個問題似乎可以用來討論對稱性、可逆性，以及流體力學。我相信本雜誌的讀者一定非常高興看到你對這個問題的意見。希望能得到你的具體答覆。

誠懇的祝福

布契塔

費曼致布契塔，一九六六年三月三日

親愛的布契塔先生：

首先，請不要把草坪上的灑水器問題，標成「費曼問題」。我也是在當研究生的時候，才聽別人說起這個問題。當時我們討論了一下，我還做了一場小實驗來證實自己的想法（實驗的最後，還發生了一場小麻煩，把某個裝置炸了）。這個問題最早出現在一八八三年馬赫（Ernst Mach, 1838-1916）出版的《力學的科學》。這書於一八九三年由馬科馬克（McCormack）翻譯成英文，並由 Open Court 出版社出版，第二九九頁上有這道題目，還有一張附圖，編號是第一五三a。

我想我不需要再針對這個問題，爲《物理教師》雜誌寫評論了。

誠摯的祝福

理查・費曼

※ 米雪注：草坪上的噴水器問題也出現在《別鬧了，費曼先生》一書（中文版見第69頁），「第一眼見到的時候，會覺得答案再清楚不過。但是麻煩來了，有人認爲它當然會向這個方向轉，有人認爲它當然會向另一個方向轉。」

費曼攝於家中，1966年。

（© Michelle Feynman and Carl Feynman）

萊斯湖高中教師黎靈革（Thomas J. Ritzinger）致費曼，一九六六年三月二日

親愛的費曼先生：

我是威斯康辛州北部的物理老師，目前教五個班級的新物理課程PSSC。由於我們的學校在偏遠地區，我的學生並不太容易碰到科學家或眞正的研究人員，也沒有什麼機會和這些人談話。

如果你願意幫忙，我倒是想到一個好點子，可以讓他們有一次和大師對談的經驗，應該會讓他們終生難忘。我想和你約個時間，利用長途電話，和我的學生們談一談。如果你願意把這段電話對談排入行事曆，我會很樂意把所有的學生集合在禮堂裡，聽你透過長途電話而來的談話。你可以對他們說些勉勵的話，他們也可以問你問題。我會請我們這裡的電話公司協助解決所有的技術問題。我想，總通話時間可以訂為三十五分鐘或四十分鐘，你可以先講個二十到二十五分鐘，然後讓學生問幾個問題。

這個舉動對我們學校的學生來說，是個空前的創舉。但我相信對一三〇位修物理課的學生來說，一定很有啓發性。他們約占全校新生的一半。

如果你在百忙中，能撥出一段時間給我，促成這件美事，我一定儘早把安排的細節告訴你。請你接納我這個提議。

誠摯的祝福

黎靈革

費曼致黎靈革，一九六六年三月十五日

親愛的黎靈革先生：

眞是個瘋狂的主意，一定貴死了。但如果你都這麼說了，我當然沒問題。不管怎樣，我們就來試試這個偉大的電話通訊計畫吧。但我想讓整個通話時間都給學生問問題。我想試試不用黑板，單憑一張嘴，能不能把事情解釋清楚。聽起來很有趣，我願意試試看。

我星期二上午、星期三和星期四下午都不行，其他時間大致都沒問題，除了四月二日，以及四月二十二日至二十七日這幾天之外，因爲在這幾天，我會去紐約。

我從來沒有聽過這麼棒、這麼有創意的主意（一定貴到不行）！

誠摯的祝福

理查．費曼

※米雪注：黎靈革在一九六六年四月二十五日寫信來向費曼致謝，說：「學生都非常興奮，從他們課後的言談，我知道他們從你的回答和談論中，受益非常多。」

費曼致全國科學教師協會霍金斯（Mary E. Hawkins）女士，一九六六年三月二十一日

親愛的霍金斯女士：

請不要替我舉辦新聞座談會（就是布倫小姐在三月七日信中所提的）。我唯一答應的是一九六六年四月二日星期六，在你們的大會上發表一場演說，講題是「科學是什麼？」（中文版注：參閱《費曼的主張》第八章）。這次演講的目的，只是要和與會人士一起探討科學的意義。我知道自己沒有什麼特別重要或有價值的東西好說的，而且演說的內容一般人一定沒有什麼興趣。我不希望有很多不速之客跑來聽演講，也不想爲他們擴大演講的內容。因爲這是教育界的研討會，記者想知道的，是和教育有關的事。我對這類事情，並沒有什麼特別深入的研究，因此，不值得爲我辦個記者招待會或新聞座談會之類的事。我不會製造新聞。

誠摯的祝福

理查．費曼

費曼致懷特豪斯女士，一九六六年四月十三日

雖然費曼已經不再是加州課程審議委員會的成員。但直到一九六六年，他還爲委員會審查小學的自然科學教科書。

懷特豪斯女士：

下面是我對於一年級和五年級的六種版本科學教科書的意見。

◎福斯曼（Scott Foresman）版本——普通。

在一年級的課本裡，關於一些像凝結之類的自然現象，有很簡單清楚的實驗描述。但是描寫動物的內容，大部分都是談到牠們外觀上有什麼不同，完全沒有談到動物如何生長、繁殖、撫育幼獸之類的事情。

在五年級的課本裡，化學與聲音的部分很清楚，也寫得很好。但是電學與氣候的部分就不是寫得很好。特別是這兩部分的教師手冊，並沒有注意到所謂正確的答案和大家預期的答案有什麼不同。給老師的提示不足以讓他防止學生答出完全符合邏輯、卻不按牌理的答案。另外，這些單元的一些實驗並不那麼容易，可能做不出原先想要的結果。但是老師卻沒有足夠的線索，知道哪裡可能出錯，或是該怎麼辦。

◎麥克米連（MacMillan）版本——很好。

一年級的課本可讀性很高，而且可以直接瞭解。實驗的部分編排得很好，內容的分量合理。五年級的課本也是很好的科學教材，而且非常實際，包含了許多日常生活上的應用實例的照片（並不是藝術家筆下的示意圖）。但是依照我的看法，還是塞了過多的材料。

◎賴勞（Laidlaw）版本——兩個年級都很差。

一年級的課本裡，用一種不周延的分類系統（依照動物的羽毛、翅膀、硬殼和鱗片）來分類動物，造成很多紛擾。在教師手冊裡，有很多令人混淆或含糊不清的敘述。列了很多問題，但是沒什麼方向，也不知所以然，例如為什麼要將動物分類。他們的想法是把學生引導到預先設想的答案上，就算達到教生物學的目的了。

教師手冊的「引導發現」上面有很多問題的答案，需要大量的解釋與改寫，才能使學生瞭解。對於那些受到較少科學訓練的老師來說，這份教師手冊語焉不詳，幫助不大。

五年級的課本裡，幾乎找不到有哪一段是完全正確無誤的；而要正確或精確表達出同樣的內容並不是那麼困難。看起來，編教科書的人頭腦似乎不是很清楚。而教師手冊也是內容貧乏，難以讓老師去彌補掉課本的缺點，甚至很大部分的內容，裡面都有一點小錯。

◎希斯（Heath）版本——很好。

一年級的課本內容簡單、正確而優良，沒有塞進太多東西，說法也是直截了當的。教師手冊對老師而言，是很好的科學教材，使他們比學生領先很多，可以好好指導學生。

五年級的課本裡，很正確的強調了儀器的製造與校正。另外，科學實驗的部分也很好，採取一種很好的、操作型的觀點。但是課本裡的實驗這麼多，要做這麼多的裝置，等等，會不會分量過多了？

◎哈寇特，布雷斯與沃德（Harcourt, Brace & World）版本——普通。

一年級的教材內容很好，但是潛藏著一個很嚴重的缺點。心思細密的老師可以補救這個缺點，但是粗心的老師卻會讓缺點擴大而不自知。事實上，在第一課的前面，就出現了這種最危險的情況。每個人都很可能偏離正確的學習方式而走到岔路上去。它以一個問題開頭：「把玩具狗上緊發條之後，什麼東西讓它動起來？」這是很好的開始。接下來，我們應該把玩具狗拆開，讓一年級的孩子看看那些齒輪、槓桿、彈簧，仔細看看事情是怎麼發生的。但是這麼好的問題，卻有個很糟糕、毫無意義的答案——對孩子們毫無意義，對我也幾乎沒有意義：「能量使它動起來。」這個答案可以說適合任何會動的東西。不管是玩具狗、眞正的狗或摩托車。

這給學習的人一種印象，科學只是熟練的套一堆公式，以得到標準答案。老師問：「什麼使它運動？」很多小朋友立刻舉手，搶著要回答。他們已經學過了，會說：「能量使它運動」、「重力使它落下」或「摩擦力使鞋底磨損」。但這些回答都只是文字和名詞而已，並沒有眞正說明什麼。它就像下面這個說法一樣，「因爲神的旨意」，而沒有再進一步解釋。

能量是一種非常微妙細緻的觀念，很難對一年級的學生說清楚，讓他們能夠瞭解；但如果要把它硬記下來，不知其所以然，並不困難。相對來說，力就容得多了。這個版本的教科書，有個如此草率的開頭，眞是太可惜了。書裡很多地方都有類似的問題，只是企圖把學生引導到某個特定型式的答案上去。

另外，還有一個不太嚴重的缺點，就是課本裡用了很多藝術家所繪製的示意圖，來說明事情發生的狀況。例如在第34頁上，教師手冊說，「讓同學們看看圖四，證實一下自己預測的情況。」等等。而書裡沒有眞實的圖片，例如化石。書裡也沒有建議老師帶個化石標本給大家看看。

五年級的課本是很好的科學教材，相當仔細又沒有太多的實驗。如果不是內容過多的話，我覺得它很不錯。

◎哈潑與勞氏（Harper & Row）版本——很好。

一年級的課本看起來非常好，談得也很深入。五年級的課本也處理得很好，尤其是有關過程與現象的處理，非常細膩。有一單元討論到我們如何學事情，也很不錯。可能內容太多了一點。你看，例如第180頁的字彙。

在兩個年級裡，我都看到一些有錯誤或可能誤導的陳述。但是它們都是孤立的，而且可以補救。

（我不得不承認，當我還是課程的審議委員時，出版公司把這一套課本寄給我，卻讓我那三歲半的兒子發現了。他常常要求我讀課本裡的東西給他聽。我們也一起做了一些課本裡的實驗。等到和別的課本比較，再看看它的教師手冊，我現在知道這套一年級和五年級的科學課本是相當不錯的。但我還是覺得這套教科書其他年級的課本裡，有關「觀察，但沒有什麼理由」的東西太多了。不過，我沒看過其他版本同年級的教科書，因此沒有辦法比較。不管怎麼說，只看一年級和五年級的教材，可能不足以判斷一整套六個年級教材的好壞。）

◎結論

送審的教科書中，有幾套是很不錯的。但我能不能表達一個不屬於科學範圍的意見？我認為這些編得還不錯的教科書都太貪心了，想教太多的科學給學生。學生要學的主題和內容太多了，例如神經細胞構造中，每個部位的名稱之類的東西。這些東西在五年級的科學課本裡是沒有必要的。科學並不比別的學科重要，不應該凌駕一切。好東西太多，也會讓人消化不良而倒胃口。另外，我們會不會處於另一種危機之中，就是任課老師的負擔太重了？

你問我能不能挑選一套基本教材。如果你的意思是，學校可以決定採用某一套教材，這點當然很好。但我不認為必須同時採用兩套教材；除非學生只需要一套教材，另一套則擺在教室或圖書館，供大家翻閱參考。我粗略的檢驗了一下那些我認為「很好」的教科書，並不覺得有什麼嚴重的缺點，需要利用另一套教科書的某些觀點來補救。目前已經有教太多科學內容的趨勢了。除了當做參考資料之外，我們已經不需要再加些什麼了——我假設你們不會選用賴勞的版本，它顯然太簡略、太貧乏了。

每個版本的內容都不錯，但有些講得並不清楚。有些老師可能喜歡某個版本，覺得比較簡單、好教，有教師手冊可依循。但是死記教師手冊裡的東西來教學生，並不是訓練學生獨立思考的好方法。而訓練學生做獨立的思考，是科學教育的目的之一。

在一些比較好的五年級版本裡，東西太多了。你們能不能建議老師不必全部教？

最後，所有的教材都假設學校什麼設備和教具都有，從小蛇到雞蛋到電纜。你們怎麼可能提供這些亂七八糟的東西？我認為，建議採用某種教材的人，應該仔細看一下它的實驗課程設計，想一想如何供應實驗材料給學校的老師或學生。這才是負責任的態度。

希望我已指出這些版本的錯誤與缺點。

很抱歉，我沒有時間看馬里爾寫的《科學原理》。

代我問候各位老朋友。

狄克．費曼，寫於星期三凌晨三點三十分

費曼致聖荷西基督學校教師戈德歇爾（Richard Godshall），一九六六年三月二日

一九六六年二月十九日，戈德歇爾先生寫信來感謝費曼寄給他一篇一年前寫的評論文章〈新數學的新教科書〉（請參閱〈附錄五〉）。戈德歇爾先生詢問費曼對於「SRA大克里夫蘭地區數學計畫」所推行的「新數學」有什麼意見，而且說要買十份費曼的文章抽印本，在校務會議上發給校長和其他人看。他也寫了一些他個人對新數學的看法。戈德歇爾先生舉出一個例子，說他研讀新數學教材三個月之後，看到「乘法在加法上的分配律」是：

$$2\times2=(1+1)\times2$$
$$=(1\times2)+(1\times2)$$
$$=\underline{\quad\quad}+\underline{\quad\quad}$$
$$=\underline{\quad\quad}$$

於是他找了班上幾個成績很好的學生，問他們知不知道分配律是什麼意思。他說，學生的回答至今仍在他的耳邊迴盪。「我知道二乘二是什麼，但我不知道那些空格是什麼鬼玩意？」沒錯，有多少學生知道那些空格是什麼鬼玩意？

親愛的戈德歐爾先生：

我對你所提的，有關SRA新數學的意見，有些評論。這也是對新數學課程最嚴重、最多數的批評，就是它動搖了老師和家長對數學教育的信心。就像國王的新衣那個故事一樣，學生有一種直覺和本事，知道「那些空格」只是一些沒什麼用的鬼玩意兒。只有小孩子看清楚國王根本沒穿衣服。

我認爲書本只是協助老師教學的工具，不是發號施令的獨裁者。請相信你自己的常識和判斷，並且保護自己的學生，不要讓課本裡沒有意義的提示、摘要，或虛假的矯飾給嚇到。保持一個獨立自主的人格，並且站在學生這一邊。

比如說，你要教學生認識「大於」和「小於」的符號，只要提醒他們，>（大於）這個符號的一邊比較開（左邊，兩條線向外發散），另一邊比較窄（只有一個點）。因此，在比較開的那邊的數字，會大於比較窄的那端的數字（9>5，而5<9）。

我的確參加了數學教科書的評選工作，而且明知SRA的新數學有很多缺點，還是不得不選它（這教材最嚴重的缺點是缺乏文字敘述性的問題）；因爲我們只能就有限的幾個版本，挑選比較好的教科書來用（過程之困難，是你們很難相信的）。我們也覺得SRA教材太正式而沒有彈性，也缺乏文字敘述性的題目，因此，建議了一些補充教材和它合併使用，希望教學上比較平衡。但最後州議會決定要節省經費，就把購買補充教材的預算給刪除了。

隨信附上十份文件給你參考，就是你在信裡要的東西。

誠摯的祝福

理查．費曼

費曼的信件草稿（這封信不知道是什麼時候寫的，也不知道要寄給誰。連最後到底有沒有寄出去，都不太清楚。）

親愛的先生：

關於我對小學數學新課本的意見，謝謝你的批評指教。

你說我並不是數學教育的專家，這點完全正確。我從來沒有寫過任何小學的數學課本，連一個單元都沒寫過。我對現在小學生的數學能力，也沒有任何第一手的經驗。我甚至不太清楚小學數學老師的能力，等等之類的。我有的東西只是這些教科書本身。不過我可以保證，所有的教科書我都仔細看過。

你說，一篇文章若是充滿許多容易產生誤解的舉例，根本不可能做出什麼評論。你的這項看法完全正確。你的來信正好印證了你的看法，你的信一次又一次做出誤解性的批評。我沒有責任針對你的誤解做回應，你的很多誤解似乎是來自粗枝大葉的瀏覽。

首先，你否認那些大量用在工程或科學上的數學，都是一九二〇年以前發展出來的。但是你舉的例子，卻都是一九二〇年以前的產物。其次，你讀到「用在物理上的很多數學，並不是單獨由數學家發展出來的，很多都有理論物理學家的參與。」於是表示，「大部分的應用數學，都是由非數學家發明的。」「很多」當然不是「大部分」，更不是「全部」。你的例子只能夠說明，並不是所有的應用數學，都是由非數學家發明的。

你說，我暗示那些沒有實際用途的數學是有問題的。我否認有這個意思。我只是說，純數學家通常不太理會數學有什麼實際用途。而我們這些使用數學的人，要更加注意數學和使用的事物之間有些什麼關係。至少要比純數學家更關心數學的應用問題，純數學家通常對這種事情沒什麼興趣。不是這樣的嗎？

我並不反對數學的抽象性，就是這種抽象性才使得它有用。請再仔細讀一讀我的文章。只是從很多經驗，我們知道抽象的東西本身，並沒有太多實際的用途。例如許多受數學訓練的人，寫過不少量子力學的論文，但是不太實用。而且，如果數學要眞的有用的話，瞭解符號與它所代表的應用之間的關係，「也是」很重要的。注意我說的是「也是」，並不是「唯一」。

這些教材現在都在我手邊，我們很容易查一下，並沒有把十七安培和十五伏特加在一起的例子。但是有一本教科書，它不像其他課本，居然特別提到數學在科學上有很廣泛的用途，還舉了個例子：「紅色星星的溫度是八〇〇〇度，藍色星星是一二〇〇〇度。約翰看到三顆藍色星星和一顆紅色星星。請問約翰看到的這些星星，總溫度是多少？」我本來很高興居然有教科書肯用實際的例子，說明數學在科學上的用途。但是看到這樣的例子，卻讓我整個呆掉了。並不只有這樣一個例子，而是整個章節的計算題都是用不同顏色的星星加加減減的。因此，你不能把加州公立學校採用什麼課本的錯，全部都怪到我的頭上來。另外，你讀過這些課本嗎？

我並不反對使用技術名詞。我反對的是，只告訴學生某些技術名詞、卻沒有進一步解釋它們的意義。關於我在文章裡提到的「名詞」與「實例」，我並不反對名詞，我反對的是，沒有以實例來說明的名詞。你不認爲實例應該跟著名詞一起出現嗎？有的時候，我們在數學課只學到相關的數學名詞的使用，卻不知道它們的意義何在。

你或許覺得我有些誇大，不信的話，去翻翻一些數學課本。例如幾何課本，我發現上面有上百個名詞定義，但眞正的事實描述只有兩項——就是一個封閉的圖形可以把平面分成兩個區域；以及長方形的對角線相等。我一直在想，學生單憑對幾何圖形的直覺，恐怕會比跟著課本，學習得更快、更有效率。如果教科書不能改，老師和學生不如多花點時間在其他的數學課題上，不要浪費那麼多時間去背名詞定義。

你說，我反對那些不是十進位的進位制？對新生來說，對不起，我不知道你會讀它。對教授來說，我可沒有反對。

誠摯的祝福

（沒簽名）

費曼致拍立得公司的蘭德（Edwin H. Land）先生談視覺，一九六六年五月十九日

親愛的蘭德先生：

這次訪問你和你的同事（請原諒我記不住他們的名字），我覺得非常愉快。你們的實驗激起了我很多想法，我的腦子到現在還停不下來。眞可惜我不是在麻省理工，否則我就可以再次前去打擾，把一些效應的細節再看仔細一些。有太多新東西我本來不太瞭解，直到最近才知道其中有些是相當重要的。我想把我想到的事寫信告訴你們，並不是我認爲你們還沒有想到，或者想告訴你們什麼新鮮事。只是把它當成後續的意見交換，讓你們知道我學到多少東西。

在飛機上，我開始思考爲什麼「正投射是紅光，背投射是白光」，結果卻沒有色彩。我立刻明白，其中有一些我不瞭解的更基本的東西在裡面（這只是其中的一個特例）。謎題在於，爲什麼當正紅和正白的圖像（色彩都非常飽和）稍微有點抵消時，色彩會全部消失。在很短的時間裡，我認爲自己瞭解（以視網膜的觀點）視覺上的色彩感是怎麼形成的，當你看到色彩的時候會怎樣。但究竟是什麼原理決定了在什麼情況下，你會看不見色彩？又爲什麼會看不見呢？

眞正的答案必定是來自實驗，單憑臆想在這個例子裡完全派不上用場。但是我在飛機上沒辦法做實驗，只好一直動腦筋想下去。因此爲了好玩，我就把自己思索的過程寫下來，但並不表示事情一定是這個樣子。我只是單純基於思考的樂趣，想要看看這些想法有多刺激。

我們的第一個原理是視覺的存在是為了求生存。一隻動物不論在什麼距離、什麼角度或什麼照明度之下，必須辨認出某一隻蟲子是不是同樣一種蟲。對視覺系統簡單的生物來說，這是第一要務。牠必定是先要得到一些線索，接著要解釋這些線索。我所謂的「解釋」，必須是為看到的東西建立一些「實體概念」。如果你看到一個橢圓形（我指的是視網膜上的感光細胞感覺到光線），你必須認知到：它是一個在空間裡傾斜的圓。如果事實上真的也是這樣，這種反應必須是立即的反應，不能有任何延遲。這種「在空間裡傾斜的圓」以及「同樣一種蟲」就是我所指的「實體概念」。這就很像是理論，可用來解釋你看到了什麼東西（以視網膜上的感光結果為主）。因此，大小是恆定的，形狀也是恆定的（也就是說，梯形和平行四邊形都給當成不同方位的長方形來處理），此外還有亮度的恆定和彩度的恆定等等。這些都屬於視覺系統中，「解釋」動作的例子。明度的變換和一個東西色彩的改變，也是視覺的解釋行為。

我應該給它取個名字，叫做「解說員」，雖然我並不知道它是怎麼運作的。我們人造的機器太簡單了，沒辦法做好這件事。我們通常認為視覺的第一步是很簡單的，機器也會做得很好。例如，我們用裝置A來度量平均的照明度，用裝置B來度量某個點的強度……等等。另外，為了解釋光度的恆定，以及兩眼如何把視線差異轉化為距離感，還要發展出一套完全不同的裝置。此外，要分辨一整排的小點和一條直線，或者是圓或橢圓的不同，需要更複雜的認知裝置……等等之類的。我根本不知道這些裝置是怎麼作用的。但是總而言之，這些裝置的功能特性都是很相近的。其實為了節省時間，我們只要能瞭解下面那幾個關鍵，可能是比較聰明的做法：（一）現在有什麼東西是已經做好的。（二）對感官很簡單的生物，什麼是它生存所必須的。這樣，它可以利用感官去分辨什麼是食物、什麼是它的掠食者。（三）這個辨識過程中有許多特性，哪些特性是基本的或共通的；因此，我們應該研究這種視覺辨識本身的特性，以後再去研究各項機制的細節（我認爲這裡談到的「視覺辨識」問題，在心理學裡可能叫做「生成完形」）。

因此，你們所做的視覺色彩的實驗，在心理學研究上，可能非常重要。因爲他們可以利用控制實驗的方法，來研究這個「解釋」的過程。而且這整個過程，可以儘量減少「意識」的影響或干擾。

我們假設視覺辨識方法是提供一套理論（或實體概念）給眼睛看到的線索。如果理論符合所有看到的線索，就能理解這個看到的東西。然後，他就把自己的意見送給心智程度上更高級的辨識系統去。在我的想像裡，心智辨識系統的層級可能是：辨識光點；辨識直線；辨識空間中的矩形；辨識出兩個東西並排（一個盒子在桌上）；辨識兩個東西重疊（傑克躺在棺材裡）；辨識悲劇或感知悲傷等情緒。可能這就是大腦的心智辨識方式了，先做出簡單的辨識，接著做出一層層更複雜的辨識來。我們研究的只是其中的一部分「色彩辨識過程」。

因此，由蒙德里安（Piet Mondrian, 1872-1944，荷蘭畫家）作品發出來的光線訊號，完全符合辨識理論的條件，它就給當成一件彩色作品。如果照明度改變，但是仍然符合「彩色物體在不正常照明狀態」辨識理論的條件，則我們感知到的色彩並沒有改變。同樣的，那些紅光和白光的重疊圖像，在視網膜上會產生「在某種照明程度下的彩色物體」這種印象。這是一套幾乎能符合所有現象的理論（例如雙眼的立體視覺影像，以及其他資訊交換的理論）。因此我們會知道，眼前並沒有實際的東西，只有銀幕上的影像。（但是這個解釋卻無法消除由底層心智傳上來的色彩的解釋，因爲這不是可以自主控制的。）但如果圖像有輕微的抵消，原先的視覺辨識理論就無法作用了，這時候的「物體」過分複雜，傳統的雙重影像理論也無法說明，我們就看不到這個「彩色物體」了。

大腦的某部分能讓人做很多「色彩思考」工作，眞是令人難以置信的事。而且這種解釋作用還是不自覺、也不能夠控制的。事情或許眞的是這個樣子，也或許不是。最簡單的生物只要是能夠看東西，就應該能做到這一類的思考。這種「解釋過程」由演化發明出來，然後加以改良，一再的運用，而且一層一層的發展上去，愈來愈複雜——這件事難道不是可以想像得到的嗎？大腦的演化，很可能就是這個樣子，低階的思考與高階思考是很類似的過程。那些較低階的視覺辨識過程，可能是爲了提高效率，才改成自動控制的模式，不需要其他感覺系統的介入。對人類來說，它是內建的本能，不需要學習，是與生俱來的。就像昆蟲與其他的簡單生物，幾乎所有行爲模式都是與生俱來的，只需要很少量的學習就行了。

物理學家眼中的心理學，是經由行爲習慣的研究，設法找出裡面所包含的簡單元素，而不是同時研究人類的整顆大腦。通常他們會以簡單的動物來當做研究的對象，問題是人腦並不是長在這些動物身上，而且我們又如何能知道「毛毛蟲怎樣看待這個世界」？不過，確實很可能在我們的大腦裡，就有這種「簡單動物」的行爲模式，是演化過程烙印下來的。我們的高層邏輯思考就建立在這些原始的行爲模式上，卻無法控制這類屬於本能的行爲模式。

「色彩辨識」可能就是這種本能的行為模式之一。

因此，我很想知道我們什麼時候看得見色彩，什麼時候又看不見。請把你們所知道的事儘量告訴我。我初步猜測這種色彩辨識有兩條法則：（一）如果「實體概念」能充分解釋所看到的景像，視覺辨識系統就說它是個實體。（二）如果出現其他很強烈的規律，是「實體概念」無法解釋的，大腦可能就不做出解釋，或隨著時間不同而做出不同的解釋。如果沒能解釋，這個「沒能解釋」的信號也會送到更高層的辨識系統去（或許是這樣吧，不管它叫什麼）。

我還想到一些比較不重要的事情。首先，你們投射到銀幕上的所謂紅色和白色的光點，實際上只是不同程度的「粉紅色」光點。（這裡我說的粉紅色光點，只是紅色投射光和白色投射光有不同比例的混合效果而已。「粉紅色光」也可以是綠光或棕色光，等等。）因此，只要在一架投影機裡放一張幻燈片，上面有一些紅顏料和一些灰色的吸收劑，就可以模擬出完全近似的效果。而理論上，你可以找些朋友，迅速用它來示範。從打出來的投影光上，只會看到紅光和灰色光，產生一張全彩的彩色投影。（所謂全彩，就是你用兩部投影機，一部投射紅光，另一部投射白光所得到的結果，如綠色、橙色、棕色、紅色等等的）。

其次，就是進行一個難得多的實驗：用紅色和灰色畫個圖片，把它放在深色天鵝絨屏布上，用投射燈直接投射在圖片上（只照亮圖片本身，房間的其他部分都只有間接照明）。這個圖片看起來也會是全彩的。

我還有其他的想法。但這封信我已經寫了兩星期了。其實我一回來，立刻就動筆的，但中間給其他事打斷了許多次。我就此打住吧。

不過我要在這裡威脅你：如果你不肯到我們這裡來，把有關你實驗的事演講給我們聽，我就要自己上台去講這些東西了。

誠摯的祝福

費曼

弗利（Tomas E. Firle）致費曼，一九六六年八月七日

親愛的費曼博士：

我必須向你致謝。不久之前，你發表了一篇文章，其中有一段的開頭是：「我站在海濱……」

當我第一次看到這一大段文字，立刻引起很深的共鳴。它讓我深深覺得美好、優雅、滋生信心。因此，我擅自更動了一些順序，使它更能抒發我個人的情緒。因爲這些文字正好可以做其他更有意思的排列組合。

得知我父親於七月四日死於德國的消息後，我想和我的繼母分享我對生命與大自然的感受，我發現你這篇東西正好是我的心情寫照。於是我設法把它翻譯成德文，寄給我繼母。但我離開德國很久了，德文也忘得差不多了，我想我的德文翻譯一定很差勁。但是你在文字裡所表達的，眞的很貼近我的思想和感覺，所以我還是寄給了繼母。

為什麼我要寫這封信給你？一部分是我想表達對你的謝意。你無意間寫下的一些字句，對你自己可能沒有什麼重要的意義，卻正好滿足另一個人的心靈需求。另外，老實說，我欣賞你思想的細緻。對我來說，這篇散文代表了科學的偉大和藝術創造力的結合。

眞誠的祝福

弗利

我站在海濱
孤獨的，開始思索
波濤滾滾，翻來覆去
是分子，堆積成山
每個分子都自顧自的忙自己的事
數以兆計，分散開來……
肉眼所見，卻是白色浪花
日復一日，年復一年
在洪荒之初
就像現在這樣，雷鳴般的拍打著海岸
為了誰？為了什麼而奔忙？

1966年加州理工學院的才藝秀，費曼也上場熱舞同歡。

（© courtesy California Institute of Technology）

在一個死寂的行星上
還沒有任何生物誕生
永不停歇的
任由能量折磨、驅策
那是太陽的慷慨揮霍
肆意灑入太空
只一丁點，就讓大海呼嘯
而在海洋深處，所有的分子
卻反覆出現多種模式
直到一種全新的複雜模式現身
它們使別的東西變得和自己一樣
於是，全新的演化之舞開始了
尺度增長，愈趨複雜
生物，
成堆的原子、DNA、蛋白質
舞姿更加精確繽紛
從海洋的生命搖籃來到乾地
終於，直立起來……

那是有意識的一群原子，懂得好奇的物質
站在海濱
思索會思索的
我，
在原子的宇宙裡
有如宇宙裡的一原子

——費曼的〈科學與想法〉，阿隆斯（A. B. Arons）編輯

費曼致弗利，一九六六年十月四日

親愛的弗利先生：

其實是我需要謝謝你。感謝你注意到，甚至欣賞我原本想藏在演講裡的東西。當然，我自己也覺得這份東西還滿有詩意的。可是在一場公開的演講裡吟詩弄詞的，我怕別人會覺得我很荒唐。你重新安排得非常恰當，完全不露痕跡，就像是我原來做的一樣。事實上，你應該看看我手寫的演講稿，那是我爲演講所做的準備。那是一行一行寫的，就和你的「解讀」一樣。當然，你覺得值得把它翻譯成德文，眞是太抬舉我了，我覺得倍感榮幸。但是更令我鼓舞的，是你覺得這份東西可以紓解你喪父的情懷。

誠摯的祝福

理查・費曼

費曼致《今日物理》的編輯艾里斯（R. Hobart Ellis, JR.），一九六六年十月三日《今日物理》（*Physics Today*）期刊寄了一份問卷給費曼。費曼回答：「我從來沒讀過這本雜誌，也不知道為何會出版這份雜誌。請把我的名字從贈閱名單中剔除，我不想要。」在一九六六年八月二十五日，該雜誌的編輯寫信來，表示費曼的反應「對他們產生一些值得研究的問題。」主要的顧慮是，自己的雜誌什麼地方有問題，「是不是我們發行的宗旨不對？或者我們服務的態度不佳？……如果物理學家都不喜歡，也不需要《今日物理》，我們很願意改變自己，提供一些物理學家喜歡、也需要的東西。」以下是費曼的回答。

親愛的先生：

我並不代表所有的「物理學家」，我只是我。我並沒有閱讀《今日物理》這份雜誌，所以不知道它的內容如何。或許很不錯，但是我並不知道。我只是請你們不要再寄《今日物理》給我。請依照我上一封信的要求，把我從贈閱名單裡刪除掉。至於別的物理學家喜歡或不喜歡，需要或不需要，都和這件請求無關。

謝謝你花了很多時間，寫了一封這麼長的信給我。我並不是要動搖你們對自己雜誌的信心，也不是建議你們停止發行這份雜誌。只是請你們不要再寄給我而已。你們能不能幫幫忙？拜託啦。

誠摯的祝福

理查．費曼

※中文版注：《今日物理》是美國物理學會發行的雜誌，多年來已成爲一本很重要的物理雜誌。一九八八年二月費曼過世時，以及一九八九年二月費曼逝世一週年，皆以封面故事大篇幅刊載紀念費曼的文章。

麻省理工學院林肯實驗室沙皮羅（Irwin L. Shapiro）致費曼，一九六六年十月二十一日

親愛的費曼教授：

有件事你聽了以後，一定覺得很好玩。上星期我們放了你精彩的演講影片「偉大的守恆原理」之後，無意間聽到有幾位觀眾提議，你應該出馬角逐州長寶座。我只是不知道他們希望你競選的是加州州長，還是我們這兒的麻州州長。

誠摯的祝福

沙皮羅

費曼致沙皮羅，一九六六年十二月六日

親愛的沙皮羅教授：

他們說的，當然是加州。我覺得在這個時候，最好是發表一份聲明，表示自己並沒有意願。但是話又不要說得太死，讓那些促成這件事的民眾不會太過失望。接著在適當的時候，我就可以表示，自己既然是選民托付重任的人，只好勉爲其難，出馬爲大家服務，同時也感謝他們的支持。不過屆時請你不要發表公開的評論。當然私底下，你也可以鼓勵那些爲我的前程在辛苦奔走的人，給他們一些支持與信心。

謝謝你把麻州的情況告訴我。將來我得了好處，絕對不會忘記我的好朋友，沙皮羅的。

誠摯的祝福

理查・費曼

費曼致波士頓的福拉沙（Mike Flasar），一九六六年十一月九日

親愛的先生：

你談到的理論物理和實驗物理所需要的算術能力，基本上是正確的。但是數學成績B等和這些事沒有什麼關係。那種數學雖然很常見，但在物理學上，不管是理論或實驗領域，都不太需要。

努力找出讓自己著迷的東西，當你找到了之後，就知道自己一生的志業了。例如某甲為別人挖水溝，他做這種工作或許是被生活壓力所迫，也可能是因為腦袋不夠聰明，這種人就是「工具化」的。而某乙也在挖水溝，卻特別賣力。雖然旁觀的人分不出來他和某甲的工作有什麼差別，可是某乙自己知道，他是在挖寶藏。因此，你就認眞挖掘自己的寶藏吧。等挖到寶的時候，你就知道接下來要做什麼了。

你這個時候，還不急著做決定，只要依循你熟悉的事務努力去做，其他機會仍然會等著你。誠如你說的，在任何一個研究所裡，你都還有機會從理論領域轉回實驗領域，或者反過來，而且任何時候都行。

當你找尋自己喜歡的東西時，也別忽略掉物理之外的機會。那些熱愛自己工作的人，絕對不是知識偏狹的專家，也不是什麼都會的萬事通，而是做那些自己喜歡的事的人。你一定要愛上物理以外的活動才行。

誠摯的祝福

理查・費曼

費曼致加州的戴維斯（Jehiel S. Davis），一九六六年十二月六日

親愛的先生：

我很抱歉，沒有關於一九二二年芝加哥萬國博覽會所用的彩色電視機的資料。我也不知

道應該去哪裡尋找這些資料。

誠摯的祝福

理查．費曼

費曼致印度的阿羅拉（Ashok Arora），一九六七年一月四日

親愛的阿羅拉：

你對原子力的討論，可以看得出來你讀了很多自己並不瞭解的東西。我們所討論的東西是眞實而且能碰觸到的大自然。我們嘗試由理解簡單的事物著手，而學習到觀念，過程是誠實而直接的。我們研究無數在我們周遭發生的小事情：什麼使雲飄浮在天上；爲什麼我們在白天看不到星星；爲什麼有油汙的水面會反射出絢麗的色彩；倒水的時候，爲什麼水從壺嘴出來會形成一條曲線；爲什麼吊燈前後搖晃的時間是一樣的……。

當你學會了解釋這類小事情之後，你就知道所謂正確的解釋是怎麼回事。接下來，你就可以進一步去處理更複雜的問題了。

不要讀這麼多東西。看看自己，想想自己看到了些什麼。

我已經要求主事的行政部門，把加州理工學院的入學資料寄給你，裡面還有申請獎學金的辦法。

誠摯的祝福

理查．費曼

費曼致瑞典的普蘭伯格（Tord Pramberg），一九六七年一月四日

親愛的先生：

我打森巴鼓是個事實，這件事和我從事理論物理的研究，根本兩碼子事，完全不相干。理論物理是一種心智活動，是人類心智高度發展的成果之一。你說，研究理論物理的人故意做一些別人也能做的事，例如打森巴鼓，好證明自己也是個正常人。這根本是胡扯，我認爲這種說法對我是一種侮辱。

我有個足以證明自己是個平常人的辦法，就是：「你給我滾遠一點！」

誠摯的祝福

理查．費曼

希布斯（Albert R. Hibbs）致費曼，一九六七年一月十日

希布斯博士曾是費曼的研究生（見第316頁），也是《量子力學與路徑積分》的共同作者，是費曼的親密好友之一。多年來，他在「噴射推進實驗室」擔任過多項重要職務。其中最爲人稱道的是擔任發言人，在很多次太空任務裡，上電視爲民眾解釋任務的內容。（我和我先生就是在他家結婚的。他是「大地之母」教會的函授牧師，爲我們主持婚禮。）

噴射推進實驗室 辦公室便條紙

主旨：太空人資格申請

這是推薦信的格式。我跟你提過，拜託你幫我忙的。我想申請當太空人是經過深思熟慮的，並不是隨便說說而已。我的年齡和身高雖然都超過標準，但是國家科學院在這些要求項目之下，有一段補充敘述：「對於非常特殊的情況，這些要求項目是可以有例外的。」顯然，我必須說明自己在某些方面擁有特殊才能才行。我在太空科學方面有非常好的背景，尤其擅長太空儀器系統。雖然我在這方面學識的淵博應該是不做第二人想，但它對阿波羅登月計畫可能不是那麼重要。不過我在美國科學院和美國航太總署（NASA）的徵才計畫上，看到他們需要「機敏而想像力豐富」的觀測員。我希望自己的背景正好符合需要。

不僅如此，我還覺得自己具備一項別人很少有的才能，很是特殊。我非常擅長和別人溝通科學事務與成果，而且經驗豐富。因此，我是集合觀測員與溝通者於一身。希望這是我的優勢，足以破格入選。

先謝謝你的協助。

亞伯・希布斯

費曼的祕書布倫特（Bette Brent）小姐致國家科學院，一九六七年一月二十五日

親愛的先生：

隨信附上加州理工學院費曼教授對於希布斯的機密推薦報告。

我在費曼教授的授權下，打好了報告中的S1、D8、D9和D10各部分，如附。

誠摯的祝福

費曼的祕書 貝蒂・布倫特

評語與結論：

申請人：亞伯・希布斯

S1

希布斯的唯一弱點是，他並不是某個特殊領域的頂尖專家。但依你們的需要來看，這反而是一項優點。他的科學背景和科學精神絕對是一流的，正合適研究一些無法預料的現象。假設有個人受了過多的地質訓練，可能會先入爲主，認爲月球的地質應該和地球的差不多。但是對一位心胸更開闊、更細心而敏銳的觀測者（就像希布斯這種人）而言，可能看得更清楚那究竟是什麼東西。希布斯基本上具有冷靜、深刻而恢弘的科學態度和興趣，是很理想的觀測者。最後，別忘了他有很多上電視和廣播電台介紹科學的經驗。他將會非常適合告訴全世界，他看到些什麼東西，代表什麼意義，以及整個登月計畫有什麼重大意義。

人格特質

D8

沒機會再詳細觀察。認識他已有一段時間，我認爲他非常聰明而敏銳。他會把科學觀測精神用在所有經歷到的事物上，而且他喜歡尋求常人難及的體驗。

D9　他常在電視上或廣播節目裡，解說一些非常技術性的東西（我們共同寫過一本書），當然也能解說非技術性的東西。他非常擅長溝通。而且對什麼東西是重要的，相當能夠判斷，也很能掌握。

D10　他擔任過許多職務，領導過不少單位。雖然我沒有從他的同事和部屬得到第一手資料，但是我從來沒聽說他個性有問題，難相處。事實上，我和他有過密切的共事經驗，過程非常愉快。

費曼致芝加哥大學校長畢多（George W. Beadle），一九六七年一月十六日

親愛的畢多博士：

你們是第一個想頒授榮譽學位給我的人，我由衷感謝你們打算給我這項榮譽。

但是這讓我想起自己在普林斯頓得到博士學位時的情景。當時也有人沒做啥事，就和我站在同一個講台上接受榮譽博士學位。我的學位可是做得半死，好不容易才到手的。我當時心想，「學位就是應該要完成什麼研究工作，才能得到的。」榮譽博士學位其實是貶低了博士學位的價值。好比「榮譽電匠執照」，又不能執業，徒有虛名而已。我當時就暗自發誓，如果有一天，我有機會得到這種榮譽學位，一定拒絕接受。

現在，你們終於（已過了二十五年）給了我一個實現誓言的機會了。

因此，我非常感謝你們的抬愛，但我還是不想接受你們給我的榮譽博士學位。

誠摯的祝福

理查·費曼

費曼致利薇坦（Tina Levitan），一九六七年一月十八日

利薇坦小姐想寫一本書《桂冠：猶太諾貝爾獎得主》，她要求費曼寄一份自傳和一張黑白照片給她，好放進書裡。

親愛的利薇坦小姐：

我不太合適歸入「猶太諾貝爾獎得主」。理由不只一端。其中之一是，我從十三歲開始，就放棄猶太教的信仰了。

誠摯的祝福

理查·費曼

利薇坦致費曼，一九六七年一月三十日

親愛的費曼博士：

你一月十八日的來信，我收到了。信中提到說，你不適合放在我那本《猶太諾貝爾獎得主》書中。

其實我的得獎人名單中，不只是包含那些信奉猶太教的人，也包含祖先有一部分血統是猶太人的得主。因爲這部分的得獎人一定也從祖先那裡，遺傳到猶太人的優良特質與才華。在這種情況下，我能不能夠把你也列入名單裡？我可以不強調你在十三歲時就已經放棄猶太教的信仰這件事。

如果你還有任何理由，不願意列名在這本書裡，是不是也能讓我知道？

誠懇的祝福

利薇坦

費曼致利薇坦，一九六七年二月七日

親愛的利薇坦小姐：

在你上一封信裡，你表示那些有部分祖先是猶太血統的人，一定從祖先那裡遺傳到優良的特質與才華。當然每個子孫都從祖先那裡遺傳到一些特性。但是很遺憾，我們對這種事情的知識，到今天還是如此的貧乏。過度強調猶太血統或猶太種族的優異性，是很危險而令人反感的，恕我不能苟同。所有的種族對人類的文明與文化，都有一定程度的貢獻與影響，也都一樣的好。如果承認猶太人的血統裡，有些什麼假想的特質，可以一直遺傳給後代子孫，等於是打開了種族優越論的大門，這根本就是胡說八道。

希特勒持的，就是這種論調。既然你認爲猶太人有一些特殊的才華和優良特質可以遺傳給後代，就不能否認他們也有一些令人嫌惡的缺點，也會同樣留給後代子孫。而且，你也不能不接受其他的種族，譬如「阿利安人」也有一些優異的遺傳特質可以流傳下去。這樣扯下去，優生學的那一套又重新搬上了檯面。

上次世界大戰給我們的教訓，就是不要認爲每個人只從特定的父母或祖先，遺傳到什麼獨有的特質。而是所有有價值的特質，都是人類共有的。只要透過學習，我們就可以具備這些特質，不論你是什麼種族的人。

一個人的人格形成，不論好或壞，是受到許多因素決定的。包括他的父親、他的祖先、他受的社會文化薰陶，加上他的學習、他的想法，以及全世界所有種族和文化的背景。我也不例外。我感謝猶太背景的優良（或部分不好的）元素。但我覺得過度強調它是不恰當的，對別人也是一種侮辱。因爲在我這個綜合體裡，是由許多元素共同發揮影響力的，不單是哪個元素占最大功勞。

在我十三歲快要接受堅信禮之前，由於宗教信仰觀點的不同，放棄了繼續上主日學。但主要的原因是我突然發現，我們所學的猶太歷史，那些聰明、有才華的猶太人，被一群駑鈍惡毒的陌生人欺侮的事，與事實相去太遠。反猶太者的錯誤，不在於猶太人並不像他們形容的那麼糟；而在於那些缺點並不是猶太人獨有的，惡質、愚蠢、粗鄙，其實是普遍存在一般人身上的特質。今天，大部分美國的非猶太人都瞭解這一點。同樣的道理，擁猶太者的錯誤，也不在於猶太人並不像他們形容的那麼優；而在於那些優點也不是猶太人獨有的，聰明、好心、善良，其實也是普遍存在一般人身上的特質。眞是謝天謝地。

因此，我十三歲的時候，不但放棄了猶太人的宗教觀，也不再相信猶太人是所謂「神所揀選的民族」了。這就是我不願意列名在你書裡的另一個原因。

我希望你能尊重我的心願。

誠摯的祝福

理查・費曼

費曼致利薇坦，一九六八年二月十六日

一九六七年二月十六日，利薇坦小姐來信，表示尊重費曼的心願，沒有把他列入書裡。一年後，她要寫另一本書《科學家與宗教》，想描寫「才華洋溢、成就不凡的猶太科學家」群像，再度考慮把費曼列入。她又寄了一份問卷來，並索取照片。

親愛的利薇坦小姐：

你二月十四日寄來的信和問卷已經收到了。請參考我以前的意見，尤其是一九六七年二月七日的那封信。請諒解我爲什麼不能和你配合。謝謝你對我的偏愛。

誠摯的祝福

理查・費曼

費曼致華森（James D. Watson, 1928-），一九六七年二月十日
華森是DNA雙螺旋結構的發現人之一，一九六二年諾貝爾生理醫學獎得主。一九六七年初，費曼和華森一起訪問芝加哥大學。華森交給費曼一本書的草稿，就是隔年出版的《雙螺旋》。後來華森到加州理工學院，演講DNA編碼系統。下面就是費曼對《雙螺旋》書稿的回應。

不必理會那些沒有把整本書看完，就隨便批評的人。你的工作（我指的是寫書這件事）有非常深刻的意義與絕對的必要性，一些明顯的小缺失及顯得囉唆的插曲，其實無礙宏旨。正常生活裡總是不時冒出瑣瑣碎碎的小事來干擾，而科學研究的路途上也不乏原地打轉和挫敗，出現情緒的低潮和突然陷入自我懷疑的苦痛；但是當你逼近眞理的時候，總有一股強烈得出乎意料的專注，最後終於成功了，你不免會洋洋自得。這就是科學研究工作的原貌。我親自體會過這種發現科學眞理的美妙經驗（或許是在第一次的時候！），就像你書裡結尾附近所描述的。這完全正確。

這本書如小說般新奇之處，就是它的情節鋪陳，以及結尾留下一個很深沉的、關乎人性的未解之謎：所有參與演出的科學角色，由原本的器量狹窄，一下子變成個個胸襟開闊、無私無我，只因爲這些人共同看到了大自然給揭露出來的一個美麗角落，就忘了彼此的芥蒂矛盾？或者，這純是因爲我們的作者已然大功告成，對自己的工作成果信心十足，連帶有了自信，忽然間就望見筆下的角色，個個頭頂都射出仁慈聖潔的光環？

別解答這個問題，就把它留在那裡。出版的時候，改得愈少愈好。那些認爲「科學研究工作不是這樣子」的人是錯的。你在書的前面，描寫到一個帶點神經質的年輕人對科學界的印象，好像他周圍那些從事科學研究的人，動機都有點疑問。這可能是出於誤解，我自己倒沒有類似的經驗，因爲我從來沒有懷疑過自己的同事，以什麼動機在做科學研究。我想你可能是弄錯了。但是我並不認識你知道的那些人，而且你說那只是年輕時的一種印象，因此應該沒什麼關係。但是當你描述到，當科學的眞理是如何蹣跚而躊躇的接近你，而你腦子裡想的是些什麼東西，到了最後眞相大白時，你腦子裡想的又是些什麼東西——你確實正確的描述了科學的發現過程。我知道這一點，因爲我自己也有過同樣美妙而驚心動魄的經驗。

如果你當眞想要在扉頁上，弄點東西上去，就告訴我。我們一定有辦法做到。

※米雪注：在華森的《雙螺旋》精裝本的書衣上，眞的印上了費曼的評語：「他描寫了科學大發現的經驗是如何美妙、如何動人心弦。描寫得棒極了。」

加州小學生羅賓森（Danny Robinson）致費曼，一九六七年二月十三日

親愛的先生：

我是一個六年級的學生，叫羅賓森。我們老師在班上唸了一段微型化科技的故事給我們

聽。他唸的書是《生活》雜誌出版的，書名叫《科學家》。書裡說你曾用自己的錢，懸賞一千美金，看誰能做出一個邊長不到六十四分之一英寸的馬達。書上也說，有人完成了這樣一個馬達，把賞金給領走了。這是眞的嗎？如果是眞的，你能不能告訴我們他用了什麼工具？這個馬達有什麼用？性能如何？他花了多久的時間才做出這個馬達？你們把馬達放在什麼地方了？

很感謝你抽空看我的信。能不能拜託你回信給我？

謝謝你

羅賓森

費曼致羅賓森，一九六七年二月二十四日

親愛的羅賓森先生：

你沒有說錯，的確是有一個如你信中所描述的馬達。那是麥克萊倫先生爲了回應我在一場公開演講裡提出的挑戰而做出來的（見第195頁）。

我隨信附一份我原始的演講稿，以及麥克萊倫先生的馬達照片與各部零件結構的說明給你。

這種馬達一共做了好幾個。我自己有一個，另外有一個在加州理工學院公開展示。麥克萊倫先生自己也收藏著好幾個，到現在都還運轉得很好。

不過這些馬達並沒有什麼用途，純粹是為了好玩才做出來的。如果你仔細閱讀我的演講稿，我還有另一項懸賞，是關於微型化書寫。這部分賞金至今還沒有人領走。

誠摯的祝福

理查・費曼

費曼致俄亥俄州某出版社研發部的馬地厄（Aron M. Mathieu），一九六七年二月十七日

親愛的先生：

我的醫師禁止我當什麼編輯顧問，說這對我的血壓不利。我只好封筆不寫作，望作家頭銜而興嘆。

隨信附上二十五塊美金和一份手稿，是個到處亂灑銀子的凱子寄給我的。為你太太買些花吧。

誠摯的祝福

理查・費曼

附筆：你寄給我的大綱沒有什麼想像力，很難相信這能寫出什麼好東西來。

又記：我把你後面一封信寄來的兩章也退回給你。我沒有時間好好閱讀。

印度孟買的曼寧（R.B.S. Manian）致費曼，一九六七年三月六日

致費曼博士，炫麗的開路者

閣下：

像你這樣一個大名鼎鼎的人，接到我這樣一個無名小子的信（或飛彈），一定覺得很荒唐而摸不著頭腦。我是個物理研究所的畢業生，曾經上過以《費曼物理學講義》爲教科書的物理課。我在課程進行的途中，可以說是一路跌跌撞撞的。物理學無疑是一種青春不死的萬靈丹，但是把它一成不變的灌進每個人的喉嚨裡去，就不是那麼回事了。所有經過你頭腦的千奇百怪的事，就像紅場閱兵時展示出來的所有武器，對我們來說簡直是眼花撩亂。我們好像身陷在迷宮裡，偏偏又碰上濃霧。

你大概無法體會我那種被一拳擊倒的感覺。對大一和大二的學生來說，這套課程實在太沉重了。我們這裡的物理改革委員會吵吵鬧鬧的搞了老半天，弄得人盡皆知，卻沒有把事情做好。我知道有很多學生辛苦奮戰了幾個月之後，紛紛丟兵棄甲、潛逃無蹤。如果事情眞是這個樣子，加州理工學院應該也不能倖免於難，久享盛名而不衰呀！人眞的不要太貪心，不能也不應該一口呑下太大的一塊肉，否則一定會消化不良的。物理應該要像個迴旋梯，我的意思是要讓學生能按部就班、拾級而上，一步步走向頂端。就算是一條狗在飲河水，也只能喝下那麼一小口。而在我們的研究所課程裡，居然把你的第二冊、第三冊和第四冊，一股腦兒全上了。

就像李茲和米福德這麼有名的人合寫的電動力學教科書，也只能安排在研究所才能上。矩陣表述、張量、群論和算符運算學，都不適合大二的學生上。你現在應該可以回顧自己以前的所爲，等到思維蒸發之後，稍帶著一絲悔意。就連像你這麼勇敢的人，也不應該竭力推動這麼短視的課程改革。你的書非常精彩，這是毫無疑問的，但它就像一個方形的木塊想要塞進圓形的洞裡。事實上，傾斜的平面可能是過時了，但是上面若有踏腳石，還是可以讓人走上更精練的主題。要想爬上圓型大廳的屋頂，需要樓梯或電梯。沒有人能不費什麼力氣，立刻爬上帝國大廈的頂端。

你怎麼會變成這個樣子。我不是說你用有高度爭議性的現代方式來教物理；你自己是用傳統的方式來攀登的。如果是我近視，看不清情況，或是我受到「保守力」的導引，請糾正我。請讓我也搭上物理學的遊行前導花車，讓我也習慣萬花筒不停變幻的模式。

請回信。我相信你的正直與敦厚。

誠摯的祝福

曼寧

費曼致曼寧，一九六七年三月十四日

親愛的先生：

我覺得你的批評也許是正確的。但是另一方面，如果堅持所有的學生都應該遵循老路，一步一步慢慢學習，同樣也是不正確的。所有的學生資質都不太一樣，有的適合這種方法，有的適合那種，不能一概而論。如果我的書因為太過先進什麼的，而你不喜歡，還有其他很多比我更基本的物理教科書可以選用。在你的例子裡，或許這些書會更適合你。

如果你的學校選用我的書當大學一、二年級的教科書，該受批評的是他們，而不是我。當我們開始進行這一系列的課程時，我們想做的，只是教我當時的學生。因此，我給了他們一系列的演講。後來決定編輯出版這套書，把它們用在隨後幾年的物理教學上的人，也不是我。我很自豪這是一套很棒的物理書，但是何時該使用、誰該使用、用在什麼地方，我都沒什麼意見。

非常感謝你的批評。如果你需要這封信去影響校方，不要採用我的書當課本去教育初年級的大學生，我也樂觀其成。祝你幸運、成功。

誠摯的祝福

理查．費曼

費曼致康乃狄克州的寇克倫（Beryl S. Cochran）小姐，一九六七年四月二十七日

親愛的寇克倫小姐：

當我愈來愈有經驗之後，我知道自己對於教小孩子算術這碼子事，根本就是一竅不通。在我尚未有這種自知之明之前，確實寫過一些這方面的東西。或許你就是因為這些東西才找上我的。我隨信附寄給你。

不過，我目前已經不知道自己是否還同意以前發表的這些看法了。

無能爲力的　理查・費曼

費曼致澳洲皇后學院的德加利斯（Hugh Degaris），一九六七年四月二十七日

德加利斯是個修物理、數學和哲學的大二學生。他表示當費曼老了以後，他願意取代費曼在科學界的地位。德加利斯還懷疑自己是不是把太多創造力浪費在學習過程，而沒有適當發揮在研究上。因此想到加州理工學院可能比目前就讀的學校更合適自己的特長。他同意葛爾曼（見第137頁）對統一場論的意見，是「我們這個時代的偉大冒險」。希望自己也有「投身其中」的機會。

親愛的德加利斯先生：

如果你想投身某項科學研究，不論身在何處都沒有困難。你必須先學會如何發展和評估自己的想法。你可以先試試自己對「分維」（fractal dimension）有什麼想法。這是個純數學的觀念，你得好好發展。在過程中，你一定會學到一些東西的。如果你碰到的想法不夠好，或是你讓某些無趣的東西給纏住了（這幾乎是不可能的），就必須另找出自己的想法，把它解決掉。

在此同時，你可以用傳統的方法在學校或經由書本和百科全書來學物理。這可能會讓你

有其他的想法。不過你還是要知道物理學上有哪些問題等著你去解決，這樣你就可以判斷，或許某個想法是值得一直鑽研下去的。

就我所知，並沒有什麼速成的捷徑。

誠摯的祝福

理查・費曼

倫敦的加迪納（Margaret Gardiner）小姐致費曼，一九六七年五月六日

親愛的費曼教授：

隨信附上一份聲明稿，是我們準備在《倫敦時報》買廣告版面來刊登的，希望你能同意並簽名支持我們的立場。如果經費足夠的話，我們也打算買其他發行量更大的報紙來刊登廣告。我想邀請參與連署的人數並不多，大概五十人左右就夠了。這五十人希望是英國人普遍認識的美國傑出人士（兩國人都知道的名人並不是很多）。下面這些人是已經參與連署的，有：蓋勃（Naum Gabo）、海勒（Joseph Heller）、赫斯（Stuart Hughs）教授、默頓（Thomas Merton）、拉普波特（Anatol Rapoport）教授、沙皮羅教授、西瑞爾（William Schirer）和維斯可夫教授。我希望網羅到一些至目前爲止還沒有正式表態反戰（至少在英國還不知道他們的立場）的名人來連署。

我們相信，這份聲明能對英國的民意產生很大的影響。我們「抗議英國政府支持越戰」

的運動，在這裡不斷受到打壓與嘲諷，不管是正式或非正式場合，都有人把我們和反美畫上等號。大家都認定「那是河內的錯」。我們也相信，由於英國是唯一支持越戰的歐洲大國，我們政府內部也開始有不同的聲音。

我們預備在六月一日和二日刊登廣告。那時國會正要開議，而威爾生首相正要拜訪詹森總統。如果你同意簽名，這是我非常盼望的，請儘早回覆。

誠摯的祝福

瑪格麗特．加迪納

附筆：如果你願意贊助廣告費用，支票抬頭請注明「加迪納與庫斯托，越南專戶」。

這份由英國人熟知的美國名人連署的聲明，將以廣告方式刊登在英國《倫敦時報》，全文如下：

我們這些深切關切越南戰爭情勢發展的美國公民，希望在此把我們反對美國和英國政府官方立場的意見公諸於世並記錄下來。就是：河內政府並不是唯一的，阻撓和平協議的絆腳石。相反的，有很多證據顯示，我們美國政府不理會協商的呼籲，一再的升高戰爭規模，才是阻絕許多協商機會的主因。

我們保證，你們對這種可恥戰爭的不安情緒，絕對不等同於反美情緒。這場戰爭已經把它所聲稱要捍衛的美好價值觀念，摧毀殆盡。因此，任何反對戰爭的表示，應被視為熱愛並且認同我們美國的價值觀念。

費曼致加迪納，一九六七年五月十五日

親愛的加迪納小姐：

我對你聲明裡的精神深表同情，對聲明的最後那一段也深有同感，因此本來想簽名支持的。但是很遺憾的，我對於聲明稿第一段提到的論點，並不清楚。你說有明顯的證據顯示，美國政府升高戰爭規模，阻礙了進行協商的機會。這我看不懂。當然，原本升高戰事的企圖是以戰逼和，迫使北越政府肯坐下來談判。這一點似乎是失敗了。但是我不知道除了升高戰爭規模之外，還有什麼其他的方法或機會，能使河內政府願意談判。不過我們都不在越南，無法評論那裡發生的事是對是錯。只是戰爭的確摧毀了那些我們原本想維護的美好事物。

我對自己是否有立場，簽名支持這樣的聲明並沒有把握，因此覺得很懊惱。不過我有個退而求其次的替代方案。隨信寄上一張小額的捐款支票，協助你們刊登廣告。

誠摯的祝福

理查・費曼

費曼致丹內克（Donald H. Deneck），一九六七年六月二十七日

這件事不知道是由費曼的一通電話，還是一封信引起的。一九六七年六月十三日，紐約「約翰・韋利父子出版公司」的物理編輯丹內克寫了一封道歉信給費曼，談到寄了一封宣傳信給他所引起的誤會。「雖然這封信看起來像是只寫給您的一封信，但是拜現代印刷術

之賜，這其實是大量寄發的廣告信。全國大約有三千位物理教授都收到這樣的一封信。」他希望費曼不會因此而困窘或生氣。

親愛的先生：

你誤會我的意思了。我只是想減少自己收到的郵件數量，不管是從作者寄來的，或從任何地方寄來的，並沒有困窘不困窘的問題。我只想從你們的通訊錄裡除名。你能不能把我的名字從貴公司的通訊錄名單中劃掉？我對所有的出版公司都這樣要求，包括艾迪生—衛斯理公司在內。謝謝你。我沒有不悅的意思。

誠摯的祝福

理查．費曼

費曼致洛克菲勒大學柯克（Mark Kac）教授，一九六七年十月三日

親愛的柯克：

對不起，我並不想到什麼地方去演講。我喜歡這裡，想安安靜靜的工作。準備講稿、出發、發表演講、然後跑回來，對我平靜的生活是一種干擾。

但我還是感謝你們的邀請。

誠摯的祝福

理查．費曼

費曼致《紐約時報雜誌》，一九六七年十月

致編輯：

看到自己的名字和家裡小狗的照片，出現在《紐約時報雜誌》上，標題是《兩個尋找夸克的人》（見〈附錄六〉），真是一件很有趣的事情。雖然我做了很多你們在文章裡描述的工作，但我卻不是促成其他科學家想到夸克這種粒子的人之一。「夸克」是葛爾曼（見第137頁）的偉大創見之一，是他獨力想出來的。

理查．費曼

費曼致韋納（Robert Winer）女士，一九六七年十月二十四日

看到費曼在《洛杉磯時報》的一篇針對現代詩的評論，韋納女士寫了一封信給費曼。她覺得費曼的評論，總而言之，就是抱怨現代詩人對近代物理沒有興趣。而事實上，現代詩人卻寫了很多和近代科學有關的作品，其中包括星際太空、紅移、類星體。她的結論是，費曼以「喜歡令人望而生畏的困難事物」出名，她還隨信附了詩人奧登（Wystan H. Auden, 1907-1973）的作品〈兒童版現代物理導覽讀後〉給費曼。

如果那些頂級物理學家所知道的
有關事實的事都是真的
那麼所有人云亦云的瑣瑣碎碎、無足輕重
我們平常世界所包含的東西（都將不再有任何意義）
我們將擁有更美好的時光
比大星雲更寬廣，也比我們腦中的原子更豐富

婚姻將不再有什麼樂趣
而更糟糕的是
所有粒子四散飛射，每秒幾千英里，波及全宇宙
在這其中，愛人的親吻
不是沒有絲毫感覺的輕
就是重到會折斷戀人的頸骨

雖然我凝視的臉
要刮它是太殘酷了些
但，年復一年，它都回絕
這項古老的請求，而它終仍保有

費曼的長子卡爾與愛犬奇威，攝於1968年。

(© Michelle Feynman and Carl Feynman)

感謝老天爺，足夠的質量
使它能夠維持在那裡，而非不確定的鬆垮
就像別的地方那樣

我們的眼睛喜歡把這裡
看成適合居住的地方
這是以地球為宇宙中心的觀點
而建築師所建構的，也是歐幾里德空間
但是，誰創造了某個神話
說我們的房子跨坐在一個不斷擴張的馬鞍上？

我們的這種熱情
化成一股不斷尋找的過程
是一種令人無可置疑的事實
但是我將在其中發現更多的欣喜
如果我能更清楚知道
我們要知識來做什麼
如果能自由決定要知道些什麼

我們的心當然會更平靜
看來，似乎已做過一次選擇
不管我們是否關心
尺度的極端狀態
真正成為一個生物的
是體型中等的傢伙，
或者在大自然的政治舞台上
都得是聰明的
這是我們該要學習的

——奧登，《關於屋子》

親愛的韋納女士：

我先前沒有回你七月七日的來信，是因爲我出去度假了。現在我已經回到家，開始處理整個暑假累積的所有信件。

我對詩人的主要論點，並不是抱怨現代詩人對近代物理的進展不感興趣。而是說他們對最近四百年來，科學家所揭露的大自然的奧祕，表現出一副無動於衷的冷漠態度，完全沒有情緒上的激動和欣賞。

奧登先生的詩作正好證實了他對大自然的美妙缺乏感動。他自己也說了，想更清楚的知道「我們要知識來做什麼」。我們要知識是因為：如此我們才能更愛大自然。當你手上拿著一朵美麗的花兒時，難道你不會換個角度來欣賞它嗎？

當然，人類需要知識還有其他的目的，例如打仗、創造商業利益、幫助疾苦的人……等等，有各種不同的動機和價值。這些明顯的動機和後果，詩人是知道的，也寫了很多作品。但是從那些學習大自然在生物與無生物上表現的規律，從而產生的情緒，如敬畏、好奇、欣喜和熱愛等，加在一起（它們本來就是合一的），卻很少在現代詩作裡出現。自從文藝復興以來，人類應該已經學會去欣賞大自然美妙的特質了。

當代世人是愚蠢的，更可悲的是，這種愚蠢只能利用藝術來調節。當然，沒有了藝術的科學，對此事是無能為力的。藝術和詩可以把美麗帶回人類的心靈裡，逐漸使生命更加美麗起來。

我覺得可悲的是，在科學裡，我已經看到一種強烈的美感了。但是看到這種美的人實在太少了，因此也很少讓詩人看見。至於一般人，看得出來的人更是鳳毛麟角了。

從另一方面來看，你的說法也許是正確的，很可能我看的詩太少了。但至少，你附給我的這首詩，我可是看得很仔細的。它正好證實了我的觀點，就是現代詩人完全不瞭解大自然的知識裡那種動人心弦的情緒力量。

誠摯的祝福

理查．費曼

附筆：你可以找到我的第一手、更完整的評論。在《費曼物理學講義》第一冊第三章第六頁的注腳裡。

費曼致普林斯頓大學校長波因（Robert F. Boheen）博士，一九六八年二月十六日

親愛的先生：

很抱歉，但我並不想接受你們打算頒授給我的榮譽博士學位。我已經有一個普林斯頓的博士學位了，而且是腳踏實地拚來的。在我得到博士學位的那個畢業典禮上，我還記得當時看到別人獲頒榮譽博士學位，心裡很不是滋味。我那時就覺得，博士學位應該是眞的要做出一番研究成果，才有價値。所謂榮譽博士學位，其實是貶低了博士的價値。

誠摯的祝福

理查．費曼

費曼致韮爾斯（Bruce Jowers），一九六九年四月二十五日

韮爾斯是加州的高中生，自認爲是未來的科學家。他寫了兩封信給費曼，很可惜我們只找到其中的一封。信裡談到核融合的裝置，以及他覺得其中的基本錯誤。他還建議了解決的辦法：（一）他認爲加熱氣體直到氣體具有足夠的能量進行核融合，太耗能了，「爲什麼

不讓加熱氣體的能量少一些，大概只要原先的四分之三就夠了，然後把氣體電漿化，再用電漿加速器來加速，讓兩股電漿束迎面對撞，氣體粒子就可達到能夠融合的能量。（二）爲了造成可控制的核融合，必須把電漿包圍住，韭爾斯建議讓電漿在一根很長的磁管裡運動。他指出，在速度很高的時候才會發生反應，而高速產生的慣性，有助於控制反應。（三）他認爲應該加碳或其他的催化劑來協助核融合反應。「我看到的所有天文學書籍，都說太陽是藉著碳原子做催化劑來完成核融合反應的。但我沒有看到你們用過催化劑。」韭爾斯還附了一張建議裝置的圖。在信的結尾，韭爾斯說：「我希望這封信對你有一點價值。如果可能的話，你可以把我的主意撕成碎片，再把碎紙丟還給我。我還是個高中生，需要一些經驗，謝謝你。」

親愛的先生：

你寫了兩封信給我，要我把你的主意撕成碎片，然後丟還給你。你可能會很高興我並不打算這麼做，因爲整體而言，你的主意是正確的。然而在另一方面，希望你聽了也不要太失望，就是：你提出來的主意，以前都有人想到了。

關於核融合的反應器，確實有人建議過用催化劑，不過不是碳。我們用來融合的原子，比氫更容易融合。我們用氘或氚，它們比較容易作用，並且有時候也利用鋰來做催化劑，使反應速率快一點。太陽裡並沒有多少氘或氚，只能從氫開始，因此必須用碳做催化劑。而且太陽的核融合作用速率也太慢了，不適合我們用，我們必須試試別的反應方式。譬如讓兩束電漿對撞之類的，這也是好主意，我們也試過了。至於局限（confinement）的問題是要使電漿束保持完整，不要發散開來，逸出裝置外。

至於原子核的膠合力，你的說法幾乎是對的。中子數較大的原子核並不穩定，但這並不是電子把它們拉開，而是存在一種法則，不讓很多相同種類的粒子占據同一個空間，除非給它們很多能量。（這就是爲什麼一個原子的所有電子，不會都聚集在原子核附近，它們會彼此保持適當的距離，形成電子殼層的結構，在離原子核很遠的地方運動。）我們由你建議的那類實驗裡，知道電子對原子核內的核子，只有微弱的效應。在不同的物質裡，同樣的元素可能有不同的化學形式（因此，電子的運動和原子核之間的距離也可能不同）。但是化學形式對原子核的能量，只有些微的影響，也不會影響原子核的衰變速率。原子核本身則是利用強交互作用力，結合在一起的。這種強交互作用存在於核子之間（如中子和中子，中子和質子以及質子和質子之間）。由於質子和質子之間有靜電斥力存在，核子之間的結合情況還必須稍作修正。我目前所做的工作，就是與「核力是怎麼來的」相關的東西。

誠摯的祝福

理查．費曼

費曼致王安迪（Andy Wang），一九六九年九月三十日

就讀賓州哈弗福德學院的王安迪是從香港到美國來的留學生，想要念物理。但是他以前的物理成績並不好，學習有些困難。他寫了封信給費曼，還把以前的成績單附給費曼參考。

親愛的王先生：

很抱歉，在我更瞭解你之前，實在沒辦法給你什麼建議。有時候，像你這樣的情況只是由於某件事不明朗，就整個卡住了。只要找出問題，情勢就會豁然開朗。但有的時候，問題就不是這麼簡單、這麼好解決了，這時候可能不值得費上九牛二虎之力去搞它。你的電磁學有93分，看起來很不錯。但是要你硬往石牆上撞去，似乎也是不智的。我該說些什麼呢？

這樣吧，去找些對物理也有同樣興趣的朋友，和他們談論有關物理的事情。如果你發現自己能用很流暢的語言，按自己的方式解釋各種物理現象，而他們也能充分瞭解你所說的，那就沒問題了。不久之後，你會發現，你能對自己解釋事情是怎麼發生的。否則，就死心放棄學物理這回事，另外找個出路。如果你找不到這種朋友，去當家庭教師，教教基本物理，看看進行得順不順利。

誠摯的祝福

理查·費曼

費曼致匈牙利技術出版社總監索特（Sandor Solt），一九六九年四月二十五日

親愛的索特先生：

聽到你說覺得《費曼物理學講義》這套書非常好，準備把它們翻譯成匈牙利文時，我非常高興。以後你們匈牙利的學生也有機會看到這套書，眞是令人開心。

你建議刪除部分章節（例如，第四十八章第八頁），要求我允許你這麼做。我很難同意你這麼做。因爲如果有人把你譯的書，和別人所翻譯的書拿來比較，就會發現你好像動了什麼手腳，偷工減料的，不會害得你很尷尬嗎？你刪除這些章節的原因（可能是重複了，或者現代的研究已經證實那是不正確的），可能讀者並不清楚，結果讀者會連帶懷疑起你其他部分的翻譯，是否也不夠詳實。

因此我建議你，不如把所有的內容全都翻譯出來，然後對於你有意見的那些章節，就加上「譯者注」之類的說明，解釋你對這部分內容的看法，例如它有重複或過時了等等，讓學生知道科學是一種原創性的工作，新的後續研究常常會改變老觀念。而我自己也會很高興看到你們這些物理學家對我的想法有些什麼批評。

我自己倒是還沒有注意到，我的想法在什麼地方出了問題。你們附加的批評，會使這套書增色，因此，如果你願意的話，我很希望你添加這一類的注腳，但請你完整保留整套書的內容。

我再次感謝你的耐心，肯把這本書翻譯成匈牙利文。

誠摯的祝福

理查．費曼

費曼致萊特（H. Dudley Wright），一九六九年五月一日

住在瑞士日內瓦的杜德立．萊特先生，是費曼的老友，他設立了一項「費曼獎學金」。

一九六九—七〇學年度的獎學金得主是楊綱凱（Kenneth Young），加州理工主修物理的學生。（中文版注：楊綱凱教授現任香港中文大學副校長）

親愛的杜德立：

系主任波南先生已經寫信告訴你明年費曼獎學金的得主是誰了。本來我也應該寫些東西和他的信一起寄給你的。但是他是個做事很有效率的系主任，比我這個粗心大意的教授，動作快多了。

這個得獎的學生非常棒，可說是最佳人選。有些時候，挑選是非常容易的，因爲有人就像鶴立雞群，一眼就看得出來。這次就是如此，我們一開始就搞定了。

有人說，我們畢業學生的素質，一年不如一年（或許是和別校的畢業生相比較的結果，可能人家進步得更快）。我們這位大學部的學生可眞的是非常優秀，值得獲獎。其實我們先前聽到他和同學談起來，準備轉到普林斯頓去。但這項獎學金改變了他的心意，使他願意繼續留下來。眞是謝謝你了。

最近有什麼消息嗎？我們近來有沒有碰面的機會？

這裡一切如常，家裡的每個人都很好。新聞是我們收養了一個女孩子。剛收養的時候，她才兩個月大，現在她已經八個月大了。當然，她非常聰明可愛。另外，我開了一次小型畫展，就在加州理工學院雅典娜館（Athenaeum）的地下室。因此，未來會發生什麼事是很難說的，你最好把我送給你的那些畫收藏好。

敬愛你的　理查．費曼

卡爾、米雪、費曼共度米雪的第一個生日，攝於1969年。

(© Michelle Feynman and Carl Feynman)

一九六九年五月十二日，費曼致加州理工學院教職員同事的公開信，並張貼在溫尼特學生活動中心

大家普遍認爲加州理工學院的學生都悶悶不樂，需要師長們更多的鼓勵與關懷。因此，最近進行了很多這方面的研究調查工作，並成立了好幾個委員會，來改善師生之間的關係。但直到目前爲止，我們這些師長所做的種種努力，好像都沒有得到學生的任何迴響與反應。但是我在這裡想對大家報告的，是近來學生們似乎也察覺到這種改變，開始做出一些小回應，往改善師生關係的方向前進。小小的火苗已經開始冒出頭來，我認爲應該讓所有的老師都知道這種情勢的改變，並且做好準備。

上個星期六晚上，我受邀到佩吉院（Page House）。在我觀賞一部電影的時候，忽然闖入一群穿寬袍、執木劍的男女，把我帶到法蘭德斯院（Fleming House）去。他們爲我皇袍加身（由一群可愛的女僕人（米雪注：加州理工學院一九七〇年才開始招收女學生，這些女生一定是附近學院的校園美女））、戴上皇冠，並宣布我是國王（你們當中一些道貌岸然的人可能會不以爲然，認爲很像羅馬宮廷裡的酒池肉林狂歡宴）。他們給我送上有四種不同乳酪口味的麵包，還有鬥士爲我競技、表演。

接著有位哲人趨前宣布，要爲國王選妃。立刻就出現四位美女當候選女子，供我挑選。她們每個人都使出渾身解數，在我面前大跳艷舞。後來我發現自己的頭枕在其中一位最美麗的女孩膝上，在我們觀賞話劇的時候，她把葡萄一顆顆剝下，餵進我嘴裡。（我飄飄然，不

費曼看著他的兩個小娃在海灘上玩耍。

（© Michelle Feynman and Carl Feynman）

太記得話劇演的是什麼了。）我所有的要求都馬上兌現。他們用乳液（後來知道是一種牌子的綿羊油）按摩我的背。有人拿來一盆熱水，我的女伴爲我脫下鞋襪，讓我把腳泡入熱水盆裡。一群樂師爲我表演八孔長笛和森巴鼓。一個酒神打扮的人一直提供美酒。而國王喝的，是一種非常可口的專用瓶裝甜酒。

在這種情況下，當然有人妒嫉國王。於是就有人陰謀要造反，把國王放逐。但我早已安排間諜在女侍當中，因此事先就得到風聲，輕輕鬆鬆就把一場陰謀叛亂敉平了。

最後，大家決定（經過一番測試之後），我不必親自駕著馬車回府，另由清醒的御者送我回家。

考慮到這些學生還欠缺取悅師長的經驗（譬如我要顆金桔，他們就找不到），我認爲這是他們誠心誠意想改善師生關係的第一步。我有很好的理由相信，這代表一股新的政策正在形成。因此我建議，下次有同學邀請你到學生宿舍去的時候，你最好要有心理準備，會受到十分隆重的款待。因爲他們會愈來愈有經驗，學生之間也會互別苗頭，各出奇招。

在美食醇酒的招待下，我和學生的關係突然變得非常「麻吉」。酒酣耳熱之際，我忽然察覺到學生的眞正意圖。就是在很多大學校園裡，因爲反越戰氣氛而紛擾不安的此時，他們希望自己校園裡有一股平靜、快樂的學習風氣。他們想要的，並不是學校行政當局所說的和所做的，例如招收更多學生或招收女生這種事，也不是其他很複雜的心理因素。這些本意，隱藏在一些連他們自己也不太確定的表面主張之下。他們只要求一件事，在當時的情況下，對我來說是一件輕而易舉的事。我只要宣布，所有法蘭德斯院的學生，物理成績都是A就行了，就足以讓他們露出一副欣喜若狂的表情。

我相信我的同事們一定會瞭解，爲什麼我說，要處理好師生關係這件事易如反掌。大家只要把表象和實質分清楚就行了。只要師生關係和諧，我們學校就不會出現其他校園的那種騷動與不安的問題。

至於法蘭德斯院的男士，還有女賓，就謝謝你們了，令我有一次終身難忘的經驗！

理查得廝．費曼旎思　國王

第八部

鼓聲咚咚（一九七〇至七五年）

我幹的糗事還多著呢。就讓這些傻事繼續流傳下去吧。

The Letters of Richard P. Feynman

費曼在教育上的持續努力，爲他贏得一九七二年美國物理教師學會的厄司特獎章。這是一項傑出的榮耀，使他和許多同時代的大師比肩而立，如：貝特、布契塔（見第329頁）、戴森、顧德斯坦★、莫里遜、歐本海默、拉比、維斯可夫、惠勒、撒迦利亞（見第151頁）。第二年，費曼又獲頒波耳國際金質獎章。

在這段時間裡，費曼的物理研究工作主要是發展成子（parton，就是漸近自由的夸克）的重要觀念，這些觀念一直到今天還在應用。他也做更多更專業的演講，後來也改編成教科書，如《統計力學》與《光子—強子（hadron）交互作用》。費曼也繼續研究相對論性夸克。

費曼對電腦也愈來愈有興趣，因此從一九七三年，他開始和麻省理工的傅雷德金（Edward Fredkin，電腦科學界的狂人）談論發展「人工智慧」（AI, artificial intelligence）的可能性。這是他以往相當排斥的名詞。

在這個紛紛擾擾的年代，很有趣但並不令人意外的是，許多人都想拱他出馬，角逐政治上的名位與權力，並且把他和一些政治議題掛鉤。費曼在爲自己辯護，爲什麼決定去發展原子彈，以及評論女性的科學才能時，寫過一些眞情流露、相當坦率的信件。

★中文版注：戴森（Freeman Dyson, 1924-）和顧德斯坦（David L. Goodstein）是本書內文第一次出現。戴森是普林斯頓高研院物理學教授，曾形容費曼「既是天才，亦是丑角……我愛此人之甚，幾如崇拜偶像。」顧德斯坦是加州理工學院資深物理教授，曾爲《費曼物理學講義》作序。

費曼與米雪，攝於1970年。

（Photograph by Albert Hibbs, © courtesy Ms. Marka Hibbs）

阿巴班內爾（Henry Abarbanel）給出席者的備忘錄，一九七〇年五月一日

此　致：出席第十五屆高能物理國際研討會的科學家

起草人：普林斯頓大學阿巴班內爾

主　旨：因應蘇聯以政治理由排拒特定團體出席國際研討會

說　明：可能大家都知道，從一九六七年六月開始，蘇聯已經開始採取一項政策，就是在境內舉辦任何國際研討會時，排除以色列科學家的參與。他們利用一種政治手法，就是發邀請函的時候，並沒有排除任何特定對象，還是全部邀請。但是在核發入境簽證上動手腳，讓某些人得不到入境許可，不得其門而入。這種由於政治考量，而排除某個特定團體參與學術交流的舉動，在科學界是一件無法忍受的事。我建議我們一致採取下列行動，以防止這種事情發生在我們高能物理的研討會上。

我想寄一份嚴正聲明（內容如附件）給大會的籌辦單位，就是蘇聯國家科學院，以及蘇聯外交部。內容主要是告訴他們，如果有任何團體由於政治考量而給排除參加這次大會，那麼下面這些簽了名的科學家也不會出席這次在基輔召開的大會。由於以色列代表團的簽證，預計要到一九七〇年六月一日才能確定，因此這封信會等到那個日期之後才寄出。當然若一切順利，這封信也不必寄了。如果你同意這份聲明的基本理念，請簽了名之後寄回來給我，並且留下你的通訊和聯絡方式，好讓我在一九七〇年八月間，可以和你聯繫，特別是大會的前一週。至少在開會之前七十二小時，我會讓簽了名並且留下通訊方式的人知道，以色列代

表或其他任何有意出席大會的團體，是否給排拒在外。到時候，如何行動可由各位憑自己的知識作判斷。時間是個很關鍵的因素，因爲每個人要到什麼時候才能拿到蘇聯簽證，是很難預知的。就算你原本就打算參加，也要到開會的前一週或前幾天，才能拿到簽證。

我這樣說好了。如果對這次的抗議行動有任何建議，我都由衷的歡迎，也可以隨時改變方式。我衷心期盼這件事不會發生，我們最好是白忙一場。但有備無患，事先做好防範，總比臨時一籌莫展好。

所有簽了名的人和抗議信，在必要的時候會寄給大會的籌辦單位，就是蘇聯國家科學院和蘇聯外交部。請在一九七〇年五月二十五日之前回信。如果你曾經把大會的開會通知轉達給任何知名的科學家，是否可以請你把我這封信和聲明稿也轉給他？謝謝你了。

下面簽名的科學家，都認為第十五屆國際高能物理研討會，應該公開，讓所有的物理學家都能夠出席。如果任何團體由於政治立場的不同，而遭排除，我們將拒絕出席這項會議。

費曼致阿巴班內爾，一九七〇年五月十四日

親愛的阿巴班內爾博士：

我已經多次拒絕出席在蘇聯召開的研討會，也包括這次的基輔大會。我不以科學研討的

名義訪問蘇聯，是由於蘇聯政府對科學家的箝制政策，限制科學家做什麼或去哪裡。我同意你的聲明。但它好像暗示，如果以色列的科學家能夠出席會議，我就會去似的。這違反我的本意，我根本不去。其實蘇聯科學界的弊病比這件事更嚴重多了。因此，我不想簽名。

誠摯的祝福

理查．費曼

費曼致英國代表卡迪（K. A. Cardy），一九七〇年八月二十七日

卡迪是聯合國「教育科學暨文化組織」（UNESCO）的英國代表，想提名費曼，爭取「科學普及化」貢獻的卡林佳獎（Kalinga Prize）。

親愛的先生：

聽到你考慮提名我，爭取聯合國教科文組織爲科學普及化貢獻所頒的卡林佳獎，我覺得非常榮幸。但是我認爲自己並不適合爭取這獎項，感謝你的美意。另外，因爲我正打算到印度去旅行。如果不小心得到這個獎，回來的時候，別人要我說明印度的科學普及狀況時，我就很難推辭了。

抱歉我這麼晚才給你回信。但你的信到的時候，我正好出去度假。剛剛才看到你的信。

誠摯的祝福

理查．費曼

古根漢（John Simon Guggenheim）紀念基金會機密報告，一九七〇年十二月九日
古根漢獎金候選人：葛爾曼（見第137頁）

推　薦　人：理查．費曼
推薦報告：
在高能物理的領域裡，幾乎每一項重要理論的發現，都和葛爾曼的名字扯上一些關係。事實上，我們知道的所有這些粒子的對稱性，就是他直接研究出來的。讓這位候選人有足夠的經費去做任何他想做的事，可說是對物理發展的最大貢獻，也必定會有最豐碩的成果。把獎金用在這個地方，將會提高你們基金會的名譽與聲望。

理查．費曼　簽字

※米雪注：不知道是不是費曼的推薦信發生了影響，葛爾曼得到一九七一年的古根漢獎金。

費曼致柯魯克（Stanistow Kruk），一九七二年一月十八日
柯魯克先生是十八歲的波蘭學生，寫信給費曼，問道：「你對科學世界持什麼樣的態度？你怎麼有這麼偉大的科學成就？你對於還沒有發現的物理定律，有什麼想法？……你在十八歲，像我這個年紀的時候，知不知道自己將有個大好前程？」

費曼1970年於阿崗國家實驗室演講的神情。

(© Argonne National Laboratory)

親愛的柯魯克先生：

很抱歉，你的問題都太大了，很難用三言兩語說清楚。我只能告訴你，我有一本英文演講集，書名是《物理定律的特徵》（中文版書名《物理之美》）。至於用波蘭文發行的演講集，可參考《*Feynman Wykxady Z Fizyki, Warszawa 1970, Panstwowe Wydawnictwo Naukowe*》，但這本書你很可能已經看過了。

我在十八歲的時候，並不知道自己的未來會如何，但我知道我自己要做個科學家。這是很刺激、有趣而重要的工作。

誠摯的祝福

理查・費曼

麻省理工學院教授基斯佳科夫斯基（Vera Kistiakowsky）致費曼，一九七二年二月十一日

親愛的費曼教授：

你最近在美國物理學會年會上發表的一些有關婦女的言論，以及你在書裡提到的和女性有關的言論，我想表示一下意見。我正好以美國物理學會的女性物理學家委員會主席身分，撰寫一份女性在物理學界情況的報告。因此，這件事讓我感同身受。

你說，女性在物理學界的確受到一些差別待遇，你也說，這樣的情況很荒謬。你的說法有很深遠的正面影響，尤其與會的聽眾絕大部分是物理教師。你的見解也不同於一般人。雖

然很多物理學家都把兩性平等掛在嘴上，表示不管男女，在物理的研究上有相等的才華，但只是說說而已。他們通常也認爲，由於婚姻和養兒育女的牽絆，女性和男性在學術成就的表現上，是有差異的。其實這樣的想法是有問題的。統計結果指出，已婚婦女在科學上的成就超過單身的女性科學家。但很多人藉口說，「影響成就的因素太多了」，而不理會上述的統計事實。因此，如果你的名望能讓社會大眾普遍接受你的說法，你應該有資格獲頒女權運動的斯坦頓獎章（Elizabeth Cady Stanton medal）。

但是我對你在《費曼物理學講義》裡提到的，有關一件女性的軼事，我覺得你是把精力浪費在無足輕重的瑣事上了。我之所以這樣說，是因爲你在書裡開玩笑扯到的那位女駕駛，只是一件雞毛蒜皮的小事。我還是很開心的用你的書當我教學的課本，並沒有挑動女權意識的神經。這已經是好多年前的事了，當時我還沒有開始閱讀女權運動的書籍，並思索女性社會地位的問題。從那之後，我的女性意識開始覺醒，我開始觀察自己的行爲，並且在女兒的支持下，從事很多心理學和社會學的研究，得到一些很明顯的結果：就是所有的媒體和社會大眾都對女性灌輸一種她們能力稍差的印象，讓女性以一種魚與熊掌不可兼得的矛盾心態來看待自己事業上的成功。簡單的說，我覺得你在書裡引述的女性軼事，會造成人們的一種錯覺。他們會覺得：你看，費曼（偉大的物理學家）筆下的女孩笨笨的，不像男性物理學家那麼聰明；我是個女孩子，可能不適合當個物理學家。

當然，這種說法可能是過度簡化了。但我認爲其中含有許多眞實的成分。如果你把故事裡的「女人」，用一個含有濃厚種族歧視的詞來取代，如「黑鬼」，就可以看出這則軼事的隱含意思了。尤其以你今日的聲望，更會增加它的負面反應。因此，我個人認爲這不是微不足道的小事，這比女博士物理學家受到的不平等待遇，影響更要嚴重。

誠摯的祝福

基斯佳科夫斯基

※中文版注：與女駕駛相關的故事，請看《你管別人怎麼想》一書的第七章〈費曼是性別歧視的豬！〉

費曼致基斯佳科夫斯基，一九七二年二月十四日

親愛的基斯佳科夫斯基博士：

很感謝你的來信。很不幸，我以前在書裡引述的一件軼事，今日卻變得有些敏感。或許我當時應該更小心些，別去提它比較好。但現在已經有點太晚了。事實上，我同意我妹妹對這件事的看法（她正好也是女博士），她認爲，除非故意誤解原意，否則根本是小事一樁。你說這故事讓人覺得，「費曼筆下的女孩笨笨的，不像男性物理學家那麼聰明」，這是你的看法，我並不覺得如此，尤其是後半句。這樣的說法對我並不公平。雖然我在書裡，有兩處提到「女駕駛」和「女人的心思常改變」，對女人似乎有些不敬；但我也提過「一位非常天才的母親」，以及「哥倫比亞大學吳健雄女士的實驗」這兩段傑出女性的敘述，應該足夠補

償了。至於一個核物理學家女友的故事，是眞人眞事。只是它談的，是特定人物，而不是泛指所有女性。

我妹妹認爲，物理是一門很難的學問。要學好物理，不但要具備客觀獨立的思考能力，不會人云亦云，還要非常的專注，不爲無關緊要的芝麻蒜皮之事分心。她認爲有人若是過度在意速度的定義是不是夠精確，或某種度量能力是否具有普遍性，或者書裡偶然提到的例子是不是太敏感，這樣的人在研究物理的過程中，是得不到樂趣的。

我妹妹的看法可能是錯的。但我覺得我們都應該更理性一點，把重點放在書裡眞正的主題。如果我們的潛意識要做出岔題很遠的結論，要能把它拉回正題。現實世界的問題已經夠多了，夠我們忙的。

如你所說，你的女權運動神經並沒有給挑起。這已經足夠證明，你的推論不一定成立。別人的神經應該和你的一樣大條。

誠摯的祝福

理查．費曼

費曼致賽沙吉里（A. V. Seshagiri），一九七二年十月四日

賽沙吉里是印度孟買的十九歲學生，寫了一封八頁的長信給費曼。他有嚴重的口吃問題，他告訴費曼，爲了這語言障礙，他可說是吃盡了苦頭。而且他和老師的相處也出了問題，賽沙吉里覺得他的老師「以打擊學生信心、消弭學生的學習熱誠爲能事……他們敝帚自

珍，並不想傳播知識。」他覺得加州理工學院似乎是一個理想的學習環境，可以讓他「不受騷擾，心平氣和的學習。」

親愛的賽沙吉里先生：

你很幸運，你喜歡的學科是物理。學習物理不太會受到語言障礙的影響。事實上，物理常需要單獨研究，你必須自己教自己，自我成長。不必太過在意你的老師的態度。有很多不同程度的物理書可在市面上買到，物理學的各個不同領域都有，每本書的寫法也不太一樣。你要去找一套適合你程度的書——那種你很喜歡看，又可以從裡面學到很多東西的書。如果你正好覺得我的書寫得很有趣，我隨信寄一本全是習題的小書給你。不過我的書對你來說，很可能太難了些。我給你的這些習題，如果你現在沒辦法解答，也不要緊。放輕鬆些，先閱讀那些你眞的看得懂的東西。你的知識會隨著閱讀而逐漸增長的。

請你瞭解，現在你和老師之間的困難，並不是印度普遍存在的情況。我把你信裡提到的窘況，和我一些熟悉印度的同事討論過。他們都在印度待過很多年，對印度的教育環境有一定程度的瞭解。當你的學習更上層樓，你就更有機會碰上很和善、瞭解你困難的好老師。

想進入加州理工學院念大學部，是非常困難的，尤其外國學生，更是難上加難。但是，進研究所，尤其是攻讀博士，情況就容易多了。事實上，我們今年物理研究所招收的二十位博士班研究生，就有兩位是印度來的。我建議你留在印度，完成學業，得到學士學位和碩士學位。如果到時候你還沒有改變研究物理的心意，就可以申請美國的研究所。

這時候，你要心平氣和的學習那些你有興趣的東西，眞正瞭解其中的道理。我不知道你的興趣何在，也不瞭解你的程度，因此沒有辦法推薦什麼特別的書給你。你可以到孟買的圖書館，去找適合你的書。

誠摯的祝福

理查．費曼

費曼致小希布斯（Bart Hibbs），一九七二年十月十三日

小希布斯是希布斯博士（見第360頁）的兒子。

親愛的小希布斯：

你要我寫信告訴你，爲什麼太陽快要下山的時候，是紅色的。

太陽光是由七種顏色的光合成的。空氣分子對每種顏色的光，散射能力都不一樣。藍色光最容易被空氣分子散射，紅色光最不容易。因此，天空的顏色（在離開太陽的方向）通常就是被空氣分子散射光線的顏色。大家都知道天空是藍色的。而那些沒有被散射掉，直接由太陽穿過空氣，進入我們眼睛的顏色，藍色就比較少些。若陽光穿透的空氣愈多，它裡面藍色光的分量就愈少。由於落日的時候，陽光通過很長的大氣層，才進入我們的眼睛，看起來當然是紅紅的啦。

落日的時候，天空和雲朵的顏色非常漂亮，但形成的原因也非常複雜。其中有些顏色是

太陽直接照上雲朵而形成的，有些是散射到較高天空的陽光映照下來而形成的。因此，千變萬化，彩霞滿天。

我希望這樣已解答了你的問題。如果你因此而想到更多的問題，就寫信給我。我也會設法回答的。

你的好朋友　狄克·費曼

費曼致芝加哥的錢德（K. Chand）醫師，一九七二年十一月六日

費曼到芝加哥參加高能物理研討會。當他走在人行道上時，不小心被地上的長草絆倒，把膝蓋骨撞裂了。

親愛的錢德醫師：

我是你九月七日動膝蓋骨手術的病人。你要求我出院之後的一個月或兩個月，寫信把復原的情況告訴你。我的復原情況很好，一切都如你預料的。我今天膝蓋可以彎到九〇度（所以我才記起來，要寫信給你），而且每天以一度左右的成績持續進步中。謝謝你和庫肯尼醫師做了這麼好的手術。請把我深摯的謝意轉達給他。

這次的搭機旅程非常輕鬆愉快。在搭機和下飛機的時候，他們（美國航空）都準備了輪椅。他們還給了我靠近機艙門的特別座位，前面的空間很寬敞。更體貼的是，由於飛機並沒

有客滿，他們把我旁邊的座位都空了出來，因此我有三個排在一起的位子。整個飛行途中，我的腳都舒舒服服的放在椅子的小枕頭上。

我在你們醫院的日子，的確過得很愉快，而且還記得很多位好心友善的醫護人員，例如護士小姐平內克、營養師錢小姐、復健師布雷斯先生和喬伊斯先生等人。只是當我看到保險公司為我支付的每日醫療費用賬單時，還是嚇了一跳！

如果我另一個膝蓋骨也得跌碎的話，我希望會發生在芝加哥，那我就可以再度碰上良心良術的各位了。我正準備去芝加哥訪問國家加速器實驗室，時間大約是十二月初。按照過去的經驗，我應該會再跌倒。請各位預先準備好。

誠摯的祝福

理查．費曼

費曼致吉布森（Malcolm Gibson），一九七二年十二月二十九日

吉布森十五歲，從英國寫信來問，「在知道原子彈這種武器的可怕威力之後，」想知道費曼參加原子彈研發計畫的個人理由。他也理解費曼這種大師級人物的時間寶貴，或許會「覺得不必向我這個毛頭小子說明理由。」最後，他說並不確定費曼是否做過原子彈，如果沒有，願意為自己魯莽的打擾道歉。

親愛的吉布森：

我確實參加過原子彈的製造。主要的理由是我怕納粹先做出原子彈，征服全世界。

誠摯的祝福

理查．費曼

費曼致密蘇里州春田市的赫斯提（Ben Hasty），一九七三年七月一日

這年生日，費曼收到一張別緻的生日卡。卡片的內容是「祝生日快樂，費曼！一群上普通物理課、讀《費曼物理學講義》的開心學生。謝謝你？」生日卡上裝飾著許多數學符號，有箭頭、加號、無限符號、驚嘆號、圓點的乘號，以及用積分符號代替費曼英文姓氏開頭的F等等，後面還有十六個簽名。

親愛的同學：

如果不是我親眼看到，一定不會相信這件事。一群很開心的學生，聯合寄生日卡給那個寫課本的教授？眞是有沒有搞錯？在我們那個年代，學生都很痛恨那位寫書的人，爲自己帶來這麼多的苦難與折磨。或許年頭眞的變了，但我看出來你們還沒有墮落到那個地步，因爲在「謝謝你」之後，你們用的是問號。

你們眞是太棒了，給我一個很大的驚喜。這又是一個令人難以置信的故事，將來我一定要講給我的孫子聽。

非常感謝你們，祝你們幸運。

理查．費曼

費曼致丹麥哥本哈根的福斯達（Niles Fosdal），一九七三年五月九日

親愛的福斯達先生：

我當然願意接受你們的美意。考慮頒波耳國際金質獎章給我，是我極大的榮譽，眞是令人驚喜的消息。我太太和我很願意在九月三十日到十月七日這段時間內訪問哥本哈根。我們還計畫帶著十一歲的兒子同去。我很樂意發表一場演講，只是還沒有想好要講什麼題目。

謝謝你們認爲我值得這個獎。我們會珍惜你們給我們的機會，好好的去哥本哈根探險一番。我知道哥本哈根是一座很美妙的城市，已經造訪過許多次了。但是我太太還沒有機會去拜訪。我很高興能爲她導遊。

誠摯的祝福

理查．費曼

費曼致阿格．波耳（Aage Bohr），一九七三年九月六日

親愛的阿格：

任何時候，我都願意和物理學家或學物理的學生談話。但我不太喜歡正式的演講。我們能不能採取比較輕鬆的座談方式？大家坐在一起聊聊問題，有問有答的，這樣我會自在些。

如果你覺得這樣並不合適，請儘早告訴我，我會設法想一些適當的題目。但我還是希望

不必這麼正式。

誠摯的祝福

理查・費曼

※中文版注：阿格・波耳（Aage Bohr, 1922-），丹麥物理學家，一九二二年諾貝爾物理獎得主波耳（Niels Bohr）的第四子，因發展原子核的結構理論，而獲得一九七五年諾貝爾物理獎。

費曼致義大利米蘭的辛格特（H. B. Hingert）教授，一九七三年九月十二日

辛格特教授懷疑，費曼去巴西講學之前，是否學了西班牙語？但他認爲，巴西曾是葡萄牙殖民地，費曼學的應該是葡萄牙語才對。

親愛的辛格特教授：

謝謝你的來信。《費曼物理學講義》這套書是艾迪生—衛斯理公司出版的。我相信在英文書店裡，應該買得到。

我去南美洲之前，確實學了西班牙語。我當時想去南美洲走走，但是還沒有決定要去哪裡，因此學了西班牙語備用。後來我接到邀請，到巴西做三個月的研究。我是在成行之前的一個半月，才收到邀請，所以在這六個星期裡，我趕快學一些應急的葡萄牙語會話。

很多人喜歡聽我因爲語言不通，遭人家捉弄的故事，因此我也不特別去說破，故意裝得

好像我根本不知道巴西是說葡萄牙語似的。我希望聽故事的人能滿足於這些故事，不要再深入追究。其實我幹的糗事還多著呢。兩害相權取其輕，就讓這些傻事繼續流傳下去吧。

誠摯的祝福

理查．費曼

費曼致加州的斯佩茲（Hubert Speth）先生，一九七三年十月十日

親愛的斯佩茲先生：

謝謝你來信祝福。我們剛從哥本哈根回來，卡爾和我們一道去。給你說對了，他看到我從丹麥女王手裡接受獎章時，高興得不得了。

誠摯的祝福

理查．費曼

費曼致麻省理工學院傅雷德金（Edward Fredkin）教授，一九七三年十月十八日

親愛的傅雷德金：

我有很多事該謝謝你。

1973年10月，費曼從丹麥女王手中接受波耳國際金質獎章。

（© Associated Press）

我們加州理工有個同事叫溫斯頓（M. Weinstein），很喜歡「人工智慧」（或不管它叫什麼東東）這一類的玩意兒。他建議我定期在電腦的終端機上敲敲打打的，而這個終端機又可以連上全國各個先進的電腦系統，好看看會發生什麼事。我想，我現在對電腦的能力有些認識了，也開始思考我們再下來需要些什麼……等等之類的問題。而在做這些事的過程中，我得到很多樂趣。他說，是你建議他來找我的，因此我要謝謝你。

如果你願意的話，或許可以給我一些建議，告訴我你希望我做些什麼，或思考哪一方面的事。我還認不清我們現在所做的事，頭和尾是在哪裡。我現在開始玩的，是Macsyma，是一個叫布拉史東（Don Brabstone）的人教我的。你對於該思考的方向，有什麼建議嗎？我的初步印象是，Macsyma 系統似乎笨笨的，它對於我工作中經常要用到的代數運算並沒有什麼幫助。但我不知道這算不算是適當的評語？如果眞的是，就讓我不幸而言中了。

現在談另一件事。你曾經提供加州理工學院一筆錢，讓我能隨意運用。我一直想不出有什麼適當的用途。但去年，有個很優秀的研究人員（已經得到博士學位），叫雷方達（Finn Ravndal），覺得必須回挪威找份工作。我曾和他共事，我們還聯合發表過一篇論文。我對這件事覺得很難過，因爲：（一）我們必須分離；（二）他會陷在挪威，做一種他既不喜歡、也不能發揮才幹的事。忽然，我想到了你給我的禮物。我用這筆錢提供他在這裡繼續工作一年的機會。我們的領域（高能物理）忽然充滿了新的想法與刺激，而我們這一年的合作眞是既豐碩又愉快。

現在，他已經得到哥本哈根波耳學院的一個職位，波耳學院是相當有聲望的好地方。因此，我們救回了一個好手。這也要謝謝你。

我把你給我的「繆思」送給一個住公寓的小男孩。我已經充分享受過了。

你那兒有沒有什麼新消息？

誠摯的祝福

理查．費曼

※米雪注：信尾提到的繆思（Muse），是數位音樂盒之類的東西。就傅雷德金教授所知，那是第一個裡面有數位電路的大眾產品。

費曼致雷頓（Robert B. Leighton），一九七四年四月十八日

主旨：邀請傅雷德金教授造訪一年

目前擔任麻省理工學院計算機科學實驗室MAC計畫主持人的傅雷德金教授，明年有意來我們加州理工學院待上一年，做些研究交流的工作。但是計算機科學有許多分枝，每個人的興趣也不同，研究的對象五花八門，範圍很廣。因此，我們這裡相關學系的人，有人對於他的造訪非常有興趣，也有人持冷淡的態度。所以，若有其他科系的人也對他表示支持，應該有助於他獲聘為本校的費爾柴爾德講座（Fairchild Fellow）教授。

我對計算機科學的一個專門領域特別有興趣。很不幸的是，這個領域的名稱叫做「人工

智慧」。我之所以說很不幸，是因爲這個名詞已經被一些亂七八糟的商品給用爛了。就像當年什麼都叫「原子」，連原子筆、原子襪都出現過。事實上，今天的電腦全都只能根據指令一步一步執行而已，還談不上什麼智慧。它們完全聽命行事，百分之百服從你的指示。對於那些你想解釋些什麼，或盤算要做些什麼之類的事，電腦是完全無能爲力的。它們也不能自主的想出該做什麼事來。

因此，在產業界就出現所謂程式設計的行業，譬如，爲某家公司建立電腦化的存貨管理系統。這就需要有人先把存貨管理的問題統統搞清楚、列出來，對程式設計人員說明你要些什麼東西，再由程式設計師爲電腦設計一連串的指令，叫它依照你希望的方式去運作。我們可以利用電腦來協助程式設計工作到什麼程度，目前還不知道。最後能要求電腦設計出自己運作的程式嗎？只要把我們現在告訴程式設計師的資料告訴電腦，就萬事OK了嗎？

小孩子學習語言的過程很自然，他只要聽見別人說了什麼話，再看這句話是用在什麼場合，不久他就會了。但從心理學的角度來看，這是個很深奧的問題。到底其中有哪些機制在發生作用？又是如何發生作用的？事實上，每個正常的小孩都會說話。但我們大概沒有辦法藉由研究某個機器，來解答這個問題。不過，這確實是很棒的學術研究題目，可看看至少在理論上，有沒有可能找出一些機器可以進行類似工作的方式。從這種態度出發，我們至少可以開始猜想，大腦裡有什麼樣的結構和作用機制，讓它能學習語言。除此之外，如果這樣的一種機器（或是有個能力稍差、但功能類似的東西）能眞的設計出來，並且由軟體來操作，這也算是一種具有自動程式設計（automatic programming）能力的裝置了。

費曼攝於墨西哥海濱，1974年。

在麻省理工，大家都覺得這類問題非常有趣。他們在這方面也做了很多先進的研究，可說前途無量。我自己也打算從明年開始，花點時間想想這一類的事。如果能就近和傅雷德金討論，一定很有價值。因此，我個人也支持邀聘的提議。

但是傅雷德金教授的來訪，意義還不僅如此而已。他在電腦產業和實務操作上都經驗豐富，對電腦科學和電腦工業的未來發展，有卓越的見識。舉例來說，他是電腦終端機連線與分時系統的先驅開拓者，麻省理工的系統大部分是由他建立起來的。在影像處理方面，他更是著名的專家，發明並且發展出很多特殊的電腦軟體和硬體。在利用電腦軟體來處理符號、代數、方程式和微積分運算方面，他也是主要的推動者。（麻省理工研發的這套軟體系統叫Macsyma。）

傅雷德金教授到我們這裡來，可以擴展我們電腦科學相關科系的領域，引起更多人對電腦科學的興趣和熱情，也可以讓學生有機會接觸到更廣闊的電腦世界。

我認爲爭取他造訪，是爲我們加州理工學院開創好機會。因此，我願意和計算機科學系那些建議邀請他來的人，共同具名推薦。我希望物理系的其他教授也願意加入推薦行列，使他的這次訪問，成爲全校性的議題，增加他來訪的效益。

費曼教授

副本：柯勞瑟（F. M. Clauser）教授、溫斯頓教授

※米雪注：傅雷德金教授如願成行，造訪加州理工學院一年。很巧，英國劍橋大學理論物理

學家霍金（Stephen Hawking, 1942-）也是在同一學年度（一九七四至七五）獲聘爲費爾柴爾德講座教授，前來加州理工學院駐訪。

費曼致德州大學奧倫（Paul Olum）教授，一九七四年十月三十一日

保羅．奧倫博士是費曼在普林斯頓時期的同學，也是物理學家。他在十月二十三日寫信來邀請費曼前去德州大學兩星期，做幾場演講。奧倫剛離開康乃爾大學，來到德州大學擔任理學院院長。他在信中說明了離開康乃爾的原因，還有滿懷希望來到德州，因爲「參與一項擘創工作，比兢兢業業守著前人的成就，設法保持其聲名不墜，有創造力多了，也更吸引人。」但是在信末，奧倫卻寫道，由於德州大學校長突然遭到董事會撤換，不確定他自己以後會怎樣，或者該怎麼辦。

親愛的保羅：

眞難得能聽到你的消息。但我很遺憾聽到你沒有堅持走學術研究的道路。幸好我並沒有屈服，還死守研究崗位而不退。雖然我已經不像當年那麼聰敏了，但仍然以很大的樂趣繼續從事物理研究工作。

我和一位英國來的女孩子結婚了，婚姻生活美滿，現在已經有兩個小孩（兒子十二歲，女兒六歲）。家庭生活的美妙令我心滿意足，我覺得所有生活上的問題都已經解決了。

或許是充分享受到家庭的歡樂與溫暖，我變得很不願意出遠門，甚至兩個星期都嫌太久了。因此，雖然我遺憾於不能和你見面，還是要婉拒你們邀我到奧斯丁訪問的美意。

保重了

理查．費曼

費曼致BBC電視公司大衛．帕特森（David Paterson）先生，一九七四年十一月十九日

親愛的大衛：

前幾天晚上，我看到你製作的尋找夸克的節目。我要恭賀你，製作了第一流的節目。我知道對你而言，這個主題有多麼的困難。雖然你是外行人，但你已經完全掌握到這個主題，才能將所有的訪談內容、圖片和資料等素材，安排得如此天衣無縫又恰到好處。這給我們物理學家一個很好的範例，如何利用簡單清楚的方法，把深奧難解的主題表達出來。我本來很懷疑這種方式是不是可行，你證明了這是可行的。

我還必須承認，對自己的同事有點自豪。我看到他們表現得非常完美。物理學家畢竟不是一般人想像的那麼笨拙。

當然，最重要的是，這個節目完成一項非常困難的溝通任務。這點我們彼此心知肚明，就不必多說了。因此，我在這裡謝謝你了。

誠摯的祝福

理查．費曼

費曼致印地安納大學編輯助理貝里（Roberta Berry），一九七四年十二月十八日
貝里女士寫信來，爭取重印〈科學是什麼？〉一文的同意書，做爲大學的一門課「公民與科學」的教材。（中文版注：這篇文章收錄在《費曼的主張》第八章。）

親愛的貝里女士：

沒問題。但那是我在一九六六年的演講，時間已經隔很久了。因此，裡面有些談到女生的想法，現在可能變得相當敏感，不像以前可以隨興說說。我當然沒有歧視女性的意思。或許這些年來的變化，你我都無能爲力。但如果你仔細讀過這份東西，仍想重印的話，我是無所謂的。就看你們了。

誠摯的祝福

理查．費曼

費曼致布須曼（B. E. Bushman），一九七五年一月七日
住在加州拉古納海灘的布須曼先生來信，問有關「成子」（parton）的參考資料。

親愛的布須曼先生：

我很難推薦簡單的參考資料給你。有關成子的理論，是我在《光子—強子交互作用》這本書裡提到的。討論的過程很長，敘述又非常技術性。書是由班哲明（W. A. Benjamin）公司

出版的。但我可以設法說得簡單一點，成子的意思是這樣的：如果我們假定質子、中子、介子等等這些東西都還不是基本粒子，而是由一些更基本的東西組成的。這些更基本的東西就是一些更簡單的粒子，就像原子是由更簡單的電子和原子核，或電子、質子和中子組成的。對於這些還未知的簡單粒子，我們給它一個名字，就叫成子。接下來的問題是「成子會是什麼樣子？」也就是說，它有多少質量、帶多少電荷等等的性質——如果眞有這種東西的話。

到目前爲止，這個觀念看起來還滿不錯的，絕大多數的成子都是夸克；但可能也有不帶電的那種粒子。

誠摯的祝福

理查．費曼

加州棕櫚泉的馬庫斯（David A. Marcus）致費曼，一九七五年一月十三日

親愛的費曼先生：

在你研究原子能並且設法控制它的時候，有沒有考慮到，原子能究竟是人類的詛咒，或是人類的救贖？

對於人類終究控了這麼巨大的力量，而你又直接貢獻了心力，促成它的實現。回顧過去這段科學發展過程，你有些什麼想法？

你是以恐懼或期待的心情瞻望未來？

我是個業餘的歷史學家和人類學家。你的意見對我非常珍貴。

敬愛你的　馬庫斯

費曼致馬庫斯，一九七五年二月十八日

親愛的馬庫斯先生：

對於你提的大問題（原子能究竟是人類的詛咒還是救贖），說眞的，我只能回答不知道。我瞻望未來，既不恐懼，也不過度樂觀。只是充滿一種不確定的感受，不知道會怎樣。

誠摯的祝福

理查．費曼

費曼致漢密爾頓（David Hamilton），一九七五年三月二十六日

一九七五年二月二十二日，一位名叫漢密爾頓的辦公室用品零售商寫信給費曼，詢問他對自己某些想法的意見。這位仁兄在信件的開頭表示，他先前也寫信給費曼的同事葛爾曼，但沒得到回信。他希望費曼能回信，因爲他非常喜歡費曼在電視上的表現。

漢密爾頓的想法是，建造8字型的粒子加速器來研究基本粒子。他認爲這種形狀有很大的優點：粒子在各自的圓圈軌道運轉，在8字的中央對撞。他詢問，對撞之後，粒子運動的

速率是否會快過光速？因爲當粒子的速率接近光速時，它們的相對速率會是光速的兩倍。他還建議用不同的粒子偵測器來研究對撞產生的粒子，叫「電花室」（spark chamber）。

親愛的漢密爾頓先生：

你的主意非常棒，棒到事實上已經有一座這種裝置在使用了。在瑞士日內瓦的歐洲粒子物理研究中心（CERN, European Organization for Nuclear Research）有一座粒子束對撞機，就是這種8字型的粒子加速器。他們把質子加速到質量幾乎是靜質量的三十倍（這是相對論性效應），速率相當接近光速，只比光速少兩千分之一。質子就「儲備」在兩個圓環裡，它們一圈又一圈的飛轉（如圖），在中央的地方A，有些質子會碰個正著。科學家就在這裡做實驗，看看會發生什麼事。如果要以傳統方式產生同樣劇烈的撞擊，我們必須讓一個質子加速去撞擊另一個靜止的質子，那需要比8字型粒子加速器高六十倍的能量——也就是說，須把質子加速到質量爲靜質量的一千八百倍。

雖然依照一般的方式計算，當兩個質子的速率都接近光速時，它們之間的相對速率會接近光速的兩倍。但是愛因斯坦已經告訴我們，這種想法只適用在運動速率很低的時候。速率接近光速時，這種想法是錯的。相對論的效應是，不管從哪個角度或立場看，物體之間的相對速率絕不會超過光速。在這個例子裡，相對速率只比光速慢了七百萬分之一。

至於撞擊之後產生的粒子，的確是用電花室之類的東西在偵測。這個實驗已經得到許多非常有趣的結果，但大家都還一頭霧水，想要弄清楚到底發生了什麼事。

史丹福大學也有一座類似的粒子束對撞機，但是只有一個環，裡面加速的是電子，撞擊的對象是正子。幾個月前，冒出一種事先沒人預料到的新粒子，叫做ϕ，大約是質子的三倍重。它一定會巨幅改變我們對物質構造的觀念。

因此，你的想法正是今日高能物理實驗室裡最先進設備的觀念。我希望你不會因爲已經有人想到了而覺得失望，英雄所見略同嘛。

誠摯的祝福

理查·費曼

費曼致麥康納（William L. Mcconnell），一九七五年三月五日

麥康納博士曾經把聖路易地區的天才高中生和研究人員配對做研究。他認爲那些智力很高的人，比一般人更容易訓練，學什麼都很快就上手。他知道費曼學畫畫之後，來信要一件作品，希望掛在辦公室的牆上。

親愛的麥康納博士：

我不知道有所謂的「智力的一般理論」，但我還記得自己年輕的時候，發展還滿偏的。我雖然自然科學和數學還不錯，但人文學科就很差了，並不是什麼科目都很好。（幸好我愛上的女孩子，藝術修養很好，在彈鋼琴和寫詩方面，都有很高的才華。）我一直到年長才開始學畫——從一九六四年開始。對我來說，打森巴鼓從來都不能算是一種音樂。我只是打著好玩，製造一些有節奏的噪音，其中沒有什麼智力的意義在裡面。

很抱歉我不能寄畫給你。我的政策是，絕不把畫給那些認爲它的價值在於繪畫者是個物理學家的人。

誠摯的祝福

理查．費曼

費曼致匹茲堡的讀者華納（Kenneth R. Warner JR.），一九七五年四月一日

一九七五年三月六日，華納先生寫信來求助。他在PBS的節目「新星」上看到費曼，就去買了《費曼物理學講義》回家，掙扎著設法看懂書的內容。來信的開頭，自陳自己的狼狽窘態不像費曼在「新星」節目中的風流瀟灑，一看就知道是專業級的大師；而自己的生活環境只允許當個業餘的愛好者。他接著描述，當自己把一個問題搞清楚時，那種舒暢的喜悅。例如他在書上看到，當一個粒子撞上牆又彈回來時，傳遞給牆面的動量是2mv（m是粒子的質量，v是速率）。這個2是因爲粒子要先完全停下來，然後重新開始運動。

接下來，華納先生就正式提問了。在書裡的第十五章，費曼假設在一艘等速前進的太空船中，不可能用實驗方法測出自己的絕對速率，例如，比較兩種時鐘的滴答速率的實驗。接著費曼利用這個假設，推導出一些物理定律的行爲，例如當物體的運動速率愈來愈快時，

它的質量會變大。華納先生弄不懂的是費曼這個「不可能測出絕對速率」的前提。如何驗證這個前提？「我看不懂這個前提，更別提看懂其中的奧妙了。」費曼的回信如下。

親愛的華納先生：

你比我所知道的許多業餘愛好者，懂得東西多得多了。任何可以說明 2mv 的2的意義的人，一定不是眞的業餘人士，要不然就有很大的危險可能弄假成眞，變成眞的非業餘人士。

你看不懂書裡那段和時鐘有關的「歸謬法」，是因爲你不熟悉它的源由。「我們假設不可能」決定一艘太空船的絕對速率，這不是基於任何邏輯或必須的理由，而是爲了要論證下去，要論證一個可能的自然原理。這個原理是由很多實驗的結果歸納出來的——這些實驗，例如邁克生（A. A. Michelson, 1852-1931）和毛立（E. W. Morley, 1838-1923）的實驗，都是設計來度量地球的絕對速度，但全都失敗了。

後來，愚笨的人類終於覺悟（其實只有龐加萊（Henri Poincare, 1854-1912）或愛因斯坦等少數幾個人想到），這件事或許是不可能的。因此，他們就假設，如果大自然的原理就是這個樣子，會發生哪些結果。我在書裡，就是跟著他們假設去論證，結果是成功的。由這項假設推論出來的結果，例如「物體的運動速度變快，質量會增加」，最後在實驗裡獲得證實。

誠摯的祝福

理查·費曼

費曼致史丹利（Michael Stanley），一九七五年三月三十一日

史丹利是紐約西奈山醫學院藥學研究所的研究生，來信詢問：「如何不讓創造力窒息，隨時隨地保持高度的戰備，以新穎的方法來解決問題？」

親愛的史丹利先生：

我不知道該如何回答你的問題，我沒發現有任何窒礙難行的地方。你只要在碰到任何問題時，不管是大是小，是難是易，時時想到用全新的角度來檢視它就行了。你不希望「讓創造力窒息」，所以，你只要時時提醒自己這一點就夠了。難道你連思考的時間都沒有嗎？

誠摯的祝福

理查·費曼

費曼致加州州長布朗（Edmund G. Brown Jr.），一九七五年六月二十三日

親愛的先生：

我希望你支持資賦優異學生的教育計畫，簽署第四八〇號州議會法案。

我是個理論物理學家，得過一九六五年的諾貝爾物理獎。我的兒子十三歲，女兒七歲，都是資賦優異的孩子，喜愛從事智性活動。常有人問我，該把他們送進怎麼樣的學校，好讓他們的天分可以充分發展？我總是回答：「我想讓他們像一般人一樣，進入加州的公立學

費曼帶著兒子卡爾和女兒米雪，到野外露營、探險。攝於1975年。

校。」因爲在正常的公立學校裡，他們都是很快樂的學生。不像我小時候就讀的學校（紐約的公立學校），非常的沉悶、無聊。不過聽說現在學校的課程，都已經大幅改善了。尤其已注意到學生有各種不同的程度，教材很多元，可以符合不同學生的需求。對於我兒子的快樂學習最有幫助的，主要就是爲他這類學生而設計的特殊課程，也就是爲少數資賦優異學生而設的特殊教育計畫。對這些學生來說，這個計畫就像沙漠裡的綠洲。

讓資賦優異學生的智能，繼續保持活力與成長，對他們是很重要的，對社會也一樣。總不能讓教育反而把他們的才華扼殺掉。除此之外，在和貴族化私立學校的競爭中，公立學校也應該有些平等的競爭機會。如果弄得聰明小孩的父母，只能把小孩往私立學校送，那就太可悲了。而事實上正好相反，公立學校比私立學校好得多。因爲班上若有一些聰明學生的刺激，會促發其他同學產生新想法，也會鼓舞老師的教學熱誠，使得學校不會變成很枯燥無味的場所。由同學提出來的意見，會讓別的學生見賢思齊，可以提高學習的標準與成效。

我對加州教育的興趣，並不只是考慮到自己的小孩。身爲一個教育工作者（我在大學教物理），我對教育有廣泛的興趣。我曾在加州的課程委員會擔任過兩年的課程審查工作，從一九六四到六五年，對教育工作還不算外行。

因此，我希望你能簽署法案，讓特殊教育計畫能持續進行下去，使我們的學校也可以繼續照顧到那些最好的學生。

誠摯的祝福

理查・費曼

西雅圖的安格莉妲（Ilene Ungerleider）致費曼，一九七五年，日期不詳

親愛的費曼：
我已經愛上你了
從在「新星」上看到你
眞高興你還活著
我欣賞你的機智　聰明　出色　英俊
你是我夢幻中的男人
是不是很多物理學家都有「粉絲」（fans）？
至少你有一個死忠的！

安格莉妲

費曼致安格莉妲，一九七五年八月十一日

親愛的安格莉妲：

我現在是獨一無二的了——一個有人愛慕的物理學家。而愛慕者還是只看到他上電視，就愛上了他。

費曼在加州理工學院1975年的畢業典禮日，於校園中留影。

（Photograph by Ruth Gordon）

謝謝你啦，哦，粉絲！現在我可以說什麼都有了。以後我心滿意足，不必再嫉妒一些電影明星了。

你的「粉條」理查．費曼

（或者我該自稱什麼呢？這對我來說，還是全新的經驗。）

費曼致聶瓦（William Neva），一九七五年八月十四日

「身爲外行人，有個問題一直困擾著我。我相信成千上萬的其他人，或許連你在內，都有同樣的困擾，就是『隱形』這件事。眞的可能製造或產生隱形的效果嗎？我們可以用什麼方式，讓一個東西從眼前消失，不能以任何光學方法看到？」一九七五年七月二十三日，聶瓦先生寫了一封信來，問費曼這個問題。

親愛的聶瓦先生：

謝謝你的來信，和信中所提的「隱形」問題。我的建議是，你這個問題最好是去請教第一流的魔術師，也許能得到最好的答案。

我的意思並不是暗示，這個問題的答案有些滑稽或好笑，我是很認眞的。魔術師最擅長的，是讓一件事以非常不尋常的方式發生或表現出來，但又不違反任何物理定律，只是把整個事件以非常奇妙的方式去安排處理而已。

就我所知，沒有任何物理現象，如X光透視等等，能產生你所謂的隱形效應。因此，如

果它是可能的，應該也會遵守一般的物理定律。這正是第一流魔術師的看家本領，利用正常的途徑，產生看起來完全不可能的效果。

誠摯的祝福

理查·費曼

費曼致加州的盧瑟福（David Rutherford）先生，一九七五年八月十四日

盧瑟福先生好奇，是否可能用磁帶把夢境錄下來？就像把影像用錄影帶錄起來那樣。

親愛的盧瑟福先生：

這件事的困難在於：要錄下腦子裡的夢境，就得測量和記錄腦波，但是腦波的脈衝難以轉換成錄影帶的動畫影像，尤其要完全逼眞夢中所見的景象，更是近乎不可能。如果可以轉換，應該有一套轉換程式或轉換碼，但我們對此毫無線索和頭緒。不過我深信，夢中影像的資訊量一定過於龐大，絕非任何現代的影像技術所能處理的。我打個比方，這就好像我們利用一幅畫的重量，或每種顏色的使用量等資料，就想知道它原來畫的是什麼，一樣的困難。我們還需要更詳細的資料才行，譬如：哪種顏色是畫在什麼地方。

夢境牽涉到無數神經細胞的交互作用與信號脈衝，我懷疑根本不可能去解碼數量如此龐大的信號脈衝。一般的成像技術絕對是辦不到的。

誠摯的祝福

理查·費曼

考克斯（Beulah Elizabeth Cox）致費曼，一九七五年八月二十二日
物理學家認為電力是由電荷周圍的電力場線所產生的。高斯定律（Gauss's law）表示，通過任何封閉表面（如球面或立方體表面）的電力場線總數，正比於裡面包含的電荷總數。下面這封信討論的，就是高斯定律。

親愛的費曼博士：

我是維吉尼亞州威廉與瑪麗學院的學生，最近修普通物理。有一道關於高斯定律的問題是和中空的導體有關：如果一個電荷在一個中空的導體裡，但並沒有和導體接觸，那麼電荷產生的電場會不會被這個中空導體遮蔽掉？導體外還有沒有電場的效應？

我讀過《費曼物理學講義》第二冊第五章全部的內容，除了倒數的第二段之外，我都瞭解。在這段裡，你說：「……封閉在導體內的靜電荷分布，不會在導體外產生任何電場。」這段述有點含糊，似乎和你前面的說法衝突。我們老師給我看一個很簡單的裝置，用來示範高斯定律。他把電荷放在一個封閉導體的中央，然後用電位計去度量，在導體外還是有電場效應存在。

你能不能解釋一下，書裡的那段敘述是什麼意思？我實在搞不懂，希望你能回個信來。我的地址寫在上面。

誠摯的祝福

考克斯

附筆：我必須承認，寫這封信還有個私人的原因。考試的時候，我把你書上的敘述寫在答案紙上，老師沒有給分。我後來拿著你的書去向老師討分數，他還是不理會。如果你能澄清這個問題，我將很感激。先在此謝謝你了。

費曼致考克斯，一九七五年九月十二日

親愛的考克斯小姐：

你的老師沒給你分數是正確的，因爲你的答案錯了。他不是已經把高斯定律示範給你看了？你還懷疑什麼？在科學上，你應該相信邏輯和辯證，再仔細下結論，而不要相信權威。

你確實很正確的讀了我的書，也瞭解書的內容。我弄錯了，所以那段敘述是不對的。我當時所想的，可能是一個接了地的導體圓球，或者是其他把電荷效應引走的東西，使得裡面的電荷不會對外面產生效應。我現在已經記不得當時在想些什麼。但我弄錯了。你因爲相信我，也跟著受害。

我們都運氣不好。

希望你將來在物理的學習過程上，有更好的運氣。

誠摯的祝福

理查．費曼

費曼致喬治（Alexander George），一九七五年九月二十六日

一九七五年九月二十日，紐約的喬治先生來信問：現在的科學世界裡，還可不可能有「獨立的重大突破」發生？當時，喬治先生還一直獨自進行科學研究。但不斷有人勸告他，要有新發現一定得有個研究團隊。

親愛的喬治先生：

要回答你的問題，必須先知道你研究的是物理學哪個領域。

在高能物理，由於每項實驗都是如此的複雜、精巧，用到的儀器設備又是這麼昂貴，非要有一個龐大的研究團隊不可。

但是當得到結果之後，要想瞭解實驗的眞正意義，或是要發明某些比較聰明的理論工具，則可以由一個人單獨進行。最後，那些好的理論工作，依我看來，永遠是適合一個人靜靜的做。因爲好的想法是出現在某個人的腦子裡，而不是出現在研討會的討論上。

當然，永遠要和別人保持連繫，閱讀文獻，和同事聊天、討論，對思想的醞釀，是絕對有幫助的。

誠摯的祝福

理查・費曼

費曼致芝加哥大學任命委員會主席希德布蘭（R. H. Hildebrand），一九七五年十月二十八日

親愛的希德布蘭教授：

這是針對十月一日來信的回覆。很抱歉，我個人有個原則，就是不爲任何單位，評估那些曾在那個單位、或仍在那個單位工作的人。我的理由是，那個單位比我更有足夠的機會，好好評估那個目標人選，比我的評估更直接、更貼切。

這是我個人的原則，多年來也都一直這樣做。這和你要我評估的人選，沒有任何關聯。基於這個緣故，我不能有例外。否則的話，我有的人評估，有的人又不予置評，會讓人誤會我的不肯評估，就是負面的表態。那就違背我的本意了。

因此，很抱歉，我只好回絕你的要求。

誠摯的祝福

理查．費曼

※米雪注：自從一九六四年十月二十日回信給薩克森（見第236頁）之後，對於類似的要求，費曼都依樣畫葫蘆，拒絕評估那個還在他們單位裡的目標人選。

一九七五年十二月九日，在加州人權委員會召開的記者會上，戴爾布魯克（Max Delbrück, 1906-1981）爲聲援蘇聯國家科學院院士沙卡洛夫（Andrei Sakharov, 1921-1989）所做的聲明

※米雪注：一九六八年，知名的蘇聯物理學家、氫彈之父沙卡洛夫寫的一篇文章，成功闖鐵幕來到西方世界，刊登在《紐約時報》上。這篇文章的標題是〈進步、和平共存與學術自由的省思〉。文中強烈批評蘇聯的政治體系，警告核彈試爆產生的放射性落塵，已遍布全球，危害到全球成千上萬無辜人民的健康。沙卡洛夫呼籲各方，停止核武試爆，同時促進民主、人權。他因而獲頒一九七五年的諾貝爾和平獎，但蘇聯政府拒絕讓他出境領獎。以下的聲明稿是戴爾布魯克擬的。他是一九六九年諾貝爾生理醫學獎的得主，也是我們家的好友，兩家人曾一起去露營好多次。費曼也在聲明稿上簽了名。除此之外，簽名的還有一九三四年諾貝爾化學獎得主游理（Harold Urey, 1893-1981）、一九三六年諾貝爾物理獎得主安德生（Carl Anderson, 1905-1991）及一九六五年諾貝爾物理獎得主施溫格。

由於一九六八年《紐約時報》刊登了那篇擲地有聲的萬言書〈進步、和平共存與學術自由的省思〉，沙卡洛夫的計畫現在幾乎已是眾所周知的事了。

沙卡洛夫認為資本主義和社會主義制度，各有優劣點。彼此之間，應該要有自由的資訊交流、自由的訪問和公開的討論，使兩種制度自然而然的聚合，使大家都能過著更人道、更有尊嚴的生活。這也包括第三世界的人民在內。

奧斯陸的挪威國會所任命的諾貝爾委員會，想讓全世界更多的人瞭解沙卡洛夫的想法，也鼓勵沙卡洛夫在人權事務上，堅持不懈的奮鬥，特別是支持那些公開發表異議的人士，以及為很多人權事件挺身而出的勇氣，因此頒給他諾貝爾和平獎。

蘇聯政府當局，在無意間，反而幫了諾貝爾委員會的一個大忙。他們否決了沙卡洛夫到奧斯陸領獎的申請，反而使全世界的人都注意到這件事，更擴大了他想法的宣揚和影響力。或許沙卡洛夫自己很想到挪威來領獎，蘇聯政府當局的決定意味著對沙卡洛夫的處罰。但是對沙卡洛夫的目標而言，反而是一大助力，吸引了很多人注意到這件事。如果沙卡洛夫明天順順利利的到奧斯陸去領獎，今天我們就不會在這裡齊聚一堂了。

沙卡洛夫是一位非常有才幹的科學家，也是很偉大的世界公民。但或許最重要的，他還是蘇聯的偉大愛國者。我們應該稱他為忠誠的反對者，只可惜他的想法不能見容於蘇聯政府當局。

今天是沙卡洛夫獲頒諾貝爾和平獎的日子。我們這些人，想聯合他在國內和海外的許多朋友，一起來為他喝采、致敬。

第九部

不改其志（一九七六至八一年）

多學點東西，看看什麼最吸引你，而你做什麼事最開心。

The Letters of Richard P. Feynman

一九七八年六月，費曼六十歲時，動了第一次腹腔癌手術。他在無意間注意到自己身體側面有個腫塊，就醫檢查才發現的。手術取出來的腫瘤已經有橄欖球那麼大了，重達二・七公斤。在這段期間，費曼與溫妮絲雙雙與癌症戰鬥，都以極大的勇氣接受手術及後續治療。他的生病確實減少了他的教學與通信活動。他後來對信件的選擇更嚴，回信的比率降低了。

但在生涯的這個階段，費曼在加州理工學院已經是人盡皆知的一號人物了，他的故事到處流傳。動手術前後，住宿舍的同學想表達對他的愛戴，在一整面宿舍牆壁掛起大畫布，畫出一座老式酒吧，裡面還畫了個很寫實的裸女，再簽上費曼的英文姓名縮寫RPF（其實費曼在畫作上，用的是化名Ofey）。不久之後，這個裸女從畫布上給切下來，在校園裡到處流傳。最後這幅裸女畫流傳到一個演講廳裡，終於引起學校一些女職員的不悅，就給沒收了。學生在寫給費曼的信上表示：「雖然那件偉大的作品沒有再出現過，但她長存在我們心中。我們認爲你一定對她很有興趣。她是全世界第一幅簽了費曼名字的假畫。」

費曼的回答是：「我自己惹的麻煩夠多了，已經夠我應付的。沒想到我什麼也沒做，你們這些傢伙還給我添一堆問題。」

在物理學的世界裡，費曼這一階段研究的是夸克噴束（quark jets）的實質現象分析，與他合作的是菲爾德（Rick Field），負責實際的電腦計算工作。這是一段很艱苦的過程，費曼企圖證明量子色動力學（QCD, quantum chromodynamics）中的夸克局限（quark confinement）。唯一和這項研究有關的論文，似乎是一九八一年發表的〈二加一維度下，楊—米爾斯（Yang-Mills）理論的定性行爲〉。（中文版注：楊—米爾斯的「楊」，是楊振寧教授。）

費曼（署名Ofey）的素描作品之一。

費曼致麻省理工學院物理教授維斯可夫（見第143頁），一九七六年一月六日

費曼得到諾貝爾獎之後不久，維斯可夫就和費曼打了一個賭。他認為費曼最後一定會往行政職務上發展，就如同在費曼給奧倫（見第423頁）的信中所說的，染上「做官症」。

親愛的教授：

我已經找到當年我們打賭的那份紀錄，你寄給我的賭金太高了，因此我退十五塊美金給你。我根據那份紀錄，現在寫下正式的書面聲明：「一九七六年一月六日，我費曼，目前既沒有擔任任何一項打賭紀錄內所提到的『負有行政責任的主管職務』，過去十年內也不曾擔任過任何一項這類職務。因此，這項打賭的賭金應該由維斯可夫教授支付。」

誠摯的祝福

理查·費曼

※打賭紀錄：

茲於一九六五年十二月十五日，理查·費曼教授與威克特·維斯可夫教授兩人，在日內瓦的歐洲粒子物理研究中心（CERN）一起吃午餐，打了一個賭。

打賭的事情和賭金如下：

在未來十年內，也就是一九七五年十二月三十一日之前，如果費曼擔任了任何一項「負有行政責任的主管職務」，就必須付維斯可夫十元美金。

相反的，在這段時間之內，如果費曼不曾擔任過任何這一類的職務，維斯可夫就算賭輸

了，須付十元美金給費曼。

所謂「負有行政責任的主管職務」係指具有下列特性的職位：擁有這種職務的人，可以命令別人執行某些行動。而這個受命的人不論瞭解或不瞭解這項行動，也不管他喜歡或不喜歡，都必須去做。

若前述的規範發生爭議，則仲裁人是寇克科尼（Giuseppe Cocconi）先生。他的決定，雙方同意無條件接受。

立約人：理查．費曼

立約人：威克特．維斯可夫

見證人：寇克科尼

牛津大學出版社助理編輯休斯（A. M. Hughes）致費曼，一九七六年一月十九日

親愛的先生：

牛津大學出版社正準備出版《牛津英語大辭典新詞補編》第三冊。因爲你是「成子」這個詞的創造者，我們想請教你這個詞的起源資料。

《牛津英語大辭典新詞補編》是一部史實字典，相當考究字詞片語的起源，會注明這個字詞最早在什麼地方出現。然而「成子」這個詞，起源卻很令人困惑。我發現它出現在一九

六九年九月二十五日這一期的《物理評論》第一九七五頁，也發現它是你在一九六九年九月五日與六日的高能對撞研討會上創造出來的字（會議公報上記載著這件事，公報是由楊振寧博士等人編纂的）。但是我也在稍早戴林茲（R. H. Dalintz）的皇家學會貝克講座報告（刊登於一九六九年七月二十六日的《新科學家》雜誌上）發現這個字，不過這只能算間接證據。

該期《新科學家》的第六七九頁，記載戴林茲說：「……所謂費曼的『成子』理論」。因此，我想請問，有沒有什麼文獻比《新科學家》更早出現「成子」字眼的，否則戴林茲爲何這樣說？但我在你早年發表的論文裡，找不到這個詞。或許你在那個時候，還沒有準備要發表。如果有發表過，麻煩把確切的文獻寄給我，我將極爲感謝。

另外，《新詞補編》爲「成子」所下的定義，我也一併寫在這裡供你參考，看看你有沒有什麼意見。「成子是一種假想的粒子，是核子的組成單元。費曼用它來解釋核子非彈性散射高能電子的現象。」

但願我的請求，不會造成你太大的困擾，也希望能得到你的回音，相信一定很有意思。

信任你的　休斯，科學助理編輯

費曼致休斯，一九七六年二月四日

親愛的休斯先生：

這是回你一月十九日，編號 O.C./RWB 的信。你對「成子」所給的定義，和對它的考證工作，很令人佩服。我不記得有什麼更早的文獻了。我在口頭的討論上，雖然用得更早，但就我所知，你提到的已經是最早出現的一些書面資料了。

誠摯的祝福

理查．費曼

費曼致華沙大學理論物理研究所所長楚勞特曼（Andzej Trautman），一九七六年二月四日

親愛的楚勞特曼教授：

我們這裡有個年輕的波蘭女學生，叫凱爾珂芙絲卡，表現非常好。她在這裡的第一件事就是參加轉學考試，看看是否符合我們學校的要求。因爲我們學校的聲譽相當好，想來的學生實在太多了，遠遠超出我們能夠接受的額度。因此，我們訂了很高的入學資格要求。凱爾珂芙絲卡小姐考得非常好，成績非常高，我們學校立刻錄取她。事後證實，她果然傑出，很快就成爲班上的拔尖人物。她正是我們這種學校最想要栽培的學生。教到這樣優秀的學生，我們覺得加州理工學院的優異與獨特性，才眞正施展開來，使得學生的科學潛能充分發展，延伸到無止境的前方。

如果這種美事被迫中斷，使我們學校和這種優秀學生的關係無法延續下去，將意味著人類潛能的損失，這可是一齣悲劇。

費曼永遠是最受學生愛戴的老師。1978年攝於加州理工學院。

（© courtesy California Institute of Technology）

這件事之所以引起我的關心，是因為她的簽證出了一點問題，使她無法繼續留在美國完成學業。我寫信給你，是希望你或許能夠、也願意幫助一位波蘭同胞，發展出全部的才華，成為一個對社會有用的人。你能不能協助解決她在簽證上遭遇的問題？非常感謝你。

誠摯的祝福

理查．費曼

※米雪注：楚勞特曼教授回信贊同，凱爾珂芙絲卡小姐最好能留在加州理工學院完成學業，同時通知她重塡一份新的申請書，就可讓護照及簽證展期。

費曼致BBC科學節目首席製作人大衛．帕特森（見第424頁），一九七六年二月十一日

親愛的大衛：

很高興聽到你的消息。我閱讀了你隨信所附的「時光旅行」資料，但只看到第二段就沒有再看下去。因為我也相信，時光旅行是不可能的事情，而且我相信，我的同事也和我持一樣的看法。那些科幻小說的作者，誤解了我的觀點，說電子的過去就是正子。他們不懂科學理論和因果原理是完全一致的，不能據此推論說，我們有可能在時光當中旅行，回到過去。

誠摯的祝福

理查．費曼

費曼致《加州科技》雜誌編輯，一九七六年二月二十七日

一九七四年，加州理工學院的文學教授一致通過，建議給英國文學教授勒蓓爾（Jenjoy La Belle）終身教授職。但人文學院的院長哈騰貝克（Robert Huttenback）駁回了推薦案，他改變終身教授的審核標準（結果勒蓓爾仍然符合），也不接受仲裁（這會對勒蓓爾有利）。兩性工作平等委員會的決議也支持勒蓓爾教授。最後，勒蓓爾教授和學校達成協議，在一九七九年成爲加州理工學院第一位女性終身職教授。

我想評論一下你們雜誌的做法。你們在本期的首頁，放了勒蓓爾教授對這個傷感情事件的複雜觀點。上一期，則已經刊出整個事件的完整版，非常詳實而清晰的敘述了整個事件，勒蓓爾小姐已不再需要答覆其他訪問了。我有個同事把你們的兩份報導拿來給我看，然後說了一句：「眞是會粉飾太平！」我對整個事件的過程和發展，都一清二楚。因此知道他說的是事實。但他對這件事並沒有親身參與，他怎麼會知道你們的報導是在粉飾太平？他笑著提醒我，他本身是個物理學家，很會判斷不同物理實驗的證據。

在物理世界裡，眞相很少是完全清楚的，更不用說那些和人有關的事了，怎麼可能會如此清晰呢？因此，沒有任何疑點的事，不可能會是事實（除非那是蘇聯《眞理報》報導的東西——不但充滿疑點，也無眞相可言）。

我在當初文學教授決定推薦勒蓓爾的時候，就認識她了。是她介紹我如何在圖書館裡搜尋文學資料，並且介紹我去杭廷頓圖書館，讓我體會手捧著一本牛頓所寫的古籍的喜悅。我

可以直接瞭解牛頓到底知道多少、不知道多少，什麼是他用的、而今天我們仍在使用的表示法。如果勒蓓爾離開加州理工，我會非常難過，那會是加州理工學院的重大損失。

我對英國文學所知有限，因此很難做出適當的評論。但我一開始就知道，加州理工學院的人文學科領域也有很嚴格的標準，就是「沒發表論文就淘汰」（publish or perish），或者應該說是「若不能在一流學術期刊上發表論文，就淘汰出局」。但現在，有人已經在頂尖期刊發表論文了，為什麼還會受到打壓或排擠呢？

不過最讓我震驚的，是在這整個事件中，那些英國文學終身職教授所受到的對待。我很高興勒蓓爾的怒火，終於讓整件事曝光。從來沒有人注意到他們，他們的意見和想法也沒有人在意。他們為我們和我們的學生，付出這麼多的心力，使我們這裡更富有人文氣息，更適合居留，就如同人文學院成立的宗旨。我寫這封信的目的，就是要告訴他們，雖然我對他們研究的東西，無知得可憐（我相信，他們對我的專業領域所知道的，比我對他們專業領域所知道的東西多得多），我仍然對他們表達高度的敬意，感謝他們對學校和學生的貢獻；並且對於他們受到的漠視，感到抱歉與遺憾。

寫這樣一封信有點甘冒大不韙。如果你對某個措施表示了意見，那些躲在校園一角、握有生殺大權的臭貓鼬（祕書小姐，請不要改動這個字眼，我想讓他們知道我的文學造詣有多菜，這學校多麼需要優秀的文學教授），說不定會把你逮進委員會，弄得你一身臭。下決心是很困難的。

誠摯的祝福

理查・費曼

費曼致蘇聯國家科學院物理研究所金斯伯格（V. L. Ginsberg），一九七六年三月十六日

親愛的金斯伯格教授：

我聽說明年你可能有機會到我們加州理工學院來訪問。這個消息讓我非常高興。我們又可以像上次在波蘭碰面那樣（一九六一年吧？），交換一些想法，互相學習一些不同的東西。這次的相處時間會長得多，我們可以談的物理問題勢必多很多，也將深入得多。這裡有很多人抱持和我同樣的想法，對你的來訪也都寄以厚望。從我閱讀的科學期刊和我在波蘭與匈牙利碰到的物理學家來看，蘇聯物理學界對很多問題有自己一套獨立的見解，也有許多和我們不同的想法。最起碼，我們兩邊強調的重點就完全不同。因此，我期望這種意見交換會有很豐碩的成果。

請接受我們的邀請而且務必前來。我不想期望落空。

誠摯的祝福

理查．費曼

費曼致BBC艾利奧特（John Elliot），一九七六年四月七日

霍耶（Fred Hoyle, 1915-2001）是英國有名的天文物理學家，也是劍橋大學教授。他有許多充滿創意的點子，有些非常成功（例如下面這封信裡所說的，重元素是在恆星內部燃燒核燃料產生的），也有很多是錯的。他最為人所知的事，是反對宇宙起源的大霹靂說。他認為

宇宙是穩態且具有無限壽命的。他主張物質不斷從星際或星系間的太空裡產生，當宇宙不斷擴張時，留下的空隙就由這些物質塡補。一九六〇年代的天文觀測，推翻了這個穩態宇宙理論，大霹靂學說又再度獲得證實。

由於霍耶常到加州理工訪問，所以費曼也認識他，並且在朋友間的交談裡，對他相當肯定。一九七六年，BBC邀請費曼參加一個和霍耶有關的影片製作。

親愛的艾利奧特先生：

我覺得並不合適。我不認爲自己對霍耶的認識或瞭解夠清楚，可以在攝影機前面，對他的生活侃侃而談。我曾設法想像自己能夠說些什麼事，發現自己對他或其他人到底做過什麼事，並沒有那麼確定。譬如你要我談談他在「基本粒子研究上做過的事」，但我眞的不知道他在這方面做過什麼事，也不知道你說的是什麼。

我所能想到的一件可能合適提起的事件，是他第一次到加州理工學院拜訪時，曾舉行過一連串的討論會。當時他談到，如果所有的元素都是來自氫原子的話（正如他的穩態宇宙論所建議的），那麼重元素很可能產生於恆星的內部。他還非常仔細的分析整個過程，把相關細節都描述出來，相當吸引人。霍耶的結論是，如果碳原子核沒有一個七．六二百萬電子伏特的能階，那麼這件事就不可能發生。由於他非常相信自己的氫原子理論，因此聲稱碳原子核一定會有一個這樣的能階。

我們對這件事的印象都非常深刻。要找出某個元素的原子核能階，居然不是在實驗室裡觀測原子核的各種作用，而是看天上的恆星。做這種事的人眞是勇氣可嘉，值得大書特書。

他果然是對的，不久之後，這個能階就給人發現了。

我偶爾有幾次機會，和他與富勒（William Fowler, 1911-1995，一九八三年諾貝爾物理獎得主）一起討論其他的天文物理問題。霍耶也做了一些和宇宙學或重力有關的場論，這是不是你所謂的粒子研究工作？但我從來就不曾認爲他這些理論是對的，他不久也放棄了這些理論。我不認爲你們要的，會是我對這些理論的技術性評估。

當然，就個人來說，我是很喜歡這傢伙，也很樂意促成這件美事。但是有那麼多人和霍耶有更親密的關係與更深入的瞭解，因此，我有點奇怪你怎麼會想到要我來談他。或許你們誤會我和霍耶關係非常親密。其實倒沒有。

誠摯的祝福

理查・費曼

加州的大學生明古倫（Mark Minguillon）致費曼，一九七六年四月十四日

親愛的費曼博士：

我是個十九歲的物理學生，研究過很多有關你，以及你對科學那些有名的貢獻的事。就我的瞭解，你曾經參加原子彈的研發計畫，與其他科學家共同鋪設了通往核能時代的道路。

在我的化學課裡，我們開始討論當年的曼哈坦原子彈研發計畫，以及當年參加曼哈坦計

畫的科學家，哪些人現在改變了立場，開始反對原子能或核能。

如果沒有記錯的話，我在不久之前才讀到一篇文章，裡面提到一件事，說你到今天還是保持著支持核能發展的立場。但我的老師卻不以然，認爲事實可能並非如此。

費曼博士，如果你能在百忙之中，撥出一點點時間，來澄清我和老師之間這點小小的爭論，我將非常感謝你。而且你對核能的看法，可能會啓發全班同學更深層的認識。

感謝你的寶貴時間。

尊敬你的　明古倫

費曼致明古倫，一九七六年四月二十三日

親愛的明古倫先生：

要討論原子彈和核能之間這種既複雜又不確定的關係，要花的可不是「一點點」我的寶貴時間而已。做個很簡單的結論，我不覺得核能有什麼問題，除了它被有意的用來爲非作歹之外，譬如引爆、搞破壞、偷核燃料去做原子彈，或者是使用過的核燃料棒輻射外洩等等。但所有這些，都只是技術或工程上的問題，我們大部分都能夠解決，因此我認爲風險是可以控制的。如果經濟上有必要的話，應該要發展核能。至於原子彈和核武器的問題，則複雜得多。我沒有辦法用簡短扼要的陳述，把我的觀點講清楚。

這樣說吧，我想，在你和老師的爭論當中，或許是你對。但這並不表示，我們知道什麼是對的。只因爲費曼說他支持核能，就沒有值得我們注意或爭論的事了嗎？那麼，我可以再告訴你（因爲我知道），費曼根本就搞不清楚他自己在說些什麼。他知道一些別的事（或許吧），但對這件事沒把握。

別管那些「權威人士」說什麼，要自己想一想。

誠摯的祝福

理查・費曼

明古倫致費曼，一九七六年七月三十一日

幾個月之後，明古倫又因爲別的事情，寫信給費曼。

親愛的費曼博士：

我是個十九歲的物理學生，在加州南部的一間學院就讀。在我選讀物理學的某些特別領域，好當做主修科目時，卻發生了一些問題。

我對物理學的興趣出現於一九七二年。那一年，我在西班牙的一所學校裡，碰到一位很了不起的物理教授，我的興趣才確定下來。我決定日後以物理當自己的生涯目標。

我開始很有興趣的閱讀一些早期的科學發展資料，尤其是有關原子和原子核之類的。波耳、湯姆森、海森堡和查兌克，都成了我心目中的英雄★。很快的，我就對原子核和粒子物理特別感興趣。當然，我並沒有這方面的任何正式學位，所以我現在才來修物理。

費曼博士，我的問題是這樣的：所有我能接觸到的人，對於粒子物理這個領域，都只是一知半解的。我得不到和這領域有關的正確資訊，不知道它還是不是一個很有發展的開放性領域，還是一個快要飽和、路子愈來愈窄的領域。沒有人知道，是不是那些能夠做的研究，都已經有人做過了。這雖然是我很喜歡的領域，但會不會該做的事都已經讓別人做掉了，只剩個空殼子？

我以前也寫信給你，是因爲我知道你研究過核物理（誰能忘掉你在羅沙拉摩斯期間，對原子彈有多大的貢獻）和粒子物理，可能是當今最值得尊敬的一位科學家。如果有誰知道我問題的答案，那個人一定非您莫屬了。我很抱歉耽誤你的寶貴時間。但似乎沒有人願意，或能夠幫我這個忙。如果你能協助，我將萬分感激。

非常非常感謝你。

最尊敬你的　明古倫

★中文版注：

波耳（Niels Bohr, 1885-1962）是丹麥物理學家，以拉塞福的原子模型爲基礎，提出氫原子結構理論。

湯姆森（Joseph J. Thomson, 1856-1940）是英國物理學家，電子的發現人。

海森堡（Werner Heisenberg, 1901-1976）是德國理論物理學家，創立量子力學，提出「測不準原理」。

查兌克（James Chadwick, 1891-1974）是英國物理學家，中子的發現人。

此四人都是諾貝爾物理獎得主。

費曼致明古倫，一九七六年八月十六日

親愛的明古倫先生：

放輕鬆，沒有哪個領域是所有的研究工作都讓人做光光了的。每個研究都會產生新的發現和新的問題，需要更多的研究才能夠回答。

粒子物理是那些有待發現的物理定律的最前線，是個非常有活力而完全開放的領域。但是從事這個領域的人太多了，可能很難找到工作。

不過別擔心，你才剛開始起步，時間還早得很呢，不必太早就選定某個物理主題。儘量多學點東西，看看什麼東西最吸引你，而你做什麼事覺得最開心。你知道得愈多，選擇起來就愈容易。

另外，當我在你這個年紀的時候，根本不知道自己以後想進入哪個研究領域。我進麻省理工學院讀數學，轉到電機工程一陣子，最後才在物理系定了下來。物理系要從事哪個領域呢？因爲我喜歡理論工作，我從分子的應力到量子理論的電動力學都涉獵。我也研究液態氦的理論、核物理、水流的紊流現象（最後這兩項研究不太成功，因此沒有發表什麼論文）、以及最近在研究的粒子物理。

你不必理會什麼物理領域，處理你能解決的任何問題就行了。

誠摯的祝福

理查．費曼

The reason I write to you now is because I know you have done research into nuclear physics (who can forget your great contributions to the Manhattan Project during your stay at Los Alamos) and particle physics and you are probably one of today's most respected physicists. If any one should know, you would.

I am sorry to have to ask you for some of your time, but no one seems to want to, or be able to, help me. I would be very grateful if you would.

Thank you very much Dr. Feynman.

Most respectfully yours,

Mark Minguillon

MARK MINGUILLON

Dear ~~Mar~~ Mr Minguillon:

Relax. In no field is all the research done. ~~New discove~~ Research leads to new discoveries and new questions to answer by more research.

Particle physics is the frontier of unknown physical laws to be discovered. It is very active now — and completely open-ended — but it is ~~very~~ hard to get a job in it because so many people want ~~too~~ to.

But have no fear — you are just starting out and

should not pick a subfield of physics so soon. Just learn more and see what interests you most and what you like to do best as you go along and ~~[illegible]~~ you will not have any ~~[illegible]~~ trouble choosing when you know more.

By the way at about your age I didn't know even what field I wanted. I entered M.I.T. in mathematics, changed to Electrical Engineering for a while and then settled in physics. What fields of physics? ~~I have worked in~~ aside from deciding I liked theoretical work best I have wandered around from stress in molecules to quantum ~~[illegible]~~ theory electrodynamics, theory of liquid helium, nuclear physics, turbulence in the flow of water (I didn't succeed in those – [illegible] last two problems [illegible]), quantum gravity, and recently particle physics. You do any problem that you can, regardless of field.

Yours,
RF

(© courtesy California Institute of Technology)

費曼致哈佛大學物理系柯爾曼（Sidney Coleman, 1937-）教授，一九七六年八月十三日

東方基金會有意贊助舉辦物理研討會。費曼與其他兩位物理學家，丘氏（Geoffrey Chew）和芬克斯坦（David Finkelstein）都推薦柯爾曼教授爲研討會的諮詢顧問。柯爾曼的來信，第一項提到，研討會將廣開善門，下列人士如果願意來，都歡迎參加：……丘氏、柯爾曼……費曼、芬克斯坦……李政道……拉比……。至於研討會的名稱，則打算採用《量子場論的最新態勢》。雖然費曼和丘氏並沒有從事這方面的研究，但大家還是熱烈的歡迎他們參加。因爲有他們與會，大家會覺得很開心。

親愛的柯爾曼：

關於東方基金會的研討會，我認爲規模應該小一些，只邀請那些眞正研究量子場論的專家來出席。對於你信裡談的第一項，就是邀請名單的事。我倒想請教，爲什麼要邀費曼那個傢伙？就我所知，他在這個領域裡並沒有做什麼研究，也沒有比別人高明的地方。如果你能再精簡一下名單，只邀請這個領域的核心專家，我或許會考慮列席。

誠摯的祝福

理查．費曼

※米雪注：柯爾曼教授回信說，名單經過再精簡，已經把「費曼」給删掉了。因此再度邀請他參加。費曼列席了研討會。

費曼致密西根州立大學英語系的卡萊索（E. Fred Carlisle）教授，一九七七年一月二十四日密西根州立大學想爲大學部的理工科學生，開一門特別的科學文章寫作課程。他們打算把《費曼物理學講義》裡面的一章〈重力理論〉，選入科學文選。

親愛的卡萊索教授：

你來信說，想把《費曼物理學講義》裡的那篇〈重力理論〉，放入科學文選裡。我當然同意，希望你認爲它有用。

但是你的課程是英文寫作，我想你對這篇文章是怎麼寫成的，一定很感興趣。它本來是我的口語演講（當時我手裡只有一頁很簡短的大綱），然後錄音下來，接著有人——主要是雷頓，把它整理成流暢可讀的文稿，有些部分特意刪除，有些內容經過增補或重整，只有一部分非常接近原來的口語。這是一件大工程，因爲我的英文不好，很難說出讀得通的東西。然後我再細讀一遍，看看有沒有什麼需要進一步修改的地方……接下來，我就不管這了，又開始準備另一次演講的內容。

由於著作權屬於加州理工學院，我會要求校方寄一份同意書給你，做爲憑據。

誠摯的祝福

理查．費曼

費曼致帕沙迪納聯合學區辦公室主任柯帝尼斯（R. Cortines），一九七七年四月二十五日親愛的柯帝尼斯先生：

我的朋友拉夫．雷頓（Ralph Leighton）已經和你談過這個問題，但他建議我還是正式寫封信給你。我的兒子卡爾在這個學年度進入約翰穆爾高中。根據加州的法律，他要上衛生教育和駕駛課程。另外，根據帕沙迪納聯合學區的規定，他也要上消費者保護的課程。他必須在十六歲這一年，上完這些課程。但因爲他早讀，比同年齡的兒童提早一年就學，因此，實際上他比同班同學要小一歲。

爲了要在十一年級的時候，同時上健康教育、駕駛課和消費者保護課，卡爾必須放棄一門選修課程。他目前選修的三門課是物理、微積分和拉丁文。當然，他也可以在暑假上暑期班，把其中一門課修完。但因爲他上課非常認眞，我覺得年輕孩子每年至少應該有三個月的完整假期來充電，暫時把功課擺在一邊，好釋放壓力重新出發。

我相信卡爾夠聰明，有足夠的能力在較短的時間內，把健康教育、駕駛和消費者保護這三門課學會，而不需要花一整年的課程時間。我發現加州大學柏克萊分校附設的技職學校，有提供健康教育和駕駛課的函授課程。學生只要按時繳交作業，最後參加一項鑑定考試（可在自己的中學由原科目的老師考，或由公立圖書館的合格人員主考），就可以獲得承認。而雷頓先生是帕沙迪納聯合學區的合格教師，他告訴我所有這些課程的內容，都可以在學區教育委員會的檔案裡找到。

因此，我想請你允許我的兒子，參加健康教育和駕駛的函授課程，至於消費者保護課程，則以鑑定考試來代替。當然所有的課程內容都不會遺漏。如果可以這樣，我會親自監督卡爾在學校的選課安排，和學校老師好好商量。當然，如果你有其他建議，我也樂於接受。

誠摯的祝福

理查．費曼

※米雪注：拉夫．雷頓是羅伯．雷頓（見第419頁）的兒子。羅伯．雷頓是加州理工學院的教授，也是《費曼物理學講義》的編輯。拉夫．雷頓則是《別鬧了，費曼先生》、《你管別人怎麼想》的共同著作人。

費曼致比利時的德佛瑞斯（J. T. Devreese），一九七七年十月二十六日

德佛瑞斯教授寫信來告訴費曼，說他們在高等研究院主辦的路徑積分研討會上，都提到費曼，很思念費曼。研討會的公報預計在一九七八年初發行。由於費曼是路徑積分法的開山祖師，他們想把研討會的論文集獻給費曼，當做他六十歲生日的賀禮。如果他願意爲這本論文寫個跋，大家會覺得非常光榮。

親愛的德佛瑞斯教授：

我非常遺憾無法參加你們的研討會。因爲那段時間，我太太和我正好帶著孩子，在美西和加拿大玩。有很多次，當我在野外躺進睡袋時，腦子裡一直在想：你們的研討會開得如何了；如果我能出席，肯定也會很棒的。

費曼1977年的全家出遊。

（© Michelle Feynman and Carl Feynman）

會議的論文集若是能寄來，我一定很開心，也一定會好好閱讀。先謝謝你了，一定要記得寄一本給我。

你想把論文集當做我六十歲的生日禮物，眞是太好了。但如果要我做些什麼事（譬如要寫些什麼的，跋嗎？），那我的喜悅會減損很多。這不太公平，我是個大懶人，不想動筆。

你是一番好意，但其實不需要正式做些什麼事來爲我賀壽。你、桑伯和很多參加研討會的人，早已經直接爲我增添很大的光彩了。你們注意到我的研究工作，而且把它進一步發揚光大。我能夠看到別人爲這件工作所做的努力，而且還集結成冊，收錄在同一本研討會論文集裡，眞是高興得不得了。對我而言，這表示我當年（一九四一年）的發明是有用的，直到今天，還有很多物理學家在運用。還有什麼比這個更光榮的呢？

再次謝謝你。

誠摯的祝福

理查．費曼

史特勞斯（Lewis H. Strauss）致費曼，一九七七年八月二日

親愛的費曼博士：

這封信之所以會寫給你，是因爲你曾是愛因斯坦獎的得獎人。

愛因斯坦獎在以下的年份，頒給了這些得獎人：

一九五一年　施溫格教授（與費曼同一年獲頒諾貝爾物理獎）
一九五一年　哥德爾教授（Kurt Godel, 1906-1978，原籍奧地利的美國數學大師）
一九五四年　費曼博士
一九五八年　泰勒博士（美國氫彈之父）
一九五九年　厲比博士（Willard F. Libby, 1908-1980，一九六〇年諾貝爾化學獎得主）
一九六〇年　齊拉德博士（Leo Szilard, 1898-1964，生於匈牙利的美國物理學家，原子彈構想者之一）
一九六一年　阿瓦雷茲博士（Luis Alvarez, 1911-1988，一九六八年諾貝爾物理獎得主）
一九六二年　華倫博士（Shields Warren, 1898-1980，病理學家，防制游離輻射的專家）
一九六五年　惠勒博士（費曼的老師，「黑洞」一詞發明人，量子重力的主要創始人之一）
一九六七年　羅森布魯斯博士（Marshall N. Rosenbluth, 1927-2003，電漿物理的大師）
一九七〇年　奈曼博士（Yuval Ne’eman，促成粒子物理革命的功臣之一）
一九七二年　維格納博士（Engene P. Wigner, 1902-1995，一九六三年諾貝爾物理獎得主）

後來由於創辦這獎項的史特勞斯紀念基金會負責人，史特勞斯先生（Lewis L. Strauss）去世，這個獎也停辦了一陣子。

現在，已經過一段時間的沈澱，可能和獎金有關的細節問題也得到完滿的解決，因此今年又決定恢復這個獎項。我們已經注意到劍橋大學霍金博士所做的理論研究。他的研究領域正好是愛因斯坦本人長久努力的目標。

您認不認為霍金博士的研究夠重要，可以得到愛因斯坦獎？我們若頒獎給他，會不會讓別人覺得他是因為同情票而得獎？你的腦海裡有沒有比他更適當的得獎人選？你若惠賜意見，我們將十分感激。

誠摯的祝福

史特勞斯

費曼致史特勞斯，一九七七年八月九日

親愛的史特勞斯先生：

這是回覆你八月二日的來信。我非常同意霍金博士的成就值得獲頒愛因斯坦獎。

誠摯的祝福

理查．費曼

費曼致康乃爾大學化學系的費雪（Michael E. Fisher），一九七七年十一月十五日
費雪博士正和榮格特海根斯（Christopher Longuet-Higgins）合作，為一九六八年諾貝爾化學獎得主翁薩格（Lars Onsager, 1903-1976）寫傳記。寫信來問費曼有沒有相關的回憶或資料。

親愛的費雪博士：

你要我提供一些和翁薩格有關的個人互動經驗。我僅就記憶所及的事告訴你，但確實的日期和時間已經不能確定了。我也不想間接談些閱讀他論文得到的感受，只談我直接和他本人接觸過的事。

我們的第一次接觸大約是一九五一年，在日本舉行的第一次理論物理研討會上。我剛完成一項和液態氦的特性有關的理論。這對我是個全新的領域，因此在研討會上，很多這領域的大高手，我都是初次見面。就在輪到我報告的前一天，晚餐時我正好和翁薩格鄰座。他問我說：「這麼說，你認為自己找到一項和液態氦有關的理論囉？」我傻傻的回了一句「是呀！」他沒再多說什麼，只回了一聲「哦！」。我當時覺得他似乎不相信我做得到，認為我的理論只是另一篇胡扯，心裡毛毛的。

第二天演講的時候，我很平靜的解釋了所有能解釋的東西，只除了一點。但我也坦白道歉，承認自己對於氦相變時的熱力學函數特性，還沒有很深入的瞭解，還有一些東西是無力解釋的。輪到聽眾提問的時候，翁薩格首先發難。「費曼先生是我們這個領域的新人，顯然有些事情他並不知道，因此我們應該告訴他。」我聽到這裡，整個人呆掉了，心裡升起一股寒意，比昨天晚上的感覺更糟糕。我哪裡有問題？有什麼愚笨的錯誤讓他逮到？接著他說：「所以我認為，我們應該告訴他，氦接近相變時的熱力學函數特性，其實根本還沒有人能確實瞭解。不僅是氦如此，對所有物質都差不多是這個樣子。因此，他對液態氦的這一部分不太清楚，完全不影響他的論文的價值，也不減低他對其他現象的瞭解。」

我好像洗了一場三溫暖。原來他是這樣一位親切和善的長者。他的不喜多言，讓我誤會他是個不友善的人。這之後，我們又在不同的國際會議場合碰了幾次面，也常交談，對不同的物理問題交換一些意見（如：相變、紊流、氦、超導性）。和我比起來，他的話少多了，但言簡意賅，短短的話裡含有許多重要的想法。而他總是自然而然流露出一股眞誠的善意。

有一次，我和他在討論事情的時候，忽然有個年輕人，跑過來對我們兩人解釋他對於超導性的想法。我一時聽不懂這小伙子在說些什麼，因此，我想他一定是在胡說八道（這是我的壞習慣）。但我很驚訝的聽見翁薩格居然說：「不錯，聽起來這似乎是問題的答案。」難道謎樣的超導性問題，已經有答案了嗎？我認爲當時的那個年輕人可能是庫珀（Leon N. Cooper, 1930-，提出BCS超導理論的人之一，一九七二年諾貝爾物理獎得主），你能不能查一查？

說得更深入一些，和翁薩格的相處，至少在下面幾項工作上影響了我。他對液態介電質中交互作用偶極的研究，解決掉一個令大家非常困擾的物理問題。於是我仔細研究，以瞭解液態氦裡的轉子交互作用。我曾對他所提「二維尺度不存在紊流」的定理，非常有興趣，他爲此還推導出相關的哈密頓函數。最後、也是最直接的，我獨力發現了量子化的渦旋，並不知道其實他在之前就已經發現了。但他處理這個發現的方式，正是標準的翁薩格作風——他並沒有寫論文發表這項發現，而只是在某次國際研討會上，有個人就完全不同的題目發表報告，後來在討論時，翁薩格敘述了他的發現，讓會議紀錄給記了下來。當然，對我而言，發現自己和翁薩格得到相同的結論，是一次重大的鼓舞，至少表示自己走上正確的方向。

誠摯的祝福

理查・費曼

費曼致哈佛大學數學系吉爾（Tepper L. Gill），一九七七年十月十日

親愛的吉爾博士：

謝謝你把自己做的無限張量積的研究論文寄給我。

我對現代數學的研究已經相當陌生，因此沒辦法瞭解它。但是我很高興知道，自己起頭的東西連專業的數學家都很感興趣。發現有序算子是一件很好玩的事（時間就是一種非常特殊的有序參數）。我從一開始，就知道它們可能的用途應該很多，可以和隨機算子分庭抗禮。我花了很多時間，想找出公式，嘗試解決隨機攪拌塗料的混合率問題，或是解答外地核層的隨機對流產生的地球磁場，當然也包括道理相通的紊流問題。但是都還沒有令自己滿意的進展，因此我沒有在這幾方面發表任何論文。不過我知道，有序算子總有一天會變得非常重要。

很高興聽說數學家也跑進來玩了，相信你也覺得這個東西很好玩。根據你的引述，它似乎具備了所有會迷惑數學家的條件，它「和原罪親密接觸，令數學家心痛」。

誠摯的祝福

理查・費曼

費曼致列文（Max M. Levin），一九七七年十一月二十一日

加州大學聖塔魯茲分校的列文博士，在校長辛思海默（Sinsheimer）和山德士（見第195頁）教授的建議下，寫信給費曼。他正在規劃一系列探討科學和藝術之關係的演講。他認爲費曼

對這個題目一定很有興趣，想問他願不願意出席研討會，給一場演講。

親愛的列文博士：

仔細想了一小段時間之後，我想不出藝術對物理學有什麼重大的影響。它很可能是有影響的，只是我找不出一個例子來。可見我不是可以在你的研討會上演講的候選人。

辛思海默校長和山德士教授之所以想到我，可能是他們聽說我在學畫畫。他們認為畫畫當然是藝術活動。

我現在還在一個小型的舊金山芭蕾舞團客串打森巴鼓，因此科學界的朋友若是談到音樂或舞蹈與科學有啥關係時，一定也會想到我。其實，我對這些關係根本一無所知。

誠摯的祝福

理查．費曼

費曼致沙克研究院（Salk Institute）克里克博士，一九七八年三月七日

※中文版注：法蘭西斯．克里克（Francis Crick, 1916-2004）是英國分子生物學家，與華森（James D. Watson, 1928-）於一九五三年共同發現DNA的雙螺旋結構，一九六二年共同獲得諾貝爾生理醫學獎。克里克後來跨行進入認知科學領域，從視覺研究心靈。

親愛的法蘭西斯：

很抱歉，我不得不沒有看就把你的論文寄還給你。我近來太忙了，實在沒有空再看別人的理論，免得自己再陷入泥淖，難以自拔。你的東西可能非常美妙，會害得我又想東想西、不得安寧。乾脆硬起心腸不看算了。

誠摯的祝福

理查・費曼

克里克致費曼，一九七八年三月十日

親愛的狄克：

別不好意思，我也幹過同樣的事。我們分子生物學界流行史塔爾（Franklin Stahl）的一句名言：「別告訴我，我可能會胡思亂想的。」

老友　法蘭西斯

住在日本神户的戴利亞哥（Rafael Dy-Liacco）致費曼，一九七八年五月二十四日

親愛的費曼博士：

請原諒我很冒昧的把自己的想法寄來給你。我的腦子裡有個關於宇宙射線來源的獨特想

法，可是不知道應該講給誰聽。我曾寫信給《科學美國人》雜誌的讀者投書欄，希望能刊登出來，這樣一來，那些懂這個題目的科學家就能評斷，說它對或是不對。可惜並沒有獲得刊登。我只能把這個想法告訴我唯一認識的一個懂物理的人，就是我的高中物理老師（我是個十六歲的高中學生），但我有很多理由不願和他談。

我父親一直說，《科學美國人》的編輯一定是想剽竊我的創意。我簡直要被他逼瘋了。我在某個介紹宇宙的影集看過你，你給我的印象是我所認識的人當中，看起來最誠懇的，雖然你在節目中只談論物理。因此，我想麻煩你花點時間，批評一下我的想法。如果你願意的話，請用簡單一點的名詞，好讓我能看得懂。我想知道的最要緊的一件事是，這是不是一個新想法？我的想法是這樣子的：

假設：太陽的外層存在著一層反物質。

粒子和它們的反粒子發生隨機碰撞，這就是宇宙射線的穩定來源，量雖少卻十分重要。太陽磁場很強的時候，譬如有大量的太陽黑子產生時，帶電粒子的移動不再是那麼隨機了，他們會給加速往一個太陽磁極移動；而帶相反電荷的粒子也同樣給加速往另一個磁極。因此，帶電粒子更有機會和他們的反物質發生碰撞。結果，粒子與反粒子的碰撞機會增加，宇宙射線的數量也會增加。這就是當太陽黑子很活躍的時候，宇宙射線也跟著增加的原因。

戴利亞哥

誠摯的祝福

費曼致戴利亞哥，一九七八年六月六日

親愛的戴利亞哥先生：

你的宇宙射線來自太陽外層反物質的看法，很可能是錯的。理由有好幾個。首先，以太陽所含的巨大質量來看，這層反物質支持不了多久，很快就會消耗光光了。因爲它們的消耗量這麼大，你馬上就得面臨一個新的問題，就是這些反物質是從哪裡來的？其次，宇宙射線的能量通常很高，遠超過物質和反物質互撞、湮滅而遺留的能量。你也無法說明來自太陽系之外的太空，能量非常高的宇宙射線。這不是太陽磁暴所能解釋的。第三，物質和反物質碰撞而湮滅，產生的是γ射線，或稱高能光子，而不是高速的質子。但是射到地球的宇宙射線，主要是高能量的質子，而不是γ射線。

物理學家的假設是這樣子的：較低能量的宇宙射線並不是來自太陽，而是太陽磁場的變化把太空中的氫離子（也就是質子）加速而成的。這種說法目前沒有出現什麼嚴重的問題。至於高能宇宙射線的來源，我們目前還不太清楚。

繼續保持你在這方面的興趣。如果第一次沒有成功，就再試一次。也要告訴你爸爸，不必擔心剽竊的問題，科學界並不像商場或其他行業。我們都在共同努力，設法瞭解大自然。我們都學會要非常小心、尊重任何人的想法。如果這個想法眞的很有用的話，我們是非常樂意讓他先達陣的。從十七世紀之後，我們在這方面就不再有什麼嚴重的問題發生了。

誠摯的祝福

理查・費曼

費曼於1978年在校園舞台劇「市長萬歲」(*Fiorello*，一齣政治諷刺劇)軋一角。

(© courtesy California Institute of Technology)

鮑林（見第137頁）致費曼，一九七八年六月二十八日

親愛的狄克：

琳達告訴我，你切除了一個滿大的惡性腫瘤。這種長在腹腔的惡性腫瘤是很嚴重的，五年的存活比率相當低。化學治療沒有什麼用。在英國，很少用化療來處理這種惡性腫瘤。

我認爲你現在的當務之急，就是立刻開始大量攝取維他命C，每天至少二十公克。我正和一個腹部有惡性腫瘤擴散的病人通信，他前三個月，每天攝取六十公克維他命C，現在情況好多了，服用量也降到每天三十五公克。

隨信附一些參考文獻給你，從當中還可以找到更多的參考文獻。琳達會告訴你，在哪裡弄得到純的維他命C和抗壞血酸鈉。也會告訴你該如何服用。

維他命C的主要作用是增強身體的免疫機能。一些細胞毒素類的藥物會破壞身體的免疫機能，可能也會降低維他命C的功效。另一方面，像BCG這類刺激免疫功能的藥物，則可和維他命C一起服用。一旦你開始服用維他命C，很重要的是不能中斷，不要吃吃停停的。

我們還有另一篇論文發表在《國家科學院會報》。此外，日本的森下（Morishita）和村田（Murata）也得到和我們類似的結果。

祝福你

林納斯．鮑林

附筆：不要吃甜食，少吃肉。多吃蔬菜、水果、蔬果汁和果汁。

費曼致鮑林，一九七八年七月七日

親愛的林納斯：

非常開心聽到你的消息，也謝謝你特別關心我的問題。

我得的癌症是一種很少見的腹腔惡性腫瘤，叫黏液樣脂肉瘤，是一種含大量黏液的軟組織腫瘤。雖然開刀取出來的時候，它已經有二千七百公克，但是還包裹得相當完整。顯然我的手術已經把它切除得乾乾淨淨。病理報告也顯示，癌細胞並沒有侵入我的血液系統。因此，我的腫瘤醫師霍爾（Thomas C. Hall），是班塞（Seymour Benzer，加州理工學院遺傳學家）介紹的，他也不建議做化學治療。他只是很仔細的用X光做全身檢查，看看有沒有轉移到其他地方。不管怎樣，我已經把你的信交給他看，看看參考文獻裡談的那些事，他熟不熟悉。

琳達已經把資料統統都告訴我了，就是你在信裡詳細叮嚀的那些事。林納斯，你最大的成就之一，就是協助生出這麼可愛的女兒來。

再次感謝你的關心。

誠摯的祝福

理查．費曼

費曼致歐勒（R. Wayne Oler），一九七九年三月二日

歐勒是班哲明／康明思（Benjamin/Cummins）出版公司的副總經理，寫了一封談費曼的版稅

的信來。他關切一個問題：很多出版社會寄免費的教科書，給有機會採用爲課本的教授。有些教授就把這些公關書賣掉，增加自己的收入。歐勒先生認爲這件事會影響教科書市場，可能減少出版公司的利潤和作者的版稅。

親愛的歐勒先生：

我想，我們不要太貪心吧！

很不巧，我寫書的目的不是想賺錢，而是想傳播知識，因此我的意見和你不太一樣。依我看，如果你寄免費教科書給教授的目的，是要推銷這些書，並且和教授建立良好的關係。那麼這些書已經達成目標了。如果它們能再賣給別人去用，更增加書的附加價值，有什麼不好呢？如果你不喜歡這件事發生，就不要寄書出去呀！

如果你寄書出去，是希望寄書後得到一些正面的回饋，那麼在你把書寄出的時候，你已經得到應得的利益了；不管你原來想的利益是什麼。如果收到書的人能用它再創造一些價值，我們有什麼立場禁止他這麼做？你寄給了他，書就是他的了，不是嗎？如果寄書的淨效益是負數（就是銷售的減少超過寄書的廣告和公關效益），只要停止寄書就能停止損失了。這是很簡單的邏輯。

以前，也常有出版公司主動寄給我全新的書或回頭書，而我很討厭人家對我打廣告。現在，你的信給我一個新點子，我知道怎麼處置那些書了。

理查·費曼

誠摯的祝福

1978年全家出遊墨西哥，費曼與母親盧西莉、妻子溫妮絲、女兒米雪、兒子卡爾，在畫了「費曼圖」的休旅車前面合影。
（Photograph by Alice Leighton）

費曼致荷蘭的狄庫伊斯（G. C. Dijkhuis），一九七九年六月十三日

親愛的狄庫伊斯博士：

謝謝你來信提到《費曼物理學講義》第三冊第21章第8節的符號。我在講義的前面說過，這就像一場場專題討論會。而現在，你把這個符號當眞，甚至當成了方程式的符號。可是在專題討論的現場，大家都很清楚這符號寫錯了。千萬不要相信我隨手寫下的符號。你們應該相信自己仔細推導出來的東西。（很抱歉，我現在沒有耐性再把講義全部檢查一遍。你可以認定，我當時寫下的符號有一半的機會，用法是不正確的。）

誠摯的祝福

理查．費曼

費曼致溫妮絲、米雪和卡爾，一九八〇年六月二十八日星期六下午三點，寫於奧林匹克大飯店游泳池畔

親愛的溫妮絲、米雪（卡爾也在家嗎？）：

這是我抵達雅典的第三天。

我在飯店的游泳池畔寫信，信紙就鋪在我膝上。因爲桌子太高而椅子又太矮，用起來很不舒服。

這次旅行雖然是準時到達，但過程當中很不舒服。因爲飛機客滿，每個位子都有人，擁擠不堪。伊利亞波洛教授帶著他姪兒和一個學生到雅典機場來接我。他姪兒和卡爾同歲數。另外，我很驚訝，這裡的氣候和我們帕沙迪納很像（但氣溫大約低個五度），蔬菜的種類也差不多，附近的山丘光禿禿的，有很多沙漠地形和仙人掌，溼度也很低，相當乾燥，夜裡也是涼颼颼的。不過相似的部分也僅止於此了。雅典城大而無當，醜陋、喧鬧，充滿了汽車的廢氣。綠燈一亮，汽車就像是看到青草的兔子，不管三七二十一的橫衝直撞。等到紅燈的時候，到處都聽見刺耳的煞車聲，而且每個人都亂鳴喇叭（黃燈亮的時候）。這一點倒很像墨西哥市。只不過這裡的人看起來沒有那麼窮，街上的乞丐也很少。不過溫妮絲，你會很喜歡這裡的，商店眞多，都是一小間一小間的。卡爾一定也很喜歡在老城區到處逛，那裡小巷雜錯，有很多稀奇古怪的玩意兒。

昨天我到考古博物館參觀。裡面有很多馬的雕像，大部分是石雕。米雪一定會愛看的。其中有件很大的青銅作品，是個男孩騎在奔馳的駿馬上，看了很令人感動。但展品太多，標示又不很清楚。我走得雙腿發軟，把看過的東西全搞混了。而且我們以前已經見過很多類似的希臘雕像了，所以覺得有點枯燥。其中只有一件很特別的東西，和別的東西都不一樣。它是一九〇〇年從海裡打撈起來的一個機械製品，有點像現代鬧鐘的內部組件，有一些齒輪接合在一起。當然，上面還有標示著刻度的圖，和古代希臘的銘文。我懷疑它是個冒牌古董。一九五九年的《科學美國人》雜誌上，曾有篇文章介紹這個東西。

昨天下午，我去雅典的衛城參觀。這座古城就在市中心的一塊岩石台地上，有名的巴特農神殿和其他古老神殿的遺址就在這裡。巴特農神殿保存得很好，非常壯觀。溫妮絲，記不記得我們在西西里島的塞加斯塔遺跡看過一座令人非常感動的神殿？差不多是那種感覺。當時我們還走進裡面去參觀。但是在這裡，不准上台階，不准在廊柱間行走。伊利亞波洛教授的姊姊帶著一本筆記簿陪我們參觀。她是個考古學家，一路向我們解說。從希臘傳記作家普盧塔克（Plutarch, 46-120）談起，每塊碑文都不放過。

看來希臘人非常看重他們的歷史。從小學六年級開始，就要學希臘古史，每星期有十堂課。這根本是一種祖宗崇拜，尊古而抑今。他們總是再三強調古希臘人是如何偉大。當然，希臘老祖宗確實了不起。但你若想鼓勵一下現代的希臘人，說他們並不會不及祖先，並且提起他們的實證科學、數學成就、文藝復興藝術以及哲學思想上的進展等等，其實都超越了古人。他們並不覺得受到誇讚，反而會問你：「你說這些話是什麼意思？古希臘人有什麼不好？」然後繼續貶低現代，推崇古人。好像今人的成就全是靠他們祖先的餘蔭，卻不知道心存感激似的。

依我看，現代希臘人有很嚴重的戀祖情結，整天在那裡自憐自艾的。當我說道，歐洲數學的最重要進展是發生在十六世紀，義大利數學家塔塔利亞（Tartaglia, 1499-1557）發現三次方程的解法時，他們並不覺得與有榮焉。這個解法的本身雖然沒有多大的用處，但卻證明了現代人可以做出古希臘人做不到的事，在當代人的心理上，有非常重大的意義。從此，歐洲人不再一味模仿古人，因而有助於文藝復興運動的興起。現代希臘人在學校裡學的那些東西，只會打擊士氣，讓學生覺得自己遠不如祖先優秀。

1979年，費曼接受卡特總統頒發的國家科學獎章。

（© The White House）

我問那位考古學家女士，可曾有人發現過和博物館裡那個機器類似的文物，譬如說比它更簡單，或是更複雜的類似東西？她說她不知道我說的是什麼。於是我約了她和她兒子一起到博物館去。她兒子就是到機場接我的，那個和卡爾同歲數的教授姪兒。因為正在學物理，把我當成像古希臘英雄似的人物看待。我帶她看了那個稀奇古怪的東西，並且把我的疑點告訴她。她聽了，很不以為然，反問我：「埃拉托斯特尼（Eratosthenes，西元前三世紀的希臘科學家）不是曾經測量出太陽到地球的距離嗎？他當時難道不需要一些比較精密的科學儀器？」唉！這些鑽研古籍的現代希臘學者，是多麼的無知呀！難怪他們一點也不喜歡現代。他們根本不屬於這個時代，也不瞭解這個時代。但後來她也覺得這東西有些蹊蹺，於是帶我到博物館的庫房裡去。她相信庫房裡一定有些類似的收藏品，而至少她可以找到有關這件東西的完整資料。結果庫房裡並沒有其他的類似收藏品。而所謂資料，總共只有三篇文章（其中包括刊登在《科學美國人》上的那篇），全是同一個人寫的，而且還是耶魯大學畢業的美國人。

我猜那些希臘人一定覺得美國人很笨。館裡那麼多精美的雕像和畫像，蘊含著多少美麗的神話和傳說故事，他不去欣賞，單單對一具機械作品有興趣。（當考古學家問博物館的一位女職員，有沒有編號一五〇八七展品的詳細資料，因為一個美國來的大教授想多知道一點和這件文物有關的東西，她咕噥著：「博物館裡這麼多好東西，他為什麼偏偏挑那一件？那東西有什麼特別的？」）

這裡人人都抱怨天氣熱，怕我會受不了。其實此地的平均溫度還比帕沙迪納低五度左右呢。商店和機關下午一點半到五點半午休，說是天氣太熱了。這主意還眞不錯，大家都好好的睡個午覺，然後晚上再混到半夜。通常的晚餐時間是九點半到十點左右，那時候比較涼快些。最近新訂了一條法律，爲了節約能源，所有的飯館和酒店必須在凌晨兩點打烊。弄得大家抱怨連連，說如此一來，雅典的生活步調都給破壞了。

現在正好是一點半到五點半的午休時間，我趁這個機會寫信給你們。說實在的，我很想念你們，還是在家好。想來我對旅行已經沒有什麼興致了。我在這裡還有一天半的停留。出門之前，你們熱心推薦我去一處美麗的卵石海灘，和一處重要的古蹟（大半已經損毀）。但這兩處其實還滿遠的，單程要坐兩到四小時的遊覽車。因此我哪兒都不想去。算了，我還是乖乖留在飯店裡，準備一下克里特島的演講稿好了。他們要我多加三場演講，聽眾是專程到克里特島來聽我演說的希臘大學生。我準備按照在紐西蘭演講的做法，可是我還沒有擬好大綱。

我很想念你們大家，尤其在晚上要上床睡覺的時候。沒有狗狗可以搔癢，也沒有對象可以道晚安。

愛你們的　理查、老爸

附筆：字跡難認的話，別擔心。我只是隨便寫寫，沒啥重要的事。我在雅典過得很好。

費曼致光學塗布實驗室公司伊斯里（Robert Ilsley），一九七九年六月十三日親愛的伊斯里先生：

這封信是要確認我們六月十三日星期三的電話交談。我在電話裡說的是，我不能擔任你們這家光電公司的董事。主要原因是我欠缺企業管理經驗。我不認爲你們公司其他外聘董事的豐富企業經驗，足以彌補我的不足。我沒有足夠的信心，可以執行董事的職責。這會讓我很不自在。也因爲這種不自在的感覺，讓我婉拒你的盛情邀請。

感謝你的殷勤和耐心，包含我在這件事上表現出來的優柔寡斷。爲了這件事，你一定有些困擾，也耗費一些時間與金錢。請多包涵。

經過這件事之後，我開始對光電產業和前景感興趣。我將會高度關注你們公司的發展情形，希望我們能時時保持連繫。

很高興能認識你，和工廠裡的一些朋友。

祝你好運

理查・費曼

哈特（Michael H. Hart）致費曼，一九八〇年三月二十五日

親愛的費曼教授：

去年秋天的某日上午，我正在教一些大學生電磁學，我把 $F_{mag} = qv \times B$ 這道公式寫給他們看。我指出，就如大部分的教科書所說的，根據公式，由於磁力永遠和電荷 q 的運動方

向垂直，所以磁力是不可能做功的。

幾天之後在實驗室裡，我利用一塊永久磁鐵移動一根小鐵棒。小鐵棒放在桌上，我用手指頭把它抓住，而我把永久磁鐵擺在它上方。

我的一個學生（他顯然不夠聰明，不瞭解課本內容的正確意思）忽然問我，如果磁力不能做功，那磁鐵是怎麼移動小鐵棒的呢？眞是個笨問題！這個顯然矛盾的現象的解釋，對我而言幾乎是不假思索的。但我忽然覺得很難用簡單的話，來把這個問題說明白，讓這麼笨的學生也聽得懂。（我忽然覺得很洩氣，覺得現在的高中教育相當失敗，這種程度的學生也能畢業，進大學來。）你是不是能幫個忙，告訴我該怎麼說，才能讓這種學生也能懂。

誠懇的請求你

哈特，助理教授

費曼致哈特，一九八〇年十二月四日

親愛的哈特教授：

我最近整理書桌，才發現你那封提到磁場做功的有趣問題的信。我大概一開始的時候，因爲需要稍微想一想，就把它擱在一旁。請原諒。或許是我不肯承認，過去這半年來，我一直想不出適當的說法，不知道該怎麼回信。現在終於有了答案。

在物理學上，「誰做功」這個觀念並不是很明確，也沒多大的用途。它對我們的直覺和認知沒有什麼幫助。假設我有兩塊磚A和B，用一只略微壓縮的彈簧連在一起。A的位置固定不變，B向A移動而壓縮彈簧，那麼彈簧可以做功的能量，顯然來自B。但如果反過來，B固定不動，A向B移動，則做功的能量就是A提供的。至於到底哪個是哪個，就看觀測者的相對運動是什麼而定。如果我們只是把A、B兩塊磚拿在手裡，互相推擠靠攏，那我們只能說彈簧做功的能量，是由A和B同時提供的。誰會去管它們各自出了多少功？因爲這完全看我的手是怎麼移動的。要進一步追究其間的細節，就沒有什麼意義了。這只是一個例子。

現在，我們假設A是一塊磁鐵，B是一個帶著電荷Q的輪子。如果A接近B，B就轉快一些，那麼多出來的動能是哪裡來的呢？來自把它們（也就是A和B）推在一起的力，這就是我想說的。但我們有個定理，說：一個粒子的動能，不可能被磁場改變。在這個例子裡，當然，如果你堅持的話，輪子動能的改變是由於電場的改變，而電場的改變是磁鐵移動造成的。但是你的笨學生要的，是個直覺上合理的答案，而且是反過來的情形，就是：如果A是固定的，B向著A移動會怎樣？這裡並沒有電場存在呀！它是由一種說起來很複雜的、作用在輪輻上而把輪子往上推的力（到底是什麼？）所做的功。這個笨學生沒耐心去仔細推敲：誰移向誰這種事，其實和問題呈現的方式有關，但是和答案的本質無關。他們不知道其實兩者之間，誰移向誰只是相對的，和實質的物理作用沒什麼關係。他們不瞭解這一點，堅持要一個答案，你只好

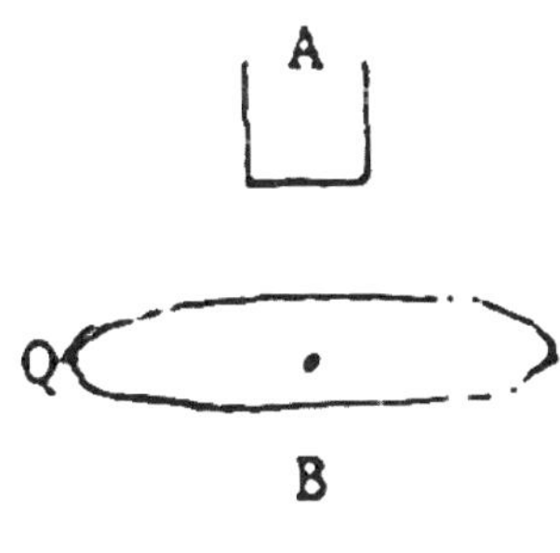

引經據典去解釋，陷入繁瑣的細枝末節裡。

但最後，你舉的磁鐵和小鐵棒的例子是最有趣的。這需要特別的考慮。磁矩的產生，來自電子的自旋，而這是一種量子力學效應。它的力並不是來自 $E+v\times B$；如果硬要從古典理論找出近似的描述，那就是原子的磁偶極矩。這回，磁場就可以做功了。這裡的弔詭可以經由觀測來分辨。事實上，如果原子裡的電子遵守的是古典物理，原子就不會表現得像個小磁鐵（詳見《費曼物理學講義》第二冊第34章第6節）。

笨學生問的簡單問題，常常有非常複雜的答案。只有聰明學生才被訓練得會問那種複雜的問題，然而答案其實很簡單，老師都知道答案。只有當老師的，才想得到那種答案簡單的簡單問題。

誠摯的祝福

理查・費曼

費曼致麻省理工學院林肯實驗室李維斯（Rodney C. Lewis），一九八一年八月十日

李維斯先生來信，說非常欣賞費曼在麻省理工所做的學術報告。李維斯指出，他覺得很多科學家和教育工作者，已經喪失了探索未知領域的雀躍心情。李維斯說他已厭倦了標準教科書裡的範例，很高興費曼的觀點與眾不同。

親愛的李維斯先生：

謝謝你的善意來信。聽到你說很喜歡我所做的學術報告，讓我很高興。別對那些枯燥的制式教科書失望。只要常常停下來，闔上書本，想想書上到底說的是什麼，然後試著用自己的話去詮釋看看，你就會看到大自然的美妙和精神。書本給我們的，只是硬邦邦的事實，但我們的想像力可以讓它們栩栩如生。

當我還是個坐在父親膝上的小男孩時，父親就教會我怎麼做了。他讀《大英百科全書》給我聽，常常故意停下來問我，現在書上到底在說什麼呀？例如，書上說「霸王龍的頭有四英尺寬」，意思是說，如果牠站在外面的草地上看你，牠的頭會在二樓窗外，盯著你的臥室瞧。如果牠伸進頭來，會同時撞破兩扇窗戶。等到我稍大些，我們又重讀這段文字時，他會提醒我，霸王龍的頸部肌肉有多強壯，以及體重與肌肉截面積之間有什麼比例關係等等。他也會告訴我，為什麼陸地上的動物不可能長得像海裡的鯨那般大，為什麼蚱蜢可以跳得和馬躍起來一樣高。所有這些，都來自思索恐龍的頭。

誠摯的祝福

理查・費曼

費曼致唐恩・聶米克（Don Nemec），一九八一年十月十九日

聶米克和費曼連續通了八年的信。他們兩人有個共同的朋友，就是厲立（John Lilly）醫師。厲立是以「孤立艙」（isolation tank）方式研究人類意識的先驅（最著名的，可能是他在跨物種交換訊息方面的研究，尤其是人和海豚的交換訊息）。他們通信討論的問題範圍很

廣，有一封是討論厲立的「感覺剝奪艙」。聶米克以物理學家的觀點，寫了大約一頁的看法，費曼又加注了一些意見，討論夢境和超覺經驗（out-of-body experience）。大部分信件都是聶米克執筆，由費曼加注一些意見。下面這封，是費曼最長的一封回信。

親愛的唐恩：

非常高興接到你八月五日寫來的長信。你看起來開心得很，也胖得多，比起在帕沙迪納時變了些。看起來，帕沙迪納不是個可以進行超覺實驗的理想地點。

你知道的，我還是認爲你一直練習而且仔細研究的心靈經驗，只是腦子在放鬆狀態的一種奇妙現象。這種奇妙的感覺，完全是內在而自我的，但它其實深受你的信仰和你的親身經驗所影響。也就是說，當你腦子沒有放鬆時，在想什麼東西，以及你日常生活中，每天運用大腦的方式和思考的方向等，都會影響這種奇妙的內在經驗。因此，我不認爲它是所謂的「和宇宙智慧的接觸」或者「探索眞實世界的某個未知層面」等等。換句話說，我們每個人對這個「外在的」眞實世界，都可能有這種類似的共同經驗。這些經驗最多只是像每個人經歷到的夢境一樣罷了。而夢境，依我看，是不可能預測未來的，也不可能顯示正在其他地方發生的事。日有所思，夜有所夢。夢境只會告訴你，你白天在思考或擔心什麼事情。

好，就算事情如你所說的，誰又能證明或反駁這些事情呢？

很高興聽說你找到了研究這件事的人（金姆）。我不知道你是不是仍然和她一起工作。她可能有一些超覺經驗，但你說：「她也無法說服自己，這種經驗除了表現出來的現象之外，還有什麼意義。」什麼是「表現出來的現象」？

你也猜得出來，我對這件事覺得很遺憾。這麼一個聰明又有才幹的女孩，居然放棄好好的大學教職，去追求這種虛幻的、偶然發生的內在經驗，弄得自己整天神經兮兮的。難道她就不能兼顧，讓兩件事各占適當的比例嗎？因為依我個人的觀點，她只是在追求一種幻覺和幻想，棄令人喜悅和刺激的眞實世界於不顧。而這個眞實世界對她的思想卻更有幫助，更美麗、也更令人喜愛。

謝謝你的信。別忘了繼續保持連絡，稍微瘦身一下。祝你好運。

你的好朋友

費曼

費曼致麥克阿瑟基金會獎助計畫主任弗洛恩德（Gerald Freund），一九八一年四月六日

沃富仁（Stephen Wolfram）是個理論物理學的奇才，一九七九年才二十歲，就得到加州理工學院的博士學位。之後又在加州理工待了好幾年，才轉去普林斯頓高等研究院。

親愛的弗洛恩德博士：

在找尋別的東西的時候，我發現這封推薦沃富仁的信還躺在抽屜裡，沒有完成。

我其實很不喜歡替人家寫推薦信。因此當褚威格（Georgr Zweig）來問我這件事的時候，我壓根兒沒有想起來。現在，我抗拒這種不願意為人推薦的本意，特別要我的祕書把這份被

我一時疏忽、擱了一小陣子的推薦信繼續完成。

你問我的是有關沃富仁的能耐，是否能資格獲得麥克阿瑟基金會的獎助。

沃富仁博士確實是非常傑出的，正是你們的計畫應該獎勵的對象。他在很多領域裡，都有非常多的原創性研究。例子不勝枚舉，例如，他發明了一種很天才的方法，來比較高能物理的實驗結果和量子色動力學理論所預測的現象；雖然這個理論還不完整。另外一個例子是，他在臨時需要的情況下，設計並寫出一套全新的電腦程式，來做代數和符號的運算，而整個工作全是原創且獨自完成的。他對宇宙早期的重子（baryon）形成理論的分析工作，更是指出，之前其他人的研究都犯了重大的錯誤。

沃富仁在理論物理的所有基礎問題上，更是功力非凡，無論是重力、宇宙學，以及嶄新而尚未劃定領域的理論，像是強子物理與弱交互作用，都有建樹。他研究每個問題的方法，並不是大量閱讀相關文獻，而是以自己的方式，親自解決它。他非常賣力在研究。他的勤奮和他的做法，正是他那多采多姿的原創性成果的來源。

這裡舉辦過的研討會，沃富仁都會出席，沒有一次會缺少他那精闢獨到的評論、詢問或批判。我不知道這個領域裡，還有誰比沃富仁博士的見解更為廣闊。他好像對每個問題都有研究，而且對每個研究的問題都有創見或嚴謹的判斷。

誠摯的祝福

理查．費曼

※米雪注：沃富仁博士得到一九八一年麥克阿瑟基金會的「天才獎」。

費曼與山卓拉、維娜絲在自家草坪上曬太陽。攝於1981年。

費曼致麻省理工學院樂利（P. P. Lele）教授，一九八一年十一月十六日

親愛的樂利博士：

非常感謝你寄來給我超音波研究報告。你的超音波設備所描繪的圖像，非常清楚又有創意，分析的功能也非常強。比起現在普遍使用的設備，超越很多，令人印象很深刻。希望它最後也能像初步測試時一樣成功。

我很感謝你願意提供自己的技術，爲我檢視及治療惡性腫瘤。我會非常愼重的考慮。至今我試過的那些傳統療法，效果都不很滿意。加州大學洛杉磯分校的教授認爲，外科手術仍然是最佳的選擇。因此，我已經決定下星期要再動手術，由莫頓（Donald Morton）醫師主刀。

動手術之前，我們已經試過一般的化學治療、一些放射性治療和高溫療法。所謂高溫療法是用一三．五百萬赫的磁場一千瓦，來照射腹部。連續十天之內，每天做一次三十五分鐘的療程。但是沒有一種治療方法有明顯的效果。這些治療的主要目的，是使腫瘤縮小，讓原來很困難的手術變得容易些。他們並沒有在腫瘤內部插入溫度計。和你的技術相比，算是相當粗糙。

或許當我的惡性腫瘤再度復發時，你會再次考慮把我當做你超音波治療的候選病人。

謝謝你花了很多時間，在電話裡耐心和我討論這些事情。

誠摯的祝福

理查．費曼

第十部

電視新星（一九八二至八四年）

給人這樣捧上天，感覺還真是棒得不得了。

The Letters of Richard P. Feynman

一九八〇年代早期，大西洋兩岸都播出一個專訪費曼的紀錄性節目「發現事理的樂趣」。片長一小時，有大量費曼近距離的特寫。出乎一般評論家意料之外的是，觀眾非常喜歡這個節目。更多的人寫信來了，其中包含很多的物理門外漢、讚美者和一些跟著瞎起鬨的好奇人士。（中文版注：此節目的文字版本，請參閱《費曼的主張》第一章。）

由這段時期的信件當中，我們可以看出費曼在處理信件態度上的轉變，從原先的很有耐心，變得很直率。這時候對他來說，時間變得更珍貴了。在一九八二年初的一封信裡，費曼表示，他發現自己很難用通信方式來討論問題。他說：「我的習慣是一碰到有疑問的地方，就要立刻澄清。我沒有耐心去慢慢思索它可能是什麼意思。」儘管如此，費曼還是花了一些時間展讀一封封陌生人的來信。這些信不管是技術性或非專業的，通常既沒有組織又思緒雜亂。但費曼在回信中，總是單刀直入，精確的提出信裡所談論的重點或本質。

在此同時，費曼的健康狀態也一直有問題。費曼的母親在一九八一年十一月初去世。喪禮之後不久，費曼為了自己腹部的惡性腫瘤再度開刀。這次手術時間長達十四小時半，而在手術中，又發生主動脈剝離，需要大量輸血，總共輸了大約三萬三千cc。數十名加州理工學院的教職員和學生，以及附近航太總署噴射推進實驗室的員工，都趕到加州大學洛杉磯分校附設醫院去捐血。我記得當時曾在電話中與其中一些人談話，設法把能夠捐血的人集中起來做個安排。他們對我父親的熱愛和讚賞，都化為具體的行動，幫助我們家順利渡過這段困難的時光。

一九八四年三月，費曼期待很久的個人電腦終於到貨了。他開車到店裡去取貨，在停車場的人行道不小心跌了一跤，撞破了頭。他把頭上的血擦掉，仍舊到店裡取了電腦回家。當晚，我和母親在外面逛了一整天回到家時，發現他正愉快的玩著新電腦，身上還穿著那件沾滿血跡的襯衫。當時他以為自己沒事了，但幾個星期之後，才發現有腦膜下血腫，部分血液集中在腦的表面，就是那一跤引起的。後來他又回到醫院，在腦殼上鑽兩個小洞，把血塊引出來，減輕壓力。往後，他常常拿這件事和朋友開玩笑，說：「如果你覺得我有點瘋瘋癲癲的，我現在有藉口了，因為我的頭殼鑽了兩個洞。你摸摸看，就在這兒。」

這之後，電腦在他的專業和他的時間上，都占了很顯著的地位。由於我哥哥卡爾的刺激，他不時思索並演講有關電腦的題目，並且思考電腦的極限，以及量子電腦的可能性。

賴特（Don Wright）致費曼，一九八一年十一月二十三日

一九八一年十一月，賽克斯（Christopher Sykes）的紀錄片「發現事理的樂趣」首次出現在BBC的「地平」（Horizon）系列節目中。

親愛的教授：

我不像大多數美國人，有那麼多美國時間。這是我第一次，恐怕也是最後一次，寫信給在電視節目上出現的人。我對你在電視上的談話實在太感動了（不管是叫演講或是叫訪問，總之是你在說話）。我指的是今晚BBC第二頻道上的節目，因此我非得寫這封信不可。

如果你有機會到英格蘭來，而且有時間可以造訪多塞特郡的斯溫奇村來，我們會竭誠的歡迎你。這裡是英國的小鄉村，景色優美、民風淳樸。

我知道你的垃圾箱一定比我的大很多，但我還是把這封信寄給你，碰碰機會。

謝謝你在電視上的談話。

誠摯的祝福

賴特

費曼致賴特，一九八二年一月十三日

親愛的賴特先生：

謝謝你來信告訴我，你很喜歡我在電視節目上的談話。我是個美國人，你對這可能有些不很自在。但是我特別要告訴你，我太太可是不折不扣的正港英國女人，來自約克夏郡。她給我的「家教」，把我改造得很不錯，我應該已頗有英國紳士的風範。

誠摯的祝福

理查．費曼

費曼致葛里菲絲（Connie Griffiths），一九八二年一月二十五日

英國的葛里菲絲也看了「地平」那個節目，寫信來建議費曼試試超覺靜坐（transcendental

meditation），認爲超覺靜坐可以使人的大腦更加清明，可節省費曼的時間和精力，增進效率。信裡提到：「我看得出你的思考非常細膩而清明。但即使如此，我還是認爲你處理的那些問題實在太困難了。因此，超覺靜坐可以使你的思想更集中在你研究的問題上，不會分心去管那些沒用的旁枝末節。它可以讓你的心靈到達全新的境界，很接近空相的境界。在那個境界裡，自然律和你非常接近，會整個展現出來，而不是一點一滴慢慢出現。」

親愛的葛里菲絲小姐：

謝謝你有關超覺靜坐的來信。

我試過類似的東西，是一個心理醫師朋友厲立發明的，叫做感覺剝奪艙。一個人漂浮在鹽水裡，沒有聲音、沒有光、沒有什麼感官的功能，近乎絕對寂靜。我試過很多次，好幾個鐘頭，也產生一些幻覺似的經驗……等等。

當然，它和超覺靜坐是不一樣的東西。但是我有一種感覺，就是這種身心鬆弛的經驗或體驗，雖然在心理上讓人有一種更瞭解自我的感覺，但它絕對不是那種要解決硬問題所需要的硬思想的替代品。這種硬思想需要專業的學術訓練，必須先把腦子裝滿了科學的事實，再經過某種腦力激盪，或者只要放鬆下來，或許所有的事情都會豁然開朗。

不管怎樣，總而言之，謝謝你的建議。

誠摯的祝福

理查．費曼

蘇格蘭丹地大學（University of Dundee）心理系沃爾夫（J. Gerard Wolff）致費曼，
一九八一年十一月二十三日

親愛的費曼博士：

我覺得你今天在BBC「地平」節目裡所說的話很有意思。尤其你談到，處理牽涉到理論的問題時，說可以用觀察來測試理論的正確性，更讓我感觸很深。

我研究的問題是，小孩子是怎麼學會說話的。在我的研究領域裡，碰上的正好是你說的問題。顯然小孩子的大腦裡，在分析聽到的語言裡，做了許多和文法與句型有關的複雜比較工作。許多語言學習理論，都說得很簡單，很像大綱似的。但其實語言學習的運作是非常複雜的，因此那些理論變得很難去證實或反駁。

要處理這個問題，我喜歡的並不是數學的方法（可能部分的原因是我不懂許多數學）。我是把理論用電腦程式表現出來，讓電腦去分析、整理語言學習的過程。這種技巧在許多科學領域都已經很普遍了，你不太可能沒有想到。但是你在節目的訪談裡並沒有提到它的可能性，我覺得或許值得對你說一聲。

我同意，物理學的研究方法用到社會科學上，幾乎都走了樣，結不了果。但在社會科學裡也有一些很實際的問題，像語言的學習，可以推演出精確的理論或假說，我們也可以獲得有價值的見解。

你覺得電腦模擬對你的問題會有幫助嗎？

誠摯的祝福

沃爾夫

費曼致沃爾夫，一九八二年二月四日

親愛的沃爾夫博士：

謝謝你注意到我上的節目。

你猜對了，我確實想過用電腦來模擬小孩子學習語言的過程，但我是用另外的方式。在研究電腦的能力時，有朋友給了我一個問題。電腦程式可以教會電腦下棋，而且下得很好，也能教電腦打橋牌。你能爲電腦設計一套程式，教它玩遊戲嗎？首先把遊戲規則告訴它，然後和它玩幾次。它隨著經驗的累積，技巧愈來愈好（就像人一樣）。當它學到更多的時候，雖然每次要搜尋的記憶體容量變得很龐大，但電腦運算速度實在太快了，這一點不成困擾。電腦玩遊戲的速度並不會慢下來，這就是所謂智慧型的電腦。

想到這個之後，首先我想找一套簡單的系統來試試。就像你提到的，我想教電腦數學，希望它的數學能力愈來愈好。接著，我就想教電腦學語言，或類似這種「最簡單」的問題。接下來，我就思考到，小孩子是怎麼學說話的呢？

但是我找不到一個方法，教電腦把學到的知識儲存起來，不管是單字或文法。電腦的記憶體容量是很大的，儲存資料不成問題，搜尋起來也不困難。但要怎麼儲存知識，卻讓我束手無策。

你對這個問題有什麼好主意嗎？如果你在這方面發表過任何論文，能不能給我一份抽印本參考？在我的物理問題裡，我們當然也試圖利用電腦來解決一些細節。有些東西也是這樣處理掉的。但是到目前為止，電腦的能力仍然有所不足，沒有辦法得到清楚的結果。

誠摯的祝福

理查．費曼

費曼致瑞士日內瓦的杜德立．萊特（見第390頁），一九八二年二月十七日

親愛的杜德立：

總算手術成功，我的意思是說，我還活著。事實上是，我復原的情況非常好。現在幾乎隨時可到日內瓦去看你，只要你願意。在短暫的中斷之後，我期待近日可以恢復工作。

幾乎每天，我都到加州理工學院去上班。但我的祕書海倫卻不准我教課，她認爲我該休息一年。但是她無法阻止我做研究，我比以前更努力思考。

非常高興你三月份要來，到時候就可見到你了。要住我家嗎？你什麼時候要讓我到日內瓦去，看看一切事情進行得如何？大夥兒可以再聚一聚。

誠摯的祝福

理查．費曼

費曼致沙克研究院霍夫曼（Frederic de Hoffman），一九八二年三月二十九日

親愛的霍夫曼：

謝謝你一月二十九日的來信（我的信箱都快塞爆了，花了一些功夫才整理得差不多）。我覺得好多了，而且已經開始正常授課（本週起）。我也很遺憾我們好久沒有見面了。

誠摯的祝福

理查·費曼

費曼致瑞士日內瓦的維爾·特雷迪（Val Telegdi）教授，一九八二年三月三十日

嗨，維爾：

謝謝你的來信。沒有什麼好擔心的，我已經完全復原了。我在十一月的時候，動了一次腹腔癌手術，醫師把看到的東西都割掉了。因此，我現在缺了很多器官。有些器官雖然還留著，也多多少少割掉了一部分。醫師說，手術過程中，我幾乎要成爲他第一次手術失敗的病人，幸好最後沒事。

你最近有沒有回加州理工學院的計畫？或許我們可以在日內瓦見面。我希望六月的第一週或第二週，有機會去那兒一趟。

誠摯的祝福

理查·費曼

附筆：我這學期已經開始授課。完全恢復百分之百的正常活動了。

費曼致辛默（Stuart Zimmer），一九八二年二月十八日
辛默先生是紐約的高中自然科學教師，爲了鼓勵學生研習自然科學，學校準備開闢一間「美國科學」的展覽室。他要求費曼的親筆簽名，想把這個簽名擺在諾貝爾獎得主區。

親愛的辛默先生：

我不同意所謂「美國科學」展覽的想法。科學是全人類共同努力的成果，如果沒有其他地區的科學發展，美國科學什麼也不是。

其次，令我很困擾的是，人人都把諾貝爾獎得主當成最重要的科學家。爲什麼我們對那些由瑞典國家科學院挑選出來的科學家那麼重視？對一般民眾來說，這或許沒有什麼不好，但是教自然科學的老師，應該可以自己挑選哪些科學家對他最有啓示，他最想介紹給學生，要學生注意或效法。

不過別管我的意見，放手進行你的計畫吧。我只是被諾貝爾獎得主這個頭銜搞煩了，發發牢騷而已。這是你要的親筆簽名。

誠摯的祝福

理查．費曼

英國大學生伍德沃德（Alan Woodward）致費曼，一九八一年十二月二十九日

親愛的費曼教授：

我知道物理教授是非常忙碌的，但還是抱著一絲希望寫信給你，希望將來有一天會收到回信。

我只是個南安普敦大學的物理系學生，但是對物理科學的懷疑已經在我心深處蔓延。我看到所有這些學生、講師和教授，都只全神貫注於自己研究的小小主題，根本就不知道實驗室門外的世界。他們不食人間煙火，只是逐字逐句的照字面去解釋所有的事情，完全不知道我們的世界朝哪個方向發展。他們只關心自己的科學。這樣對嗎？

不僅如此，當有人想和他們討論某些議題時，他們往往不願意善盡自己的社會責任，表達什麼獨立的意見。我覺得自己有點孤單，像個傻子。

現在，我們在課堂上用你的書，教的是你的理論。而且我的量子物理老師海伊，一再對我們強調，說你對物理學有多麼大的推動力量。因此，你顯然是物理界的權威人士之一。但是，難道你從來沒有過像我這種憂慮嗎？

我曾經身爲皇家海軍軍官，但最後決定辭卸軍旅生涯，尋求更普通的生活。不幸的是，我覺得投身物理學習，仍然讓我的人生有所欠缺。我怕自己不能清楚的描述自己擔心的事，但我希望你能瞭解我的意思。或許有一天，你願意把你自己的想法告訴我，釐清我的困惑，讓我能安然釋懷。

誠心誠意的　伍德沃德

費曼致伍德沃德，一九八二年三月三十一日

親愛的伍德沃德：

增加知識和所謂人性化的生涯規劃當然是不衝突的，不管你學的是什麼都一樣。而且，就算你的教授和同學只知道某些事情，完全忽略另一些事情（正如你說的「實驗室門外的世界」），也不影響你一面學習他們所知道的事，同時深入瞭解他們有盲點的事。

當然，物理學課程裡傳授的東西，會令你感到有所欠缺。你不可能單靠物理，就想發展出健全的人格，生命裡的其他部分也必須融進來。

誠摯的祝福

理查·費曼

費曼致法柏（Yetta Farber），一九八二年三月三十日

法柏女士寫信來，提醒費曼在康乃爾大學的時候，曾經和她約會。信中說了一段故事，這故事令她每次在報紙上看到費曼的名字，就想笑。故事是這樣的：就在他們開始約會之後不久，當地有個強姦犯作案。報上形容這個人「穿一件棕色或近似棕色的皮夾克」（費曼慣穿一件棕色皮夾克）。這個社會新聞在康乃爾大學校園傳了開來。「呀！我和一個很棒的傢伙約會，他穿著一件棕色的皮夾克，說不定就是他。」因此，當你再打電話來約我的時候，我就推說：「抱歉，我沒空。」

法柏小姐當年還認爲費曼太年輕了，不可能是助理教授，一定是吹牛。其實費曼當時已經是正教授了。

親愛的法柏：

我當時一直弄不清楚，爲什麼康乃爾的小姐和我出去約會一次之後，就不再和我約會。現在我總算明白了，原來是棕色皮夾克的錯。

由於一直受到可愛女孩子（像你那樣）的拒絕，我心灰意冷，於是離開康乃爾，到加州來。這裡的天氣很暖和，我出門不必再穿皮夾克了，終於有女生肯和我約會一次以上，因此我娶了她。我一直都以爲加州女孩比較有耐心、肯包容，但我現在終於明白眞正的原因了。比較起來，物理比女孩子好懂得多。

你的前約會男友　費曼

費曼致加州大學柏克萊分校物理系馬拉斯（Richard Marrus），一九八二年四月三十日

親愛的馬拉斯博士：

我的一個學生湯瑪斯（米雪注：是化名）要求我寫信給你，說明一下他想申請到柏克萊去研究粒子物理的事情。

他是個優秀學生（我相信你手邊一定有他的成績單），有很強的獨立性和自主性。在他學習量子色動力學時，我們經常有機會深談，因爲這正是我研究的東西。事情進行得可說相當順利，他也經常提出深刻的問題。他離開我跑到你那裡去，我覺得好可惜。我認爲應該向你解釋一下整個情況。

首先，他總是覺得加州理工學院的社交環境不佳，尤其是女生太少。除此之外，這些年來，我們並沒有夠多優秀的學生，他覺得找不到可以互相切磋的益友。而他總認爲，柏克萊的社交環境比較正常（我認爲也未必）。他之所以一直沒有採取行動，主要原因是他喜歡跟著我做研究。

但在去年秋天，我病得很嚴重，必須進行一項很大的手術。手術的結果很可能回天乏術，或我從此無法再教書了。很幸運的是我逃過一劫，挺了過來。

這個不確定因素，加上他個人遭遇到一些挫折（他交往過一個女孩，但失戀了），使他很灰心也非常困擾。他開始到加州大學洛杉磯分校去選課，做些研究，因爲他的住所離洛杉磯分校很近。但我相信他仍在加州理工學院選了一些課。

他現在似乎已從挫折中重新站了起來，而且下定決心，要轉學到柏克萊去。

總而言之，他是個好學生，我爲失去他而感到惋惜。我知道他的申請有點太遲，但我希望你能幫點忙。我認爲他的才華不應該虛擲。因此，如果你能收他，我會很開心。

誠摯的祝福

理查·費曼

費曼致史丹福大學物理系卡布雷拉（Blas Cabrera），一九八二年九月七日

一九三一年，偉大的物理學家狄拉克（見第259頁）相當肯定的表示，自然界一定存在「磁單極」（magnetic monopole）。這種基本粒子是磁場的場源，就像電子是電場的場源。而且他還預測了這種磁單極產生的磁場強度。這項預測引發了許多實驗，七十多年來，許多人都在尋找這種磁單極。

一九八一至八二年間，卡布雷拉博士剛剛擔任史丹福大學的助理教授，全心全力設計了一個很靈敏的實驗來找尋磁單極。他還爲此特別設計了一種裝置，稱爲「超導量子干涉儀」（SQUID, superconducting quantum interference device）。一九八二年二月十四日，卡布雷拉的實驗出現一個驟然激發，很「符合」磁單極通過實驗裝置的情形。很多物理學家紛紛來打聽實驗結果，好像他已經找到磁單極似的。但是卡布雷拉本人並不以爲然。他發表了一篇論文，把實驗的細節很直率而詳盡的寫出來。他解釋，那個驟然激發確實符合大家期待的磁單極現象，可用來決定自然界磁單極數目的上限。卡布雷拉的論文在物理界引起一陣很大的震撼，很多物理學家誤會了他的意思，把他的論文解讀成他發現了磁單極。

一九八二年五月，卡布雷拉在加州理工學院的物理研討會上，發表他實驗的細節。通常這種研討會，費曼一定參加，而且會問主講人很多問題，讓研討會生色不少。在卡布雷拉的研討會上，費曼對於實驗的細節，問了許多非常深入的問題。卡布雷拉顯然對於自己在會場上的即席答覆不很滿意。回去之後，於六月二十四日寫了一封長信來，進一步澄清自己的說法。「我想回答幾個星期前在研討會上，你提出來的問題。現在，我更清楚的解釋一

下。關於超導量子干涉儀設備的作用原理，我的原始構想還是來自你《費曼物理學講義》第三冊裡的敘述。當時我還只是維吉尼亞大學的物理系學生……你的三冊物理書，使我一開始就體會物理學的整體性和一致性。我要謝謝你。」他接著寫了三整頁的東西，詳細說明相關的技術細節，還附了六張圖。

親愛的卡布雷拉博士：

我非常感謝你的來信，詳細說明了超導量子干涉儀設備的作用方式與原理。

在你的研討會後幾天，我終於瞭解你所設計的裝置的作用。因此，我在研討會上問的問題和所做的評論，都顯得很愚蠢。你這個裝置的最大弱點，是通過線圈上的次量子通量變化。（一個月前，我本想寫信告訴你這件事。但因故沒有寫完全信，就沒有寄出去。這一段話，是我從那封未投寄的信抄下來的。我現在有機會寫完它了。）

有很多理論學家這樣說你，「卡布雷拉說他找到了磁單極。」但是我知道，你對自己實驗結果的評估和態度，卻保守得多。這種態度的本身更符合科學的精神與標準。因此，每當我聽到人家這樣說，就替你辯護，說你並不覺得自己走了那麼遠。確實，你的實驗結果看起來像是磁單極露出蹤跡時該有的特質，但是實驗結果只出現了一次，無法再度驗證。所以，你對這個實驗結果並不滿意。（正如你在信裡的倒數第二段所說的。）

不久之前，有位仁兄到我的辦公室來，表示：近來的理論預測說，磁單極會和質子發生強烈的交互作用，如果你的實驗眞的發現磁單極的話，我們早就看到很明顯的質子衰變了。

他幸災樂禍的說：「卡布雷拉一定窘死了。」我問他：「爲什麼？」「因爲他說他發現了磁單極呀！」

我很仔細的，把你對這件事的看法和立場解釋了一遍，然後問他，如果他換成是你，會覺得如何？其實我們對磁單極的特性，還所知有限，很可能今天的美麗新理論都還無法正確推測。有些理論物理學家並不瞭解理論和實驗之間的關係，不瞭解他們的理論若要成眞，應該具備什麼要件、經過什麼樣的驗證。

因此，繼續進行你那漂亮的工作。如果大自然再度對你眨眼，發個電報告訴我！

誠摯的祝福

理查・費曼

※米雪注：大自然並沒有再度眨眼。截至二〇〇四年，卡布雷拉的實驗結果仍是最接近磁單極存在的事件。卡布雷拉後來成爲史丹福有名的正教授，仍積極從事基礎物理的實驗。

費曼寫給溫妮絲和米雪的長信，題目叫〈財富的詛咒〉，一九八二年九月十二日

親愛的溫妮絲和米雪：

昨天，唐納德帶我去看一個人。他說我一定會覺得很有意思的。我現在就把整件事從頭到尾告訴你。這個人叫做歐羅茲科，是個玻利維亞錫礦企業家的孩子，從父親繼承到一大筆

財產。他在附近買了一處產業（其實是個大農場），正在將老舊的建築物改建，聽說已經施工七年了，不知道什麼時候才會弄好。我們是開著唐納德的勞斯萊斯轎車去的，而且開車的是我。這又有另一件趣事。前一天晚上，我們一起出去時，唐納德喝醉了，但仍堅持要開車送我。爲了安全起見，我騙他說我從沒有開過勞斯萊斯這種名貴的車子，請他讓我過過癮。他就答應了。因此這天早上，爲了不戳破昨晚的善意謊言，我還是表現出很想開車的樣子。

當唐納德告訴我「到了」的時候，我嚇了一跳，老實說，還相當失望。我本來以爲會看到一個富麗堂皇的入口大門的，卻只看到由一些木架隨隨便便搭起來的入口處，就像普通的小工地一樣。但是歐羅茲科已經站在那裡迎接我們了。他個頭瘦小，頗爲英俊，看起來大約是五十五歲左右，相當精明幹練的樣子，表現得很殷勤。當唐納德告訴他，我批評入口大門不是很華麗時，他只是笑了笑。接下來，我們開車到附近的飯店去，他的態度一直很平和，彬彬有禮，讓人頗有好感。漸漸的，我由一些小動作看出他機智的一面。（當我到停車場停車的時候，他私下問唐納德我是幹什麼的。唐納德告訴他，我是個大學教授時，他有點驚訝，「大學教授怎麼會開勞斯萊斯？」唐納德並沒有說穿眞相，其實車子是唐納德的。）

但是接下來，談話內容就變得比較不好玩了。首先，他表示這家飯店不是吃簡單午餐的好地方，因爲這裡供應的食物並不自然。他提出一些和動物習性有關的模糊概念，來佐證自己的說法。我們很快就看出歐羅茲科先生是個有原則而且正直的人，他一再表態，人應該節制慾望，要自制，要爲生態或環境做些犧牲。另外，他對美國的道德淪喪也感到憂心，他認爲這種情況主要是媒體造成的。

唐納德告訴他我最近動過大手術，他聽了之後，露出一種難以置信的表情。他說因爲我看起來氣色太好了，完全不像是動過大手術的人。接著，他很正經的告訴我，如果我一直保持這種樂觀的態度，他「可以確定」我的癌病一定不會復發。我聽了微微的笑了起來，他追問我是不是在笑他說的話。我說：「是的，我覺得自己好像在一個算命師的帳篷裡。」接著我解釋，自己對這個世界並不像他這麼有把握。他不同意我的看法，舉了一個例子，說他母親活到八十歲，一直都健康良好。但後來只因爲三件憂心的事，就與世長辭了。第一件是什麼事，我已經忘了。第二件事是他們兄弟失和，從此各奔前程，老死不相往來。失和的原因據他說，是因爲他兄弟偷他的錢。（他兄弟顯然不是很成功。我在後半段的信裡會提到。）第三件事是好幾年前，他女兒被人家綁架，付了很多贖金才救回來。女兒現在已經十五歲。

最後這件事是個悲劇故事。她被綁匪拘禁了好幾個月。綁匪要求二百五十萬法郎的贖金，必須全是一百法郎的小面額鈔票，還不能連號。他數兩萬五千張鈔票，數到手指破皮出血（唐納德在先前已經告訴我這件事）。女兒安全獲釋之後，對於綁匪的情況和遭拘禁期間的生活，堅決不肯透露。她只說綁匪警告她，如果露了口風，會殺死她爸爸。過了好久，他們一家人才走出這件事的陰影。

歐羅茲科說了很多他早年生活的事。譬如他的家庭女教師經常痛罵他，因爲他個子小，又帶有一點點印度人的血統。而他老是很慚愧自己繼承了一大筆財富，他覺得自己對這些錢的賺取沒有絲毫貢獻和功勞。當然這些自我表白是有心理分析師來協助他的。另外有些故事和他成長的天主教環境有關。後來爲了自我改善，他又改信了新教，但是到了現在，他什麼宗教都不相信。因爲他懷疑上帝，爲什麼在早知道一個人很脆弱，無法通過試煉的情況下，還要來折磨他。另外有件事他也無法理解，在女兒綁架案很危急的關頭，有一次他發現自己竟然不自覺的跪下來，對上帝禱告。他問我這代表什麼意義？是否可以證明他理性的焦慮是眞實存在的？我告訴他，自己像他一樣，也是很堅定的無神論者。但在他那種情況下，我相信自己也會跪下來禱告的。碰上這種無助情況的時候，一個失去希望的人，難免會發出這種苦悶的吶喊。他聽了我的回答，顯得很高興，喃喃自語的說：「不錯，事情就是這樣。」

用過午餐之後，我們又回到他的房子去。這時候簡陋的入口大門已經打開了。我們經過幾個溫室、一些鋸倒的樹幹、幾部混凝土攪拌機，來到一棟方方正正的大房子前。這房子以前是穀倉，現在已經整建完畢，但看起來還是沒什麼趣味。這時候，有兩條很兇惡的大狼狗咆哮著衝過來，但牠們只讓我想起我們以前養的巴夏。倒是唐納德顯然有點怕狗。歐羅茲科再三保證，這兩隻狗不會咬人，沒什麼關係的，一面設法用手去抓住牠們的頸圈；但狗兒顯然不太願意聽話。我們先沒有進屋，而是走向屋後的一大片綠地。這裡綠草如茵，是一座很豐美的果園，果樹結實累累。歐羅茲科帶我們進果園參觀，告訴我們這是一種非常珍貴、稀有的西洋李品種。並且空出一隻手來，摘些李子請我們嚐嚐。因此，有隻狗就給放開了，繞著我們一邊吠，一邊打轉。

主人又再三保證，這隻狗不咬人的。我很相信他的話，我看得出這兩隻狗只是好嬉戲，想逞能，就像小孩子一樣。我伸出一隻手，讓那隻狗聞聞。主人卻高聲警告我，不要想去摸那隻狗，那是有點危險的。當那隻自由活動的狗擋在唐納德身前時，他有點害怕而稍微停了下來，但歐羅茲科先生卻說：「不要突然停下來！」又說：「不要表現出害怕的樣子，因爲狗兒會嗅出你的害怕而更加激動。」那隻活動的狗又跑到我身後，伸出鼻子聞聞我的大腿。其實牠只是想和人嬉戲，但歐羅茲科先生完全搞不懂狗兒的心理，只是喋喋不休的說「別管牠們，牠們不會怎麼樣，不要伸手去碰牠們，否則牠們可能會抓狂」之類的話。我認爲，雖然狗兒亂吠並不可愛，但牠們基本上是相當和善的。

接著，我們進了屋子。這是一棟以大理石爲主的建築——大理石地板，大理石樑柱，大理石階梯，什麼都是大理石的。起居室非常大，有十公尺高，兩側各有一大片玻璃幕。我不願意說它是窗，說是商店的櫥窗倒還有點像，只是它們更加巨大。牆上塗著白色的灰泥，掛了六幅超大的中世紀掛氈。有兩座巨型的鍍金燭台，由天花板垂掛下來。自從我進入這個空盪盪的大理石房子之後，還沒有看到半件家具。但起居室裡其實到處都是他母親收藏的古董家具，只是都還放在條板箱裡沒有開封，因此我們什麼都沒看到。他說了很多次現在房子裡擺了這些箱子之後，變得多麼雜亂（搬進這些箱子之前，這屋子已經整建了七年，而且他搬進來之後，也已經住了一年半），而且他也說了可能採取的對付手段：他有一天會把這些箱子從屋頂推出去。屋外鋪的，是一些老舊的陶板地磚。

接著，我們進了一間大小還比較正常的房間，只是它異常的狹長。房間中央擺著一張很狹長的古董餐桌，大概有五公尺長（我覺得地上好像畫了記號，桌子應該放在那裡似的），搭配六張古董椅，還有成套的餐具櫃放在旁邊。桌上有個古里古怪的古董燭台，插著三根蠟燭。這房間的牆上灰灰的，還沒有完全上漆，牆上還有工匠留下來的鉛筆記號。另外裝飾著幾幅由古羅馬房子拆下來的古畫，大概是來自龐貝古城。主人介紹說，這些畫都帶有強烈的神話意涵。最完整的一幅很簡單，只是一隻吃無花果的鴿子。這些畫的色彩都很黯淡，畫作邊緣還有一圈橙黃色，而且邊緣並不整齊，表示它們是從別的牆壁上弄下來的。最大的一幅畫，畫的是三個裸女和一座噴泉。唐納德和主人很認眞的討論這幅畫是不是掛太高了。我後來才搞清楚，他們談論的高度差異，居然只有三、四公分而已。眞是閒著沒事幹。

當我們走近房間的一側時，歐羅茲科先生說：「我們到廚房去看看吧。」我才知道有一扇沒有油漆、看起來很像牆的門（其實到目前爲止，這房子到處都是還沒完工似的模樣）。更奇怪的是，門上並沒有把手。推門進去之後，我們進入一間和其他房間呈鮮明對比的現代化廚房。這裡設備齊全，有全套高級廚櫃、銅水槽和現代化的水龍頭。除了角落有四個大木桶（每個直徑一．二公尺，都用油布蓋著）之外，一切都很正常。而在廚房中央，還有一件你想像得到的家具，就是一張桌子。桌上有半條土司，聽說是他太太親手做的。他當場切了一塊請我嚐嚐，還塗上他太太做的果醬，就是他果園的果樹生產的西洋李，味道相當可口。

接下來，我們參觀他的圖書室。爲了要進圖書室，我們必須爬上一道很高很窄的大理石階梯，它讓我想起馬雅人的金字塔。圖書室非常大，複合式的地板上鋪著棕色地毯。到處都是書架，架上擺滿了書。有些是珍貴的古籍，如《羅馬藝術裡的動物》、《希臘水瓶》之類的；幾乎各時代、各種語文的書都有。這房子已經完工一年半了，但他還不曾有時間坐在這裡看書。圖書室沒有椅子，不過可以坐在地板上。歐羅茲科問了我一個問題，就是有個門，上面畫了一個圓圈，寫了幾個數字，例如 1562、1563 等等。他問我這有什麼典故。我建議他不妨就在自己的圖書室裡找找，說不定就有答案。

我們四處參觀的時候，不時傳來一陣工具鑿水泥的聲音，好像房子的某處正在施工。我們走過一道階梯（當然也是大理石啦）上去之後，看到屋裡有一座很大的金庫（現在還是空的），兩扇厚達五十公分的鋼門，還裝置了所有銀行金庫該有的鎖。而且這兩扇門，比我看過的任何金庫門都要更寬些。有個工人正沿著牆腳，鑿一條很細的排水溝，預備給裝在金庫的冷氣機排水之用。

有幾個房間還擺滿了條板箱，有些箱子已經開封了。主人指著一塊很奇特的木雕板，問我：「你猜猜看它是什麼地方來的？」我猜錯了。他說他也忘了這東西的出處，只記得那是個T字開頭的島嶼。我們又連猜了幾個，他說都不是，他不記得會是其中之一。

我不再帶著你們上上下下，在房子裡繞來繞去了。正當我們準備離開，他給我們一些李子時，他忽然想起還有一尊馬雅的石雕像沒有給我看（午餐交談的時候，他知道我對馬雅文化有興趣）。我們於是進了另一個房間，那尊石像就蓋在一張半透明的塑膠布下。抓開塑膠布來仔細欣賞，那是個大約有三分之二真人大小的白色石雕人像（應該是軟砂岩），以很奇怪的姿勢站立著，一隻手很優雅的高舉過頭，而脖子卻扭向一側，好像無法負擔頭部的重量似的。雖然如此，他可不像一般的古老石雕，在頭上有很多裝飾，只在耳朵上有件飾物，年代應該不會太早。但是這個房間裡最值得一提的東西，倒不是這尊雕像，而是一塊塊放得到處都是的壁畫原作，全都是暗紅色的，應該是有什麼東西覆在上面保護。怎麼可能會有這些東西？只有一種可能，就是來自發現古代岩壁畫的博南帕克山洞，因爲畫上人物的姿勢，就像博南帕克岩壁畫上描繪的，絕大部分是囚犯。我問他這些東西哪裡來的？是不是博南帕克？他說不知道。但或許他知道，只是不肯告訴我。因爲把這些東西運出墨西哥，是違法的。（唐納德說，要把羅馬的古畫運出義大利，也是違法的。他常聽到歐羅茲科在電話裡，以很低很低的聲音，安排各項細節。而歐羅茲科的太太和女兒，是唐納德太太和女兒的好朋友。歐羅茲科堅持要他太太自己做麵包和果醬。我認爲這件事對她很好，至少可以讓她比較接近大自然。）

我離開之後再稍微想一想這件事，發現我原來認爲滿和善的歐羅茲科，其實是很恐怖的超現實怪人。想想他們三個人，他、他太太和女兒，坐在那個只有三根蠟燭的幽暗房間裡吃晚飯（歐羅茲科其他的孩子都在外就學），房間裡還沒有裝電燈。四周都是顏色黯淡的、陰森森的古畫。這是個專橫、自以爲是、假道學的人，蠻橫守著他所謂的原則爲樂，包括要太太親手做麵包、製果醬。他令走狗守在門外，讓屋裡備妥的金庫收藏其他民族的文化遺跡。玻利維亞的錫礦成就了這一切，也支配了這一切。那些不是他賺來的錢，正耗費在收藏其他文化的古物上。他覺得這樣才能彌補心裡的罪惡感。

他沒有朋友，他的世界已經給瘋狂的扭曲、變形了。像這樣，根本就是一種財富的詛咒或枷鎖。

理查

我愛你們

附筆：這也提醒了我，我們銀行負債的問題解決了沒有？

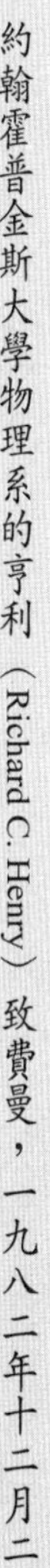

約翰霍普金斯大學物理系的亨利（Richard C. Henry）致費曼，一九八二年十二月二日

親愛的費曼教授：

我是個寄身在物理系的天文學家。由於必須配合課程安排，教授物理課。後來我漸漸發現在教物理課的時候，有很多樂趣，和教天文學不同。我把這些樂趣的一部分發表在《物理教師》上（隨信附一份複本）。如果你能抽空看看，或者給我一些指教，我會非常開心。

我之所以寫信給你，是因爲我到佛羅里達度感恩節假期的時候，爲了消遣，看了一本艾丁頓寫的《相對論的數學理論》。他對方程式的敘述非常好，幾乎和你在《費曼物理學講義》裡說的一樣好。但是有個很有趣的問題，他卻無法用文字的敘述來討論，也無法以數學型式來討論。這個問題是：若有一個三維空間的世界，具有兩個時間維度，會是什麼樣子？（請看所附的艾丁頓的書。）

我問自己這個問題，也問過研究所的同事，甚至在一次聚會裡問過米斯納，但至今還沒有答案。首先，我自問：是否二維的時間尺度是不可能的，這樣才會產生量子物理這種好玩又奇怪的東西？最近，我又覺得答案可能很無趣：完全相同的時鐘，有不同的走速，如果它們撞在一起，走速就改變。

如果答案很有趣，會不會是一篇很好的題材？或許你可以動筆，投給《物理教師》？這只是一個建議。謝謝你看我的信。

誠摯的祝福

亨利

附筆：我還沒有把這封信轉知《物理教師》期刊的編輯。因此，沒有任何「令人失望」的壓力存在。

※中文版注：艾丁頓（Arthur Stanley Eddington, 1882-1944）是英國天文物理學家、數學家，他的工作奠定了現代天文學的基礎。一九一九年他率隊在西非外海的一個普林西貝島上，利用日全食的機會觀測到星光偏折的現象，證實了愛因斯坦廣義相對論的預測。《相對論的數學理論》是他在一九二三年所寫的，受到愛因斯坦的高度讚賞。米斯納（Charles Misner）是美國馬里蘭大學名譽物理教授，廣義相對論專家。

費曼致亨利，一九八三年一月七日

在這封給亨利博士的回信裡，可能是唯一提到我父親和我哥哥之間親密關係的一次。他們一向很親近，從卡爾的青少年起，兩人就合作無間。他們常常一起散步，討論相當技術性的想法（我知道，因為我常當跟屁蟲，緊跟在後面走，同時自怨自艾，都沒人理我）。我父親對電腦的興趣，可以說是受到卡爾熱情的感染。他們兩人共同保存著一本記事本，上面記的都是他們解決過的電腦問題。卡爾在麻省理工學院就讀的時候，常常把電腦課的筆記本寄回來給我老爸看。在「加州理工學院檔案」裡，有一封完全是技術性討論的長信，就是老爸在那段時間寫給卡爾的。在這封打好字的信尾巴，老爸親筆寫了一句話：

「繼續加油，愛你的老爸，費曼。」在我父親的生活裡，有卡爾這樣的孩子，是他很得意的事。他們兩人同聲共氣，說他以卡爾爲傲，那是太過輕描淡寫了。

親愛的亨利教授：

正好前幾天，我和兒子卡爾在墨西哥的海濱度假，我們討論了兩個時間維度和兩個空間維度的問題與情況。這件事想起來當然很有趣。卡爾發展出一種視覺化的幾何方式，就像一個平面的每個點上，都可以有個小的二維圖像之類的東西。我們發現可以用這種東西來討論一些運動學上的問題。不過我已經忘了這個東西的細節，也不知道他回學校之後，有沒有把這個問題繼續發展下去。如果你想問他，他的地址我寫在下面。

誠摯的祝福

理查．費曼

※米雪注：亨利教授並沒有繼續向卡爾請教這個問題。

費曼致坎普（Beata C. Kamp），一九八三年二月二十八日

加州的坎普小姐寫信來，說當地的PBS電視台播放了三次費曼的「發現事理的樂趣」，她都從頭到尾仔細觀賞。來信除了表示對費曼的敬佩之外，她提議費曼不妨也去「探索精神層面」的問題，就像她和她表哥那樣。她認爲像費曼這種追求硬知識的人，探索心靈一

定也成果豐碩。「你發掘出藏在物質裡的祕密，靠的是自己的腦力。而我卻聆聽心靈發出來的寂靜的聲音，告訴我事情後面的眞相和神祕。」

親愛的坎普小姐：

謝謝你那封有趣的來信。

當然有些東西比知識更神祕，而且除了科學之外，應該還有其他的方法，也能提供所謂的眞相或事理。我喜歡科學方法，這是因爲當你想到一些主意時，可以設計出若干實驗，看看自己的想法到底是對是錯。大自然會透過實驗的結果，告訴你是否正確。之後你就可以順著正確的道路走下去。其他型式的智慧，並沒有同等的確認方法去分辨眞實和假象。因此，我選擇用簡單的方法走簡單的路。你和你表哥所追求的，是一種更困難的事情，可以指導你們的東西更少。

希望你的努力有結果，祝你好運。

誠摯的祝福

理查．費曼

費曼致BBC電視公司的賽克斯（Christopher Sykes），一九八三年三月十一日

「發現事理的樂趣」在美國的電視台，是安排在「新星」（*Nova*）節目中播出。

親愛的賽克斯：

「新星」節目總算大功告成，我們應該爲它喝采。

這個節目非常成功，我接到所有朋友來自四面八方的好評。很多喜愛這個節目的陌生人也寫信來稱讚。不過結局不太公平，就是我得到如潮的佳評和滿堂的喝采，你卻只得到一些輕描淡寫的評論，像是「總算沒有問出一些愚蠢的問題」之類的。很少人知道（就連吃這行飯的人也包括在內），這個節目到底是怎麼做成的。他們得到的印象都是，我只要坐著，張開嘴講一個鐘頭就行了。就像一些美妙的藝術作品，看起來那麼自然、那麼奇妙，好像它本來就在那裡似的，創作的藝術家反而隱而不顯。

你我都知道其實是怎麼回事。三整天的訪問，才得到四個小時的毛片。最後還要剪接成一個小時的節目。但你的原始構想是如此細膩，又如此的周全，設計出的對話又如此自然，使它變成一個出類拔萃的好節目。恭喜「你的節目」紅遍了整個美國。

「新星」節目的工作人員說，他們存有錄音帶。但依從前的「新星」節目的經驗來看，索取劇本的人比要索取錄音帶的人多得多。我自己看過一份這類的劇本，是以前的「新星」節目的劇本。看了之後，心裡還吃了一驚，覺得很不滿意。不但文字生硬、很難閱讀，連句子都很少是完整的，文法之爛更不必說了。

我還沒有費多少心思在新節目上。但我已經學會了相信你的專業判斷，那比我的判斷正確得多。因此，如果你說它們OK，那它們就OK。我知道所有的心血都是耗在剪輯室裡。

祝你好運。

理查·費曼

費曼致威克斯（Dorothy W. Weeks）博士，一九八三年二月二十五日

麻州的威克斯小姐寫信來稱讚：「你的『新星』節目眞是超棒的。」接著她提到費曼在節目中說的一段話。費曼說，對於他的物理故事，兒子和女兒的反應完全不同。威克斯女士說，她也注意到男孩子和女孩子在學習物理時表現出來的差異。另外，她想知道費曼自己認不認識一個攝控學（cybernetics）的怪才，名叫韋納（Norbert Weiner, 1894-1964）。

親愛的威克斯博士：

謝謝你的來信。我的兩個小孩對我的物理故事，反應完全不同。但我並不認爲原因是出在他們一個是男孩、一個是女孩。我認爲每個人都是不同的個體，即使我有兩個兒子，他們的反應可能也會是不一樣的。

當我是麻省理工學院的學生時，韋納就已經在麻省理工學院教書了。我是常常看到他，但對他並不熟。

誠摯的祝福

理查．費曼

美國自然史博物館人類學館長卡內羅（Robert L. Carneiro）致費曼，一九八三年二月一日

親愛的費曼教授：

前幾天在電視上，看到介紹你的生活和你的物理研究工作的一個節目「新星」，我覺得非常有啓發性，讓我受益良多。我有個一歲的兒子，現在正是應該開始注意他的教育問題的時候。在節目裡，聽到令尊如何用巧妙的方法，引導你朝科學方式上去思考，最後終於走上科學家這條路，讓我印象非常深刻。從你的成就，可以證明他的引導方式是相當成功的。我決定自己也拿來用用看。

現在，我要談到這封信的主題了。在節目的某一段談話裡，你對社會科學的想法，持一種相當保留的態度。這對我並不是一件新鮮事。多年以來，我覺得很多物理學家對社會科學都有些貶抑、有些誤解。但我很想試試看，能不能使你改變這種態度。

物理學家（或一般人）對社會科學之所以不以爲然，主要有兩個原因。首先，他們認爲社會科學天生就不太可能是科學的一支，因爲它研究的對象是人和社會的特性，而人的本性是變幻莫測的。其次是它不可能實際檢驗，因此是不存在所謂科學的。我們就依序來談談這兩項假設。

我們都知道演化的過程，是一系列組織層次的提升，愈趨於複雜。如果說演化進行到某個很高的層次，譬如說產生了文明之後，原來運作得好好的因果關係，忽然就中止掉了；那些在其他演化層次所具有的模式、秩序和規律，完全不再適用。這不是一件很奇怪的事嗎？而這些模式、次序與規律，正是所有科學的基礎。這種不合常理的事，不但我不相信，我敢說，你也不會相信的。

現在，我們再來談一般人的第二個瞧不起社會科學的原因。可能就是社會科學的敘述方式和專有名詞，使它看起來一點也不科學，這當然是一項不爭的事實。但是你或其他物理學家能不能花點心思，來看看我們這個社會科學領域裡的人到底做了些什麼事？不要就這樣一味主張，我們所做所爲的一切，都不能算是純正的科學。我不認爲你會這麼武斷。

說了這些之後，我很魯莽的隨信附上幾篇我所發表的論文抽印本給你。我儘量以科學的觀點，來研究社會系統裡面某些確定的特質。我的看法是，在這些研究過程中所發現的一些規律，可以用科學方式來陳述與表示，也應該可以視爲科學。

我知道你有很多更重要的事在忙。但或許你有足夠的好奇心，想知道我們自命是科學家的這批人，到底在玩些什麼把戲，而且所謂的社會科學又是些什麼玩意，會大略的看一看我寄給你的東西。那樣，你或許會重新評估一下，社會科學到底是不是科學。

不用說，我當然很希望能夠得到你的回信，不管你的結論是什麼。

誠摯的祝福

卡內羅

費曼致卡內羅，一九八三年二月二十八日

親愛的卡內羅博士：

當然，你是對的。

我在提到僞科學的時候，不經意說到社會科學。我這樣說是很不恰當的。我在說這些話

的時候，心裡想的是「很多東西掛著科學的名義，其實根本不算是科學」。當時，我心底眞的沒有指涉人類學、史學、考古學……等等學門。我當然承認它們都是科學，也不願意用含混的態度，一竿子打翻一船人。但是這種無心之言，的確已經對一些領域造成某種程度的傷害。我爲此向你鄭重道歉——但恐怕已經於事無補了。

誠摯的祝福

帶一些自責的　理查・費曼

附筆：今天晚上，我準備放鬆一下，好好閱讀你寄給我的那些文件。

卡恩（Judah Cahn）致費曼，一九八三年一月二十六日

卡恩博士在一九四六年主持了費曼父親的喪禮。

親愛的狄克：

距離我們相互通信，已經好多好多年了。昨晚我很幸運的在電視上看到你，你的表現簡直棒極了。令我非常感動的，不僅是你回憶了你的父親，同時你呈現出一種以教育和生命爲主題的哲學。

我很高興要告訴你，我的孩子也跟隨你的腳步。長子史蒂夫，曾任佛蒙特大學的哲學系主任，現在是華盛頓國家人道捐款基金會的會長。次子則在教英文。

隨信附上一本我寫的書給你。這書雖然不算什麼，但也代表了我對自己處理過的事情的想法。希望你有空的時候，稍微看一下，再把你的想法告訴我。

我們上次通信的時候，我曾告訴你，我到蘇聯做了一趟深度旅遊，並且在很多大學和教師舉辦研討會。我並沒有提起，我和藍道（見第161頁）曾有過短暫碰面的機會。這是發生在他出那場可怕的車禍之前，而他的出現，讓我覺得非常榮幸。我不知道你是否曾經見過他。他是那種非常特別的人，你一眼就看得出來，知道無法把他歸類。他一定具有很強的幽默感，否則不可能經歷那麼恐怖的審判而活下來。我在附給你的書上，也提到他的故事。

我還沒有從猶太牧師職務退休，也還在享受閱讀與寫作的樂趣。我永遠不會忘記當年你在以色列教堂的聚會裡所說的話，我現在經常引述。我懷疑你是不是還記得。當時你談論的主題是原子彈，你的講稿準備得很完整。在演說過程中，你忽然脫稿演出，大聲的對某些不特定的對象，而不是對會眾說話。我還記得你說的話，可能並不完全精確，但一定很接近。你說：「有人要我幫忙，製造全世界最具毀滅力的裝置。但從來沒人問我該怎麼用它。現在我終於知道我幹了什麼事，也知道這些裝置可以做出什麼事來，我有些恐懼。」在說了「我有些恐懼」之後，你就坐了下來。狄克，當你走回座位，坐在我旁邊的時候，我永遠不會忘記你那時臉上的表情。你不是個信仰很虔誠的人，嚴格說起來，我也不是。但你說的話眞的應驗了。現在不只有你不安，我們所有的人也開始覺得不安了。

我重讀了你的一封信，你在信中表示，如果有一種沒有上帝的宗教，你或許會瞭解它。因此，我寄了一本我那個學哲學的長子所寫的書給你，書裡有這個問題的答案。他有機會也許會出差到加州去，如果他抽得出時間來，你也方便的話，或許你們可以透過電話連繫，或見面聊聊，我會很開心的。

我也寄一本次子維克特寫的書給你，這是他早年寫的書。我挑這本書給你，他一定不以爲然，但我自己很喜歡它。我想，像你這麼喜歡笑的人，一定也同樣會喜歡的。維克特的其他著作，都和劇作家斯托帕德（Tom Stoppard）的荒謬劇有關。

希望你全家平安快樂，而你繼續保持成功快樂的生活。

深深祝福你

猶大・卡恩

費曼致卡恩，一九八三年三月十五日

親愛的猶大：

多麼美妙，居然能接到你的信。你有那樣的好兒子，確實值得自豪。我也一樣。我同樣有兩個孩子，一兒（二十一歲）一女（十四歲）。兒子在麻省理工學院攻讀電腦，很快就要畢業了。女兒則迷上了馬術和大提琴。

你可能還記得我母親。她大約一年前過世了。我母親非常喜歡你，經常追憶起你和以色列教會。

我最好奇、也很感興趣的事，是你對我在以色列教堂演講的記憶。我已經不記得自己確實講過什麼話了。如果你問我的話，我依稀記得自己講過什麼話。那時應該是所謂的「兄弟週」，我很愼重的說明了原子彈是什麼玩意兒，因此，領先敵人把它做出來，是件多麼重要的事。然後，我說了：「但這整件事出了嚴重的問題。人類應該像手足一樣，兄弟之間應該基於愛而不是恐懼。」接著坐了下來。

我好奇的是，我們的老記憶到底有多可靠？在我們回顧往事時，這些記憶的片段又是怎麼出現、怎麼構成的？或許我們記得的，只是我們想說的話，而不是眞正說過的話。你的記憶可能比我的更準確。我非常可能說了你提到的那些話，因爲它的確表達了我當時的心情。

謝謝你的來信。

誠摯的祝福

理查．費曼

休斯敦（Heidi Houston）致費曼，一九八三年五月二日

親愛的費曼教授：

我認爲你在上星期物理座談會上的評論，是自大、粗魯而不一致的。而且你的態度對學生（或者是博士後研究員？）產生了不良的示範。那些坐在你旁邊的學生一直交頭接耳，癡癡傻笑，顯得無禮而吵鬧。請你稍微注意些。

但我個人對你，還是保有很高的敬意。

誠摯的　休斯敦

費曼致休斯敦（寫在辦公室便條紙上），一九八三年五月十三日

謝謝你對我在座談會上行爲的指正。你或許是對的，我會注意些。

費曼致瓦利（Bob Valley），一九八三年十月十四日

瓦利先生是我的高中代數老師。他認爲我解題的方法不正確，給了我很低的分數。詳情我在本書的〈出版緣起〉已經介紹過了（見第15頁）。

親愛的瓦利先生：

我爲上星期二在學校對你的批評道歉。我那樣的行爲完全是沒必要的。而且在和一些對你比較熟悉的人談過之後，我發現我那天對你的批評是不公平的。我弄錯了，希望你能接受我的道歉，原諒我的出言不遜。

如果你對我想表達的數學概念有興趣，我把它附在信裡，提供你參考。

誠摯的祝福

理查・費曼

費曼致倫敦的貝斯特（Frances Best），一九八三年十一月二日

貝斯特小姐是個十九歲的學生，最近開始讀《費曼物理學講義》。她發現自己很喜歡物理。因此，她爸媽就每星期花一小時，為她加強物理，她也非常喜歡。不幸的是，她的期末考成績並不好，使她沒有辦法進大學。於是她寫信給費曼，尋求一些指點。

親愛的貝斯特小姐：

我接到你的信，為你想要進大學研習物理所遭遇的困境，難過得掉淚。你發現到物理的美妙而這麼喜歡學物理，這是很棒的事。大自然確實是很美妙的。

當然，學習物理最好的方式還是進大學。但很不幸的是，你發現自己進不去。

我不太熟悉英國的教育體制。在美國，我們有各種不同的學校，其中有大有小，有公立的，也有私立的，各有不同的專精領域與項目。因此，有人即使進不了他原先選擇的學校，也一定可以找到一所他能就讀的學校。我想，這件事我恐怕幫不了什麼忙。我只能給你一些老生常談的建議，就是一切還沒有定論，你還年輕、強健，只要堅持下去，應該會成功的。我想你以前一定想過或聽過類似的事情——年輕人就是沒有耐心，對時間顯得很急躁。

很抱歉，我對你的遭遇除了深表同情和陳腔濫調之外，幫不上什麼實際的忙。很高興聽到你說覺得我的書有些用處。希望它不會讓你覺得太難而倍感挫折，而是能帶領你細察大自然的美妙模式，引起你的愉悅。

誠摯的祝福

理查·費曼

費曼致布萊維提爾（Paul Privateer），一九八三年十一月九
看過「新星」節目之後，聖荷西州立大學英文系的布萊維提爾博士寫信給費曼，表達他對這個節目的喜愛。但他懷疑，科學和文學是否有相通之處。由於費曼在節目中舉了一件史例：「詩人布雷克（William Blake, 1757-1827）對牛頓懷有公開的敵意……他認爲牛頓把宇宙弄成機械式的，只能依循定律而運行，否定了想像力在人類經驗上的崇高地位。」布萊維提爾於是邀請費曼，在科學和文學對話的研討會上做一場演講，「我非常期待你的這場演講。就算你自稱，自己的文學素養很缺乏，我也知道這是你的謙虛之詞。」

親愛的布萊維提爾博士：

非常感謝你寫這封長信來，給我關於「新星」節目的指教，並邀請我參加科學和文學對話研討會。很慚愧，我當然無法接受邀請在研討會上演講，我眞的完全缺乏文學素養。這可不像你想的，只是自謙之詞。僞裝是騙不了內行人的。我之所以知道布雷克對牛頓的看法，那只是偶然的小插曲。因爲我們這裡有位非常迷人的英國文學教授，我請她吃午飯時，她告訴我的。而她是布雷克迷。誠摯的祝福

理查·費曼

※米雪注：費曼在信裡提到的，加州理工學院的英國文學教授，就是前文提過的勒蓓爾（見第454頁）。她和費曼討論布雷克對牛頓的看法，並且讓費曼看一幅布雷克所畫的彩色作品，把牛頓畫在海底。費曼很喜歡這件作品。

費曼致萊斯（Jack M. Rice, Jr.），一九八三年十一月十一日《洛杉磯時報》登載了一篇文章〈諾貝爾獎的另一面〉，費曼在文章裡提到自己得獎時，那種又高興又怕成爲公眾焦點的矛盾心理。萊斯先生看了這篇文章之後，寫了一封很嘮叨的長信來。他的結尾說：「你可能是故做瀟灑，對諾貝爾和他的獎項表示不在乎。但這只表示你是個脾氣很壞的討厭鬼罷了。」

親愛的萊斯先生：

謝謝你來信提到我在《洛杉磯時報》上的某些陳述。你說得沒錯，我可能是個脾氣很壞的討厭鬼，才會如此對報社記者忠實表達出自己對得獎的感覺。其實我講過這些話之後，就有點後悔，一直想打電話給他，請他把這段談話拿掉，但就是連絡不上，我也沒有辦法。

我對諾貝爾獎的感覺，可能有點幼稚或孩子氣，但卻是眞實的。我在當天清晨大約四點左右，就被紐約一位記者的電話吵醒，告訴我這件事。諾貝爾獎委員會並沒有事先告訴我這消息，也沒有問我想不想接受這個獎。按我的個性，若我事先知道，我會安安靜靜的婉謝這份榮譽。但知道得太晚，已經不可能了。如果報紙的記者都已經知道我得了諾貝爾獎，我再公開拒絕，引起的騷動會更大，會激起全世界的注意，那就太造作了。

得獎之後，我平靜的生活受到很大的干擾。不管它應不應該，或者你覺得事情怎麼演變成這樣子，或是不管你喜不喜歡；對我而言，我的生活的確受到某些干擾。另一方面，就像你指出的，我公開這樣說，眞是個令人討厭的老鬼。眞可笑，我居然在報紙上公開抱怨說自己不喜歡曝光過度。

在你的話裡，好像覺得我批評諾貝爾獎，就等於在批評瑞典人或諾貝爾本人似的。當然我並不是這個意思。我和我太太到瑞典領獎時，受到了熱誠友善的歡迎，正好稍可彌補這個獎帶給我的困擾。我有許多瑞典籍的朋友和學生，他們都是很棒的人。如果你覺得我的想法是負面的，那可眞令人遺憾。

我不熟悉諾貝爾先生的生平，也不瞭解他提供這個獎的眞正動機。如果我在受訪時對他個人有所批評，那一定是無心之言，我不知道自己在胡言亂語些什麼。

但願在你的生命裡，有許多榮耀等著你。我知道你會表現得比我更優雅，進退得宜。

討厭鬼　理查・費曼

費曼致梅旻（N. David Mermin），一九八四年三月三十日

梅旻是康乃爾大學的教授，也是傑出的物理學家。他和費曼一樣，喜歡用簡單優雅的解釋來說明複雜難懂的物理現象。一九八一年，他發表了一篇量子力學的論文，讓費曼看了很開心，因此寫了下面這封信給他。

親愛的梅旻博士：

我知道的最漂亮的一篇物理論文，就是你發表在《美國物理期刊》第四十九卷（一九八一年）第十期的那一篇。

從我成熟以來，就一直致力於用簡單的語法，把量子力學的一些奇異特性表示出來，而且我希望做到簡而再簡的程度。我發表過許多場演說，總是愈來說得愈簡單愈精淺。最近已經做到和你相當接近的程度了，例如用三句話來代替原來的六句，等等。但是當我看到你所做的介紹，竟是那麼簡單、明瞭，實在自嘆不如。

因此，在最近的演說場合裡，如果提到這個議題，我幾乎都是借用你的說法。當然會特別提到，這是你說的。謝謝你了。

我還試過幾次，設法說明自旋和統計之間的關係。但是不太成功。你能不能也試試看？或許我們哪天有機會碰面，可以討論一下要怎麼說明兩個粒子互相交換時，就相當於把其中一個粒子旋轉三六〇度，而另一個卻保持不變。我們都知道這種現象，問題是該怎麼解釋？

誠摯的祝福

理查・費曼

※米雪注：所謂自旋（spin）與統計之間的關係，費曼指的是基本粒子的自旋角動量（spin angular momentum，以蒲郎克常數爲單位），在統計物理學意義上若都是整數，就可以處於相同的量子態（也就是彼此在同時、同地、做相同的事情）；若基本粒子的自旋是二分之一整數的，那就永遠不會處在相同的量子態。許多重要的物理現象，都是由這個「自旋與統計間的關係」來支撐的，例如雷射光束的激發、固體物質不是那麼容易給壓碎。費曼想找

個簡單的方法來解釋這種關係。費曼和梅旻都知道，不管是什麼基本粒子，都具備一個簡單特性：兩個粒子無論自旋是整數還是二分之一整數，如果是可以互換的，得到的結果和把其中一個轉三六〇度但不互換，是一樣的。費曼希望梅旻能有更簡單的方法，解釋基本粒子這種古怪的旋轉特性。

梅旻致費曼，一九八四年四月十一日

親愛的費曼博士：

謝謝你來信提到我所做出來的一些通俗化嘗試。其實我自己也很喜歡那篇論文。我已經明白，物理學家有兩類：有一類是非常喜歡物理，另一類則完全無法掌握重點。我一直認爲你屬於第一類的物理學家，現在更是完全確定了。對於兩個基本粒子的互相交換，等於其中一個轉三六〇度這件事，我還想不出有什麼簡單的方式可以說明爲什麼會這樣。我甚至也找不到一種可以令自己滿意的複雜說明。如果你有任何進展，請寄一份複本給我。

謝謝你這麼親切的來信。透過你書寫的東西，沒有任何人比得上你對我的物理思考和寫作的嘗試，影響這麼深。我很高興自己至少還有一點點機會，可以回報你。

誠摯的祝福

梅旻

費曼致布萊德雷（William G. Bradley），一九八四年七月十三日

布萊德雷博士是杭廷頓醫學研究中心核磁共振（NMR）造影實驗室主任

親愛的布萊德雷博士：

謝謝你寄給我有關我腦部的NMR照片。這個儀器拍攝出來的照片，細緻程度和影像解析度都是非常驚人的。

但是你看不到我在想什麼。而顯然，我的頭腦還有一些功能上的受損。因爲我記得拍攝時間是六月二十五日十九點三十三分二十四秒，但你的機器卻顯示，攝影時間是六月六日十九點三十三分十八秒。六秒鐘的差別我倒是不在乎，因爲發生意外之前，我對時間的誤差已經有十秒鐘左右，我想這大概是上了年紀的關係。但是差了十九天，就表示我腦部的功能有嚴重的損傷，可能是這次的腦膜下血腫造成的。

誠摯的祝福

理查．費曼

費曼致魯勒提（Eric W. Leuliette），一九八四年九月二十四日

魯勒提是高中生，十六歲，想知道該怎麼準備上大學，將來以研究物理爲職業。

親愛的魯勒提：

有很多事情，我所知有限。其中一件就是要怎麼準備，才能成爲理論物理學家。我猜最好的方法，應該是全心全意投入你最喜歡、最感興趣的事情。如果到最後，它不是帶著你成爲理論物理學家，而是成爲律師或電機工程師，那也很好呀！儘管朝那方面發展就是了。如果你在年輕的時候，就找到一件你很喜歡做的事，而這件事又夠大，足夠你一輩子去玩，那就太美妙了。因爲不管那是什麼事，如果你眞的夠高明，如果你眞的熱愛它，一定會玩出名堂的。人家就會付錢，請你繼續玩下去。

至於上大學的財務問題，我們會請相關的人員把有用的資料寄給你參考。

誠摯的祝福

理查·費曼

附筆：設法把我的《費曼物理學講義》借出圖書館去瞧瞧。你應該會喜歡當中的某一部分；如果沒有任何喜歡的部分，這三大冊書也會協助你決定，以後究竟想做什麼。

加州大學爾灣分校波特（Frank Potter），一九八四年十一月十五日

費曼教授：

我要誠心誠意的感謝你，影響了我的一生和我的生涯規劃。你或許記不清楚了。但是一九六五到六七年間，你每星期和溫斯坦（Bruce Winstein）到休斯研究實驗室，有個加州理工學

院大學部的學生固定搭你的便車。那個學生就是我。當時你正在講授基本物理，而溫斯坦好像是講授天文物理。在大約兩小時車程的途中，你常講些物理界的軼事或物理基本觀念，很像是個小型的「試教」一樣。

你演示了怎麼提出物理問題，然後如何直指問題核心、迅速解決掉。整個過程既有趣又刺激。這種言教和身教終於影響了我，改變了我的人生目標。本來我在大學部是念電機工程的，後來我在一九七三年得到的是物理博士學位。我發現你散發出來的精神，一直持續影響著我。我在加州大學爾灣分校的物理講座，也是跟你學的。

在車廂裡的談話，有一段我記得特別清楚，因爲這段話影響了我一生思考問題的方式。我一直努力實踐這段討論所涉及的觀念。那時，溫斯坦問你：「如果在你的生涯中，可以重新來過，做些不同的事，你會做什麼？」你毫不遲疑的回答：「我會設法忘掉我是怎麼解決問題的。然後，每當問題產生的時候，我可能會用不同的方法去處理它。我不願想到我以前是怎麼解決問題的。」

我必須誠實向你報告，我非常努力的朝這個目標邁進。至少，在思考物理問題的時候，是這麼做的。起初，當研究生的時候，用這種態度來處理問題是很沉重的負擔，因爲我經常必須從很基本的地方重新出發。經過幾年的練習之後，我開始領略到每當面對一個問題的時候，那種新鮮感是多麼的美妙啊。它甚至讓我能在傳統物理問題和嶄新的觀念之間，轉來轉去，優遊自在。從你這樣的一種態度，我得到這麼大的樂趣，你眞是我這一生中最重要的貴人，惠我良多，我實在感激不盡。

在我的生涯裡，對物理可能沒有很大的貢獻，但我並不特別在意這一點。我已經發現到大自然的魅力和挑戰性，而且我擁有一些從你身上學到的精神。我也有個幸福美滿的家庭，而且我有自己想望的自由，可以思考任何事情。

我希望你接到很多像這樣的道謝信。對你來說，這真的是應得的，當之無愧。你的一舉一動、一言一行，對很多人都有重大的影響。你已經給了我們不凡的導引，你的精神風範正逐漸散播到更多角落，我相信一定會永遠流傳下去。

滿懷感恩之心的　法蘭克・波特

費曼致波特博士，一九八四年十一月二十一日

親愛的法蘭克：

你這好小子，法蘭克，可真會寫信。

我當然記得你，還有溫斯坦（另一個是施利赫特），一起到休斯實驗室去的事。只是我記不得那一段特別的談話了，就是你提到的忘掉所有答案的事。不過我完全同意這種想法。你的來信很令我驚訝。當我發現，有很多人採取和我不同的方式來處理事情時，我常常會感到驚訝。我對於用不同的想法來重新思考事情，覺得有很大的樂趣。很高興知道這種喜新厭舊的思考方式也傳染給你，還讓你樂此不疲。

當然，我一再展讀你的來信。給人這樣捧上天，感覺還眞是棒得不得了。謝謝你了。

誠摯的祝福

理查・費曼

第十一部

最後一幕（一九八五至八七年）

歷史告訴我們，僅有的一個完人，已給釘在十字架上了。

一九八五年一月，一本蒐集了很多費曼故事的書出版了，就是《別鬧了，費曼先生》。這本書出乎我父親和出版社的意料之外，居然非常成功，連續十四週都在《紐約時報》的暢銷書排行榜上。同一年，另一本他的量子電動力學著作也出版，書名是《量子電動力學：光與物質的奇特理論》。在書裡，費曼煞費苦心的詳細為外行人解釋量子理論，只用了很少的數學。如果你想知道他爲什麼會得諾貝爾獎，那麼這本書就是爲你所寫的。

一九八六年，在美國航太總署代理署長格拉姆（William Graham）的力邀下，費曼勉爲其難的加入總統調查委員會，調查太空梭「挑戰者號」的眞正失事原因。格拉姆曾是費曼「物理X講座」的學生。費曼已在另一本書《你管別人怎麼想》裡，把這段過程詳詳細細的說了一遍。在公開聽證會的關鍵時刻，費曼把固體燃料增力火箭上使用的一個O型橡皮環，浸在一杯冰水裡，將發生事故的技術性原因，清楚的爲觀眾示範一遍，使大家一看就明白。

之後不到兩年，費曼就過世了，時間是一九八八年二月十五日。主要的死因是腎衰竭引起的昏迷。當時他身旁有三位女性：太太溫妮絲、妹妹瓊恩和表姊法蘭西絲。費曼最後說的話是：「死亡太無聊了，我可不願死兩次。」

德碧·費曼（Debbie Feynman）致費曼，一九八五年一月二十日

親愛的費曼博士：

我在這個時候寫信給你，有好幾個理由，在信裡會提到。你看下去就會明白。

首先，我要解釋一下，我們兩家的姓氏相同，因此可能有某種親戚關係。我父親名字是伯特，祖父叫法蘭克，他在一九六六年去世。我的曾祖父叫哈利，曾祖母是莎拉。我相信（如果有錯的話，請告訴我）你是我曾祖父兄弟的子孫。我們是七親等的族叔侄關係。我父親伯特可能是你五親等的堂兄弟。

我叫德碧，在四月就滿十七歲了。現在是森林山丘高中二年級的學生。我選讀的是所謂「數學與科學資優學程」。我的自然科學老師過去常常會問，我和你是不是有親戚關係。我當然說有，畢竟姓費曼的人很少，而且你是非常有聲望的科學家，在科學界大名鼎鼎。去年年底，我還在第十三電視頻道上看過你，那是個一小時長的訪問節目。

我母親叫奧黛麗，今年夏天，她和我爸要帶我去做一次告別青少年的旅行，我們也準備到加州去。我還不知道在加州會離你們多遠。如果可能的話，希望能和你碰上一面，將使這趟旅行格外有意義。當然，我父母也會覺得很自豪。

因爲這是我們第一次通信，很難把事情完全敲定，我也不知道你們家的情況，不知道該怎麼問候大家。

我爸媽知道我寫信給你，都很高興。你若想到什麼事，請不要客氣，隨時可以問我。

我很興奮的期待你的回信，並且祝福你們一家人。

誠摯的祝福

德碧．費曼

費曼致族姪女德碧，一九八五年五月七日

嗨！德碧：

看到有人簽著我的姓，而這個人又不是我太太、孩子或姊妹，實在是一件有趣的事。當然，因爲這正巧也是你的姓。這算是個很少有的姓氏，因此我們無疑有某種遠房親戚關係。沒有人會毫無目的，創造兩次相同的怪姓。

但是我們的親戚關係有多近，就需要一些調查工作了。就我所知，我父親是梅爾維爾，我有個叔叔叫亞瑟，很年輕就早亡，沒有留下子裔。我有兩位姑姑，結婚之後都改從夫姓。我的祖母叫安娜，一直住在紐約的布魯克林。她先生、也就是我祖父，叫傑可布。他們的婚姻出了問題，因此傑可布跑到加州去，重新再娶（有些姓費曼的人，住在加州的長灘）。

就我和我妹妹所知，傑可布原來的姓是波拉克（Pollock），但他從俄國的明斯克移民來美國後，就拿太太的姓氏稍加改動了一下，當成自己新的姓，即費曼。傑可布後來把他兩個弟弟也弄到美國來。他們到美國之後，也都改姓費曼。這就是我所知道的整個故事了。我們不知道傑可布的那兩個兄弟叫什麼名字。會不會是哈利？如果是的話，我就是你曾祖父兄弟的孫子。我的女兒米雪今年十六歲。這表示她和你的高祖父是同一個人。

不管怎麼樣，我們一定有某種親戚關係不會錯。如果不能證明，就當它是好了，反正親戚不嫌多，這樣也比較有趣。

因此，當你們旅行到加州來的時候，大家一起見個面。你們決定好什麼時候來之後，請

打電話通知我們，電話號碼如下……。

你的（可能）親戚　理查．費曼

附筆：最近諾頓（Norton）公司出版了一本書，叫做《別鬧了，費曼先生》，我們家人的名字都在書上。

※米雪注：可惜沒聯絡好，德碧小姐一家人到加州來的時候，我們正好出門，錯過見面的機會。

費曼致伯明罕精神病學與醫學中心卡姆（Robert L. Kamm），一九八五年七月十九日

卡姆和費曼同一天進普林斯頓，戰爭期間也和他一起在羅沙拉摩斯工作。他寫信來，提到：「我們一起在普林斯頓的餐廳吃飯。在艾森赫夫人辦的茶會上，她拿牛奶和檸檬給你加茶時，我也在場。」讀了《別鬧了，費曼先生》之後，他才想起該爲太太珍，向費曼興師問罪。當時羅沙拉摩斯的主管常因爲門或保險箱沒鎖好，而責備女祕書珍。卡姆認爲費曼欠他太太一個正式的道歉。

親愛的卡姆：

謝謝你的來信。很高興聽到你的消息，我也重溫了你的回憶。但我認爲你的疑惑恐怕還沒有解決。因爲我開鎖之後，從來不會讓門或保險箱是打開的。我的作風是打開保險箱，放

一張字條進去，告訴它的主人，說它不夠安全，再好好關上。我對保險箱裡的東西，都有高度的敬意，不會讓別人有偷走的機會。我的惡作劇只是要大家更提高警覺，注意安全問題。

誠摯的祝福

理查．費曼

寇特斯（Robert F. Coutts）致費曼，一九八五年四月

費曼博士：

我獲提名角逐「科學與數學傑出教學」的總統獎，但是這個獎需要好幾份推薦信。我很冒昧的想請你為我寫一封推薦信，我會非常感激你的幫忙。或許你可以提一提這麼多年來，你到范諾伊斯高中來和我一起分享物理教學樂趣的事。我知道為人寫推薦信是一件很痛苦的事，我實在不應該開口。但我很期待爭取這項名聲與榮耀，為學校增光，以吸引到好學生。謝謝你的大力幫忙。

另外有個口信請帶給你的可愛祕書小姐。總統獎的收件截止日期是四月十九日。

我的學生和我都期待你二十四日的來訪。

感激你的　寇特斯

費曼致加州教育廳科學委員會主席甄女士（Melinda Jan），一九八五年四月十六日

親愛的甄女士：

我很高興聽說寇特斯獲提名角逐傑出教學的總統獎。我此生有許多小樂趣，其中之一就是每年一次到兩次，到范諾伊斯高中為寇特斯班上的學生回答物理問題。這項活動是寇特斯在好幾年前創始的，我每年都參加。學生提出的問題五花八門，什麼都有，像相對論、黑洞、雲、旋轉陀螺、磁力……等等，所有你想得到的問題都有。這個課程是活的，而且非常有趣。全班的學生似乎和我一樣，都非常喜歡這個節目。他們也非常活潑，非常喜歡問。我一直認為，這是寇特斯先生喜愛科學與教育的結果。他在課堂開始的幾分鐘前，總是很熱切的想把他新設計的實驗或裝置，或原創的新想法告訴我。

如果你選了他，一定會為自己的選擇自豪的。

誠摯的祝福

理查．費曼

費曼致施韋伯（Silvan Schweber），一九八五年一月二十八日

施韋伯寫了一本書叫《一九三八至五〇年間的量子場論》，其中有一章是〈費曼與時空過程的視覺化〉。他把草稿寄來給費曼看，他認為費曼一定會覺得這篇東西很枯燥，但他也希望費曼或許會發現裡面有些新鮮的東西。施韋伯盼望費曼儘量提供意見和指正。

親愛的施韋伯：

首先，抱歉我拖了這麼久。因爲我們這裡出了一點意外，我所有關於你的東西都掉了。你的原稿、和我寫在上面的注記，都不見了。因此，我只好重新來過。

其次，我並不覺得這篇東西枯燥。相反的，我覺得它很有趣。而且有很多東西，我以爲再也見不到了，居然又看到了，令我很驚訝！例如那頁有關複數的打字稿，我記得是在我那架玩具似的簡陋打字機上打出來的，我沒料到那頁東西居然還在。另外，我也不知道自己居然寫了這麼多的信。回顧自己以前是怎麼想的，確實是很有趣的事。你們這些搞歷史的，就是有這種本事，可以把過去重建，弄得看起來好像眞的一樣。

下面我提一些意見，可能可以當做修正的參考。但這只是就我記憶所及，不一定是「事實」。另外還有些打字錯誤，我就不管了。

第四頁的最後一段。我進入麻省理工學院的時候，是數學系的學生（課程代號十八）。不久之後，我跑去問當時的數學系主任富蘭克林，「除了可以用來教更高等的數學之外，高等數學還有什麼用處？」他的回答是：「如果你一定要弄清楚這個問題，那你顯然不合適讀數學。」於是我轉到電機工程系（課程代號六），去念些比較實際的東西。但很快又盪到以理論爲主的物理系（課程代號八），之後就一直留在物理系了。

第九頁中段。（評論）我不知道他們想用三年代替四年，好險他們沒有這麼做。

第九頁最上面那段。我會得到哈佛大學的獎學金，是因爲贏得一項全國性的數學大賽。雖然我是物理系的學生，但數學系來邀我共同組隊。因爲一隊需要四個人，他們人數不足。

他們查了過去的紀錄，發現我念過數學系。我並沒有把握，但他們給我考古題讓我練習，我就披掛上陣了。

第十四頁第二段。在「其他人」當中有馮諾伊曼（John von Neuman, 1903-1957，原籍匈牙利的美國大數學家，計算機理論發明人）。

第十七頁第三段。應該讀成「在這個新版本裡，他們採取……」

第二十四頁最後一段。（評論）我對這件事的興趣是這樣來的：高中的時候，我有個非常能幹的同學，叫哈里斯。畢業後，我進了麻省理工學院，他進了倫斯勒技術學院，成爲電機工程師。有一年暑假（大約是大一升大二時吧？）他回到法洛克衛來，我們一塊兒散步。他談到當時很新穎的回饋式放大器，他想用不同的方式來設計這種放大器，以避免振盪。他認爲大自然一定有某種定律，不可能讓一個電路的阻抗迅速消失，又沒有嚴重的相移。我認爲那也許只是頻率響應區的一種信號反射，因爲不可能沒有信號進來，卻有信號放大出去。但當時我們都太嫩了，顯然無法處理這個問題所牽涉到的複雜數學細節。因此，你會發現四年之後我偶然發現到博德的論文時，爲什麼會那麼開心了。

第二十三頁。我發現課本的圖一並沒有列出參考文獻。這個圖（如果我沒記錯它的出處的話）應該更像這樣，或者其他更複雜的結。

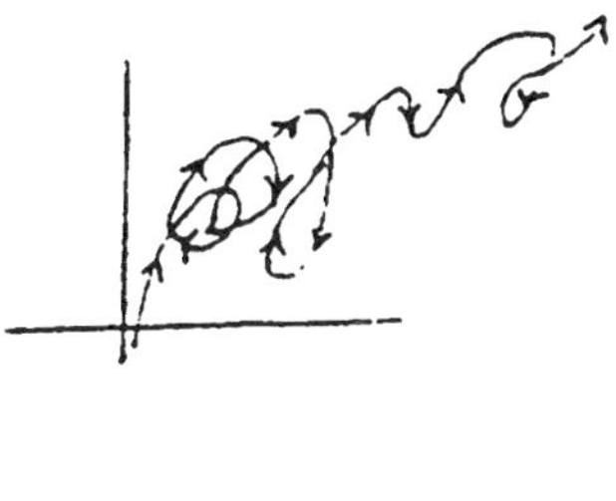

第二十五頁第十二行。我完成博士論文之前，就參加了威爾森的軍事研究工作，寫論文的事就停了下來。過了一段時間後，我要求暫

費曼與卡爾父子倆在海邊討論事情，攝於1985年。

（© Michelle Feynman and Carl Feynman）

時放下工作，離開幾星期，去把和我論文有關的想法處理一下，免得我忘了。但是在做這件事的時候，我發現了一個以前卡住我的錯誤。因此，惠勒（見第137頁）教授建議我立刻把論文寫好，趕快把博士學位先弄到手。

（評論）這一頁上有很多公式。我通常不需要再去檢查這些公式，對不對？

第三十二頁第六行。我不知道怎樣用傳統方法，來計算狄拉克（見第259頁）理論與電洞的稟能（self-energy），因爲我從來沒有仔細研究過。而我的路徑積分法當時也還沒有完全發展成功，還不能用於狄拉克理論的電子上。但是我當時卻知道一個簡單的方法，可以表示電子之間的交互作用。我設法把這個方法改良成一種規則（見第六十五頁的圖六十），可以對頻率積分或對不同質量的光子做積分。因此，第二天我回去請貝特（見第90頁）教授設法用傳統方法把結果計算出來。貝特對傳統方法非常在行，所以，計算是貝特做的，並不是我。

第四十頁頂端。你從阿格．波耳（見第414頁）那兒蒐集到這些資料，眞是太好了。我只是從我的角度去看這件事，只能猜測他和他父親之間，可能出了什麼事。但沒有辦法證實。

第六十六頁第十六行。「除了一些很好的的簡化方式之外」可能是錯的。次行則可能是「另外一些沒那麼尖銳的東西。」

第七十頁的最上面那段。犯下這項錯誤的故事很有趣。就我所記得的，可能是這樣：首先，我得到一個相對論性的結果。但是有位學生發現，在推導過程的前面某一行有個錯誤，因此它一定不會是不變量。但在幾頁之後，他又發現另一處錯誤，使得兩個同樣複雜的項互相抵消掉了。負負得正，我居然得到正確的結果。這種兩個錯誤正好互相抵消的神奇事件，可能是因爲我對結果有一種很強烈的感覺，認爲算出來的結果應該是相對論性的。

第七十一頁第二段。可能我記得的，只是我心底盼望發生的事情。但我懷疑這段有關艾吉斯的故事可能從未發生過。你能不能向貝特查證一下？施溫格（見第137頁）和我互相比較筆記與結果，我們是很要好的朋友。我們當面討論過這件事，後來還透過電話互相連繫，比較結果。我們並不瞭解對方所用的方法，但彼此相信對方所做的事一定是有意義的。甚至在別人還不相信我們的時候，就已經有這種互信基礎了。我們互相比較最後的結果，而且以自己的方法大略指出對方的結果有沒有意義，或者可能是哪裡出錯。我們在很多地方都互相協助。很多人開玩笑說我們是互相競爭的對手，但我從來不覺得有這種情緒或態勢。從第七十頁的最後一段，大家應該能夠知道我的想法。我覺得一個老問題就快要由我或施溫格給解決了，心裡非常興奮。聽起來不像有什麼煙硝味。

第七十六頁第十四行。「轟炸員」的隱喻是我在康乃爾大學的時候，某個學生想出來的（他在大戰期間，眞的是轟炸機上的投彈手），是形容我寫好了論文，到處投石問路、騷擾人，想徵求別人的意見。這個比喻不算好，但好像也沒別的形容詞了。

第七十六頁。爲什麼「幻想」這個字會打錯？我們能信賴聽寫員嗎？可能我的發音很糟糕，常唸錯音。

第八十七頁，事實上我有印象，好像阿格·波耳也表示過意見。施溫格的結果更完整，因爲他做了電荷的重整化。而我當時還沒有把眞空極化的問題處理到滿意，就是你知道的那四個圖（見次頁）。

我們（施溫格和我）後來發現，我做出了I＋II＋III（不含電荷的重整化），而他做出了I，沒做II和III，但有電荷的重整化，而我弄混了，以爲這種電荷重整化就是眞空極化的IV。我們兩人碰面的時候，我還沒有做出IV來，我以爲他做出來了。我現在仍然不知道，當時他是不是已經做出IV的滿意結果，或者還沒有。

第一〇〇頁的第四段。我在結尾的說法很差，原來的文字是：「這是我得到諾貝爾獎的時刻。」其實，我的意思並不是說，在這時候，我對自己會得諾貝爾獎已經心中有數。老實說，我從來就沒有想過得諾貝爾獎這件事。我眞正的意思是，在這一刻，我有一種「中了大獎」的興奮和喜悅，因爲我發現自己在某方面做得不賴、有些貢獻。

第一〇六頁，這裡有必要放入這種宗教式的觀點嗎？一般人對這種宗教性的看法，經常是很敏感的。因此我這一生在處理類似的言論時，總是非常和緩，小心翼翼的。小引號裡的文字就更加震撼了。（好吧，我猜對你的讀者也許沒有那麼震撼！）

第一〇七頁，瓦德（Morgan Ward）教授曾對我指出，同樣的說法會指出下面這個方程式 $x^7 + y^{13} = z^{11}$（其中 x 與 y 的乘方互爲質數），不可能有整數解，但結果它們居然有，而且還是無限多組解。

I

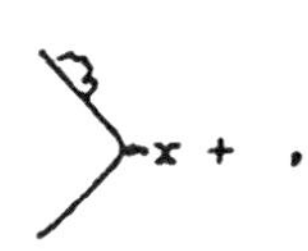

II

III

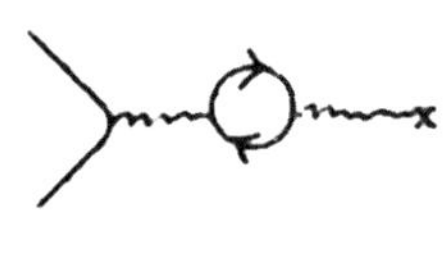

IV

第一一一頁最後一段。我舉個例子來說。當一位歷史學家在描寫後代子孫的時候，卻告訴我們，後代子孫會怎麼想我們，這是不恰當的。他可以把現在的情況做一番界定，然後推論後代子孫可能會有的意見，但不可以直接就把意見表述出來。所有的注記，你都在底下詳細列出參考文獻。但你這段描述的參考文獻在哪裡？

我所有量子電動力學的知識，幾乎全部來自費米一九三二年寫的一篇簡單論文，刊登在《現代物理評論》上。

誠摯的祝福

理查．費曼

※中文版注：費米（Enrico Fermi, 1901-1954），原籍義大利的美國物理學家，一九三八年諾貝爾物理獎得主。他是一九四二年十二月在芝加哥大學進行的、世上第一次受監控核反應實驗的負責人。

費曼致韓福特（Bernard Hanft），一九八五年二月四日

紐約的韓福特先生寄了一個綁著線的墊圈來，示範一種他發現的新的物理力，他稱爲「韓福特力」。這種韓福特力的作用方式如下，他寫道：「它會讓懸吊的任何物體，不論任何材質或結構，對著自己的軸旋轉。」韓福特先生覺得，既然這個旋轉不需要任何能量，應該可以發展成一種源源不絕的動力。

親愛的韓福特先生：

謝謝你的來信，裡面提到旋轉力和圓周力，以及示範這些力的墊圈和線。這種旋轉力是很有趣的現象，而且乍看之下，還會令人覺得不解。但是我做了一些實驗之後，已經知道它的作用原理。雖然它看起來似乎違反能量守恆律，但其實並沒有。我認爲是線裡的纖維有一種自然扭轉的傾向，好達到較低的能量狀態（假設這是線在製造過程中形成的）。簡單的說，我是指當線沒有給拉長的時候，它其實是處在扭曲的狀態；而當你把線拉長時，例如說掛上墊圈，墊圈是有重量的，線就變得比較不扭曲，因爲它伸長了。這力是來自線給扭開拉長的力。

因此，當你把墊圈用線掛起來之後，它會開始旋轉。旋轉所需要的能量是來自把線拉長些，使它比較少扭曲。而拉長線的，是懸吊物的重量（在這個例子裡就是墊圈），是懸吊物提供了旋轉的能量。

爲了證實我的預測，也就是細線讓墊圈給拉長，我把墊圈先固定住，量它頂端的位置，做個記號，然後再讓它自由旋轉。果然在它旋轉最厲害的時候，位置最低，但只低了〇．二公分。起初我還有些懷疑，因爲墊圈轉得這麼厲害，不像是這麼小的距離所釋放的能量可以應付的。但在簡短的計算之後，就會知道我的直覺是錯的。低〇．二公分所釋放出來的能量如果完全轉變成動能，可以讓圓盤狀的物體每秒轉三圈。（不過我認爲墊圈不可能轉得那麼快，因爲在線內的摩擦和空氣阻力，都會消耗一些能量。）

當線完全伸展的時候，由重量產生的張力就不再作用了。這時候，線本身又可以自由的轉回它那稍微帶點扭曲、稍短些的原來結構。因此，整個現象可以一再重複。

圓周力的效應就比較沒那麼有意思了，因爲大家對它比較熟悉。有個利用手環的辦公室遊戲，就是這個把戲。用一條細線把一個手環綁住，然後垂下來，叫一個女孩用手握住線的上端。然後你問這個女孩子問題，看看手環是以順時鐘或逆時鐘轉動，就知道她的答案爲「是」或「否」，而她不必說出來。其實手環的轉動是來自手的輕微運動，而這種運動是很輕微、不自覺的下意識行爲。你試著握住線，然後把手靠在固定的桌面或把手上（連手指都要注意，讓它不能移動），試試看，就知道了。

再度謝謝你，讓我注意到這些有娛樂效果的現象。

誠摯的祝福

理查・費曼

費曼致賈福夫人（Mrs. Harry Garver），一九八五年九月三日

賈福夫人貝蒂是費曼的另一位長期祕書。當我父親回她這封信時，我只是個高二的學生。

親愛的貝蒂：

謝謝你的來信，很高興聽到你的消息。我已經頭髮半白了，但還沒當祖父。我得子也晚，不知道何時才能含飴弄孫呢。

誠摯的祝福

理查・費曼

費曼與溫妮絲的銀婚（二十五週年）紀念照，攝於1985年。

（Photograph by Yasushi Ohnuki）

費曼致柏耐絲．薛恩史丁（Bernice Schornstein），一九八五年九月五日

柏耐絲的女兒寶麗寫信給費曼，提起多年前母親輩和費曼的陳年往事，「好像是在某個聚會之後，你和她以及佛羅倫絲走路回家。三人手牽手，走在大街中央，還高聲唱歌。我媽認爲，雖然有當年的相片，但你可能已經不記得她了。可是我認爲，怎麼會有人能忘了她呢？」柏耐絲自己也寫信來，爲姪兒向費曼要簽名照片。

親愛的柏耐絲：

從來信當中那麼有限的蛛絲馬跡，我當然記不得你是誰。還好你女兒寫信來，另外給了我一些線索，我終於想起兩位美麗的迷人精，先後上樓，「找更舒服的地方」。而我卻被另一些人纏住，在樓下無法脫身。我們眞的享受了一段美好的時光——你、我、和你表妹佛羅倫絲。

看起來，我當年非常欣賞的那種樂觀與幽默的個性，又在你女兒身上重現。她很細心的提醒我，不必怕接到你的信，因爲她知道應該叫誰「爹」。顯然她知道我們關係非比尋常，遠比我們承認的深厚。時代已經不同了，或許我們應該晚一點出生。

當然，我很樂意送一本簽了名的書給你表妹的兒子。很高興這段美好的記憶再度有人提起。

誠摯的祝福

理查．費曼

費曼致柯施蘭（Daniel E. Koshland, JR.），一九八五年九月三日《科學》期刊的柯施蘭博士為向費曼請教，問他對新理論「弦論」的看法。

親愛的柯施蘭博士：

請原諒我遲至今日，才回你六月十七日的來信。我六月一日就離開辦公室，因此沒有看到你的信。你問我對「弦論」的看法，我只能說，我不相信它。但是我並沒有好好研究過弦論，因此也說不上來為什麼不相信。這種個人的偏見應該不是報導的好題材。

誠摯的祝福

理查．費曼

史戴德（Klaus Stadler）博士致費曼，一九八五年十月四日

親愛的費曼教授：

首先容我做個自我介紹。我是你的書《別鬧了，費曼先生》德文版的責任編輯。我們派普（Piper）出版公司很榮幸能得到這本書的德文版授權。你慕尼黑的同事，傅雷茨（Harald Fritzsch）教授充分涉入這本書出版事務的討論。如果你同意的話，我會邀請傅雷茨教授為德文版的書寫篇序言。

傅雷茨教授還建議我們，把這本書做一點刪減。他認為其中有些部分對德國讀者而言，

不太重要。我希望他在幾天之內，給我一份建議刪減的清單。當然，我會儘快把傅雷茨的建議和清單寄給你。

最近，我們得到你新書《量子電動力學》將由普林斯頓出版社發行的消息。我在法蘭克福書展期間，會和普林斯頓大學出版社接觸，希望能得到這本書的德文版權。

你有沒有其他的出書計畫，適合列入我們科學書籍的名單？我對你的任何書都有興趣。

這封信的最後一個問題是，德文版的《別鬧了，費曼先生》出版的時候，你有沒有機會到德國來巡迴演講？包括到大學或蒲郎克研究院演講？我們打算在一九八六年秋天出書。

我期待你的回信。

致上最高的敬意

史戴德

費曼致史戴德，一九八五年十二月十五日

親愛的史戴德博士：

你的來信談到我的書《別鬧了，費曼先生》，並且建議做一些刪減，說對德國讀者可能不重要。

由這項建議，可以看出你們對我這本書的特質完全誤會了。在這本書裡，可以說沒有任何東西對德國讀者是重要的。對其他國家的任何讀者也一樣。它既不是一本科學書，也不是

一本嚴肅的書，甚至不是一本傳記書。它只是一些簡短、互不相干的軼事。我們希望帶給一般讀者某些樂趣，不應該裝模作樣，說它有多重要。這一點請你在做廣告和宣傳的時候，特別說明清楚，否則會讓不知情的讀者大為失望的。（這本書在美國廣獲好評。對它有意見的人都是因為過度期待而失望。）

如果你們把這本書當以一般讀物來處理，不要當成很正式的科學書，我會比較喜歡。至於翻譯，應該找一個很有幽默感的人，可以體會這本書散發出來的趣味，而不要過度強調它的重要性或硬度，那就更符合這本書的特質了。因為它的確不是那種很重要的硬書。當然，如果做些刪減，這本書的效果或許會加強，但刪減的理由並不是它們不重要，否則整本書會刪光光。

你提到的新書《量子電動力學》，則是完全不同的另一回事。那是為程度很高的外行人和非常喜歡近代物理的年輕人所寫的，很嚴肅的科學書。很高興你對這本書也有興趣。

誠摯的祝福

理查．費曼

費曼致田納（Edward Tenner），一九八五年十一月十四日

一九八五年三月二十一日，普林斯頓大學出版社寄了一封信給費曼的祕書海倫，談到為新書《量子電動力學》宣傳的事。信裡保證不在宣傳品上提費曼得諾貝爾獎的事，而且把提到「傳奇般的幽默」那部分也去掉了。但是在出版之前，還有許多事需要處理。

親愛的田納先生：

毛特納博士已經把我《量子電動力學》的封面給我過目了。果然又漂亮又端莊，我非常開心。所有看過的人都稱讚這個封面很有品味。〔但我還是要老實說，當他們打開封面的摺口，發現有另外一本新書的廣告時，覺得很驚訝，他們認為有點美中不足。這點我不知道，我不瞭解一般的做法是什麼。我只知道皮爾斯（Rudy Peierls）那本書很不錯，我相當喜歡。但是我並不希望在別人的書的封面摺口裡，廣告我的新書。〕

很高興這本書即將上市。我非常好奇一般人接受的程度會是怎樣，讀者能不能理解？我很難說結果會是如何。謝謝你。

誠摯的祝福

理查．費曼

※米雪注：田納先生回信，盛讚新書的封面設計人阿傑欽格（Mark Argetsinger）。他也保證，皮爾斯的新書《候鳥》的介紹，在以後再版的時候會拿掉。而且他會讓出版部門的人知道，費曼不喜歡別人的書上出現自己的著作的廣宣文字。

費曼致印第安納州聖母大學物理系的庫欣（James T. Cushing），一九八五年十月二十一日

庫欣教授寄了一份論文的草稿來，談到海森堡的S矩陣計畫。

親愛的庫欣教授：

我讀了你所寫的，有關海森堡S矩陣的回顧論文，覺得很有趣。但我沒有什麼意見和評論。我一直認爲海森堡的這項研究，是很多後續研究工作的起點。

另外，我總覺得你在最後一句裡提出來的問題怪怪的。就我看來，這個問題的答案似乎是在暗示：如果海森堡沒有做出這個東西來，其他人也很快會研究出來，因爲它非常有用，也非常必要。

其實倒不見得，我們並沒有那麼聰明。譬如愛因斯坦的廣義相對論。當然也有人說，德國數學家希爾伯特（David Hilbert, 1862-1943）也已經獨自上路了。我對這段歷史不太清楚。你認爲如果愛因斯坦沒有提出相對論，需要過多久才會有另外的人提出來？

誠摯的祝福

理查．費曼

沃富仁（見第497頁）致費曼，一九八五年九月二十六日

八〇年代早期，沃富仁的興趣已經從基本物理的傳統領域，轉向新興的複雜（complexity）科學領域。但是有些科學家和科學行政主管很懷疑這個新方向。

親愛的費曼：

首先，非常感謝你寄來的有關密碼系統的信。我已經戒掉隨時想學新東西的癮頭了，但

這一次又重犯老毛病。我會試試看你提的方法，看它能發展到什麼程度，並對它做系統性的瞭解。特別是看看，能不能在多項式時間裡抓出它的核心來。但我必須說，我非常相信這個系統一定非常難以破解。我認爲這個系統的破解，一定很像在解NP完備問題。我解出來之後，一定會告訴你。（中文版注：NP完備問題請參閱《電腦也搞不定》第四章。）

我隨信寄一些剛寫好的東西給你。它和科學本身無關（其實科學是我最愛寫的東西），倒是有點像關於科學組織的問題。我在普林斯頓高等研究院的處境愈來愈辛苦，已經到了應該準備離開的時候了。而且我找不到一個比較好的地方，可以支持我繼續研究我現在感興趣的東西。因此，我正在考慮是不是成立一個新的研究單位，建立適合自己的研究環境。如果現在就有這種機構，情況會好得多，可惜並沒有。現在有幾個和複雜科學有關的計畫正在進行，但我覺得它們似乎是漫無頭緒。你或許會覺得處理這類行政工作眞是浪費時間，我也不確定自己是不是同意這個看法。但我覺得自己沒什麼選擇餘地。既然非做不可，我就盡全力把它做好。如果你對這件事有任何看法或建議，我將感激不盡。

深深祝福你

沃富仁

費曼致沃富仁，一九八五年十月十四日

親愛的沃富仁：

一、我不認爲目前的科學組織架構不利於「複雜科學研究」的發展。因此，我不覺得有必要成立新的研究機構。

二、你說你要建立自己的研究環境，但你其實是辦不到的。你或許能建立起一個你很喜歡在裡面工作的環境，但你實際做的事，卻是這個環境的行政與管理，你並不在研究環境裡面，而是在它的外面。這種行政管理的環境應該不是你想追求的，是嗎？你不會喜歡行政人員的，因爲你和他們格格不入。

你並不懂「一般人」，對你來說，他們是一些「傻傢伙」。因此，你會受不了他們，或者說無法很有耐心去包容他們的缺點。如果你想要有效率的和他們打交道，可能你會把自己逼瘋（或者讓他們給逼瘋）。

找個方法做你的研究，儘可能不要和非技術人員接觸；除了瘋狂陷入愛河之外。這就是我給你的忠告，老友。

誠摯的祝福

理查·費曼

※米雪注：沃富仁並沒有聽從費曼的忠告。他不但設立了一個研究機構，還成立了一家「沃富仁研究」公司，銷售廣受應用的「數學精」（Mathematica）軟體。和費曼預測的相反，沃富仁幹了好幾年成功的公司執行長，而且恣意追求各種新科學。他還在二〇〇二年出版了一本巨著《一種新科學》。他在一九九〇年初已經墜入愛河，很愉快的結了婚。

紐曼（Thomas H. Newman）致費曼，一九八五年十一月十一日

一九八五年秋天，史丹福大學電機教授皮斯（R. Fabian Pease）與研究生紐曼聯名寫信給費曼，說他們準備好要贏取費曼在一九五九年的演講「這下面空間還大得很呢！」所懸賞的第一項挑戰（參閱第195頁）。在下面的信及所附的資料裡，他們提出了自己的成果。

費曼教授：

隨信附給你的照片，是我們用穿透式電子顯微鏡（TEM）技術將教科書整頁依比例縮小二萬五千倍的圖像。現在，你應該已經核對過原始文件了。如果還沒有，我們可以提供縮小倍數的證明方法與原始文件。我們這種TEM技術，可以校準到誤差只有一〇%。你可以拿同等放大倍率的TEM標準校準圖片，和TEM拍攝的負片排在一起互相比較。

另外，附上我們準備樣本的詳細步驟及說明，包括如何曝光、顯影和檢查。如果你還需要任何其他的參考資料，請告訴我們。

紐曼
皮斯

費曼致紐曼，一九八五年十一月十九日

親愛的紐曼博士：

恭喜你和你同事。你們做出來的東西，當然滿足我想給獎的想法。其他人曾做出同樣小或比你們更小的記號，但沒有人試過把整頁放大印出來，特別是用五一二乘五一二的點陣印表機印出來。圖片每個點的寬度，大概只排得下六十個原子。

我很難想像，在每邊只有一六〇分之一毫米的範圍裡，可以印些什麼東西。它比肉眼可辨識的程度還小二十倍，大概只有光波波長的十倍。整部《大英百科全書》大概是五萬頁到十萬頁，若用你們的技術來處理，邊長應該會小於二毫米，只比大頭針的針頭大一點點。

你對氮化矽方形窗的描述不太完整。這些方形窗有多大？每個方形窗代表一整頁，或者一個字母（這比較不可能）？以後在電腦上會不會有更進一步的應用？

正如很久以前的承諾，我隨信附上一千美金支票，祝賀你們的成就。

誠摯的祝福

理查・費曼

※米雪注：這封信等於是奈米科技早期發展史的句點，也揭開了奈米科技新時代的序幕。

費曼致紐曼夫人（Joan T. Newman），一九八六年十一月十日

紐曼夫人是前兩封信中紐曼的母親。紐曼得到費曼給的獎金之後，他母親特別寫信給費曼表示感激：「謝謝你的獎勵，不但鼓舞了你自己的創意，連帶也鼓舞了你的學生與讀者的創意。」雖然她自己完全不懂物理學在研究什麼東西，她卻為兒子和他的成就感到無比的自豪與欣慰——「沒有比我兒子更適合得你的獎賞的人了。」

親愛的紐曼夫人：

得到一封來自科學家母親的感謝信，是多麼令人驚喜的事情。我很高興得知他母親對這件事的看法，而做母親的其實不知道兒子在忙些什麼，仍然覺得與有榮焉。我知道這一點，因為我媽根本不知道我到底在做什麼，卻也一直以我為傲。在常人眼裡，像我這樣「想破了頭」會有什麼樂趣？像令郎那樣，在實驗室日夜苦幹，怎麼會有樂趣？但是有母親的支持，造就了我的成功與事業。我相信在你們的家庭裡，情況也是一樣的。

誠摯的祝福

理查．費曼

費曼致康乃爾大學物理系艾薩克生（Michael Isaacson），一九八五年十二月二十日

親愛的艾薩克生博士：

這件事可能會令你感到失望，但我必須告訴你，獎金已經讓別人捷足先登了。

我當然在以前就知道你的工作，而且很感興趣。文桑特（Tom Van Sant）是我的朋友，告訴過我你為他做了什麼事。我經常談到很微小的東西，而且展示你們的神奇眼睛的幻燈片，那就像藝術家所完成的最微型的藝術。

但是當我接到史丹福大學寄來的整頁資料的縮小圖片，實在太高興了。雖然我知道有人縮的比例比他們做到的更小，還是把獎金寄給他們。我忘了是不是曾經很明確的告訴過你，有人已經把獎金抱走了？

開火車頭，拖著大家往前跑，還眞是難！我想，我不是好的火車駕駛。

當史丹福的人聲稱他們做出我要的東西之後，第一次碰面我就告訴他們，有人做出比他們更小的東西。我也提起你和文桑特一起做了個神奇眼睛。但他們給我看的，是一整頁的教科書，讓我印象非常深刻。他們並沒有公開這次碰面的談話內容，因此沒有多少人知道他們的成就。

總而言之，祝你聖誕快樂。我隨信附寄一份聖誕禮物給你，鼓勵你繼續進行那美妙的工作。

你的朋友　理查．費曼

費曼致賈西亞（Armando Garcia J.），一九八五年十二月十一日

賈西亞是委內瑞拉的高中科學教師，他在九月十八日寫了一封密密麻麻的五頁長信來，請

求費曼的協助。他班上的雙胞胎學生提出一項具體事證，似乎違反能量守恆律，但他無法提出可以令人信服的答案。而且提出問題的學生還拿這件事到處炫耀，說他們把老師給考倒了。「我教室裡的學生一連好幾個星期都在議論這件事，但一點結果也沒有……以前的學生碰到我，也會諷刺我：『怎麼樣，你把那對雙胞胎解決掉沒有？』」

雙胞胎提出來的問題是這樣的：當你把重物（譬如槓鈴）從頭頂放下來的時候，重物的位能改變了。根據能量守恆律，重物的大部分位能必須轉移成身體裡的某種形式的能量，也就是位能應該轉移給身體的肌肉，對肌肉作功。但是日常生活經驗卻告訴我們，事情不是這樣子的。大家都知道，不管你是舉起槓鈴或放下槓鈴，都必須使出全力。因此，能量不可能是守恆的。賈西亞還提到另一個例子，說登山時，不管是上坡或下坡，都必須使力，肌肉都一樣酸痛。但能量守恆律卻指出，他只有上山的時候需要做功，下山並不需要。

賈西亞請教費曼，如何使我們日常生活上的經驗，與能量守恆律之間，不會產生矛盾？

親愛的賈西亞先生：

謝謝你的來信，以及信裡所提的能量問題。

你的困難是來自於你所處理的是個開放系統：有個人在流汗、呼吸（吸入空氣，把空氣加熱，把一些氧氣變成二氧化碳）、消化食物……等等，還運用自己的肌肉從事勞動工作，產生一些機械功。要找出做了某個動作之後的能量改變量，我們必須考慮到系統裡的所有事情，並且分析這些事情的能量變化，才能得到總結果。譬如，我們必須考慮到空氣的溫度變化和空氣的化學變化所牽涉到的能量改變；這個人所消化的食物，他流汗前後的能量變化（汗由液體變成蒸汽），槓鈴位置改變的位能差異……等等。而實際上，和所有其他能量變化的大小來比，機械能在這個系統裡只占了很小很小的一部分。

因此，如果沒有經過仔細的檢查與度量，沒有人能斷言上面提到的那個開放系統，總能量是否有改變。（或是不計算進出整個系統的熱能和化學能，而硬說系統的能量改變了。）只注意整個系統當中，極少量機械能的增加或減少，就拿來代表整個系統的能量變化情形，是很不恰當的。若只看一個重物的上上下下，就妄言整個系統的能量變化情況，顯然是不夠的。整個系統所牽涉到的能量消耗是很大的（如身體的體溫、新陳代謝變化……等等），機械能的改變，占的比例太小了，小得微不足道。

舉些數字給你參考。為了保持體溫和新陳代謝，我們從食物和氧氣所消耗的化學能，功率為一〇〇瓦特，也就是每秒要消耗一〇〇焦耳的能量。如果一天二十四小時，等於八六四〇〇秒，我們因為新陳代謝所需要的能量就是一〇〇乘以八六四〇〇，約等於十的七次方焦耳，也大約等於二三〇〇仟卡或大卡。也就是每個人每天大約要消耗二〇〇〇大卡。現在，假設某人把十公斤的重物舉一公尺高，他做的功是一〇乘一乘九．八，大約等於一〇〇焦耳。以人活命所需的新陳代謝功率一〇〇瓦特來看，這個做功的能量只夠我們活一秒鐘。

這就是為什麼我們不覺得上樓梯和下樓梯有多大差別的原因。（但其實我們應該承認，若樓梯的階數很多的話，下樓梯還是比上樓梯輕鬆一些。）

因此，要準確度量這個包含人在內的開放系統，能量是不是守恆，必須長時間度量所有進入與離開這個系統的能量。譬如一整天，從早餐到第二天早餐。我們可以假設在這一天之內，人的內部並沒有什麼變化。通常，我們可以利用動物，像老鼠來做觀察。我們度量進入的氣體和食物，以及排出來的東西，再度量所有牽涉在其中的能量變化。

事實上，能量守恆律最先就是由這種動物實驗的觀察結果提出來的。做實驗的人是梅耶（Julius Robert von Mayer, 1814-1878）醫師。後來對一些簡單的物理和化學系統，所做的更加精確的度量，只是更確認能量守恆律的成立而已。今日，我們甚至在個別的原子碰撞上，也證實能量守恆律的眞實性。而更複雜的系統只不過是一群原子發生碰撞的結果而已，因此，能量守恆律也應該成立。

你的雙胞胎學生把自己的感覺，以定性的方式描述出來，說能量守恆律是錯的。但如果他們仔細檢驗自己的主張，仔細度量那些不爲人注意的、所有進出系統的能量，我認爲他們將會發現以前梅耶醫師已經發現過的東西。而這東西後來也經過很多人的證實，就是能量是守恆的。舉起重物時消耗的氧氣量，比起放下重物時消耗的氧氣量，還是多一些。

學生懷疑物理定律不正確，其實是件好事。懷疑或質問的態度並沒有害處，很多新發現就是這樣產生的。有所懷疑的地方，若能以實驗來檢驗、解答，就須以實驗來檢驗、解答。能量和溫度一樣，是純量，沒有方向性。若從一個任意點開始度量，可以是正也可以是負，所以能量的改變當然是有符號的。舉起重物的時候，物體的能量會增加（而全世界的其他部分，能量會減少）；放下重物的時候，能量改變的符號會反過來。

由你的信看起來，在委內瑞拉，如果一個老師說某件事他不知道，或者沒把握，好像會遭人恥笑。我很慶幸自己沒有這種困擾。我其實是所知有限，經常會說「我不知道」。畢竟我出生的時候，什麼都不知道，而又只有一點點時間可以學這學那的。如果有件事你本來以爲自己是知道的，後來卻發現其實自己不是那麼清楚，也不是那麼有把握，倒是一件很有趣的事。我的學生就經常讓我體會到這一點，就像你的雙胞胎學生對你提出質問那樣。他們終究是幫助了我，把事情弄得更清楚。

總而言之，希望這封信對你有點幫助。祝你和你的學生好運，可以教學相長。

誠摯的祝福

理查．費曼

費曼致《洛杉磯時報》科學記者鄧巴特（L. Dembart），一九八六年一月十五日

親愛的鄧巴特先生：

謝謝你在社論裡提到我的名字。如果你不打算寫一篇更長的專欄，能不能請你把下面這封信，登在「讀者來函」的版面？

你在〈就是這麼奇妙〉的社論裡，提到匈牙利物理學家厄弗（Baron Roland von Eötvös, 1848-1919）一九〇九年做的一個老實驗，結果有一些小小的不規律。有學者詮釋說，這是由一種新的「第五力」造成的。你也正確的提到，說費曼不相信這種觀點。但你的陳述太簡短了，

並沒有說明我不相信的理由。這可能會讓你的讀者誤會，說科學只是由少數權威人士的意見來決定的把戲。因此，我想利用這個機會解釋一下。

如果厄弗的老實驗結果，眞的是由費區巴赫教授所說的第五力造成的，那麼在六〇〇英尺左右的範圍，它應該就有夠強的效應，會在別的實驗也顯現出來。例如，我們在很深的礦坑裡量到的重力，準確到誤差只有一％。（不管這些偏差是否表示，牛頓的重力定律需要做適當的修正。這是另一個很有意思的問題。）但如果費區巴赫的論文所建議的第五力存在的話，重力度量實驗的誤差至少會有十五％。這部分的計算是論文作者自己算出來的（若更仔細的分析，會是三〇％）。雖然論文作者已經瞭解這種情形（已打過電話求證），卻仍然聲稱「非常符合，令人驚奇」。事實上，這麼誇張的聲稱，正足以證明他們不可能是正確的。

新觀點總是非常迷人，因爲物理學家希望發現大自然的奧祕。而任何偏離預期結果的實驗，也總是很快會引起大家的注意，因爲我們很可能由此發現一些新的東西。

但是很不幸，這篇論文本身就具有一些否定自己立論的內容在裡面。「第五力」之所以得到這麼廣泛的報導，很可能是論文作者「熱心過度」的結果。

誠摯的祝福

理查・費曼

※米雪注：這封信刊登在次日的《洛杉磯時報》上。

費曼致溫妮絲和米雪，一九八六年二月十二日，星期三下午兩點，於華盛頓
這封信是費曼剛加入「挑戰者號太空梭失事原因」總統特別調查委員會時所寫的。

（我找不到旅館的信紙，所以隨便找了些紙，別見怪。）

最親愛的溫妮絲和米雪：

這是我第一次有時間給你們寫信，我想念你們。我後面會談到我是怎麼抽出一天空來（在一大堆非常無聊的會議行程中）參觀訪問的。這是一次探險，和我書裡面那些探險故事同樣有趣。溫妮絲你眞的說對了。我確實和其他人完全不同。我完全是自由的，可以不受任何層級的任何人影響。而我的推理方式是單刀直入的，我也很誠實。這裡有非常強大的政治力量在運作，互相較勁。雖然人們各以不同的觀點，對我解釋同樣的事情，但我完全不予理會。我以近乎天眞而單純的心思，沿著一條筆直的大路前進。首先要查清楚的是，爲什麼在物理實質原因上，太空梭會失事？至於後面的問題，爲什麼有人會做出顯然錯誤的決定，就不關我的事了。

你知道的，在星期一下午四點鐘，他們告訴我已經獲選爲總統特別調查委員會的成員之一，我應該搭飛機在星期二晚上趕到華盛頓去，參加星期三召開的會議。因此，星期二的一整天，在希布斯（見第360頁）和他的技術人員的協助下，我惡補了所有和太空梭有關的技術資料。我以前覺得太空梭是很無聊的東西，對它可說一無所知。現在我在相關知識上已經穿

戴整齊，可以上陣了。而且我覺得自己還準備得相當充分，因爲我學得很快。

星期三是委員們「非正式」的聚會，大家彼此碰面，互相瞭解一下。除此之外，就沒有安排別的事了。主席羅吉斯（William P. Rogers）一再提醒我們，和媒體保持良好的關係多麼重要，而媒體又是多麼的嬌貴。因此，在二月五日星期四的第一場正式會議，就是公開的會議。這場會議的行程安排有一整天，會有專人爲委員簡報太空梭挑戰者號和它的飛行過程。我花了一整個晚上，擬了一份很長的清單，都是失事的可能原因。我還做了一些計算，譬如算算負載重量之類的，讓整個工作慢慢動起來。

二月六日星期五，委員會的另一位成員，空軍的庫提納（Donald J. Kutyna）將軍，把以前他們調查泰坦火箭失事的經驗告訴我們。他們做得非常好。我很高興前一個晚上自己所擬的清單，和他們的做法不謀而合，只是沒有他們的計畫那麼有系統、那麼完整。我很高興能有機會和這樣的人共事，很多其他委員也有相同的感覺。有人自告奮勇，依自己的專才，管理調查行動的進行，或者保存紀錄、撰寫報告等等。看起來氣氛不錯，我們就要上路了。

但主席（他是個非技術人員）卻表示：泰坦火箭的失事報告對我們沒有什麼參考價值，因爲空軍當時掌握許多詳細的技術資料，但我們得不到類似的相關細節（他是公然說謊，因爲載人太空梭有更嚴密的監視記錄資料，我們能掌握的資料遠比無人的泰坦火箭多得多），很可能我們只能指出，這件事是怎麼會發生的。而委員會的另一位共同主席也說，我們並不打算做那種深入細節的實質技術調查，我們只是從各方彙集技術意見云云。

我一直要設法切入，表達反對立場，但總是被什麼事給打斷或干擾，例如某人走進來介紹什麼的、主席又指示一個新的調查方向等等。最後決定的是，我們下星期四一起到佛羅里達的甘迺迪太空中心，聽他們做簡報；星期四和星期五兩天都留在當地。而在討論的早期，就有人好心提醒我們，可以個別的、或者幾個人一組（次級委員會）到任何地方去，得到自己想要的資料。我想要提議說，我去做某件事（有幾個物理學家表示願意和我一起工作），而且我已經把手邊的工作都安排妥當，短時間內可以全心全意、完全投入調查工作。但是我似乎得不到任何工作指派，而且當我表示意見時，會議其實已經中斷了。會議副主席（太空人阿姆斯壯）又重提，我們不做實際的細部調查工作。因此，在快要結束會議的時候，我問主席：「這麼說，在隨後的這五天內（星期六、星期日、星期一、星期二與星期三），我應該到波士頓去，做我原先的顧問工作囉？」「是的，就去吧。」**我被他弄得火冒三丈！我想不必解釋，你也知道我為什麼生氣！**

走出會場的時候，我相當灰心。忽然，我想到了格拉姆，他曾是我的學生，現在是航太總署的頭頭，也是他要求我參加調查委員會的。我打了電話給他。格拉姆接到電話之後，覺得有些惶恐。於是他打了幾通電話，做了些安排，看看我能不能到休斯頓（詹森空軍基地，航太總署的遙測中心），或阿拉巴馬州的漢斯維爾（引擎製造中心）去。我拒絕了去休斯頓的建議，這樣等於公然反對羅吉斯，我還不想弄得這麼僵。基於尊重調查委員會主席，格拉姆打電話給另一位委員阿奇森（律師，和羅吉斯是好友），請他向羅吉斯說項。阿奇森也認為這是個好主意，說願意試試看。但後來回我電話的時候，他說很奇怪，羅吉斯居然不同意這樣的安排。羅吉斯堅持「我們要依正常的方法辦事」，不同意我一個人到處亂跑。

1986年2月11日，費曼在挑戰者號太空梭失事調查的公開會議上陳詞。他以一杯冰水的簡單實驗，證明O型環遇冷失去彈性，是造成意外的主因。

（© Courtesy California Institute of Technology）

後來，格拉姆想到一個折衷的好辦法：我還是留在華盛頓，雖然接下來就是週末假期，他還是要他手下大將（都是推進系統、引擎和太空梭方面的高階主管）到華府來，和我做深入的交談。我認爲這安排也可以。雖然後來羅吉斯打電話給我，想抓住我的腳跟。他解釋自己是好不容易才把這個調查委員會弄妥當，而且現在各界對我們都虎視眈眈，準備看笑話，因此照規矩辦事有多麼重要等等。最後他問我是不是還想去航太總署？我說「是的」，我說我們已經開過兩次會了，還沒有談到該怎麼著手進行調查，或者該怎麼分工。（會議上大部分都是羅吉斯在發言，說他是如何熟悉華府政治圈的運作方式，和媒體保持良好的關係有多重要，爲什麼非要按部就班照章行事才行；告訴那些記者，任何問題都要找他，羅吉斯，得到的回答才算數……等等有的沒的。）

羅吉斯最後問我，是不是希望他召集所有的調查委員，星期一再度開會，討論我希望的分工？我說「是的。」他話鋒一轉，說：「好，你可以留在華盛頓聽報告。」接著說：「我聽說你對住的旅館不太滿意。我來替你換一家比較好的旅館。」我不想要沾這種小便宜，就回答他，這家旅館很好，不必麻煩了。我個人的舒適與否，與整個委員會的調查行動比起來，根本微不足道。他不死心，又提了一次，我再度拒絕（這使我想起當年在倫敦機場，「給他一杯茶，安撫一下」那件往事）。

因此整個星期六，我就聽航太總署的人爲我做簡報。當天下午，我們深入討論到增力火箭每一節箭體之間的接頭和O型環的細節。O型環可能是關鍵，它在以前也曾局部失效過，或許是挑戰者號失事的主要原因。星期天，我和格拉姆一家人到太空博物館參觀，就是卡爾最喜歡的那個博物館。我們在開館之前的一小時就進入參觀，完全不必和別人擠來擠去。畢竟他是航太總署的大老闆，這就是權勢。

這些日子的傍晚，我都到表姊法蘭西絲和恰克的家裡吃晚飯，消磨這段時光。他們很熱誠的接待我，讓我充分放鬆心情。但是我並沒有像往常那樣，說很多故事，因爲他們夫婦都在傳播界工作。我不願洩密，也不願有洩密的嫌疑。我曾告訴羅吉斯，我在華盛頓有這門和傳播界很近的親戚，去拜訪他們不知道方不方便？他很大方的說：當然沒問題，他自己也有親戚朋友在美聯社工作，他也記得法蘭西絲等等。我對他的反應感到很開心。但現在當我在寫這封信的時候，我開始有不同的想法。羅吉斯似乎太沒戒心了，在對我們一再告誡洩密的嚴重後果之後，居然這麼對我不設防？

這件事讓我提高警覺。**你看，親愛的，我已經染上瀰漫在華府的疑心病了**！當他想打擊我或阻止我做某件事的時候，一定會控告我洩露某些非常重要的資料。我想這件事裡面，一定有某些東西是有些人不願意我發現的。如果我太接近禁區，一定有人會設法打擊我，令我形象或名譽受損。但我認爲自己有金鐘罩，應該是刀槍不入的。其他的調查委員像庫提納，就有空軍的立場要兼顧。萊德（女性太空人）是詹森空軍基地的人……等等，每個人似乎都有些顧慮，會投鼠忌器。

不過我還是要多方小心，注意到可能來自四面八方的冷箭。其實沒有人是眞正刀槍不入的，他們會躲在你背後的暗處。因此，爲了提防暗算，我停留華盛頓期間就不再去拜訪法蘭西絲和恰克了。或許我先問問法蘭西絲，是不是太過神經質了。羅吉斯已經再三保證沒關係，但他對我的態度過分輕鬆了。我很可能是他的眼中釘呢。

不論如何，星期一和星期二，我們各有一場特別的內部會議與公開會議。因爲《紐約時報》登出一則消息，斗大的標題，說有內部資料指出，接頭的O型環可能是危險的所在。但這件事在我啓程赴華盛頓之前，就已經知道了。噴射推進實驗室（JPL）的人已告訴我相關的細節。這件事考驗調查委員會對媒體關係的緊急應變能力。在此之前，我們還沒有做過一件和調查眞相有關的事。到現在都還沒有。我們明天早上六點十五分要搭專機（兩架飛機）到甘迺迪太空中心去聽簡報。無疑的，他們會把所有的東西都告訴我們，而且是一群眞正的專家。但你就是沒時間和其中的任何人做詳盡的細節討論。好吧，此路不通。不過，若我對星期五的行程或內容不滿意，我決定週六和週日留在那兒繼續討論。如果還是不滿意，就繼續待下去。我已經決定，要找出究竟發生了什麼事，讓所有的餡都露出來。

我很像一隻闖入瓷器店的母牛。他們最好的辦法是把母牛拉到店外，讓牠回到農莊上犁田。其實更好的比喻是，我是一隻進了瓷器店的公牛，因爲那些瓷器的造型做成了母牛，現在他們怎麼拉我都拉不走的啦。

我猜，他們打算用排山倒海的數據和細部技術資料來撐死我，希望我把全部的注意力都放在技術細節上，這樣他們就有充分的時間來修飾那些危險的證據。但這種詭計不會得逞，因爲（一）我對技術資訊的胃口很好，消化力奇佳，遠超出他們的想像；（二）我已經聞到一些氣味，而這種氣味我是不會忘記的。因爲我喜歡探險，最擅長追蹤那些蛛絲馬跡了。

我眞想留在家裡，不管做些什麼別的事都好。但我在這兒也還好啦。

拉夫（見第468頁）今天早上從瑞典打電話給我，報告他美妙的進展。賽克斯（見第503頁）也和他在一起。唉，唐努烏梁海！

愛你們的　理查

附筆：賽克斯在十七日左右會到洛杉磯來，停留幾天。~~這封信如果你按下私密的部分也別把其他內容全透露給他~~——算了，雖然前面有些牢騷，但其實一切還算好。

再附筆：留下這幾天的報紙。我今天早上到五角大廈去。他們把《紐約時報》的剪報寄到家裡去了。

※米雪注：拉夫・雷頓是費曼的老朋友，一起打鼓的同伴，也是《別鬧了，費曼先生》和《你管別人怎麼想？》這兩本書的共同作者。費曼記得自己蒐集的一九三〇年代的郵票裡，有個失落的國度叫「唐努烏梁海」，因此向拉夫挑戰，要他去找出這個國度。這段冒險故事敘述在拉夫所著的《費曼的最後旅程：發現唐努烏梁海》（*Tuva or Bust*）中。

費曼致羅吉斯主席，一九八六年五月二十四日

親愛的羅吉斯先生：

我很抱歉自己必須在星期六中午的時候離開，因此沒有時間和你充分討論調查報告裡的

費曼與好友拉夫·雷頓是一起打鼓的同伴，也是《別鬧了，費曼先生》和《你管別人怎麼想》的共同作者。攝於1987年。

（© Courtesy California Institute of Technology）

問題。我覺得我們的太空梭失事調查報告，對航太總署的太空梭計畫似乎批評過度了。我希望藉著這個機會，更詳細的表達我的立場。

我們的責任，是找出太空梭失事的直接原因或最可能的原因，並且提出建議，避免以後再發生這種意外。很不幸的，我們發現在行政管理上有很多嚴重的瑕疵，也是發生事故的可能原因。而且這並不是個案失誤，而是普遍存在的缺失。因此，我們在報告中列出了我們觀察到的事證，和我們的看法。

這件事對我們國家的太空計畫該如何繼續進行，已經產生嚴重的問題。因爲太空計畫牽涉的預算非常龐大，而且有很多其他的支援性計畫都和太空梭有關，可謂牽一髮而動全身。更不用提那些更重要的增加軍事與科學力量，或商業性的太空應用活動了。我們國家整個的太空計畫和它的定位，都將重新接受全國人民、國會和總統的檢驗。我們並沒有充分討論這種情勢，我們在報告裡所做的建議，也沒有這麼宏觀的格局。我認爲，我們應該提供必要的資訊，讓做決策的人，可以據此做出聰明的決策。

我們的責任是儘可能提供出完整、公平而正確的資訊。我們已展示出各種事實，可以說做出了很漂亮的調查工作。報告裡對航太總署太空梭計畫的大量負面觀察，讓人看得怵目驚心。這結果令人很遺憾，但很不幸的卻都是事實。如果我們意圖隱瞞，反而可能造成更大的傷害。如果總統要做出明智的決策，他必須知道所有的內情。

如果我們的報告看起來不太平衡，那就應該把另一面的證據也包括進來。我們是不是也把調查過程中所看到的，他們做得非常好的工作也包括進來？或者在建議中提到這個計畫中的某些優良案例，應該要持續保持下來。其中一個例子，就是電腦軟體檢驗系統。

雖然我看起來似乎太天眞了，還有些盲目的樂觀，但是我覺得航太總署對這次調查工作的態度很不錯，他們盡全力配合，把所有資料攤開給我們看，沒有絲毫隱瞞，包含進行所有我們要求的測試。航太總署對我們這個事故調查小組是完全開誠布公的。

總而言之，如果我們在報告裡，隻字不提航太總署所做的那些很棒的事，對我們的報告反而是個缺點，至少代表它不完整。對照我們在報告裡所呈現出來的大量事證，這個缺陷就更顯著了，好像我們這些委員都耳不聰、目不明似的。

我下星期一將回到華盛頓，我們可以和其他委員一起討論這個問題。我們可以有一整個星期的時間。或許他們可以說服我，說我的觀點偏離我們調查委員會的主軸。那麼我也許會改變主意。當然我現在對這一點還持保留態度，我目前仍是相當堅持的。

我同意我對「可靠度」所做的報告，不必放在調查報告的主文裡，而以附錄的方式來處理，只要它不是消失在檔案裡就行了。這是我們雙方都可接受的折衷方案。

調查委員　費曼，諾貝爾獎、愛因斯坦獎暨厄司特獎章得主，政治的門外漢

費曼致阿奇森（David Acheson），一九八六年十一月五日

太空梭失事調查委員會的任務結束之後，其中一位調查委員、律師出身的阿奇森寫信來，談到別的調查委員的消息。他聽說費曼生病了，特別祝他早日康復。

親愛的阿奇森：

謝謝你來信告訴我那些消息。

我正在家裡休養，身體也慢慢恢復。我也希望什麼時候能再和你見個面。但除非是法院的傳票，沒有什麼東西可以再把我弄到華府去了。

誠摯的祝福

理查．費曼

費曼致航太總署太空人辦公室主任楊恩（John W. Young），一九八六年十二月八日

楊恩博士寫信來，感謝費曼在挑戰者號太空梭失事調查委員會的工作。「我們知道這是一項非常困難的任務，不管是技術上、實質上或情緒上都很不容易處理。你的報告周密而有見解，可以協助航太總署儘速回到正常的運作軌道上。你對國家和我們太空人辦公室，有很大的貢獻。」

親愛的楊恩博士：

謝謝你對我在挑戰者號太空梭失事調查工作的讚美。

很抱歉我沒有時間直接和太空人討論這件事，或者非正式的和你碰個面。我們在調查委員會內部有分工，這一部分是由萊德博士負責的，她也如實把你的意見傳達給我們大家。

在一次我們舉行的公開聽證會上，哈茲菲爾德、你、和其他的太空人都做了證詞。仔細

分析你們的證詞之後，我特別對你印象深刻。似乎只有你能以清晰的思路，考慮到未來的發展和事故的原因。接著我們由後續的聽證會，很快就看出，一些高階的管理人員根本是不知所云，儘說些：沒有人告訴他啦，不知道信息傳遞系統會崩潰啦……之類的爛話。沒人告訴他們是因爲他們不喜歡有意見，不愛聽壞消息。他們通常只在意自己在媒體和國會的形象。因此基層官員都知道的眞相是：你自己想辦法解決，不要來煩我，不過不能把事情搞砸。

就像《綠野仙蹤》的故事，儘管航太總署在這方面一直維持良好的聲譽和傳統，但只要出現幾道布幕，溝通系統就不良了。我聽說近來又發生同樣的事，複雜的問題以不顯眼的方式，出現在某個角落裡。連所謂的聯合檢驗小組都得不到相關的資料。

你們太空人能協助清除這一灘死水，讓它保持流動和新鮮嗎？

誠摯的祝福

理查・費曼

費曼致庫提納，一九八六年十二月八日

有一份〈柯刻報告〉(Cook Report) 指出，挑戰者號太空梭的失事調查委員會，在政府的授意下，掩蓋了事實的眞相，藏起許多發現到的事實，並且協助航太總署的人做僞證。

親愛的庫提納：

謝謝你寄給我「柯刻報告」的資料，我早就預料到會發生這一類的問題。當然，它裡面有些批評是相當敏感的，而每一次的調查，不管對象是什麼，由什麼團體來主持，永遠都有些偏執狂在一旁虎視眈眈，伺機提出尖刻的批評。你也是調查委員，親身參與了這個工作，當然知道自己做了一件了不起的事。這不是局外人能夠瞭解的。然而，如果主席當初肯採納我們的意見，報告就會更完美了。當然，歷史不是告訴過我們，僅有的一個完人，已給釘在十字架上了。

報告裡有一段鬼話：「有證據顯示，航太總署的人不僅在調查委員會的公開聽證會上作僞證；甚至在不公開的會議上，委員們也建議他們揑造事證。」你會相信嗎？

我的外科手術很成功，身體恢復得很好。希望不久可以安排一下，再度會面。

誠摯的祝福

理查・費曼

※米雪注：庫提納將軍告訴我，曾任航太總署資源分析師的柯刻（Richard C. Cook）發現，事故之前，航太總署已準備增加預算去修補O型環。航太總署早已知道O型環的瑕疵會影響飛安，卻沒有及時處理。庫提納將軍表示，從來沒有聽說作僞證的事。他認爲，航太總署的沉默使柯刻誤認爲調查委員會掩蓋事實。調查委員會其實在調查過程中，已指出航太總署的疏失，才導致這次失事。費曼在調查報告的附錄F，都有詳細的敘述。庫提納將軍強調：「特別委員會的調查方向是鎖定在：找出太空梭意外爆炸的技術原因，而非扮演抓鬼大隊去糾舉任何個人。」

費曼致約德爾（H. J. Jodl），一九八七年四月十日
西德凱撒斯勞滕大學（Universitat Kaiserslautern）物理系的約德爾教授寫信給費曼，要求翻譯並重印〈科學是什麼？〉一文。（中文版注：這篇文章收錄在《費曼的主張》第八章。）

親愛的約德爾教授：

我同意你可以翻譯我的文章，登在你的雜誌上。不過現在世界已經改變了，我文章裡有一段文字，描述「一個女孩教另一個女孩，如何編織彩色的菱形花紋長襪。」你能不能為我加上一段作者（費曼）的注腳？我想加注的文字是：「這世界變得多麼美妙，在女性的談話裡，解析幾何已經成為家常便飯了。」

誠摯的祝福

理查·費曼

加拿大的帕爾默（Leigh Palmer）博士致費曼，一九八七年一月一日

親愛的費曼教授：

我兒子大衛告訴我，你身體不適。我聽了覺得很難過。我要告訴你上個學期發生的一件事。我覺得這件事，基本上和你有一些關係，而它正好展示出一種很強烈（但可以避免）的人性弱點，是一種在學習上的偏見。

大概有二十幾年了，我一直想瞭解漢伯里布朗（Robert Hanbury Brown, 1916-2002）和特威斯（Richard Twiss）的強度干涉（intensity interference）效應。我好幾次問同事，請他們爲我解釋這個效應，好讓我這顆實驗主義的腦袋，多少吸收一點理論，但總得不到令我滿意的回答。我甚至懷疑我問過的人，到底對我只知道字面意思的這東西，瞭解多少？我只知道他們經常賣弄一些名詞，像「玻色—愛因斯坦凝聚」之類的，那對我並沒有幫助。那段期間，我甚至負責講授大學部和研究所的光學課程，還教了好幾學期的統計力學，其中包含量子統計學。我以爲自己是瞭解這些東西的。但對「漢伯里布朗—特威斯」這玩意兒，就沒有把握了。

後來，我女兒從華盛頓大學的書店買了一本《量子電動力學》給我。（這本書在加拿大的溫哥華，居然買不到。）我是在《科學美國人》雜誌的書評上看到這本書的。我很開心的閱讀，但當時我還在教書，閱讀的進度很慢。我是用物理學家的身分來看一本爲喜愛科學的大眾所寫的書。當然，我並不懂量子電動力學，也希望能從這本書得到一些見識。當我跟著書裡清晰的思路前進，我知識裡的一些空隙就慢慢給填補起來了。瞭解了自己在讀什麼東西之後，我開始詳讀書裡的注解。長久以來存在心裡的「漢伯里布朗—特威斯」疑惑，居然慢慢的雲開霧散，忽然就明白它是什麼了。我不放心，又翻回前面，重看了一遍。這件事最重要的啓示是：我發現至少有個領域，是我一無所知的。

這件事的教訓非常清楚：一個準備好的心靈，隨時可以吸收知識；但同樣的心靈，如果自行設定「我是學不會的」，則也固執得無法突破和穿透。在我的授課經驗裡，當然經常必須克服學生的這種心態。我一直以爲自己沒有這種毛病，已經是免疫了，現在終於明白無法身免。到了五十多歲，居然還能從教學大師那裡學到一些新東西，實在是一件很開心的事。原本我以爲自己永遠無法瞭解這件事的，但是你對我解釋了那是什麼，而在解說之前並沒有先告訴我，你現在要解釋的是什麼東西。我的心靈沒有設防，因此沒有抗拒你傳達進來的東西。我以後會記得這個高明的手法，在教學的時候用上去。你並不是有意如此，不過若是學生存心排斥學習某個主題時，這是一個非常有效的穿透技巧。

我們全家每個人都很珍惜這份和你、你家人的緣分。雖然我們遠在加拿大的英屬哥倫比亞，我兒子大衛不可能跑到加州理工學院去當你的學生，但他從你的書，也間接受到你很深的影響。希望新年帶給你和全家平安喜樂，祝你早日度過難關。

誠摯的祝福你

帕爾默

費曼致帕爾默，一九八七年一月十二日

親愛的帕爾默博士：

在教和學的過程中，最神祕難解的，就是存在於兩者中間這種很明顯的障礙。它是如何產生的？該怎麼去克服呢？

你學習「漢伯里布朗—特威斯效應」的障礙，很幸運的消除了，但我們眞的學到一項有用的技巧了嗎？或許有的學生會受這種方式啓發，就是「教授在說明某項主題之前，沒有先

說明自己想解釋些什麼」。問題是，班上通常有很多學生，他們都是不同的個體，想法也都不一樣。對某些學生有效的方法，對別人可能無效。不過，有時候我們有機會個別指導學生（只有在這種時候，我才覺得自己是個有效益的好老師），這時候，或許這項技巧可以派上用場。謝謝你提醒了我這一點，我只是偶爾不自覺的用上它，自己並不知道。

我記得在拜訪西門弗雷澤大學（Simon Fraser University）的時候去過溫哥華，印象非常美好。謝謝你又讓我憶起這段美好時光。

誠摯的祝福

理查·費曼

英國劍橋大學的卡德（Nigel Calder）致費曼，一九八七年七月二日

親愛的狄克：

我很悲傷的告訴你，我們的好朋友、老同事菲利普·戴利（Philip Daly）已經是腦瘤末期的病人。他在五月底開過一次刀，但病情已擴大到開刀也沒有什麼用的地步了。

他現在居家靜養，為BBC電視台做一些二十世紀科學報導和廣播電視史的工作。我去看過他兩次，協助他處理一些事情。

他知道自己病情嚴重，但並不知道那麼糟糕。他自認為可以拖到年底，還和我談起九月要在美國播出的影片。他太太佩緹倒是知道實際的病情，但是對他有所隱瞞。其實他只剩幾

個星期的時間，而不是幾個月。

我相信他一定很高興得到你的消息。我的意思是指一封簡短的信或一張慰問卡片。太強烈的同情反而會引起他的情緒激動。這倒不是由於他來日不多，而是腫瘤影響了他的情緒。

我希望你也要好好保重，維持良好的體能狀況。狄克。去年我很榮幸、也很開心能在劍橋見到你，我們對量子電動力學的閒聊，讓我回味無窮。雖然我的說服力不太夠，不能勸你不要這麼勞累。

深深祝福你。

卡德

費曼致英格蘭的菲利普．戴利，一九八七年七月二十二日

親愛的菲利普：

我聽說外科醫師不但對我動刀，也對你動手。希望你康復得很好。我康復得非常慢，因此向醫師抱怨。他笑笑告訴我，病來如山倒，病去似抽絲，每個病人都覺得自己康復得比別人慢。因此要有耐心。

你最近有沒有機會到美國來？如果你靠近洛杉磯，一定要來看我們。可惜今年夏天我們沒有去英國的計畫。溫妮絲也問候你。

誠摯的祝福

理查．費曼

凡得海（Vincent A. Van Der Hyde）致費曼，一九八六年七月三日

親愛的費曼博士：

你好，這封信的開頭看起來似乎有點奇怪。但是當你繼續下去，知道我想幹什麼時，可能就不覺得那麼奇怪了。

首先，我有個十六歲的兒子，應該說是繼子，他非常聰明。你知道，這世上並沒有什麼所謂的天才，但他在數學和自然科學上，比我聰明多了。就像每個人一樣，他老是想搞清楚生命的意義何在。只是他還不知道，沒有人能眞正搞清楚生命的意義在哪裡，但這並沒有什麼關係。有關係的是每個人都必須過自己的生活。而我這孩子，極其聰明，數學、物理和化學都很強，愛玩遙控模型飛機，喜讀機翼設計的書——上面有一堆方程式，我看都看不懂。

但在此同時，他還在設法成長，爲自己在這個世界上設法打開一條路。他有點稍胖，有些害羞，並沒有多少自信，因此他常假裝自己夠強壯、夠成熟。他常常在尋找模仿的偶像，或者說是成長的標竿人物。他也很努力的面對高中課業，今年秋天，他就高中畢業，可以進大學了。大學生涯對他而言，是即將要面對的問題。他很想進一所好大學，但以他高中成績來說，可能會有點問題。

現在，我不想做一個緊迫盯人的父親，不想給孩子太大的壓力。老實說，不管他想做什麼，只要不是壞事，我都沒意見。我在一九六〇年是個電機工程師，因爲我爸爸要我當電機工程師，但最後我卻成爲犯罪學的專家。因此，我知道父母對孩子的壓力是怎麼回事，也知

道最後的結果是無濟於事。我只要求他不管想做什麼事，都要全力以赴。這是對自己誠實、不自欺的方式。如果你有能力做好某件事，那麼盡全力去做好，也是一種義務。這種想法不管是以前或現在，恐怕不太流行。但是一個有天賦才華的人，去做自己喜愛的事情時，怎麼可能有所保留而不使盡全力呢？

不管如何，在過去兩年與他的老師討論之後，終於浮現出某種模式。看起來，他對科學知識的吸收非常迅速。在看到你如何做好一件事之後，他也決定要盡自己所能，快速做好自己想做的事。有些老師的確鼓勵他這樣做，當然這很好；但是……每個學生的成績好壞，是由考試分數決定的，而考試的內容只涵蓋那些每個人都能懂的東西。我的兒子馬丁認爲這些東西太簡單了，因此平時根本不屑做家庭作業。他寧願去做一些他覺得有趣的事，而這些事遠超出班上同學的能力，沒有人會做。但是平時分數對總成績也占了相當的比例，因此儘管他做了很多相當困難的事，學校成績並不太好。結果，他成爲一個吊兒郎當的遊蕩者，常給老師惹麻煩，我也只好對他嚴加管教。他就好像龍困淺灘，日子並不好過，整天胡說瞎扯的。對那些文科的課目，情況就更糟糕了。但是他知道那些課程當中，很多是華而不實的花拳繡腿。你看，情況就是這個樣子。

現在，重點來了。幾個月前，我偶然看到一本書，書名很有趣（而且與眾不同），而封面上的人看起來像個成功的喜劇演員，並不像物理學家。我和馬丁兩人都看了這本書，都覺得非常、非常有趣。我們也注意到，幾乎每個故事都有一些含意在裡面。這不是一本只有一些有趣故事的書，這是一本談到我們世界是怎麼運作的書。眞聰明！

費曼的棋局

（Photograph by Michelle Feynman）

我們也注意到挑戰者號太空梭失事的新聞和羅吉斯主持的調查委員會。委員會裡有位仁兄，就是寫這本書的人。他不打官腔、不裝斯文，他協助了航太總署回復正常的運行軌道。了不起！

因此我想到，這就是我想找的那號人物了。我兒子讀了他的書，開始注意所有和他有關的新聞，而他還是個諾貝爾獎的得主。那些喜歡科學的孩子會佩服而且肯效法的對象，就是這種人。

我前面說過，我有這些困擾。而你顯然非常懂科學；由你寫的書看起來，你顯然也很會鼓舞人。誰知道像你這樣的人，對一個十六歲的聰明孩子會有什麼影響？或許可以讓他稍微靜下來，仔細想一想，自己究竟是要什麼，怎麼才能得到自己想要的東西……等等。

或許，你肯寫信給這個孩子，告訴他，你認爲「生命的意義是什麼」，什麼叫做「搞科學」，應該怎麼訓練自己，才能達成自己的目標，等等，我都沒意見。請告訴他所有你想告訴他的東西。有的時候，只要知道外面有人瞭解你、關心你，就足夠讓一個小孩有巨大的改變了。那可以讓孩子的翅膀伸直，鼻子抬高。謝謝你了。

誠摯的祝福

凡得海

附筆：那是一本很棒的書。希望你能再寫一些給大眾看的通俗讀物。

費曼致凡得海，一九八六年七月二十一日

親愛的凡得海先生：

你來信要求我，寫信給你的孩子，說說我認為的「生命的意義何在」……等等，好像我有些智慧似的。或許我偶爾會表現出有點智慧的樣子，但其實我沒有。我只知道自己有些看法。

當我開始看你信的時候，我告訴自己：「這是個很聰明的人。」當然，這是因為你在信裡提到的若干看法，和我想的一樣。例如，「只是他還不知道，沒有人能真正搞清楚生命的意義在哪裡，但這並沒有什麼關係。」「不管他想做什麼，只要不是壞事，我都沒意見。」「不管想做什麼事，都要全力以赴。」你還提到什麼義務啦、天賦啦之類的看法，這點和我稍有差異。我認為全力以赴是你想得到真正快樂的唯一方法，並不是一種義務。對於你真正愛做的事，一定是會使盡全力的。

事實上，如果你真正喜愛什麼事情，又有一點自由的話，全力以赴常是不由自主的。甚至在我那本瘋狂的書裡也提到（我並沒有強調，但這是真的），我在畫圖的時候，也是身不由己，拚命想畫。還有我在研究馬雅文、在打鼓、或在破解保險箱的密碼時，情況都是一樣的。生命中真正的樂趣，就是這種一再重複的考驗，讓你瞭解到自己的潛力有多大，究竟能做到什麼地步。

有些人（譬如我，或你兒子）在年輕的時候，只想知道自己對某一個主題，究竟可以走

多快、到多遠、進多深。其他東西對他來說，相對的都不重要，是可以忽略的。但是日後漸漸長大，就知道無論什麼事務，只要付出足夠的精力和時間，涉獵夠深，都是很有趣的。因爲他在年輕的時候已經學到了，如果對一件事全心投入，就會得到樂趣。投入愈多、喜樂愈大。只是後來才會發現，別的事也一樣，而且幾乎所有的事都是這樣。

讓他去吧，讓他去做這種稍有偏差的學習。針對自己感興趣的東西，全心全意投入，而不理會其他的科目。當然，我們目前的教育系統和學校的制度，會給他很低的評價，但他會得到補償的。這比一個知道很多事，但每件事都只知道一點點的人好多了。

我講一個諾貝爾獎得主葛拉瑟（Donald Arthur Glaser, 1926-）的故事給你聽，會讓你得到一些安慰。他念小學三年級的時候，老師把他爸媽叫到學校來，建議他們把孩子轉到啓智班。老師覺得葛拉瑟好像有嚴重的學習障礙，但是他爸媽不爲所動。到了四年級學到長除法的時候，葛拉瑟開始嶄露頭角，表現出罕見的才華。我記得葛拉瑟告訴我，在低年級的時候，老師總是問大家一些笨問題，他根本懶得回答。但是他發現到長除法有點難度，答案並不是那麼顯而易見，而且過程還相當引人入勝，因此開始注意聽課。

所以你不必太擔心。但是也別讓他偏離正途太遠而完全失控，像葛拉瑟幼年那種情況。我能給他什麼忠告？他當然是不會聽我的。但是你們兩人，老子和小子，應該常常在黃昏的時候，一起散步閒聊，不必有什麼特定的主題和路線，隨便談談。因爲父親是個聰明人，兒子也相當聰明，他們其實有許多相似的觀點。這我知道，因爲我當過父親，我也當過人家的兒子。

永遠的費曼

（Photograph by Michelle Feynman）

當然，父子倆對同一件事情的看法不會完全一致，但年長者較深沉的智慧，可慢慢引起年輕人的注意和興趣，發生潛移默化的效果。要有耐心，這事是急不來的。

接下來，我就直接回答你在信裡，分別提出來的問題。

問題：應該怎麼訓練自己，才能達成自己的目標？

回答：很多不同的科學家，都採取不同的道路，但是條條大路通羅馬。我採取的方法和你兒子所採取的，完全一樣，也就是非常努力的，拚命去做自己最喜歡做的事。另外設法保持別的科目不要得零分，只要能低空掠過就行了。不必考慮「以後要當什麼」這種問題，他已經知道自己以後要做什麼事了，因此就讓他去做吧。但是對某些其他的事情，要有個最低要求，別讓社會出面來阻止你，讓你一事無成。

問題：怎麼讓一個十六歲的聰明小孩靜下來，仔細想一想？

回答：現在是沒什麼辦法，我也希望這件事不要發生。但愛上一個很棒的女孩，可能會有奇妙的轉變。他們只要靜靜的在夜裡低聲輕談，或許一切就不同了。

不必擔心，老爹。這是另一位也有個很棒的小子的老爹給你的意見。

誠摯的祝福

理查．費曼

※米雪注：當這本書正要付印的時候，凡得海先生告訴我，他兒子馬丁在大學碰上一個很棒的女孩，現在已經結婚且育有兩子。馬丁在夏威夷大學攻讀海洋物理學的博士學位，已經

到最後一年。凡得海先生認爲，費曼的這封信帶給他深遠的影響，重要性根本無從估計。他接著表示：「但我知道這封信對我這個爲人父母的人，實在太重要了。而且我知道，我兒子永遠不會忘記，有這麼一位『大人物』曾經爲他的成長，投注過這份心意。」

附錄

The Letters of Richard P. Feynman

附錄一

我有一種信仰——費曼接受「觀點」節目的訪談

※一九五九年五月一日，KNXT電視台派史道特（Bill Stout）訪問費曼，錄製了「觀點」（viewpoint）節目（見第175頁）。

史道特：詩人朗費羅（H. W. Longfellow, 1807-1882）曾寫道：「所有的事都會改變，變成嶄新、奇異的事。」這句話特別適合今天這個嶄新、奇異的太空世紀。我們也可以回顧另一位詩人珈音（Omar Khayyam, 1048-1122）在《魯拜集》裡所寫的：「渾圓天蓋碧深沉，月運星移古至今。莫向蒼天求解脫，蒼天旋轉不由心。」（注：中譯採黃克孫教授的七言絕句衍譯。）

今天，在我們的「觀點」節目裡，要探討的是你我和科學家的神祕世界之間的關係。我們邀請的來賓是傑出的年輕理論物理學家、加州理工學院的物理學教授——費曼博士。

請問費曼博士，你認爲今天的科學家是不是可以用一九二〇年代，英國作家貝比思科（E. Babisco）的一句話「那個打開了門、最後才進房間的人」來形容？你和你的同僚協助創造了這個美麗新世界，你眞的和一般人同樣處在其中嗎？我指的是普羅大眾。

費曼：這個嘛，我們爲大家所創造的世界，並不是個社交的世界。

史道特：你的意思是？

費曼：我做科學研究的動機，老實說、嚴格說，並不是一般所謂的促進人類福祉。我最主要的動機是好奇，很想找出我們生活的世界是什麼樣子。如果按照你剛才所提的比喻，我們的確打開了一扇門，走進一間自己原先一無所知的房間，想發現裡面到底有些什麼；而最後的結果，自然而然的會變成一些有益國計民生的事。當你發現大自然的某些運作方式時，你可以利用這些知識做些實際的用途，例如做出更好的塗料、做出炸彈之類的東西。世上的其他人運用了科學研究的成果，因此從這種意義來說，我們也爲大家打開了那扇門。

史道特：你對科學成果後來的實際應用，並不太介意？

費曼：也不能這樣說。身爲人類的一份子，我當然也會關心。

史道特：但身爲一個科學家又怎樣呢？

費曼：這個嘛，我做科學研究的主要動機並沒有那麼直接。我是說主要動機，當然還有一些別的動機。畢竟人類是一體的，你也生活在其中，所以也會想知道自己研究的東西到底有什麼用處。當然最好是不要給用在歪路上，但是任何應用你都會關心。當你發現自己研究出來的東西，經過某種巧思發展成某種東西，而對人類有實際的用途時，還是很有趣的。這樣的科學研究總是帶來重大的好處。當然，你沒辦法確定一定會帶來好處，因爲在你做研究的時候，並不知道最後會是什麼結果，你發現的東西究竟會造福人類還是遺害子孫。因此，你不會有發現一件有用東西的滿足感和喜悅，因爲你同時可能覺得，它或許會變成很可怕的東西。任何新的想法，都有善惡兩面的可能用途。

史道特：例如，原子彈。

費曼：那些由核分裂產生的巨大能量，既可以用來製造原子彈，也可以用來發電。這就是一個例子。

史道特：像這種核分裂的研發，最後出現了原子彈，會不會令當初參與研究工作的科學家，產生心理上的困擾？

費曼：讓我先以科學家的立場來回答這個問題，再以一般民眾的身分來回答。首先，關於發現「原子核分裂」這件事，完全沒有心理困擾，它非常刺激、非常令人興奮。以前都認爲原子核是牢不可破的，沒想到當你用適當的東西去碰撞它，它就分裂成兩片，像水滴一樣濺開。這是非常有趣而迷人的事。核分裂之後，釋放出巨大的能量，並逸出很多中子，也產生了放射性，可以用在其他實驗上。這些結果很令人興奮。

接下來要談核分裂釋放的巨大能量。常有人說，是科學家造出原子彈來。其實不然，是工程界做出來的。製造原子彈的原因，是二次世界大戰期間的一種軍事需求。當然，很多科學家也投身其中，但當時他們所做的，並不是科學研究。大戰期間，他們都變成工程師，他們爲了執行這項軍事任務，紛紛離開實驗室。科學家有時候也會爲別的事離開實驗室，例如想要利用核能來發電。但不管是什麼用途，這些都和科學研究是完全不同的。

現在，我以身爲人類的一份子來看這件事。確實，我在大戰期間參加了原子彈的研發工作。若問我現在對這件事覺得怎樣？我自己有一種理念，就是不爲過去所做的事懊悔，只是設法記住你當時爲什麼做出那樣的決定。當時，我之所以離開實驗室，是因爲贏得戰爭的勝利非常重要，覆巢之下無完卵。每個當代的人都瞭解，爲什麼會發生第二次世界大戰。我們害怕如果德國人搶先做出原子彈，世界局勢將不堪設想，因爲當時德國是由一個喪心病狂的瘋子在領導。我不知道人類文明究竟可以維持到什麼時候，但是我知道，如果德國科學家先造出原子彈，我們將毫無希望，人類的文明很可能就此毀滅。因此，我投入這項任務最主要的理由，是害怕德國科學家先做出原子彈。我覺得我有義務去研發原子彈，幫助我們國家在戰事中取得更有利的地位。

史道特：所以說，你和你們這類的科學家，並不是工程師，不會做出實際應用……

費曼：理論和應用是很難截然劃分的。同一個人，有時會同時做兩種事。

史道特：但你現在做的事是科學家的事。你對製造更好的汽車、更好的塗料和新的冷凍食品這一類的事，並沒有興趣……

費曼：對於我做的事，你是很容易區分沒錯。科學是國際性的，全世界都知道，並沒有什麼祕密。各國科學家不但經常有信件往來，也定期藉著科學期刊來討論。蘇聯人也會告訴我們，他們在做些什麼，我也會告訴他們，我在做些什麼。這是一種跨越國界的共同努力，目標是共同的，動機就是世界上到處都存在的好奇心。請原諒我打斷了你的話。

史道特：沒關係、沒關係。你正好解釋了我想要問的重點。當我們跨越了這種自由交流的科學領域，就進入工程應用的範疇，例如製造原子彈、火箭或其他東西。因此，就出現許多保密的問題，限制了意見的自由交換。你從事過任何機密性的計畫嗎？

費曼：沒有。

史道特：這是出自個人的意願嗎？

費曼：是出自個人的意願。

史道特：你就是不願意參加機密性的計畫囉？

費曼：這麼說吧，我主觀上不喜歡這種工作，那是因爲我想研究科學，想找出大自然是怎麼運作的。四時行焉，百物生焉，大自然的運作並不是什麼機密，因此科學研究也不應該是機密的。科學和機密扯不上邊。機密的部分是後來的工程發展，而我對於這部分的工作沒什麼興趣。除非是世界大戰期間那種壓力之下，我才會去做。

史道特：我懷疑，你今日這種不喜歡工程發展的工作，和不參與機密性計畫的態度，可能是當年參加原子彈研發計畫的後遺症。

費曼：是的，我相當不願意參與機密性的計畫。

史道特：爲什麼？

費曼：理由很多。我認爲事情本身是沒有什麼機密的，那是人加上去的。我覺得，一個人若是必須決定自己做的事情當中，什麼是可以說的，什麼又是不能說的，那會非常辛苦。對我而言，那是很難的事。而且我覺得整個民主的理念，就是主權在民，民眾應該要充分受到告知。當機密存在的時候，民眾其實是給蒙在鼓裡的。

現在，有一種很天眞的看法，說如果沒有保密措施的話，蘇聯人就什麼事都知道。但另一方面，採取保密措施的結果，卻發生一些很有趣的現象。有些蘇聯人不希望我們知道而奮力保密的事，我們其實已經知道了；但我們也得保密，不讓對方查覺我們已經知道了，我們要假裝什麼都不知道。這不是很可笑嗎？我認為這種保密措施，使事情變得過分複雜了。

史道特：有報告指出，其實蘇聯在發射人造衛星旅伴號（Sputnik）之前，我們就知道了，只是沒有告訴一般老百姓而已。

費曼：對，就類似這種情況。

史道特：因此，大部分美國人都讓這件事給嚇了一跳，覺得非常恐慌。主因是事先毫不知情。

費曼：這是一個很好的例子。因為知道或不知道蘇聯人要幹什麼事，差別很大。故意祕而不宣，會讓大家受到很大的震撼。這件事其實很重要，但我們一直被蒙在鼓裡。另外還有一點，從事機密性計畫還有個難處，它會讓你有精神分裂的感覺。你必須記住，哪些事是你知道、但不能張揚出去的，因此會造成你儘量少開口的習慣。萬不得已必須講話的時候，會支支吾吾的，一副口齒不清的樣子。因為有些主題，一旦你開始侃侃而談，就不知道自己會不會不小心說溜了嘴，把不該講的機密洩露出去。所以，我不喜歡做有機密性的工作。

史道特：你說了很多保密措施的缺點。那麼你對於忠誠宣誓，以及伴隨政府保密措施而來的思想監控，還有，科學與工程領域的行政管理工作有愈來愈多的趨勢，有些什麼看法？

費曼：這些是政治性很高的複雜問題，我願意承認自己不知道。我個人當然有些意見可以表示，但我並不認為自己在這方面的意見，一定比別人的意見更高明、更有價值。

史道特：除非你自己在這個系統裡面工作，又必須處理這些問題，你才會發聲。

費曼：不錯。我對這些問題並不太熟悉。

史道特：你剛才提到，民主的力量來自告知民眾。你覺得自己和別的科學家，不考慮那些參與最高機密的技術發展的人，而是像你這種純粹研究科學的人，或你在加州理工學院的同事，是不是已經善盡了告知大眾的責任？告訴他們世界可能的變化與走向？如果沒有能告訴大家現在的世界是什麼樣子，至少告訴大家明天的世界是什麼樣子。

費曼：並沒有，我們並沒有盡全力。如果我們全都把手邊的研究工作停下來，開始做教育百姓的事，大家對科學的內容和本質應該會更瞭解。但是大家不要忘了，這群人的專業是學術研究。他們之所以投身科學研究，主要是因爲他們對大自然有興趣，對和人溝通比較沒興趣。很多科學家非常醉心於工作，優游在個人的小天地裡，就是不太喜歡和別人打交道。因此，告知群眾並非他們的主要興趣，效果當然也就打了折扣。

但這種說法並不能以偏概全。科學家也有很多類，有許多科學家也很喜歡做知識傳播的事。事實上，所有科學家或多或少都在進行科學傳播的工作。我們教書，把知識告訴學生，我們也常演講，儘量讓一般人能聽懂我們在講什麼。偶爾也寫書，還經常發表論文。但將科學知識傳達給一般人，是非常困難的事。由於近兩三百年來，科學發展一日千里，累積了非常大量的知識。但一般人對這類知識往往一無所知。有時候，民眾會問你在幹什麼，但要解釋給他們聽，卻需要很大的耐心。因爲你做的，可能是科學發展最尖端的領域，而要瞭解這個東西，需要有許多背景知識。這些背景知識是兩三百年的科學研究成果累積出來的，想簡要的說明這兩三百年的背景知識，是非常困難的。因此，民眾也不容易弄懂你在做什麼。

史道特：到目前爲止，我們聽了很多關於科學的事，以及科學家應該儘量和一般民眾溝通的想法。但是你做的那種科學，那種非常高深的純理論科學，有可能向民眾說清楚、講明白嗎？或者，你覺得他們會有興趣知道嗎？或許他們只想知道實用的科學，那些會改善生活，使明年的汽車更美觀堅固、輕巧安全的科學？

費曼：一般人確實是有你提到的那種傾向，但並不是所有的人都如此。還是有很多人想要知道，我們的世界是怎麼運作的。一般人問的問題可以分成三類。第一類是，這件事和我有什麼關係？第二類是，它和你有什麼關係？你在做些什麼事？這是因爲他們對我這個人感興趣。最後一類是：星星爲什麼會發亮？你看，只有最後這類問題，談起來才有意思。因爲最後這類問題的動機是好奇心，和你研究科學的動機是一樣的。因此，你立刻會有一種得遇知音的感覺，很想去滿足他的好奇心。你就會花很多時間，對他解釋星星爲什麼會發亮。他則報以會心的微笑，大家都非常開心。但如果人家問的是：「你到底在幹什麼？」他想知道的是你，而不是事情，就沒有前面的問題那麼有趣了。如果問題變成第一類的「這和我有什麼關係？對我有什麼影響？」那就更無趣了。因爲我不知道自己研究的東西，究竟對什麼人會有什麼影響。我完全沒有辦法回答這一類的問題。

史道特：若是對你的工作，表達出很自私的興趣，你就沒辦法回答了。

費曼：如果你是指某種負面的想法，我想是的。

史道特：我不是這個意思。我不認爲考慮到自己，一定是負面的想法。

費曼：我同意你的看法。但這就是科學和社會的關係，以及它的效應。我從事的工作對社會有什麼效益？從某種意義來說，大家注意的大部分是它的機械效益或具象的效益。問科學對大家的生活會有什麼影響，不就等於在問，科學會不會影響明天汽車的大小？能不能只按一下按鈕，食物就煮好了、跑出來？一般人所謂對生活的影響，很少是指精神或思想這類抽象的東西，例如：會不會影響我們對這個世界的認知？影響「我們來自何處、去往何方」的哲學理念？或者「地球是個在太空中旋轉的球體」的觀念是對的，「地球趴在一隻大海龜背上」的想法是錯的？你看，這些想法都來自科學的結果。我認爲科學最有趣的結果，是影響人們的理念與想法，而想法的改變又產生新的研究和調查。這種影響才是最深遠的，遠超過技術改善的層次。我們現在能以電波傳遞電視畫面，這件事當然很有意思。但更有意思的是，電波是藉什麼傳遞的？如何傳遞？光和電之間有什麼關係？……等等這類的原理。我覺得這些東西很令人興奮。這和所謂的社會責任並沒有什麼關係，它屬於智能的範疇。

史道特：你期望我們這種社會裡，有很多人對光電之類的原理充滿強烈好奇心嗎？

費曼：我不知道你能期望什麼，但很多人都是有好奇心的。我對民眾有不小的信心，因爲我經常和很多人談話，接觸到很多的人，他們不全然傾向於實用的立場。我發現他們大都是對科學原理很感興趣，他們並不是只關心自己和生活。不過話說回來，雖然有好奇心的人很多，但是眞正對外面的世界有興趣的人，我覺得並不太多。

史道特：撇開那些純科學的興趣，像星星爲什麼會發亮，地球和空氣是怎麼回事之類的不談，你認爲科學會不會影響人們的宗教信仰，使他們的信仰動搖？你能不能一方面是個科學家，知道所有這些你知道的事，同時又是一個以傳統的觀點來看，信仰很虔誠的人？

費曼：我只能談我自己，我個人是無法兼顧的。我的意思是說，從我接受的這些科學訓練來看，我沒有辦法做個很傳統的信仰虔誠的人。這是兩種無法調和的情況。對我而言，那些傳統宗教信仰的想法，就是聖經之類的典籍所提的，內容實在太貧乏、太有限了。他們無法瞭解這個世界多麼寬廣，而演化的時間又多麼漫長。在寬廣的宇宙和長久的演化過程裡，發生了這麼多的事。一般的宗教卻只強調人，對宇宙的其他部分鮮少著墨。但是對我來說，根本不可能在人的身上花這麼多的精神，對宇宙的其他部分完全放著不管。我不相信在這麼奇妙、不可思議的宇宙裡，經過這麼長久時間的演化，有這麼浩瀚的空間，這麼多不同種類的動物、植物，這麼多不同的原子和星球的運行，所有這些都只是上帝建造的一個舞台，只是為了觀察其中一種叫做「人」的生物，在裡面與善惡掙扎纏鬥。這是大部分宗教的想法。為這麼一場戲，這個舞台未免太大了。因此，我不認為這是個正確的圖像。

史道特：這是你在從事科學研究工作，成熟之後得到的結論嗎？

費曼：我不知道自己什麼時候才成熟，是十五或十六歲。但我大約在那個時期就放棄了宗教信仰……

史道特：你是在理性的基礎上，改變心意的嗎？

費曼：應該是的，我不知道當時有多理性，但絕不衝動。從此我改變了自己的想法。

史道特：我的意思是說，你是根據自己的推論，而不是受到別人的影響？

費曼：是的。

史道特：是根據你所學習、接受而且相信的事？

費曼：對的。而且不僅如此，學科學的人還有另一種特質，使他們和別的不同的人很難相處。這我不是聽來的，而是親身的經歷；也不只是由於我們在觀察這個世界的時候，使用的觀點和宗教人士的觀點不同。宗教對這個世界的理論是，上帝創造了這世界，而且神愛世人；世人若有需求，可以呼喊主名禱告，等等。這幅圖像和我們所見的完全不同。這只是其中之一，另外還有一件事。當你在觀察科學發展的時候，有一件非常重要的事是所有重大發展所必須的，那就是：你不知道某些事的答案，所以才去研究相關的細節。你問自己很多和這件事有關的問題。你說，你對這些問題不能確定。

我們在科學裡經常是不確定的，我們就是不知道；但我們學得愈多，就愈來愈有把握說，某件事愈來愈可能是眞實的，或者某種想法愈來愈可能是錯誤的。但是你很難從上帝的理論得到類似的啓發。譬如，你對自己說「我認爲這很可能是眞的」；但這也許只是你認爲應該採取的一種觀點，或者你發現這種觀點在處理事情上是有用的，你可不會管這觀點究竟眞不眞確。我暫且擱下我對上帝有很大的偏見，我這麼說吧，一旦科學研究工作達到了某個階段，若是我也這麼說：「好啦，這是一個很有趣的理論，我想它非常可能是眞的，我們不用再深究了。感謝主的恩典！」這可就累了，那科學就很難再進步了。

史道特：科學沒有教條嗎？

費曼：你無法接受什麼絕對的東西，你就是不能確定。一旦你有了這種感覺，宗教對你就失去啓發的力量了。現在的社會有很多問題，因此宗教有很大的幫助——教人要做好事，提醒人節制自己的慾望，因爲慾望是很難滿足的。而每個人在走出教堂的時候，總是比進去的時候變得稍微好一些。

史道特：一種向善的力量？

費曼：一種向善的啓示力量。現在我們的問題是，如何不依賴這種形而上理論的力量，不必相信這些神蹟似的想法，例如耶穌從墳墓中復活過來，等等，還能維持這股向善的力量。要過個好基督徒的生活，幫助你的鄰居，己所欲、施於人，難道非要相信耶穌死而復活之類的怪力亂神的想法，才行嗎？依照傳統的宗教想法，答案是肯定的。但我認爲這對於受過良好科學訓練的人來說，是一件相當困難的事。難怪宗教家說我們這些科學家是「世智聰辯，增益邪心。」因爲我們沒有辦法從世俗所謂的神的教導上，得到啓發。這裡面有很多所謂的迷信或異端邪說存在。

史道特：你在前面提過，大部分的科學家主要的興趣並不是社會上的人際關係，不是那種很多人共同生活在一起時，應該注意的關係。

費曼：以科學家的身分與立場是這樣。但以人的立場來說……

史道特：以人的立場而言，他們還是重視的。

費曼：是的。

史道特：因此，即使是科學家，他從科學的角度，不接受傳統的宗教觀念，他仍然可以是個正派的好人，愛太太，愛孩子，樂心助人。

費曼：那當然。在耶穌的道德教誨裡，沒有什麼東西，以科學的觀點來看是不可信的。我從遙遠的恆星學到的東西，沒有一件能告訴我「金律」不是眞的，或者我應該要殺生不殺生。科學和這件事一點關係也沒有。但是那些發展宗教的人，把一些雜七雜八的東西放了進去；除了倫理道德的訴求之外，他們還放進一些雜七雜八的東西。信徒不只要相信道德金律，還必須相信耶穌的神蹟。我不認為這些神蹟是真實的，但我仍然認為這位偉大哲人的教導值得注意與學習。科學並不會讓一個人變得不道德，科學只是不認同宗教對我們的宇宙所持的形而上觀念，例如宇宙是怎麼來的，宇宙創生的時間有多久，處女生子這件事可不可能……。為什麼我們一定要知道這些雜七雜八的東西，還必須相信呢？

史道特：當然，大部分的人並不是科學家。這些人會不會覺得科學動搖了他們宗教信仰的基礎？那些不夠聰明，無法決定自己該信什麼或不該信什麼的人，是不是乾脆只好放棄，不理會這些爭議？

費曼：因為宗教把兩件不相干的事綁在一起了。舉個例子來說吧，他們教信眾十誡，但是他們並不滿足於只教導十誡的內容，只把它說成是人類的經驗，是待人處世的好方式。他們教導十誡，是因為它是耶和華以閃電刻在石頭上賜給摩西的。因此，當科學介入的時候，大概會認定：這十誡不可能是由閃電刻在石頭上交給摩西的。一個思想很單純的人，聽了科學家的說法之後，可能會覺得，「原來整件事都是虛構的。但我不敢質疑這個神蹟，否則十誡就失去任何宗教基礎了。」然而，情況不一定非要這樣子不可。其實這種道德訴求，可以是凡人提出來的，一點問題也沒有。摩西可以是凡人，仍舊可以寫出同樣棒的東西來。我還是會相信，還是會遵守。可惜宗教硬是把兩種性質不同的想法混合起來，徹底焊在一起，說十誡的源頭是上帝用閃電顯示的，是你們必須遵守的信仰。因此當科學介入，挑戰其中的某一部分時，例如十誡是怎麼來的，信徒就覺得很緊張，好像道德金律的那部分也同時受到挑戰似的。但其實是宗教硬把兩種不同的想法，不必要的連結在一起，兩種想法之間並沒有實質的必然關係。這是我的感覺，是我自己對宗教與科學之間的關係的一種想法。我是有點極端的。我希望你能瞭解，並不是所有的科學家都抱持我這種想法。當然啦，當我們走出自己的專業領域之後，我們往往不知道自己在說什麼。對於宗教這件事，我的想法也可能完全是錯的。但是你問到我個人的想法，這就是我個人的想法。

史道特：我認為有些科學家也是很虔誠的信徒。你的研究領域裡，或你的同事，應該也找得到這種人。

費曼：那是當然的。

史道特：那他們又怎麼把兩種不同的觀念，調和起來呢？

費曼：他們一定想到了某種調和的方法。但究竟怎麼做，我並不知道。他們一定找到了什麼方法，只是我找不到。我眼中的世界和別人不同。

史道特：在我們今天的訪談裡，有一點歐文・蕭（Irwin Shaw, 1913-1984）文章的調調。他曾經寫道：「我有一種信仰，想把天堂從雲端拿下來，放在地上，讓我們所有的人一起分享。」或許也帶有著名的紐曼（John Henry Newman, 1801-1890）牧師筆下的：「在黑暗中，放出慈悲的光環引導我，帶領我前進，看顧我的腳步，我不需要看多遠，一次一步就夠了。」

附錄二

失禮的重力

※本文是《紐約前鋒論壇報》一九六一年二月五日刊登的一篇報導，作者是該報的科學編輯烏貝爾（Earl Ubell）。費曼曾寫信向他致意（見第198頁）。

上星期在紐約客大飯店的德雷斯廳，擠進了數百位物理學家聽演講，不僅座無虛席，連走道都站滿了人。擴音器嗡嗡作響，忽然有個喇叭從天花板的架子掉下來，摔得變形，還差點砸到人，卻沒有引起太大的騷動。

滿廳的聽眾心無旁騖的連聽四場廣義相對論的演講。廣義相對論這個用來描述重力的理論，曾是人類心智的榮耀，如今卻也是個苦惱。這些物理學家跟隨著講者急切的數學節奏，不時發出笑聲。對他們當中大部分的人來說，物理是很有趣的。

當喇叭掉下來、幾乎打到人的時候，演講中的加州理工學院教授費曼博士，正好講到重力，而且剛提到十七世紀的科學家對重力的認知。費曼博士馬上舉例說：「你們看，這種超距作用（action at distance）！」

或許這個幽默來得太突兀。當時費曼博士正試圖用銀幕上寫得滿滿的方程式，猛烈進攻目標，頗有勇者無懼的味道。這是個老題目了，而他現在嘗試用一種新進路來詮釋。

相對論很容易理解？

物理學眞是浩瀚宏偉！這種感受席捲了全場的聽眾。他們聆聽了雪城大學的柏格曼（Peter Bergman）教授講解他們的團隊如何著手研究重力理論；也聽到普林斯頓大學的惠勒博士（見第137頁）建構出一個不可思議的空間幾何；還聽到康乃爾大學勾德（Thomas Gold, 1920-）博士所描述的宇宙——在這個宇宙裡，物質（或原子）是從虛無中噴湧出來的。所有這四場演說，都與相對論及重力有關。

事實上，如果一個人不過分執著於常識的話，相對論的主要觀念是很容易理解的。愛因斯坦提出這個理論的時候，他是把整個理論架構建立在一個很簡單的基礎上。整個觀念可以用「想像一個人在電梯裡的情況」來表示。

當電梯開始上升，由於加速度的關係，電梯裡的人會覺得給壓向了地板或舉向空中。有趣的是，電梯裡的人無法分辨他給壓向地板的原因，究竟是電梯的移動，還是受到電梯下方大質量物體的重力吸引？由加速度產生的力，事實上與重力是等效的。

由這個觀念出發，愛因斯坦建立了一組數學式來描述我們這個宇宙。由這些式子，我們進一步發現，大質量物體附近的空間是彎曲的。在這種空間裡的幾何，直線就由適當的曲線取代了。而且更奇怪的是，重力的觀念居然消失了。物體之所以會彼此朝對方移動，是因爲在愛因斯坦的幾何裡，空間是彎曲的，物體只是沿著彎曲的空間移動而已。

美好的大一統願景

這個廣義相對論相當棒，解釋了很多宇宙現象，包括：光線通過質量很大的星體附近時會彎曲；水星軌道為何會偏離牛頓定律所預測的位置；為什麼遙遠恆星或星系發出來的光，會朝光譜上較低頻率的紅光偏移；以及勾德博士所提到的物質不斷創生。

但現在，物理學家想要把廣義相對論援用到物理學其他領域，讓它和其他的物理理論調和一致。其中的一種方式是，企圖寫出一組方程式，可以描述整個宇宙各種尺度的所有現象——小至極微的原子，大到極巨的星團。

這是愛因斯坦晚年的主要工作。他和學生至少做出十幾種這類「統一理論」（Unified Theories）的模型。但這些模型全都失敗，沒有一個能符合大家的期望。

惠勒博士也是全力發展這種統一理論的科學家。他提出新穎的幾何結構，既可描述太陽也可描述原子。這種幾何結構描述的一種空間，裡面布滿了「蛀孔」（worm hole）。這種蛀孔非常小，紙上的一個破折號，就排得下十的六十次方個這種蛀孔。沒有人知道，這算不算是一種統一理論。

另一種做法就是費曼和柏格曼所嘗試的，走兩條不同的路徑來做雙重確認。他們試圖把廣義相對論和量子力學的理論融合在一起。量子力學已可用來描述原子、電子、質子以及其他微小粒子的行為。

同志仍須努力

描述原子行為的量子力學，也是一種違反常識的理論。它的基本觀念是，原子以離散的一個個能量小包，叫「量子」（quanta）的，來傳遞能量。你不可能有半個量子，要嘛是整數個量子，要嘛就完全沒有。

這種觀念導致一些很奇怪的效應，例如：若是你很努力想確定一個電子的位置，那麼你就不可能知道它的速率和運動方向；如果你追蹤一個電子，知道它的速率和運動方向，就沒有辦法確定它的位置。

費曼和柏格曼自問：重力理論能以量子理論的方式來處理嗎？物體之間，能不能以重力的量子來傳遞重力作用？真的存在這種重力的量子，叫重力子（graviton）的嗎？

研究了廣義相對論之後，柏格曼博士設法把它「量子化」，變成一種量子型式。這個做法雖然有些進展，但結果還是相當粗糙。

費曼博士則採取另一種方式來進行。由於本身是量子力學專家，他先假設重力子存在，然後以量子力學的步驟，把廣義相對論壓縮，再用它來處理重力子。

這些殊途同歸的努力，最後會有什麼結果？

也許，真的由某人給弄出統一理論來。也許，物理學家終於學會了怎麼把重力和量子力學融合在一起。也許，秉持「不入虎穴，焉得虎子」的信念，物理學家終會有意外的驚喜。

附錄三
物理學的未來

※此文費曼發表於麻省理工《科技評論》（*Technology Review*）雜誌一九六一至六二年。

聽了寇克饒夫教授、佩爾斯教授★和楊振寧教授的意見之後，我幾乎同意他們說的絕大部分意見。只有楊振寧教授的一小部分觀點，認為事情會愈來愈困難，這點我不太同意。我仍然很有勇氣。我認為任何一個時代，都有自身的難題。但另一方面，誠如各位所見，我也有較為悲觀的一面。我認為自己不可能在別的演講者所說的論點上，再添加任何有意義的觀點。但為了讓整個議程能夠繼續進行下去，我必須說一些沒有那麼有意義的事。因此，如果各位能同意的話，我準備說一些和他們所說的完全不同的事。

★中文版注：寇克饒夫（John Douglas Cockcroft, 1897-1967）是英國核物理學家，世界第一座質子加速器的設計者，一九五一年諾貝爾物理獎得主。佩爾斯（Rudolph Ernst Peierls, 1907-1995）出生於德國、二次大戰期間入籍英國的理論物理學家，率先計算出鈾二三五連鎖反應的威力，後來也參與了美國羅沙拉摩斯的曼哈坦原子彈計畫。

首先，為了讓談話的主題不會那麼天馬行空，漫無邊際，我準備給自己一些嚴格的限制，只談那種與基本物理定律的發現有關的問題，也就是物理研究的最前線。如果不是這種第一線的問題，而是第二線的物理問題，例如固態物理或應用物理，那我的演講內容將大為不同。因此，請大家先接受這個討論的限制。

我認為你們在看歷史的時候，會以較為寬廣的角度，去猜測自己領域的未來會是什麼情形。另外我覺得，在預測物理的未來時，應該同時考慮物理學所存在的政治與社會環境的脈絡。如果你要像佩爾斯教授所做的那樣，預測四分之一世紀之後的物理發展，請記得你預測的只是一九八四年的物理情況。

其他講者為了安全起見，不敢預測得太遠，只預測了十年或二十五年後的情形。但其實這也不太保險，因為有人就是會記住他們所做的預測，活到了那個時候，就抓住他們的錯處了。所以我要穩穩當當的，不讓人抓到小辮子——我要預測的是千年之後的情況。

我們該如何進行這種預測呢？依據其他講者的做法，我們應該比較一下西元九六一年的物理情況，和今年一九六一年的物理情況，然後推論千年之後，也就是二九六一年，情況會如何。西元九六一年，大約是波斯詩人兼天文學家珈音（見第612頁）出生之前一個世紀，珈音打開了同一扇門又走了出來。鏡頭拉到今天的物理學盛況，一千年來我們已打開了一扇又一扇門，進入一個又一個房間，找到了很多珍寶。但我們若再往前看，顯然還有五、六扇門還沒打開，而每扇門後的房間裡，或許還有更大的珍寶也說不定。

這是個英雄時代，基礎物理有非常顯著的發展，也發現了許多基本定律，人人都非常興奮。把它和九六一年比較，也許不太公平；應該和另一個英雄時代相比才對，或許是西元前三世紀那個時代。當時有阿基米德、亞里斯多德這些人，也是個物理學蓬勃發展的時代。把那個時代加一千年，你可以知道當時能預測的物理千年未來是什麼情況，就是西元七五一年左右的情形。因此，未來的物理和一千年裡人們所處的大環境有密切的關係，並不是把現在的發展速率，做簡單的外推就可以知道的。我若要推測千年之後的情況，首先就會碰到一個困難，就是人類的文明會存在或延續到那個時候嗎？

未來之一：全球浩劫後的物理學

如果從政治和社會的觀點來看，很可能發生一場可怕的毀滅性戰爭，核子冬天出現，整個人類文明崩潰。在這種戰禍之後，物理學會是什麼情況？會恢復過來嗎？我猜物理學，尤其是基礎物理，很可能受到徹底的破壞而無法復原。接下來，我要稍微說明一下，爲什麼我認爲這部分將無法復原。

首先，大戰之後，北半球很可能受到嚴重的破壞。因此那些研究高能物理所需要的設施很可能無法倖免。沒有這些設施，高能物理的研究幾乎是不可能的。假設儀器設備很幸運的躲過一劫，但或許已沒有足夠的電力可用，或者維修和運轉這些設施所需要的工技水準不存在了，或至少短期內不再有這種技術支援。由於實驗物理技術是工業技術當中頂尖的精粹，只要有一環銜接不上，就無法支撐。因此，至少短期之內不可能回復到目前的水準。

那麼物理水準在稍微下降之後，會不會再回來呢？我看很難。因爲一個令人興奮、嚮往的英雄時代，需要有一連串的成功事件堆積起來。你去看看那些不同文明裡的偉大時代，當時的人對於成功，都有一種充分的信心，他們會做一些和以往不同的事，而且是靠自己發展出來的事。如果退回較低的物理水準，你會發現，好一陣子都不可能有什麼成功的經驗和感覺。你做的實驗是前人做過的，你研究的理論，祖先早就知道了，那有什麼搞頭？因此，一定會引來不少裝腔作勢的人士提出七嘴八舌的批評。物理學要有所進展，必須先建立適合它發展的文明環境，才能有所作爲。其實很多領域都會出現這種好批評別人的文人病，而不肯好好的埋頭苦幹。

物理學算是一種很難迅速回復的科技。當時會有很多更實質的問題，需要一些比較聰明的人去解決。而且困難在於，那時做物理研究不會有什麼趣味，因爲一時之間很不容易有什麼新發現，而且基礎物理研究又沒有什麼實際的用途。我們在高能物理所得到的實驗結果，就算是在今天也提不出什麼實際的用途，遑論大戰之後百廢待舉的社會了。最後，中止物理學發展的，可能是那場可怕的災難本身。如果那場巨變是人爲的，那麼民眾一定會激起一股反科學的思潮，會歸罪於科學和科學家，尤其是物理學家，說他們是罪魁禍首。另外要記得一件事，就是科學研究的精神不一定會再度萌生，因爲科學精神主要是靠北半球的先進國家在發揚，而不是普遍存在於世界各地。

別太洩氣，因爲我談的是一千年，也許時間長到再醞釀出另一次文藝復興。到時候會出現什麼機制，締造什麼輝煌成果，是很難說的。（我事先已經表示過，不會談什麼有意義的事情。但是也不能在這裡大放厥詞。）當然，新的文藝復興一定會在某些地方有很成功的發展，這些成功發展的領域又會在哪裡？很可能不是物理學，而是其他領域。那麼後代子孫會覺得自己在那些領域的發展是「超越古人」的，因而產生了成功的信心。只有在信心充足之後，他們才會把熱情投注在物理學上。這時候的物理學或許會有新的面貌——也許是些不同的觀點，或甚至是完全不同的事情。我沒有辦法猜測。

另一件比較有趣的可能性，是這種文藝復興的發生，可能只在某些國家或人群當中。而這些人可能發現到，可以把科學態度當成一種類似於道德的規範，應用在社會、政府組織及商業行為等各項領域。你們大概瞭解我的意思：當有人說出某件事，大家會就事論事，而不是去猜測他們說這些話背後的動機是什麼。舉例來說，自我宣傳就屬於一種不太誠實的事。如果某些人的說詞裡，並沒有什麼理念在裡面，只是自吹自擂，表示自己多偉大、多能幹，那是沒有人會理睬的。若是這種科學態度能使得一個國家在某方面得到成功的果實，就會鼓舞整個社會在其他方面繼續發揚光大這種科學態度，也會重新燃起對科學研究活動的興趣。

未來之二：太平時代的物理學

接下來，我要講另一種前提下的看法。假設沒有任何大災難，人類的文明也沒有崩潰。怎麼可以做到這點，我並不知道，但我們假設人類就是辦到了。那麼又會如何？我們就假設有一個類似目前的社會體系，持續維繫了一千年。（很可笑吧！）那麼基礎物理會有什麼變化，基本問題和物理定律的研究又會怎樣？

有個可能性就是出現了最終的答案。楊振寧教授認為物理定律本身已經把這種可能性給否決掉了。但我並不以爲然。就像你從一個門進入一棟建築物，想走到另一端去；但你還沒有走到另一端，還沒找到另一端的門，就有人跟你說：「你看，我們走了這麼久，還沒有走到另一端，還找不到另一扇門。因此，這個房間的另一端是沒有門的。」只要你找不到那扇門，這種爭論永遠存在。對我而言，我們是走進了一棟房子，但我們無從知道它是不是一棟無限大的房子，還是有限大的房子。因此，最終的答案是可能存在的。

我所指的最終答案是這樣的：我們發現了一組基本定律，因此，所有實驗的結果都是在重複證實這組已知的定律。研究工作就愈來愈無聊了，因爲大家漸漸發現，不可能發現什麼新東西是違反這組基本定律的。當然，從此以後，大家就把注意力轉移到第二線的工作，那是我這回不打算討論的。總之，最終答案是，所有的基本問題都已經解決了。

如果眞的發現了這種最終答案，我認爲會發生一種情況，就是目前很活躍的科學哲學將會式微。現在，一些滿腹經綸的哲學家和蠢才，對科學知識以及獲取科學新知的方式，總是想主導詮釋權。我們還能夠抵抗他們的侵奪，原因居然出在我們還沒有找到終極物理答案。我們總是可以對這些人說：「你根據我們已經發現的事實，去解釋世界爲什麼是今天這副模樣，說法相當高明。但你能不能告訴我，它明天會是什麼模樣？」由於這些人絕對做不出像樣的預測來，我們就知道，他們所講的道理並非出自於對現實世界的透澈瞭解。但如果最終答案就在那裡，還有誰願意去證明這個世界是四維的？由於這樣和那樣的原因，事情就是這樣子了。我們的科學哲學目前之所以活蹦亂跳的，是因爲我們還在困惑中掙扎；一旦我們有了最終答案，科學哲學就會一片死寂，再也抵擋不住蛋頭哲學家的入侵了。

物理學的未來還有沒有其他可能性呢？會不會我們進入的房間，眞如楊振寧教授所說的有無窮大，那麼我們就會不斷有非常令人刺激的發現了。我們會急切的在屋裡穿來穿去，打開一扇又一扇的門，發現一處又一處的寶物。一千年呢！如果每二十年有個重大發現，一千年會有五十個重大發現！我們的世界經得起這麼多次基礎物理觀念的大革命嗎？如果眞的是這樣的話，那還有些無聊呢。因爲每當你更深入觀測的時候，事情就會改變；有二十次物理基本觀念的改變，就表示大家會重複做二十遍同樣的觀測。但我不相信這麼活躍的研究可以撐一千年。好吧，如果它永不停止（我的意思是，如果你永遠找不到最終答案的話），而我還是不相信大家撐得過五十次物理觀念的革命，那還有其他搞頭嗎？

還有另一種可能性，就是事情的進展愈來愈慢，問題變得愈來愈困難，那麼到時候又是什麼景況呢？強耦合已經分析過了，弱耦合已部分分析過了，但還有更弱的耦合更難分析。由於截面實在太小了，要想得到有用的實驗資訊，變得非常困難。因此，實驗數據的產出愈來愈慢，問題愈來愈難，發現什麼東西的機會變得愈來愈小；愈來愈多的人覺得做研究實在沒有什麼意思。最後，整個領域處在一種停滯狀態，只有前沿的少數幾件工作還有蝸牛步調般的進展，譬如三階張量場，它的耦合常數可能不到重力常數的十的負三十次方？

當然，到那個時候，我們現在叫物理學的東西，可能囊括許多和現在不一樣的內容。我相信，正如佩爾斯教授所說的，物理學的範圍會擴張，涵蓋天文史的研究和宇宙學。物理定律仍像我們現在熟悉的型式，但是會把這些東西納進來。若給了現在已知的條件，將來會變什麼樣子？將來的定律會是一些包含時間項在內的微分方程。但問題是：什麼決定了現在的條件？什麼是整個宇宙發展的歷程？或許有那麼一天，這種看法和問題會成爲物理學的一部分。它可能不再叫做天文史，因爲到時候，很可能物理定律已經把時間的變化考慮在內。如果物理定律會隨著絕對時間而變化，那麼表述定律和發現歷史這兩件事將沒有辦法區分。

最後，我必須再次提醒大家，我的談話只限於基礎物理的未來。我認爲，將研究重心從理論前線拉回到應用，把物理定律的結果發展成可用的科技，也是非常重要的。這將是非常刺激的工作。如果我要談這部分物理的未來，將和我對基礎物理未來的看法，大不相同。

我們正處在史無前例的英雄時代，既美妙又興奮刺激。但我們應該以戒慎戒懼的態度，去看待即將來臨的時代。一旦基本定律都發現了之後，那個時代的人該如何自處？如何再走下去？我們不可能發現美洲兩次，只好嫉妒哥倫布了。你們可能說，沒錯，歷史不會重演，但基本定律並不是美洲大陸，而且太空中還有很多別的行星可以去探險！這倒是眞的。除了基礎物理之外，可研究的領域還多著呢。

我現在做個總結。我相信，基礎物理的研究壽命是有限的。當然，我們還有好長一陣子可忙的。目前，這個研究領域還非常刺激，令人非常興奮，我完全不打算離開這個領域。我正好處在這個時代，當然要善用這種優勢，但我不認爲這種優勢可以持續千年之久。

最後在結束之前，我要強調兩點。我並沒有談到應用物理或其他別的領域。如果談的是這些東西，我講的內容當然也不一樣。其次，在這個變化如此快速的時代，我預測的千年後的事，可能在百年內就發生了。

謝謝大家。

附錄四

《加州科技》雜誌號外：費曼博士榮獲諾貝爾獎

※加州理工學院學生聯合會印行，一九六五年十月二十二日星期五

【一九六五年十月二十一日上午九點】

費曼教授：

皇家科學院今天決定，由閣下和朝永振一郎、施溫格三人共同獲得一九六五年的諾貝爾物理獎。你們在量子電動力學的基礎研究以及對基本粒子物理的成果有目共睹。獎金將由你們三位平分。獻上誠摯的祝賀。正式的獲獎通知將隨後寄上。

執行祕書　倫伯格（Erik Rundberg）

倫伯格：

很高興接到你的賀電！

理查·費曼

【一九六五年十月二十一日凌晨三點四十五分】

「哈囉！是費曼博士嗎？恭喜你得諾貝爾獎。」

「搞什麼！這是半夜哪！」

「難道你不想聽到自己得獎的消息嗎？」

「我在天亮之後自然會知道。」

「好吧。現在你既然知道自己得諾貝爾獎了，覺得怎麼樣？」

「不怎麼樣！我不想現在談……」

這就是理查．費曼博士、國家科學院院士，也是加州理工學院理論物理「托爾曼講座」教授，在睡夢中首次聽到自己得一九六五年諾貝爾物理獎的情形。

接著，到第二天（昨天）上午，消息愈來愈明朗，他也開始愈來愈興奮。他也知道了施溫格和朝永振一郎與自己同時獲獎，十二月十日將會親赴瑞典斯德哥爾摩領獎。他們三個人得獎的原因，是在一九四七到四九年間，分別獨立對量子電動力學所做的理論研究成果。

雖然三個人對這個領域的貢獻相當，費曼卻是率先提出「費曼圖」（Feynman diagram）的人。這是一個強而有力的工具，可以減化量子電動力學的計算。費曼自己解釋說：

「我在一九四九年發表論文，介紹這種簡化計算的方法，目的是爲了進行更多的量子電動力學計算。我當時並不認爲自己解決了什麼實際問題，只不過做出一種更有效率的計算方法而已。但後來事情的發展演變成，如果這個方法所增進的效率夠高的話，方法本身就是一種有實用價值的發現。這是一種快很多的方法，用來對付老問題。」

這個「老問題」，後來費曼在雅典娜館十點三十分的記者招待會中解釋，就是狄拉克（見第259頁）於一九二九年提出來的一組方程式的求解。以前利用二階逼近，企圖求出更精確的解的時候，會得到無限大的解。而這三位諾貝爾獎得主所做的事，根據費曼的說法，就是「擺脫計算結果出現無限大的解的困擾。無限大的問題仍然存在，只是它們現在閃到一旁去，不再擋在路上而已……我們設計出一套方法，把它們掃到地毯下。」

稍後在當天上午，費曼又出席了另一場記者招待會。費曼向記者說：

有一群媒體朋友跑來找我，說他們讓別的事給耽擱了，來不及參加記者會。其中有個傢伙跑到我的辦公室來，說：「我先告訴你，我會問你什麼問題。因此當攝影開始之前，你有時間先準備一下。其中有一個問題是，你的論文在計算機工業上有什麼應用？」

我說：「這個問題的答案是，沒什麼用。」

「好，那麼在別的方面呢？有沒有什麼用途？」

「目前可以說沒有任何用途……」

「你是在說笑吧？」

「當然不是。」我知道這次訪問，會在全國性的新聞頻道播出。

「好，我還會請你評論一下這樣的陳述：你的研究工作，就是把奇異粒子的實驗數據轉化成艱深的數學式。」

「抱歉，我無法做這種評論。」

最後，「好，你是什麼時候知道自己得獎的？」

「好，就這樣。現在可以開始錄影了！」

當天下午，精力充沛的大學部學生，在蘇洛普堂的圓頂屋簷上，掛起一幅橫布條，寫著「狂賀理查．費曼得大獎」（Win Big, RF）。四點十五分，在物理系布里吉廳的例行下午茶會上，費曼成爲與會者的焦點。先是一九三六年諾貝爾物理獎得主安德生（Carl D. Anderson, 1905-1991）博士正式爲大家報告這個好消息，接下來即請費曼致詞。費曼的開場白是：「我覺得，諾貝爾獎委員會做了很聰明的選擇。」全場叫好的喝采聲不絕於耳。

費曼還提到，有紐約的朋友打電話來，要他評論一下紐約的教育系統。他回答說：「我三十年前受教育的時候，它的教育系統還可以啦。」

費曼也已經決定怎麼花這筆諾貝爾獎的獎金。金額是五萬五千美元的三分之一。「我將用這筆錢來付我的所得稅，大概可以撐三年左右。因此，我這三年的收入都是免稅的。」

當天傍晚，《加州科技》雜誌在費曼家中做專訪。談到他近來所做的研究工作時，費曼表示，他在重力場的量子理論方面，「有一些進展，但還不算完美。」而他不久之前，已把研究焦點轉移到原子核內強交互作用的規則上。

後來，費曼談起打電話給朝永振一郎的情形：

「恭喜你！」

朝永振一郎回答：「也恭喜你了。」

「成為諾貝爾獎得主，有什麼感覺呀？」

「我想你自己知道。」

「你能不能告訴我，怎麼對外行人解釋，你是怎麼得到諾貝爾獎的？」

「我很愛睏了。」

附錄五
新數學的新教科書

※此文費曼發表於《工程與科學》期刊第二十八卷第六期，一九六五年三月號

去年，我身爲加州課程審議委員會的成員之一，花了很多時間來挑選適合的數學課本，給加州公立的小學一到八年級的學生使用。

我仔細閱讀了那些由出版社送來的、可能獲得加州政府採用爲課本的教科書。（堆起來有六公尺高，重達二五〇公斤！）我在這裡想以大家看得懂的方式，來描述或批評一下這些書，特別是數學內容，也就是我們想教給孩子的數學。我在這裡不討論一些相當重要的事，譬如這些書是否容易讓老師達成教學目標，或是學生很容易閱讀。評審之後獲得州政府選用的許多教科書，也有我在後面要談的缺點。這是因爲，我們只能從出版社送審的書當中去做挑選；而送來的書當中，編寫得眞正好的，還眞是不多。另外，委員會建議了一些補充教材，本來可以稍微彌補課本的不足，也因爲政府預算有限而無法採購，實在很可惜。

爲什麼小學的數學教學方式需要調整？我們首先要清楚瞭解這個問題，才能評斷我們挑選出來的課本能不能符合需求。有很多人，例如雜貨店的老闆，每天都必須大量使用簡單的

算術。此外，有些人會用到比較高等的數學技巧，譬如工程師與科學家、統計學家、經濟學家，以及公司行號（它們普遍都有很複雜的存貨管理和稅務問題）。再來，是一些研究「應用數學」的人。最後就是爲數很少的純數學家。

當我們設計這些入門的數學訓練時，不但要照顧到每個人每天都要用的簡單算術，還要注意到那些迅速擴張的、使用較高階數學技巧的族群。這種數學訓練的目的，是鼓勵學生培養出適當的思考模式，使這群人日後仍然受用無窮。

許多數學課本用了很大的篇幅，來描述那些只有純數學家才感興趣的主題。不僅如此，多數主題也是以純數學家的態度來處理。這有兩個問題產生。首先，將來會成爲純數學家的小學生非常少。其次，純數學家看待一個主題的方式，和一般的數學使用者有很大的不同。純數學家是相當不注重實際用途的，他們通常對數學符號、字母或想法沒什麼興趣，或者可說是刻意不理會。他們只對公理（axiom）之間的邏輯關聯有興趣。但這些符號、字母和想法卻是把數學和眞實世界連接在一起的東西，使用數學的人必須確實瞭解。因此，我們對於數學與應用了數學的事物之間的關係，必須非常注意，不像純數學家可以完全不理會。

我聽到很多人把這個改善數學教學的計畫，稱爲「新數學」。當然，這是一個挑選數學教科書的新計畫。但新數學會給人一種非常前衛的感覺，是不是眞的合適，還有待商榷。那些用在工程與科學問題上的數學，不論是設計雷達天線系統、決定人造衛星的位置和軌道、工廠的存貨管理、設計電機系統、做化學研究、或是處理難解的理論物理模型，事實上用的都是舊數學，都是一九二〇年代以前發展出來的數學工具。

此外，很多非常先進領域的數學，都不是數學家獨自發展出來的。以理論物理爲例，有許多數學工具是理論物理學家和數學家共同合作發展成功的。其他領域也一樣，那些使用數學的人，總是費盡心思，發展出更新的方式或更適當的形式來使用。近些年來（就說是一九二〇年代以後吧），純數學家已偏離應用很遠了，只專注於數和線的基本定義，以及各個不同數學分支之間的邏輯關係。從一九二〇年代之後，數學在這方面有很大的進展，但在應用數學或有實際用途的數學上，發展就相對減緩了許多。

有了問題，接下來該怎麼辦？

我認爲我們應該努力找出新的數學課本和新的教學方式，使學生更容易瞭解那些用在工程、科學或其他領域的數學，並且學會怎麼應用數學。基本上，就是讓數學的學習變得更有趣，讓學生養成正確的思考模式和態度，掌握到分析事理的精神。

這裡，最主要的改變是必須移除老數學課本裡那種僵化的思考方式，必須在解答問題的過程中，允許學生的心智可以自在活動、自由思考。如果以老方法來教育孩子，那麼放入任何新單元到課本裡來，都沒什麼實際的用處。若要很成功的使用數學，必須有正確的心態。要知道，任何問題都有許多方式可以解決，任何事務也都是一樣的。

對於某個確定的問題，你需要有個答案。問題是：要怎樣得到這個答案？那些能成功運用數學的人，一碰到問題的時候，總是會嘗試各種新方法去得到答案。就算有些時候，已經存在某些求出答案的方法，他還是願意以自己的方式去尋求答案。不管是新方法或老方法，重要的是針對問題，找出能得到正確答案的方法。他問自己的問題並不是：「什麼是解決這個問題的正確方法？」他需要問的，是答案正不正確。

這就像刑事案的偵辦，搜尋到犯罪現場的若干線索之後，首先會假設嫌犯大約是什麼樣子，再看看哪些人最符合這些線索，最可能是嫌犯。當偵辦人員最後找到真正的罪犯時，應該會發現所有的線索都是吻合的。

黑貓白貓，能抓到老鼠的就是好貓

要獲得一個問題的答案，什麼是最好的方法？答案是：任何能得到正確答案的方法，都是最好的方法。因此，我們要的數學課本，並不是只教學生一種可以解答所有問題的絕招，而是教他們，問題是什麼，然後讓學生有比較大的自由度去尋找答案。但是，正確的答案當然只有一個，不能任意選擇。也就是說，有很多方式可以計算出 15 + 17 的答案（或者可說成 17 + 15），但正確的答案只有一個。

以往的數學教育，都只教學生一種標準的算術問題解法，並沒有教學生自由思考。事實上，一個問題可以有好多種寫法，思考問題也有許多可能的方式，解決問題也有許多可行的辦法。

這種「沒有標準解法，只有正確答案」的想法，不只是數學使用者的心態，其實也是創造力十足的純數學家的心態。雖然純數學家寫的論文，只是展示他完成了某種邏輯推理，證明了某項結論是正確的，裡面並沒有寫出他原先怎麼去做猜測，或動手之前思考過哪些可能的證明途徑；但是，要完成證明，他也需要同樣的靈活心思，不願墨守成規。

我並不是純數學家，爲了找一個例子來證實我的觀點，我特地從書架上找出一本純數學家寫的書。這本書叫《代數架構下的實數系統》，作者是羅伯茨（J. B. Roberts）。我在書裡很快就找到一段能夠佐證的話：「數學思考的方式是推測與驗證，沒有固定的步驟可以遵循。我們試試這個，試試那個，猜猜這個，猜猜那個，設法把得到的結果推而廣之，使證明容易些。我們試一些特例，看看會不會靈光一閃，得到啓示或直覺。最後，就得到證明了。誰曉得是怎麼回事！」

因此，你們看到所謂的數學思考方式，不管是純數學或應用數學，都是自由的、直覺式的。這也是我們希望在孩子剛學習數學的階段，介紹給他們的東西。我們相信，這不但是一種比較好的數學訓練方式，也可以讓學生覺得數學是很有趣的東西，學起來很容易。

爲了讓我們的討論不要那麼抽象，我可以給大家一個具體的範例。我從現在小學一年級和二年級的課本裡，舉些例子來說明。我們就以加法爲例。

假設小孩子都學過怎麼樣數東西，因此經過一陣子的練習之後，就很會數東西。現在，我們想要教小朋友加法。假設有個小朋友很會數數字，可以數到五十或一百。他能不能馬上解決 17 + 15 = 32 這類問題呢？假設班上有17個男孩和15個女孩，那麼班上一共有幾個孩子？這種問題不必以很抽象的加法形式來呈現，只要簡單的數一數男孩的人數，再數一數女孩的人數，然後數一數全班同學的總人數就行了。最後，我們可以把結果歸納出來：17個男孩加15個女孩等於32個小孩。

這個方法可以用在任意兩個整數的加法。但是如果待相加的數目很大，這方法就顯得很慢、很麻煩。如果問題裡有很多待相加的數字，那就更不方便了。另外有一個類似的方法，就是利用一組固定的數目，例如手指頭的數目來協助計算。還一個方法就是在頭腦裡心算，例如，經過一小段練習之後，小孩子可能自己學會 6 + 3 是多少，他會在心裡數著7、8、9，答案是9。也有一種更實際的方法，就是死背一些數字的組合，例如 3 + 6 = 9。如果這個組合經常出現的話，只要看一眼，不必算就知道答案。

計算很大的數目，例如有多少枚硬幣，你可以把它簡化，一組一組的計算，而不必一枚一枚去計算。你可以把五元硬幣兩兩疊在一起，把十枚一元硬幣也疊成一堆一堆的，如此每一堆都是十元，再看看有多少堆，最後加上剩下來的不成堆的硬幣有多少枚，就是答案了。這種計算方式，比起把硬幣的面額一枚一枚的加起來，容易得多。

另一種做加法的方法，是利用一條直線，上面標著數字，或者利用一張類似月曆的表，上面寫著一連串的數字。當你要處理 3 + 19 這種問題時，你從19開始，往後數三個，就得到22。如果這些數字都用一個點來代表，等間距排成一列，就是所謂的「數線」了，這是以後瞭解分數和度量的重要工具。像直尺或溫度計，只是沿著尺的邊緣畫上數線而已。因此把數字標在一條直線上，不但是學習加法的一種方法，也是瞭解其他數字形式的方法。

（順便在這裡提一下：在基礎階段還有一個特殊技巧，就是利用配對法，去決定哪個數字比較大，而不必眞正去數。因爲比較多的那一個，會有東西多餘出來。這也是當初比較不同氣體的分子數所用的方法。）

加法，古早的呆板做法

在老課本裡，加法是以一成不變的方式來處理的，沒有任何可以變換的技巧或把戲。首先，我們利用書上畫的鴨子，學習簡單的加法。5隻鴨子和3隻鴨子一起游泳，總共是8隻鴨子……等等。這當然是一種令人滿意的方法。接著，這些數目就給記住了，這也是可以接受的。最後，如果數目大於10，就必須用到完全不同的技巧了。在這種技巧裡，首先解釋比10大的數字要怎麼寫，接著介紹兩位數字的加法規則。先不教進位，因爲進位太複雜了，三年級才會介紹進位的技巧。

老教材令人不滿意之處，並不是它們教加法的方法不好。這些方法都很好，都可接受。問題是，這些課本允許老師和學生使用的方法太少了，只允許一套標準做法。

舉個例子，對老教材來說，29 + 3 就不是正統的一、二年級的算術問題。他們不會在小學低年級教這題，因爲這個年級的學生不瞭解進位技巧，沒辦法解答這題。但是，如果你眞的瞭解加法的意義是什麼，在學會了數數目之後不久，應該就能處理這個問題了。一年級的學生都行，只要連續數三個數目：30、31、32，就得到正確答案了。

當然，這個算法慢吞吞的。但是如果沒有其他可用的方法，那麼這個方法不失爲一種有效的算法，應該允許使用。它應該是小朋友想像得到的方法。小朋友漸漸長大之後，自然會再學到其他更有效率的方法。其實，把3和6加起來，與把3和29加起來，沒什麼不同。當我們年紀變大之後，唯一不同的是，我們會使用更有效率的方法來解決問題。

千萬不要限定標準解法

瞭解兩個數字相加的意義之後，也就是相加的意義是什麼以及如何相加，則上面所提的那兩個問題（3 + 6與3 + 29）其實沒有什麼不同。因此，傳統教科書所用的唯一標準方法是不對的。這個傳統加法告訴學生：當數字很小的時候，背下來套用；當數字很大的時候，則把它們上下對齊排好，一次加一行數字，而且不用擔心會碰到進位問題。這種做法對於小學前兩年的數學學習，限制太多了。違反「沒有標準解法，只有正確答案」的解題理念。

爲了發展出孩子們日後需要的正確解題心態，我們應該給予他們很多不同的數學經驗。加法並不一定非要某種標準形式不可。舉例來說，17加15爲什麼非要把17和15上下排在一起，然後在底下劃一條線，然後在線的下面寫出32來？沒有什麼理由非這麼做不可。另一種方式 17 + □ = 32，留下一個待解答的空位，其實是相同的問題，只是提問的方式不同而已。我們應該讓一年級的小朋友，學習找出某種方法來得到問題的答案。這類問題，在他長大做工程師的時候，都必須時時面對。我的意思並不是說，要他提早學習減法。我的意思是他必須瞭解，這只是老問題的另一種形式。這個問題是要以任何方法找出空格裡的數字，但是當空格填上數字的時候，答案必須是正確的。

在工程或物理上，我們通常對於怎麼得到空格裡的數字是15，並不感興趣。我們只要知道最後得到的這個15，放入空格之後，能使得 17 + 15 = 32 是正確的就行了。（只有當這種問題以前從來沒有出現過，沒人知道該怎麼做的時候，我們才會對「15是怎麼得到的」感興趣。或者是這種問題似乎一再出現，我們需要發展出一套更有效的新技術來處理它，那我們對方法本身才會加以研究——也就是研究「15是怎麼得來的」。）

因此，17 + □ = 32 這種問題，是應用數學最常碰到的形式。學生必須以任何可用的方法，找出一個可以塡入空格的數字，使答案是正確的。這種訓練在孩子很小的時候就應該開始，就算是一年級也無妨。讓小孩子有一種自由，去嘗試任何可以得到答案的方法。但是答案當然必須是正確的，你在最後，都應該檢查你得到的結果是否正確。

讓學生有思考的自由

我們應該給予學生思考的自由。我這裡再舉一個例子，它的情況更複雜些。假設有個未知數，它的兩倍加3是9，那這個未知數是什麼？這當然是代數問題，而且有很明確的規則可解答這一類的問題：你先把等號兩邊的數字減3，然後再除以2，就是答案。但是，世界上可以用明確的規則來求解的代數方程式，其實是很少見的。

另外一種方法是試著把不同的數字塡入空格，直到找出正確的答案爲止。這個方法在孩子還很小的時候，就應該教他。換句話說，問題應該要以不同的形式來呈現；而且應該允許孩子去猜測答案，允許他們以自己喜歡的方式去嘗試，而不是只能以記誦標準步驟的方式來解題。當然，孩子的解題嘗試與學習經驗逐漸增多之後，自然會記住那些加減乘除的明確規則，因爲那樣的解題效率比較高。

其實到了更高等的工程領域，當我們必須面對更複雜的代數方程式時，唯一可用的方法只有嘗試代入不同的數字。這是一種非常強而有力的基本方法，但是學生往往在很遲的階段才學到，甚至是當了工程師之後才知道。那些老式教學方式，就是每種問題只有一種標準解法，其實只能解決最簡單的問題。然而更複雜的問題，事實上並沒有標準解法。解決複雜代數方程式最好的方法，就是試誤法（trial and error）。

另有一種含有很大自由度的練習，就是猜測規則。這類問題以後還會以更複雜的形式出現。我現在舉一個很簡單的例子，那也是工程和科學上的典型問題，就是：在1, 4, 7, 10, 13, ⋯的數列裡，產生數字的規則是什麼？問題的答案可以有很多不同的求法：第一種是每個數字都是前一個數字加3，另一種是第n項的數字是3n + 1。

數學教育的成敗關鍵，在於讓學生有各種各樣的數學經驗，而不是要學生對於所有問題都只能用一種受到嚴格限制的標準方法來處理。我再強調一次，我這不是在質疑教學技巧對不對，重點也不在於讓老師日後更容易教算術（雖然就我所知，確實會這樣）；而是我們會教給學生一種有意義的新主題，一種面對數字和方程式的新態度。這種新態度是學生日後碰到數學應用問題時，可以成功求得解答的正確態度。

我所講的，當然也不是「以新方法來教舊主題」這麼簡單。例如，我們建議在低年級就教一些不是10進位的數字系統。這除了可以顯示數學世界的廣闊和自由，也能幫助學生更深入認識算術進位規則背後的理由。如果多了這種教材，有些學生可能會很喜歡，多學到一些算術運算的道理。但一定也會有些反應較慢的學生，無法掌握不同的進位制，這時候教他們練習把一個數字由10進位制變成5進位制或12進位制，是毫無意義的。教師反而應該讓他們多做一些10進位制的算術練習。也就是說，教師應該因材施教。

術語不等於知識

當我們考慮孩子們應該學會哪些用語和定義時，應該特別注意，不要只教孩子記下一些用語而已。我們教孩子某些術語時，可能只讓孩子有一種知識的幻覺（這些名詞聽在一般人耳裡，並不太自然），而沒有教他們這些名詞究竟代表什麼意義或想法。老教科書就充滿這類沒有實質意義的名詞——書裡很仔細而精確的定義了純數學家使用的艱澀名詞，事實上，除了純數學家之外，根本沒有人用得著。

其次，我們敘述這些名詞的文字和方式，應該儘量接近日常語言。或者至少，所用文字的意義應該和一般口語的意義相同。最起碼，要和科學界或工程界使用的數學語言相同。

我們以幾何學爲例。在幾何課裡，必須學習很多新名詞。例如，學生必須知道什麼是三角形、正方形、圓、直線、角或曲線。但學生不應該只是學到這些名詞，學生至少必須知道這些名詞所代表的究竟是什麼東西，或者什麼概念，例如：不同幾何形狀的面積、某個圖形和另一個圖形之間有什麼關係、如何度量角度、三角形的三個內角和可能是180°、畢氏定理可能是怎麼回事、判別是不是全等三角形的規則有什麼道理等等。

至於哪些幾何主題比較重要，應該列入課程內？這應由那些編課本的人來決定，他們比較有這方面的經驗。我並不打算在這裡建議，哪些東西應該包括進來，哪些不必。我想說的只是，如果編課本的人決定要把哪個幾何主題包括進來，就應該把這個圖形的適當知識都涵蓋進來，而不要只有很空洞的名詞和術語。

有些書用了很多篇幅去定義一些特殊的東西，例如：封閉曲線、開放曲線、封閉區域、開放區域等等。但其實只教給學生：一條直線可以把平面分成兩部分。在這些幾何單元的最後，編者總會長篇大論的自吹自擂，說自己教了多少幾何知識，或學生又多學了哪些東西。我常常覺得，這些課本教的新名詞雖然很多，但學生學到的知識其實很少。這些課本是完全不合格的。

不僅如此，有些書使用的字眼非常怪異，都是純數學家才會用的術語。我認爲這完全不必要。學到這些新名詞的學生，如果長大以後眞的成爲純數學家，那麼他和別的數學家討論幾何基本觀念時，或許可以很容易溝通。但其實現在還不急著教小學生這些東西；學生長大以後，在適當的機會自然學得到這些新名詞。很多家長反對新數學，其實只是因爲在家裡聽到孩子說直線是一種曲線，覺得是學校把自己的孩子給教笨了。我們其實不必讓家庭裡出現這種學術辯論。

清晰的語言才重要

談論新數學的時候，還有一種和語言有關的意見，就是對所謂「精確的（precise）語言」究竟價值何在。大家有過熱烈的討論。譬如，要不要仔細區分「數字」和「數值」的不同，或者符號和它所代表的實體的差異。

其實眞正的問題不在於精確的語言；我們日常說話的方式可沒有太精確。問題在於清晰的（clear）語言。要有清晰的語言，才能和別人清楚溝通某個觀念。只有當某個用字遣詞，聽的人對它認知不同而造成疑惑的時候，精確的描述才有必要；而且只需要針對有疑惑的地方再做一次精確的描述，就夠了。要把任何事情都敘述得絕對精確，根本是不可能的事；除非這件事是完全抽象的，和現實世界沒有任何關聯，也不代表任何實際的東西。

純數學就是很抽象的東西，和現實世界沒什麼關聯。因此，純數學自有一套非常精確的語言，來處理自己的專門主題。但如果你處理的是我們現實世界的事，這套所謂精確的語言就不再有什麼意義了。除非有什麼東西非要如此仔細區分不可，否則使用這種精確的語言，根本是牛頭不對馬嘴。

舉例來說，有一本教科書很迂腐的指出，一個球的圖像和球體本身，是不一樣的。我很懷疑，如果沒有這樣刻意強調，小孩子會笨到連這點都搞不清楚。那本書很彆扭的強調「把球的圖像塗上紅色」，而我們一般只消寫說「把球塗上紅色」，就懂意思了。因此，故意強調這類所謂的精確，完全是不必要的。而且「把球的圖像塗上紅色」的說法，有時候反而會構成另一種困擾。因爲一個球的圖像，除了畫出球體本身之外，還包括球的背景。我們是要把整張圖畫都塗成紅色呢？還是只把畫裡的球塗成紅色？「把球的圖像塗成紅色」這種所謂精確的說法，眞是畫蛇添足。

雖然上面這個例子似乎是小事一樁，但是這種強調精確敘述的毛病，確實是以往教科書的通病。我曾在一年級的課本裡，發現這樣的敘述：「檢查棒棒糖集合裏的個數，與女孩子集合裡的個數是不是相同。」一件很簡單的事，居然也可以講得這樣複雜，眞是不可思議。

家長對這種文字敘述，一定會驚駭不已。這種敘述方式，難道眞的比「看看棒棒糖夠不夠分給所有的女孩子」精確得多嗎？我看未必。後面這種說法，每個小孩子都能瞭解，父母也一樣。放進原先那種繞口令式的文句，實在完全不必要。那種奇怪的說法只有一小撮純數學家在使用而已。專業領域內的人用來討論專業事務的術語，不應該放在小學課本裡。一般人從這些專業語言裡，是學不到什麼學問的。

我們要學會的，是語言敘述所要表達的觀念，而不是語言本身。等到眞的有必要很細緻去區分時，再學那種專門語言也不遲。現在這個時候，清晰的語言是最需要的。

我認爲一年級到八年級課本裡的問題陳述，都要讓任何正常的大人看得懂。也就是說，它在問什麼東西，應該是人人都要讀得明白的。或許不是每個大人都解得出每一道題目，也許他們已經忘了自己學過的那些算術規則與技巧，或許他們也不知道1/3的1/4的2/3是多少；但至少應該知道這個問題問的，是某些數字的乘積。

把專門語言放進小學課本裡之後，一般家長（包含那些受過高等教育的工程師）會誤以爲孩子學習的，是另外一種數學主題，他們可沒辦法協助孩子，瞭解課本到底在說些什麼。而這種不瞭解，根本沒有任何益處。放著很好用的日常語言不用，反倒去用那些冷門語言，到底是爲了什麼？是要賣弄學問嗎？講大白話大家都能瞭解，而且意思的表達相當清晰——通常比專業術語清晰多了。

每個主題都必須有實例支撐

我認爲哪些主題該選入教科書，必須再做一番篩選。篩選的方式是：有沒有日常生活的實例可以支撐這個主題？編書的人要把某個主題選入教科書，理由必須非常充分。這個主題的實用性，它和我們周遭世界的關聯，對學生來說都必須很明確。

我就以「集合論」這個主題爲例。幾乎所有的教科書都有討論集合的章節，但集合論裡的東西在其他章節卻從來都用不上。而且也沒有任何解釋，說集合的觀念到底有什麼特殊意義或特別的用途。唯一的說法是：「集合是一種相當普遍的觀念。」事實上，這個說法是對的。但集合的觀念既然這麼普遍，課本裡必須仔細討論，爲什麼完全沒有用到呢？

集合是一個新名詞，有新定義，可是課本從頭到尾，都沒有舉出一件實例來說明。我姑且幫忙舉個例子好了：有一位動物園管理員，要他的助手把生病的蜥蜴從籠子裡移出來。他命令助手：「把所有動物的集合與所有蜥蜴集合的交集，以及生病蜥蜴集合的交集，移出籠子外。」這是很精確的集合論語言，但意思只不過是：「把生病的蜥蜴移出籠子！」

現實生活中，當然有用到集合論的交集概念的地方。例如中國共產黨員，是中國人與共產黨員的交集；東德難民營兒童，是東德難民營裡的人與兒童的交集。但一般人是不會這樣陳述事情的，而且，不這樣陳述也不曾帶來任何不便。即使身在科學圈、工程圈或其他專門領域裡，我們也永遠不會像動物園管理員那樣陳述事情。

如果你喜歡，當然可以說：「答案是個小於9、大於6的整數。」但沒必要說成：「答案是一個數的集合，而這個集合是大於6的整數集合與小於9的整數集合的交集。」

如果你仔細研究過小學數學課本，可能會很驚訝的發現，有些課本是用》與《這兩個符號，來代表集合的聯集與交集。但是這種集合符號幾乎從未出現在數學以外的領域，不管是理論物理、工程、商業數學、電腦程式設計或其他使用數學的地方。我覺得在學校裡，沒有必要教這些東西，也沒有必要做解釋。它不是一種有用的表達方式，也不是一種簡潔有力的表達方式。雖然它號稱很精確，但我看不出精確的目的何在。

讓「新」數學更有價值

在新數學裡，我主張，首先要讓學生有思考的自由。其次，我們不要只教一堆不切實際的名詞。第三，要介紹哪些主題，必須想清楚目的和理由，或說明怎麼利用它去發現一些更有趣的東西。如果不是這樣的內容，我認爲就不值得要學生去學習。

附錄六

兩個尋找夸克的人

※本文是《紐約時報雜誌》一九六七年十月八日的一篇報導，作者是艾德生（Lee Edson）。費曼曾寫信給雜誌編輯（見第380頁），強調功勞應歸給葛爾曼（見第137頁）。

過去幾年，全世界都在搜尋一種難以捉摸的獵物，叫夸克（quark）。這不是愛麗絲漫遊的奇境，而是眞眞實實的世界。獵人都是世界頂尖的物理學家。獵場則是上窮碧落下黃泉，從大氣層的高空到海底，乃至深入原子撞擊機的內部。密西根大學的一位研究人員甚至把牡蠣磨成粉來搜尋，理由是：牡蠣幾乎什麼東西都吃，有可能吃到夸克。

儘管如此煞費苦心搜尋，但夸克就像卡羅（Lewis Carroll, 1832-1898，著有《愛麗絲漫遊奇境》、《獵殺蛇鯊》）筆下的蛇鯊一樣，還是杳無蹤跡。這是有理由的，根據現代理論物理學的說法，如果夸克眞是存在的話，它將是宇宙最簡單的粒子，幾乎所有的其他東西都是由夸克構成的。

就算找到這種令人難以置信的幽靈似的物質，夸克也不會讓我們做出什麼超級炸彈。我們從大自然發現到的嶄新基本事實，能帶來什麼益處，完全和人類使用的方式有關，既可以用於戰爭，也可以用於和平。但對夸克而言，即使我們找到了，相信在數年之內也不會有什麼明確的用途。不過對物理學家來說，發現夸克這件事，比發現任何自然科學在日常生活上的應用，還要崇高得多。從夸克，我們立刻可瞭解整個宇宙物質的基本結構，使失落的環節重新浮現。

一時瑜亮

在追尋夸克的隊伍裡，有兩位加州理工學院的物理學家最受眾人矚目，就是葛爾曼和費曼。兩人各自擁有一大把的榮耀。費曼由於詮釋了次原子世界的某些奇妙機制，得到一九六五年的諾貝爾物理獎。很多物理學家都認為，葛爾曼日後也會得諾貝爾獎（注：葛爾曼於一九六九年獲獎）。有位加州的物理學家稱這兩人是「今日理論物理學界最炙手可熱的人物」。

是什麼特質使這兩人能在高能物理圈內，散發出光和熱呢？應該是過人的天賦加上靈活的心思。以夸克的搜尋為例，葛爾曼回憶說：「狄克和我探索了理論物理的某些方向。我們建構了一個新理論，大家都很興奮，因此提出一些新名詞要為這個新想法命名。後來物理界還冒出一些很瘋狂的名詞。這個新理論和三種一組的新粒子有關，有了正確的特徵描述後，我們還必須給個名字。我首先想到的是司魁克（squeak）和司夸克（squark），後來就變成夸克（quark）。當這個名字脫口而出的時候，我們都很喜歡。出乎我意料之外的，我發現在喬哀思（James Joyce, 1882-1941）的小說《芬尼根守靈夜》裡，居然有『三種夸克』的字眼。這個名字眞是再恰當不過了。」

當然，葛爾曼可以拒絕使用夸克這個名字，而使用較常用、聽起來較高檔的，以「子」（-on）做結尾的字，就像電子（electron）、中子（neutron）。或者像另一位加州理工的物理學家褚威格（George Zweig）所建議的，用一、二、三的字尾來命名。褚威格在基本粒子特性的研究上，也得到類似的結論。但葛爾曼承認自己有點淘氣，直接把「夸克」這名字給發表出來。他笑著說：「或許可以讓斯諾（見第241頁）在兩種文化上搭座橋。」

葛爾曼和費曼號稱他們是一起各自工作。這種合作方式在近代物理領域是很獨特的。研究圈子向來以沉默內向著稱，但他們都擁有某種魅力，能吸引眾多學生和科學家到加州理工學院來，使得校園又恢復了歐本海默（見第137頁）時代的盛況。他們兩人所做的演講，總是座無虛席，很多資深教授都會跑來聽。費曼得到諾貝爾獎之後，有位大二的學生爲了慶祝，居然把費曼的照片貼在「最後的晚餐」畫中的耶穌頭上。可見費曼在學生心目中的地位。

雖然他們兩人的才智和影響力在伯仲之間、難分軒輊，但表現出來的方式卻大不相同。費曼現年四十九歲，身材瘦長、滿頭黑髮、精力充沛，正擔心是不是會給拱進政治圈。他是天生的表演人才，肢體語言非常豐富，演說簡潔有力，用詞通常不加修飾。他說：「我喜歡以不一樣的方式來講一個東西。」他的手勢和聲調，引人注目，而姿態優雅，不輸舞台上的動人美女。

費曼對民眾演說的時候，偶爾會利用聲光效果，讓整個舞台籠罩在彩虹般的光線裡。「爲什麼要在小小的三稜鏡裡看彩虹？那對一般人太辛苦了。」他說：「大自然太有趣了，不應該讓它縮在小小的角落裡。」但通常他是不需要這些道具的。他的演說素材實在相當可觀，只要老老實實的表達出來（事實上，費曼每回演講都是如此），熱情總是能感動每一位聽眾。有位老同事表示：「費曼的演講我一定不會錯過，因爲絕對會有意外的收穫。」

葛爾曼的風格雖然沒有費曼這麼耀眼，但自有一股不同的吸引力。他比費曼小十一歲，圓圓的臉，戴個眼鏡，乍看之下很像鄰居那個開小雜貨店的人。但是在教室裡，他的講課清晰流暢，非常迷人，透露出學識淵博的氣度。而且他在小團體裡，的確是非常特出的。如果說費曼像個超級巨星，在大舞台上會發光發熱，感染全場聽眾；葛爾曼就比較適合稍小的場合，例如和一群研究生做深入的對談與討論，雙方有比較親密的互動。就像歐本海默那樣，葛爾曼喜歡和少數獻身科學的追隨者相處。他經常表示，在課堂上對學生授課，是最基本、最重要的教育方式。

儘管兩人的個性有很大的差異，他們卻合作得很不錯。根據朋友們的描述，兩人其實經常大聲爭辯，但吵過之後，各自都會得到一些靈感或啓發，彼此對問題更加瞭解，工作馬上得到快速的進展。

但這種合作關係差一點就中斷掉。幾年前葛爾曼爲了某些理由，曾認眞考慮要離開費曼和加州理工學院，轉到哈佛大學去。根據物理學家圈子的八卦消息，哈佛幾乎答應他所有的條件，只除了一項，就是把物理研究所改名爲葛爾曼研究所，因此他最後沒有離開。

從那次事件之後，兩個人之間的關係就平順多了。但私底下仍然免不了一番較勁。葛爾曼的太太瑪格麗特就爆料說：「狄克常常打電話來，問葛爾曼在做什麼。如果我告訴他葛爾曼在花園裡除草，他就會安心的在家休息。但如果我告訴他葛爾曼在書房裡用功，狄克就神經緊張，立刻想追趕上來。」

費曼在數年前娶了一位英國女孩（他的第三任妻子）之後，曾經打電話給葛爾曼，說：「我仔細觀察了一下，什麼是你有而我還沒有的。我發現你有個英國太太和一隻黃金獵犬。因此，我也想辦法把這兩樣弄到手。」

不過，這兩個人有一項共同的特質，就是有一種非凡的本領，可以把物理弄得很清晰易懂、非常浪漫——就某種程度來說，物理學家的世界，的確有羅曼蒂克的味道。物理學家社群有一種接力關係：理論物理學家就像是潛力無窮的小男孩，跑第一棒；在他之後，就是實驗物理學家、實驗室的工作人員；再下來就是工程師和應用物理學家，譬如製造出聲納、火箭和氫彈的人。

追蹤粒子的軌跡

現在，理論物理成爲科學界關注的焦點，是最尖端的研究領域。這是因爲它正處在一個重大突破的關口。長久以來，幾乎每個孩子都在問的問題「物質是由什麼構成的？」眼看就快要有答案了。我們是不是終於發現構成所有物質的基本單元？不管是一張桌子、一個人或我們的宇宙，都是由同樣的單元構成的。或者我們還沒有找到這個基本單元，還必須去找尋更小、更小的單元，必須往這個無底洞裡繼續鑽？

要回答這個問題，我們必須回溯到人類文明初始的一種哲學想法，就是我們這個世界，包括周圍的所有東西，都是由某種簡單的東西構成的。因此，老是有科學家在找尋這個基本單元，就像生物的細胞或基因。西元前五世紀，希臘哲學家德謨克利圖斯（Democritus）就主張，構成物質的最小單位叫「原子」（希臘文的原子，有不可分割的意思）。這個觀念撐了兩千年之久。

在十九世紀，科學家終於發現，原子還不是構成物質的最小單位。原子的中心有個核，叫原子核，電子在外面繞著原子核旋轉，就像行星繞著太陽旋轉那樣。接下來的二十世紀，科學家的焦點都集中在原子核上，很快就發現到它並不單純。原子核是由更小的核子組成的，有中子和質子。而把核子固著在原子核裡的，是一種很強的力。這種力可能是宇宙中最強的一種作用力。因此多年以來，科學家都在問：「把核子膠住，形成原子核的這種強交互作用，到底是怎麼回事？」

一九三五年，日本物理學家湯川秀樹（Hideki Yukawa, 1907-1981，一九四九年諾貝爾物理獎得主）首先提出一種合理的猜想。他認爲原子核裡除了質子和中子之外，應該還有一種粒子，叫介子（meson），擔任力的載子。就像橄欖球在球員之間傳來傳去那樣，介子也在質子和中子之間傳來傳去，結果把質子和中子拉攏在一起。兩年之後，加州理工學院的安德生博士（見第641頁）發現了一種新粒子，他認爲可能就是湯川秀樹所推想的載子。物理學家都雀躍不已，大家都認爲事情好像又變得井然有序了。但後來大家卻發現，這個新粒子的特性並不符合物理定律所預測的數值。它的出現，反而使相關理論亂成一堆。弄得哥倫比亞大學的物理學家拉比（見第137頁）曾經絕望的振臂高呼：「誰需要這個新粒子？」

物理學家又花了五年功夫，才搞清楚這個新粒子並不是湯川秀樹理論裡的介子，而是另一種不相干的粒子，叫緲子（muon）。第二次世界大戰之後，原子撞擊機愈做愈大，功能也愈強，實驗物理學家先後發現了好幾種介子，其中包括湯川秀樹建議的介子。這對於瞭解所謂的強交互作用，有很大的進展。強交互作用很重要，但是我們日常生活中唯一能感受到它的影響力的，大概只有原子彈了。

拜原子撞擊機之賜，科學家發現了各種新而怪異的粒子。這些粒子的質量都是由動能轉化來的，絕大部分壽命都很短，大約只有數十億分之一秒而已。因此，幾乎是不可能捕捉到的。但這些粒子出現過的軌跡，會在底片上留下來，我們就能研究了。這些新粒子的出現，產生了一連串的新問題，例如：它們是怎麼蛻變的？它們之間有複雜的結構關係嗎？

輝煌的一九五〇年代

一九五〇年代，有很多頂尖物理學家投身於這些困難的研究工作，費曼也是其中之一。費曼的興趣主要集中在一種令物理學家困擾多年的現象，就是放射性物質發射出快速電子的過程。這個過程稱為β衰變。這種β衰變讓物理學家覺得，原子核內除了有那種把質子和中子黏在一起的強交互作用之外，應該還有另外一種完全不同的作用力。費曼接受了這種想法的挑戰，結果也產生了革命性的發展。

一九五〇年代，物理學家還發現到另外一件事：這種新的力，後來叫「弱交互作用」的力，不只發生於β衰變而已，還出現在其他反應中。事實上，它和強交互作用，以及其他兩種科學家早已知道的力，即電磁力和重力，是有同等地位的。強交互作用我們在前面已經提過了，電磁力就是使電子圍繞著原子核旋轉的作用力，而重力是四種基本作用力當中最弱的一種。弱交互作用現在已經知道和許多怪異粒子的衰變有關，它比電磁力弱了約十萬倍，但顯然又比重力強很多。重力是如此的微弱，如果和強交互作用相比，相對強度會是一個分母有四十二個零的分數。這種比較關係讓費曼很開心，他說；「你看，大自然這麼美妙，居然做出這種相差了四十二個零的東西。」說這句話的時候，還興奮得舉起手來。

一九五〇年代還有一項重大的物理發展，就是推翻了一項大自然基本定律。長久以來，大家都認爲大自然是依循一組守恆律而運作的，包括人人都知道的能量守恆與質量守恆（或叫能量不滅、質量不滅），到比較少人知道的一些原子特性的守恆（可解釋質子的穩定性，以及某些怪異粒子在原子撞擊機裡創生的理由）。大家都認爲這些守恆律是永遠不會改變、放諸四海皆準的。

其中很重要的一項守恆律，是宇稱守恆（conservation of parity）。它的意思是這樣的：如果某個物體有鏡像存在，那麼這個鏡像會和物體本身一樣，遵守同樣的物理定律。爲了符合這個守恆律，次原子世界的粒子會以兩種不同方式之一存在。第一種方式是粒子和它的鏡像完全一樣，就像 MOM 這個字，不管是在眞實世界還是在鏡子裡，唸起來都一樣。第二種方式是可能有兩種粒子，一個是左手型，另一個是右手型，彼此互爲鏡像，就像 MAY 和 YAM 這兩個字的關係一樣。

由於強交互作用是遵守宇稱守恆律的，大家就認爲弱交互作用應該也遵守。但是涉及弱交互作用的原子撞擊實驗裡，卻發現完全不符的結果。有個粒子完全沒有這種宇稱守恆的鏡像，也就是沒有鏡像的 MOM。

它們會不會是以第二種方式存在，也就是有兩個互為鏡像的粒子，就像 MAY 和 YAM 那樣？但是在更進一步的實驗裡，並沒有發現這種情形；實驗的結果表示，其實還是只有一種粒子。因此，費曼和其他的物理學家，譬如實驗物理學家布洛克（Martin Block），忽然有個靈感：或許在這個特定的弱交互作用裡，宇稱是不守恆的。

這只是個預言式的建議。但是接著有兩位中國出生的物理學家，普林斯頓高等研究院的楊振寧和哥倫比亞大學的李政道，共同提出一篇劃時代的論文，認為所有的弱交互作用都不遵守宇稱守恆律。他們也提出實驗方法，希望實驗物理學家可以驗證他們的理論是否正確。他們兩人的直覺為自己贏得一九五七年的諾貝爾物理獎。而更重要的是，他們把核物理學給顛覆了。

費曼一生最興奮的事

從宇稱守恆的限制解脫出來之後，費曼和葛爾曼，還有蘇達襄（E. C. G. Sudarshan）和馬夏克（Robert E. Marshak）開始接受挑戰，想找出可以描述弱交互作用的理論。一九五七年，他們發展出一項理論，指出弱交互作用和粒子的某些特性有關，例如自旋方向。如今，大家都認為這理論增進了我們對原子核的瞭解，貢獻非同小可。

費曼說，這項理論的發現，是他一生中最興奮的事，比早年的研究工作還要興奮；儘管早年的工作替他弄到諾貝爾獎。費曼說：「得到諾貝爾獎，是因為我把一個大問題掃到地毯底下。但是這項工作，情況完全不同。我知道了大自然運作的方式，它是如此優雅，如此美麗，簡直是閃閃發光。」

這個新定律太漂亮了，馬上引來許多著名物理學家進行實驗。實驗結果卻不怎麼樣，使得這項理論一時顯得岌岌可危。但費曼不為所動，堅持一定是實驗有問題。後來果然證明他的堅持是對的。

葛爾曼得八正道

幾年之後，葛爾曼也有一個美妙的大發現，使他同樣經歷到這種動人心魄的刺激。隨著原子撞擊機的發展，科學家發現的基本粒子也愈來愈多。到了一九六二年，總數已經有上百個了。這些粒子大部分可以分成兩類，一類是輕子（lepton），是交互作用較弱的粒子，費曼稱它們為弱子（weaklies）；另一類則是強子（hadron）。舉例來說，電子和正子（帶正電荷的電子），緲子和微中子（neutrino）都屬於第一類。而中子、質子和π介子則屬於第二類。（更複雜的是，這些粒子都存在一個反粒子，除了攜帶相反的電荷之外，其他的物理特性都和正粒子是一樣的。當正、反粒子遭遇的時候，會互相湮滅而放出所有的能量。）

強子之下，還有一個比較小的類別。這類的粒子暫稱奇異粒子。這類粒子本來應該是很短命的，但不知什麼原因，它們卻相對來說算是很長壽。

此外，還有兩種很重要的粒子：一種叫光子（photon），它是電磁力的載子；另一種叫重力子（graviton），雖然還沒給發現，但應該是重力的載子。

爲了替這些由摸彩袋裡跑出來的粒子找出某些規則，葛爾曼介紹了兩個重要的觀念。第一個是早在一九五二年就發展出來的，稱爲奇異性（strangeness）的東西。就像夸克一樣，奇異性也找得到文學出處，這次是引用了英國哲學家培根（Francis Bacon, 1561-1626）的話：「如果沒有一定比例的奇異性，就不會有出色的美好。」

根據基本粒子蛻變階段的數目，每個粒子可以賦予不同數值的奇異性。如此就可以區分不同的粒子，就像中子和質子可以利用所帶的電荷來區分。〔葛爾曼後來才知道，日本東京有個科學家西島和彥（Kazuhiko Nishijima），幾乎和他同時，也以奇異性來爲粒子分類。〕有了這個工具，葛爾曼就試看看是否能把這些基本粒子排入一張秩序井然的表裡，就像十九世紀俄國化學家門得列夫（Dmitri Mendeleyev, 1834-1907）所做的元素週期表。

葛爾曼回想，自己和費曼試了許多形式，都沒成功。最後，有一種形式似乎有些眉目。基本粒子好像每八個或十個可以歸成一族，同族的粒子具有類似的奇異性、電荷，與質量、自旋等等的物理性質。就在葛爾曼進行這件事的時候，一位駐倫敦的以色列武官，名叫奈曼（Yuval Ne'eman），一面爲自己的國家採購軍火，一面爲自己準備博士論文，也同時在研究這個分類架構。

但是其中有一族粒子只有九個而不是十個，看起來並不完整。於是葛爾曼預測，應該還有一個基本粒子沒有發現，以及它應該擁有怎麼樣的特性，正好可以排入這一族。於是實驗物理學家接下這項任務，開始全面搜索這個尚未現身的粒子。

幾年之後，布魯克哈芬國家實驗室（Brookhaven National Laboratory）有一支三十三位科學家的研究團隊中了大獎。他們轟擊原子核，檢視了十萬張以上粒子交互作用軌跡的照片。其中有一張居然是這個懸賞的粒子軌跡，稍後命名為ω負粒子，壽命只有一百億分之一秒。它具有葛爾曼所預測的那些特性。不久，馬里蘭大學也證實這個粒子存在。最後，瑞士日內瓦的歐洲粒子物理研究中心（CERN）也證實ω負粒子的存在。

葛爾曼以自己豐富的文學素養，稱自己的基本粒子圖表為「八正道」（Eightfold Way）。這是借自佛家經典，「解脫生死輪迴的苦，通向涅槃解脫的正確修行方法，就是八正道：正見、正思惟、正語、正業、正命、正勤、正念、正定。」但一般科學家不像他這麼有禪思，通常把這個方法稱為SU—3理論，因為它是基於基本粒子三重態的對稱結構。

八正道像炸彈一樣震撼了物理界。葛爾曼偶爾還會為八正道圖表所揭露的大自然單純性感嘆不已。他曾問：「為什麼這麼簡單的美學標準老是這麼成功？難道只有物理學家能夠領略到嗎？」費曼回應說：「我認為只有一個答案，那就是：大自然本來就是非常美麗的。」

近來，一些物理學家想要超越這個八正道，再往前突破，解釋為什麼大自然會有這麼多如詩般美妙工整的基本粒子。哈佛大學的施溫格聲稱，已經發展了一個簡單的數學理論來解釋整件事。其他人，根據葛爾曼的說法，則正在建構一種夸克模型。在這個模型裡，中子和質子都是由三個夸克組成的，而每個夸克又有三種形式。

科學家為何這麼慎重的尋找夸克（雖然葛爾曼本人並不確定夸克存在）？那是因為根據理論，夸克並不會衰變成別的東西。因此，如果宇宙創生之初，真的造出夸克的話，它一定會存在什麼地方。

當然，並不是所有科學家都同意這種說法。加州大學柏克萊分校的丘氏（Geoffrey Chew）就以完全不同的方法來研究這個問題。他發展出一種很奇怪的理論，有人戲稱爲「拔靴帶理論」（bootstrap theory，正式名稱是「相生理論」）。這個理論認爲，並沒有所謂最基本的粒子存在，不論是叫夸克或其他什麼東西。交互作用強的粒子是彼此互相結合而成的，就像拔靴帶一樣。「乍看之下，這個理論和我們的夸克模型好像有很大的矛盾，」葛爾曼說：「其實它們很可能是相容的，甚至都是正確的。尤其是，如果夸克最後很可能證實爲只是有用的數學虛擬之物，而不是實質的物質構成單元，那這兩種理論當然可以並存，不相矛盾。」

加州理工的兩塊招牌

雖然葛爾曼和費曼都出生於紐約市的中產階級家庭，但兩人成爲理論物理學家的過程卻大不相同。費曼追憶自己的成長過程，幾乎每件事都受父親很大的影響。

費曼說：「小時候，父親帶我在樹林裡散步，總是指出一些東西給我看。而這些東西是我自己絕對不會注意到的。他告訴我，我們這個世界的情況，以及很久很久以前的世界是什麼樣子。他會拾起一片葉子，拿給我仔細看，說：『你看這片葉子，上面有條棕色的痕跡，有粗有細的，爲什麼？』我試著回答之後，父親會和我一起再檢視這片葉子，看看我的答案對不對。然後他會指出，這條線是一隻在樹葉上生活的蟲子造成的。然後進一步問我爲什麼？因爲牠要產卵，這些卵又孵化成新的昆蟲。

「父親告訴我，這個世界是連續而和諧的。他並不是任何事都知道，譬如他不知道那隻蟲子是八隻腳或一百隻腳。但是他顯然理解許多事情的道理，而我總是聽得興趣盎然。因爲到最後總是帶給我一陣狂喜——我又見識到大自然的奇妙所在。」

費曼很快就愛上自然科學，而且偶爾還會得到意料之外的助力。就讀法洛克衛高中的時候，費曼覺得課程內容枯燥無味，常常不專心聽課，又愛說話。老師嫌他太吵了，就塞給他一本書，叫他坐在教室後排安靜閱讀，並且告訴他說，「等到你把書裡面的東西全部弄懂之後，才可以再講話。」（見第284頁）

費曼說：「我因此學會了高等微積分。」大學時他進麻省理工學院，一九三九年光榮畢業，接著轉到普林斯頓大學念研究所。第二次世界大戰期間，他是羅沙拉摩斯的一個小主管，負責原子彈原料的理論計算。一九四五年七月，在三一角的首次原子彈試爆，他也在現場直接目擊。

費曼是個徹底的反權威者，這種特質倒是頗適合來鑽研大自然的基本定律。他很喜歡打森巴鼓，具有職業水準，在物理學家裡可能是前無古人；在諾貝爾獎得主當中，更是絕無僅有。三大冊的《費曼物理學講義》的前言，就收錄了一張他打森巴鼓的照片。

葛爾曼的業餘嗜好不像費曼那樣多采多姿，但是他非常博學廣聞。他太太曾在劍橋大學研究考古學。受到太太的影響，葛爾曼很喜歡到希臘或巴勒斯坦這些地方挖古物。他也是語言學專家，深研過好多種語言，包括非洲和中東的一些奇特方言。他說：「我喜歡多樣性，喜歡隱藏在多樣性背後的自然史。爲什麼有這麼多不同的語言？這麼多不同的鳥類？甚至這麼多不同的精神疾病？如果能找出它們背後的模式，是多麼有趣的事。」

葛爾曼的父親是個語文教師。他自己是天才兒童，十五歲就進了耶魯大學。會成為物理學家其實十分偶然。他回憶說：「我填大學申請表，其中有一項是未來希望的職業。我本來想填考古學，但父親反對。他認爲考古學無法養家活口，建議我改填工程。我不喜歡工程，就選了和工程很接近的物理。」

葛爾曼在麻省理工學院得到博士學位，之後轉到普林斯頓高等研究院追隨歐本海默。到了一九五四年，葛爾曼造訪加州理工學院，才和費曼碰在一起。他們只交談了一小陣子，就因爲一個笑話，逗得彼此大笑。葛爾曼回憶說，他到加州理工學院的重頭戲是隔天要接受院長面試。一九五五年，他以助理教授的身分進入加州理工學院，第二年就成爲正教授。

敬請期待……

最近幾年，葛爾曼和一些頂尖的物理學家多方奔走，竭力鼓吹建造世界最強大的原子撞擊機，可產生兩千億電子伏特的能量。這個設施預備建在伊利諾州的威斯頓（Weston），預算爲兩億美元。葛爾曼認爲，這個計畫可讓美國保有粒子物理研究的優勢，是有絕對必要的。

「我認爲粒子物理正處於重要關頭，就像二十世紀初的原子物理一樣，」葛爾曼強調：「我們已經摸索出基本結構的輪廓，但還沒有整理出一套完善的理論，來詮釋強交互作用與弱交互作用。如果有了這個理論，我們就能瞭解每個事物底下眞正的道理。

「最近，普林斯頓的物理學家所做的實驗，顯示另有一個對稱律未必成立。這個對稱律原先公認是有效的，就像宇稱守恆在十年前也是無可置疑的一樣。有些理論物理學家就跑過頭了，他們臆測大自然還有第五種作用力。但是事情看來並非如此。現在雖然還沒有人知道違反對稱律的情況是如何發生的，但我認爲，我們已經走到重大發現的邊緣了。」

費曼的說法也差不多，但他用了一個「和火星人下西洋棋」的隱喻。他說：「如果你不知道下西洋棋的規則，而且只看到一部分的棋盤，你怎麼知道該怎麼下？一旦你知道所有的規則了，那麼在火星人下了一手之後，你知不知道火星人心裡在想什麼？

「物理最大的祕密，就是不知道哪裡可以找出所有的物理定律。但即使知道了所有物理定律，我們也不知道到底眞正發生過什麼事。我們會知道哪個棋子是『城堡』，其他各種棋子該怎麼走，我們也知道殘局是什麼狀況；可是就是無法推知這盤棋對手採取了什麼策略，也完全不清楚這整盤棋的過程。」費曼說：「我們從實驗物理學家那裡，得到很多資訊。實驗結果就像觀棋的人的說法。我們也試著分析這些資訊，甚至可以建議，做某些新實驗。不管怎樣，我們仍然在等待或期望大策略能夠浮現。到那時候，你我或許才能夠眞正瞭解，大自然是多麼奇妙。」

誌謝

這本書的完成要感謝很多人的協助。拉夫．雷頓（見第468頁）不斷提供一些很有價值的資料，還協助我把很多事情拼湊在一起。賽克斯（見第503頁）提供了許多寶貴的意見。還有葛雷易克（James Gleick，《混沌》作者，曾爲費曼作傳），提供幾封連我都不知道的信件。我欠這些人一份情。他們三人都寫過關於我父親的書，都採取高規格的標準。我眞的覺得自己只是站在一群巨人的肩膀上，坐享其成。尤其當我編輯這本書時，更是體會到成書不易，眞的要衷心感謝他們做過的努力。

我特別要感謝索恩（Kip S. Thorne）博士和福勞思齊（Steven C. Frautschi）博士，謝謝他們慷慨爲這本書付出的心血與時間。索恩博士改寫了本書的科學問題的表達方式，使技術性的信件變得可讀多了。我現在終於明白，他爲什麼是最受歡迎的好教師了。福勞思齊博士的功勞也不遑多讓，他替我寫好每一部開頭的科學背景說明。他根據很多殘缺、瑣碎的資料，拼湊出完整的敘述，我對他的技巧，佩服得五體投地。他們都是我父親在加州理工學院的老同事、老朋友。我明白他們對本書的貢獻，永遠感謝他們。

海倫（Helen Tuck）是我父親多年的祕書，告訴我很多和父親一起工作的趣事。我也很感謝琳達（Linda Bustos）和加州理工學院的公共關係部門，很快就把我要的父親檔案照片找出來給我。勒蓓爾（見第454頁）教授把她成爲加州理工學院第一位女性終身職教授的有趣背景故事告訴我。我還記得沃富仁博士（見第497頁）深夜到加州理工學院拜訪我父親，我還曾和他打招呼。我爸對沃富仁的印象非常深刻，覺得他是個辛勤工作、不知疲倦的人。沃富仁很大方的同意我登出他寫給我父親的信（見第571頁），還爲自己的信寫了注記。傅雷德金教授（見第416頁）也幫了很大的忙。我爸爸是他婚禮的男儐相。他後來把兒子取名理查，紀念我父親。他們兩人關係深厚，互相敬重。

多年以前，柯珂（Amanda Cook）小姐還在Basic Books出版公司工作的時候，就參與了這本書的出版事宜。後來她雖然轉到別家出版公司，仍然不忘對我提供許多寶貴的意見與看法，我十分感謝她。另外，芬斯坦（Ingrid Finstuen）和雷玻波特（Maria Rapoport）也一樣。在我找信件的原作者這件事上，哈特曼（Vanessa Hartmann）費了很多心，讓這些寫給我父親的信，能得到本人或後代同意刊登。有些信實在找不到當事人，我們就擬一個假名字來代替（有些比較尷尬的信件，也會用化名，以保護當事人）。赫斯塔德（Megan Hustad）是個知識淵博、工作勤奮、熱情感人又有很多點子的編輯，令人太佩服了，她是居中調和的關鍵人物。我也感謝我的經紀人傑克生（Melanie Jackson），多年來，他的意見讓我受用極多。

庫提納將軍（見第584頁）對挑戰者號太空梭的事故調查過程，記得非常清楚，他提供的許多細節，對這部分內容很有幫助。我也感謝戈特里布（Michael Gottlieb）在本書很關鍵的時刻，暫時保存這些信件，而且幫忙找出我父親現場目睹第一次原子彈試爆的證據。薩爾斯曼（Mark Salzman）花很多時間看書稿，給我一些很有價值的建議。我的好朋友李奇蒙（Cameron Richmond）也替我找到一些很難找到的原信作者。邦恩（Anita Bunn）則替我編排整理所有的照片。在此一併致上我的謝意。

感謝我哥哥卡爾，他給我無比的信心，讓我能完成這本書。我的阿姨和姨丈（Jacqueline and Eric Shaw）熱心協助我，把很多小細節拼湊起來。姑媽瓊恩（Joan Feynman）提供了不少父親早年的信件，我如獲至寶。另一位阿姨盧音（Frances Lewine）也幫了很多忙。表哥希爾斯伯格（Charles Hirshberg）是個開心果，也有很多睿智的提議。我也要感謝阿琳的兄弟葛林鮑姆夫婦（見第253頁），承他們的允許，公開阿琳的信件與照片。

在編輯這本書的過程裡，我先生全家也給我很大的支持。小叔帕布羅（Pablo Miralles）是個聰明又敏感的讀者，當我需要一些額外的意見時，總是找他。小姑布倫妲（Brenda Miralles）是個超級保母，常在我忙得不可開交的時候爲我帶孩子；我的公公和婆婆阿竇佛和瑪麗雅（Adolfo and Maria Miralles）也常來幫忙。

最後，我要感謝我的孩子，愛娃（Ava）和馬可（Marco），謝謝他們的耐心與諒解。也要感謝我先生狄亞哥（Diego），我永遠信賴他的判斷，當我凌晨坐在電腦桌旁，他總是在身邊陪伴我。他的協助和支持，永遠是我最大的依靠。

我感謝下面這些人，允許我公開他們或他們的親人寫給我父親的信：Henry Abarbanel,

Molly Anderson, Hans A. Bethe, Laurie M. Brown, Adrian M. Bronk, Steven Cahn, Nigel Calder, Robert Carneiro, Helen Choat, Lawrence Cranberg, Sir Francis Crick, Robert Coutts, Beulah E. Cox, Martin B. Einhorn, Debra Feynman, Tomas E. Firle, Betsy Holland Gehman, Michael H. Hart, Ben R. Hasty, Richard C. Hernry, Marka Oliver Hibbs, Heidi Houston, John A. Howard, Jon A. Johnsen, Vera Kistriakowsky, Julia Kornfield, Portia Parratt Kowolowski, Tina Levitan, Joan Thomas Newman, Thomas H. Newman, Clifford S. Mead, David Mermin, Mark Minguillon, Ken Olum, Leigh Palmer, Frank Potter, Ernest D. Riggsby, Tom Ritzinger, Irwin Shapiro, Jeff Stokes, Lewis H. Strauss, Paul Teller and Wendy Teller, Ilene Ungerleider, Vincent Van der Hyde, Jonathan Vos Post, Spencer Weart, Edwin J. Wesely, John A. Wheeler, Jack Williamson, Jane S. Wilson, J. G. Wolff, Stephen Wolfram.

國家圖書館出版品預行編目資料

費曼手札：不休止的鼓聲／理查・費曼（Richard P. Feynman）著；葉偉文譯. -- 第一版. -- 台北市：遠見天下文化出版；2005〔民94〕
面；　公分. --（科學文化；206）
譯自：Perfectly Reasonable Deviations From The Beaten Track：The Letters of Richard P. Feynman
ISBN 986-417-485-1（精裝）

1. 費曼（Feynman, Richard Phillips）－ 傳記
2. 物理學 － 美國 － 傳記

330.9952　　94007871

費曼手札

不休止的鼓聲

原　　著／理查·費曼
譯　　者／葉偉文
策 劃 群／林　和（總策劃）、牟中原、李國偉、周成功
總 編 輯／吳佩穎
編輯顧問／林榮崧
責任編輯／林榮崧、黃佩俐
封面構成／張議文
美術編輯／江儀玲

出 版 者／遠見天下文化出版股份有限公司
創 辦 人／高希均、王力行
遠見·天下文化 事業群榮譽董事長／高希均
遠見·天下文化 事業群董事長／王力行
天下文化社長／林天來
國際事務開發部兼版權中心總監／潘欣
法律顧問／理律法律事務所陳長文律師　　著作權顧問／魏啓翔律師
社　　址／台北市 104 松江路 93 巷 1 號 2 樓
電　　話／（02）2662-0012　　傳真／（02）2662-0007；2662-0009
電子信箱／ cwpc@cwgv.com.tw
直接郵撥帳號／ 1326703-6 號 遠見天下文化出版股份有限公司

電腦排版／極翔企業有限公司
製 版 廠／東豪印刷事業有限公司
印 刷 廠／柏晧彩色印刷有限公司
裝 訂 廠／精益裝訂股份有限公司
登 記 證／局版台業字第 2517 號
總 經 銷／大和書報圖書股份有限公司　電話／（02）8990-2588
出版日期／ 2005 年 5 月 17 日第一版
　　　　　2023 年 8 月 4 日第二版第 1 次印行
定　　價／ **600** 元
原著書名／ **PERFECTLY REASONABLE DEVIATIONS FROM THE BEATEN TRACK: Letters From The Feynman Archives edited and with an introduction by Michelle Feynman**

EAN: 4713510943908（英文版 ISBN: 0-7382-0636-9）

書號：BCS206A

天下文化官網　bookzone.cwgv.com.tw